W0259153

Mensch-Computer-Kommunikation

Heinz-Dieter Böcker Wolfgang Glatthaar
Thomas Strothotte (Hrsg.)

Mensch-Computer-Kommunikation

Benutzergerechte Systeme auf dem Weg in die Praxis

Springer-Verlag
Berlin Heidelberg New York
London Paris Tokyo
Hong Kong Barcelona
Budapest

Dr. Heinz-Dieter Böcker
Gesellschaft für Mathematik und Datenverarbeitung mbH (GMD)
Institut für Integrierte Publikations- und Informationssysteme (IPSI)
Dolivostraße 15, D-64293 Darmstadt

Prof. Dr. Wolfgang Glatthaar
IBM Deutschland Informationssysteme GmbH
Pascalstraße 100, D-70569 Stuttgart

Prof. Dr. Thomas Strothotte
Institut für Informatik, Freie Universität Berlin
Takustraße 9, D-14195 Berlin

ISBN-13:978-3-642-78273-2

Die Deutsche Bibliothek – CIP-Einheitsaufnahme

Mensch-Computer-Kommunikation: benutzergerechte Systeme auf dem Weg in die Praxis; [unserem Lehrer Rul Gunzenhäuser zum 60. Geburtstag gewidmet] / Heinz-Dieter Böcker... (Hrsg.). – Berlin; Heidelberg; New York; London; Paris; Tokyo; Hong Kong; Barcelona; Budapest: Springer, 1993
ISBN-13:978-3-642-78273-2 e-ISBN-13:978-3-642-78272-5
DOI: 10.1007/978-3-642-78272-5
NE: Böcker, Heinz-Dieter [Hrsg.]; Gunzenhäuser, Rul: Festschrift

Softcover reprint of the hardcover 1st edition 1993

Umschlaggestaltung: Konzept & Design, Ilvesheim
Satz: Filmbelichtung von den Herausgebern am IPSI
45/3140-5 4 3 2 1 0 – Gedruckt auf säurefreiem Papier

Unserem Lehrer
Rul Gunzenhäuser
zum 60. Geburtstag
gewidmet

Rul Gunzenhäuser

Vorwort

Dieses Buch ist eine Sammlung von Aufsätzen zur Mensch-Computer-Kommunikation (MCK), zu ihren Methoden und Werkzeugen, den Problemen und der Bedeutung ihres Einsatzes in der Praxis und zu ihren wesentlichen Entwicklungstrends. Die Beiträge reichen von Erfahrungsberichten und Bestandsaufnahmen bis hin zu detaillierten Analysen des Zusammenhangs der MCK mit anderen Wissenschaftsdisziplinen. MCK stellt sich als Forschungsgebiet dar, das mit anderen Gebieten in Wechselwirkung tritt und in unterschiedlichen Anwendungsfeldern relevant ist. Den Kern des Buches bilden Beiträge zu Methoden und Werkzeugen zum Entwurf und zur Evaluation von Benutzungsschnittstellen. Ein weiterer Schwerpunkt sind Beiträge zur wissensbasierten MCK und zu wissensbasierten Benutzungsschnittstellen; sie beschreiben und bewerten unterschiedliche Ansätze, die Interaktion mit dem Computer flexibler, ihn intelligenter zu machen. Einen dritten Schwerpunkt bilden Beiträge, in denen MCK-spezifische Fragen spezieller Anwendungen oder Anwendungsbereiche (z.B. Medizin, Behinderte, Schule) erörtert werden. Zur Abrundung wird in zwei Beiträgen die Entwicklung der zugrundeliegenden Paradigmen beleuchtet.

Alle Beiträge stammen von Personen, die in der Abteilung „Dialogsysteme / Mensch-Maschine-Kommunikation" des Instituts für Informatik der Universität Stuttgart promoviert oder habilitiert haben. Diese Abteilung steht seit zwanzig Jahren unter der Leitung von Prof. Dr. Rul Gunzenhäuser. Seine Persönlichkeit und sein wissenschaftliches Wirken haben sowohl Studenten als auch Mitarbeiter nachhaltig geprägt. Für viele, nicht nur die Autoren dieses Buches, war die Abteilung eine wichtige Station in ihrer wissenschaftlichen und beruflichen Entwicklung. Die Erfahrungen, die in den letzten Jahren mit dem Einsatz der Mensch-Computer-Kommunikation gewonnen wurden, ließen den Wunsch entstehen, Stand und Perspektiven dieses Themas in einem Übersichtsband darzustellen.

Die Beiträge beschreiben Erfahrungen mit unterschiedlichen Aspekten benutzergerechter Systeme in der Praxis. Damit ergänzt dieses Buch zugleich zwei Monographien, die Mitte der achtziger Jahre die Konzeption „Benutzergerechte Systeme" umfassend vorstellten [Fischer/Gunzenhäuser 86, Gunzenhäuser/Böcker 88]. Während jene Bücher die Sicht einer homogenen Forschungsgruppe dokumentieren, zeigt der jetzt vorliegende Band, wie die Methoden, Werkzeuge und Prototypen der MCK in verschiedene Fachgebiete eindringen und neue Anwendungsbereiche finden.

Zum Entstehen dieses Buches haben neben den Autoren eine Reihe weiterer Personen beigetragen. Besonders bedanken sich Herausgeber und Autoren bei Albert Endres, Peter Gorny, Jürgen Herczeg, Thomas Knopik, Alfred Kobsa, Martin Kracker, Jürgen Krause, Andreas Lemke, Herbert Löthe, Susanne Maaß, Frieder Nake, Horst Oberquelle, Reinhard Oppermann, Manfred Schmidt, Thomas Schwab, Bernd Schwinn und Ulrich Thiel für inhaltliche und formale Hinweise zu einzelnen Beiträgen. Viele Fehler und Ungenauigkeiten konnten so vermieden werden. Willi Dilly, Jürgen Herczeg, Hubertus Hohl, Thomas Knopik, Dirk Kochanek, Doris Nitsche-Ruhland, Uwe Pechel, Bernd Raichle, Matthias Ressel und Peter Teichmann haben uns darüber hinaus bei der Erstellung der Druckvorlagen unterstützt; Evi Rietzschel hat geholfen, die Texte lesbarer zu machen, und ohne die fachkundige Betreuung durch Hans Wössner vom Springer-Verlag wäre dieses Buch nie entstanden. Ihnen allen gilt unser herzlicher Dank.

Bei der Erarbeitung der Druckvorlagen war für die Herausgeber die Infrastruktur des IPSI (Institut für integrierte Informations- und Publikationssysteme) der Gesellschaft für Mathematik und Datenverarbeitung in Darmstadt von unschätzbarem Wert. Dank dieser von Prof. Dr. Erich Neuhold aufgebauten Forschungsumgebung blieb uns der Einsatz von Schere und Klebstoff erspart; dieses Buch wurde einschließlich aller Grafiken, Abbildungen und Photos als elektronisches Dokument erzeugt.

In diesem Jahr begeht Prof. Gunzenhäuser seinen sechzigsten Geburtstag. Ein willkommener Anlaß zu dem vorliegenden Überblick, um die Tragweite seiner Konzepte aufzuzeigen: welche Impulse er gegeben hat, wie sie von seinen Schülern aufgenommen wurden und welche Wirkungen sie im Wissenschaftsgebiet insgesamt ausgelöst haben.

Im Mai 1993 H.-D. Böcker, W. Glatthaar, Th. Strothotte

Inhaltsverzeichnis

Einleitung 1

I Methoden und Werkzeuge 3

Interaktion, Präsentation und Repräsentation
Wolf-Fritz Riekert 7

Einsatz von Hypermedia beim Wissenserwerb
Susanne Neubert und Rudi Studer 19

Ein Baukastenansatz für wissensbasiertes Entwerfen
Christian Rathke 33

Was sagen Computeranimationen ihren Betrachtern?
Christine Helms und Thomas Strothotte 48

Eine Entwicklungsumgebung für adaptierbare Benutzungsoberflächen
Matthias Schneider-Hufschmidt 61

Ein Benutzungsschnittstellenbaukasten für Systemprogramme
Joachim Bauer und Albrecht Hampp 75

Empirische Evaluation von Benutzungsschnittstellen
Thomas Fehrle 91

Mensch-Computer-Interaktion in der Schule
Anton Brenner 100

II Prototypen 123

Anwendungsorientierte Sprachverarbeitung: zwischen Utopie und Praxis
Dietmar Rösner 127

Ein lernfähiges Kritikersystem für den Entwurf von Diagrammen
Heinz Ulrich Hoppe 139

Multimedia in der Medizin
Gerhard Peter 152

Eine wissensbasierte Schnittstelle zu statistischen Auswertungssystemen
Knut M. Wittkowski 166

Beiträge der Informatik zur Integration Blinder
Waltraud Schweikhardt 179

Nichtvisuelle Interaktionsformen für blinde Rechnerbenutzer
Gerhard Weber 190

III Systeme in der industriellen Praxis 203

Wandel der Benutzungsschnittstellen kommerzieller Anwendungssysteme
Heinz Kreibohm 207

Erfahrungen bei der Einführung von Expertensystemen in der Praxis
Feodora Herrmann 221

Interaktive Expertensysteme zur technischen Diagnose
Michael Herczeg 230

Datenbanken gestern und heute: Vom Dateisystem zu SQL
Theo Lutz 249

IV Epilog 261

Information und Wechselwirkung
Klaus Kornwachs 263

Beyond Human-Computer Interaction
Gerhard Fischer 274

Literatur 288

Die Autoren 306

Einleitung

Der Schlüssel zum Erfolg eines Produktes, sei es ein technisches Produkt oder eine Dienstleistung, liegt in der Akzeptanz der Benutzer. In besonderem Maße gilt dies für die Computertechnologie. Die heutige breite Durchdringung fast aller gesellschaftlichen Bereiche mit Computertechnologie ist undenkbar ohne die Einsicht, daß nur benutzergerechte Systeme die Chance bieten, die umfassenden Möglichkeiten moderner Datenverarbeitung breiten Segmenten des wirtschaftlichen und privaten Lebens zu erschließen.

Durch die Anpassung informationstechnischer Systeme an ihre Benutzer gilt es zu verhindern, daß der Mensch durch unbegreifliche Systeme, bedienbar allein von einer Kaste datenverarbeitender Hohepriester, beherrscht wird. Er muß vielmehr in die Lage versetzt werden, selbst die Technik vielfältig zu seinem Nutzen einzusetzen.

Zu den ersten, die in der Bundesrepublik die Bedeutung des Themas Mensch-Computer-Kommunikation in diesem Zusammenhang erkannt haben, gehört Rul Gunzenhäuser. Die von ihm gegründete Abteilung Dialogsysteme an der Universität Stuttgart hat für die Entwicklung der Mensch-Computer-Kommunikation eine entscheidende Rolle gespielt. Zu zahlreich und vielfältig sind die in Gunzenhäusers Abteilung bearbeiteten Projekte und die von ihm ausgegangenen Initiativen, als daß sie hier aufgelistet werden könnten. Zwei Leitgedanken lassen sich aber hervorheben: Der Benutzer sollte vom Rechner unterstützt, aber nicht ersetzt werden, und die Interaktion zwischen Benutzer und System ist nicht in erster Linie eine Frage des Abgleichs auf der physikalischen Ebene, sondern vielmehr auf der konzeptuellen Ebene der Benutzer- und der Systeminformation. Im folgenden soll kurz angerissen werden, welche Rolle diese Motive im aktuellen Einsatz interaktiver Systeme in der wirtschaftlichen Praxis spielen.

Ein ständiger Veränderungsprozeß charakterisiert den Technologieeinsatz in Wirtschaft und Verwaltung. Insbesondere die Informations- und Kommunikationstechnologie dringt in immer neuen und vielfältigeren Produkten auf den Markt, mit tiefgreifenden wirtschaftlichen, organisatorischen, menschlichen und sozialen Folgen. Neue Anwendungsbereiche werden erschlossen, eine zunehmende informationstechnische Integration von Unternehmensbereichen ist im Gange. Die Einführung dieser Technologien und die damit einhergehenden Umstellungen sind mit erheblichem betrieblichem Aufwand verbunden. Ein planloser Einsatz erhöht im allgemeinen keineswegs die unternehmerische Leistungsfähigkeit. Als eine Quelle ständiger „Reibungsverluste“ stellt sich die Kluft zwischen der Welt der Datenverarbeitung und der Anwendung heraus. Die von den Fachleuten zu bewältigenden Aufgaben müssen für die informationstechnische Be- und Verarbeitung zugänglich gemacht werden. Dies bedeutet erstens, daß die Kluft zwischen verschiedenartigen Denk- und Vorstellungswelten, soweit dies eben geht, überbrückt werden muß, und zweitens, daß Benutzergruppen, die an sich weder über Wissen in der Datenverarbeitung verfügen noch daran ein direktes Interesse haben, nolens volens mit Vorgehensweisen konfrontiert werden, die von den Anforderungen der Datenverarbeitung geprägt sind. Darüber hinaus werden vertraute Anwendungen neu definiert, und es entstehen neue Aufgabenbereiche, die von den Anwendern neu erlernt werden müssen. Als einer der wesentlichen Faktoren dieses Problemkomplexes stellt sich somit die Vermittlung von Informationen zwischen Benutzer und System heraus. Die Geschichte der Informationstechnologie ist auch die Geschichte der

Vermittlung zwischen der Sprache der Fachaufgaben und der Sprache der Datenverarbeitung. Je geringer die Differenzen zwischen den sprachlichen und konzeptuellen Systemen der hier angesprochenen Welten, um so größer sind die Benutzerakzeptanz und die Chancen, daß immer anspruchsvollere Aufgaben in kürzerer Zeit wirtschaftlich gelöst werden können und dem Benutzer die Möglichkeit gegeben wird, seine Aufgaben mit größerer Selbständigkeit und Flexibilität zu lösen. Damit ist zugleich das wirtschaftliche Interesse an der Mensch-Computer-Kommunikation angesprochen.

Schon in den frühen achtziger Jahren wurde von der Europäischen Benutzergruppe der IFIP (Working Group 6.5) ein Mehrschichtenmodell der Mensch-Computer-Interaktion vorgeschlagen. Es können darin zumindest eine konzeptuelle, eine semantische, eine syntaktische und eine physikalische Schicht unterschieden werden. Die heute populäre Auseinandersetzung mit graphischen Benutzungsschnittstellen und multimedialer Kommunikation erweckt manchmal den Eindruck, daß es beim Entwurf der Mensch-Computer-Schnittstelle in erster Linie um die Gestaltung der vierten, der physikalischen Ebene der Interaktion geht. Zu den Einsichten der „Stuttgarter Schule" um Rul Gunzenhäuser gehört, daß eine erfolgreiche Kommunikation auf der Korrektheit des Abgleichs der Benutzer- und der Systeminformation auf und zwischen allen Schichten beruht. Die Formen der Mensch-Computer-Kommunikation lassen sich in Kategorien fassen, wobei, insbesondere im Zusammenhang mit dem Aufkommen der multimedialen Kommunikation, auch verstärkt Mischformen beobachtet werden können: Man unterscheidet die Programmiersprachen, die direkte Manipulation, Schlüsselwort-Techniken, Kommandosprachen, Formular- und Menütechniken und natürlichsprachliche Interaktion. Keiner dieser Interaktionsmodi ist für sich genommen „richtig" oder „falsch". Jeder Modus hat seine spezifischen Vor- und Nachteile. Dreh- und Angelpunkt der heutigen Softwareentwicklung sind in jedem Fall die Darstellung von Sachverhalten und Abläufen und deren Integration mit konzeptuellen und rechnerinternen Repräsentationen.

Die soeben angesprochenen Problemkreise werden im vorliegenden Buch aus verschiedenen Blickwinkeln behandelt. Die Beiträge sind zu Gruppen zusammengefaßt: Erstens wird auf heutige Methoden und Werkzeuge zur Konstruktion von Dialogsystemen eingegangen. Zweitens werden einige fortschrittliche Prototypen aus Forschungslabors beschrieben. Die dritte Gruppe untersucht den Prozeß des Technologietransfers an einigen ausgewählten Beispielen der industriellen Praxis. Der vierte Teil des Buches ist der Weiterentwicklung der Mensch-Computer-Kommunikation gewidmet. In einem philosophischen und grundlagenorientierten Beitrag diskutiert K. Kornwachs neue Ansätze zu „pragmatischer Information" und ihre Auswirkungen. Abschließend geht G. Fischer auf die Perspektiven für die Mensch-Computer-Kommunikation ein und zeigt einige Mißverständnisse auf, die ausgeräumt oder vermieden werden müssen, um eine gedeihliche Entwicklung der Mensch-Computer-Kommunikation zu ermöglichen.

Teil I

Methoden und Werkzeuge

Vorbemerkungen

Weniges ist für die Informatik kennzeichnender als das Bemühen, allgemeine Werkzeuge und Methoden bereitzustellen; hier ist die nahe Verwandtschaft zwischen Informatik und Mathematik besonders deutlich. Auch die MCK, als Teilgebiet der Informatik, fühlt sich dieser Aufgabe verpflichtet. Im ersten Teil dieses Buches werden daher exemplarisch einige Methoden und Werkzeuge der MCK vorgestellt und diskutiert. Diese sind naturgemäß von recht unterschiedlicher Art und lassen sich unter verschiedensten Gesichtspunkten ordnen. Die Beiträge des ersten Teils sind auf dem Spektrum Theorie – Praxis angeordnet: Auf eher theoretisch-methodische Beiträge folgt die Darstellung und Diskussion ausgewählter forschungsorientierter Werkzeuge, und den Abschluß bilden Beschreibungen von Werkzeugen und Methoden, die in der realen, industriellen Praxis eingesetzt werden.

Es ist eine relativ junge Erkenntnis der MCK als Wissenschaft, daß Benutzungsschnittstellen weitgehend unabhängig von den sie verwendenden Anwendungsprogrammen entworfen und gebaut werden können. Heutige Werkzeuge und Baukästen zur Gestaltung von Benutzungsoberflächen sind flexibel genug, daß sie für nahezu jegliche Art von Anwendung verwendet werden können. Den Anfang dieses Buches bildet ein Beitrag von Wolf-Fritz Riekert, in dem eben diese Erkenntnis in Zweifel gezogen wird. Riekert zeigt, daß zwischen dem in der Wissensrepräsentation des Anwendungsprogrammes verwendeten Paradigma und der resultierenden Benutzungsschnittstelle ein enger, wenn auch subtiler Zusammenhang besteht. In diesem Sinne liefert Riekert einen grundlegenden Beitrag zur Methodenkritik der MCK.

Zwischen Forschungsarbeiten zur MCK und solchen zu wissensbasierten Systemen bestehen viele Wechselbeziehungen und enge Zusammenhänge. Beide Gebiete haben tiefreichende Wurzeln im Forschungsgebiet Künstliche Intelligenz. Susanne Neubert und Rudi Studer legen in ihrem Beitrag dar, wie hypermediale Techniken der MCK dazu verwendet werden können, die Entwicklung von Wissensbasen für wissensbasierte Systeme zu unterstützen.

Der Beitrag von Christian Rathke diskutiert an einem konkreten Beispiel das Konzept und die Eigenschaften von wissensbasierten Konstruktionsbaukästen, die den Benutzer bei komplexen Entwurfsprozessen unterstützen. Er enthält auch wertvolle, grundlegende Einschätzungen zum Verhältnis von autonomen, intelligenten Systemen und unterstützenden Werkzeugen. Einige der Grundideen dieses Beitrages werden am Ende des Buches von Gerhard Fischer nochmals aufgegriffen, weitergeführt und für die Weiterentwicklung des Gebietes MCK extrapoliert.

Auch der Beitrag von Christine Helms und Thomas Strothotte ist dem weiteren Bereich der wissensbasierten Systeme zuzurechnen. Am Beispiel von Materialflußsimulationen wird gezeigt, wie durch Verbesserungen an der Mensch-Computer-Schnittstelle erreicht werden kann, daß es zu einem engen, fast „kooperativ“ zu nennenden Informationsaustausch zwischen Mensch und Computer kommt. Der Formalismus der Sichtbeschreibungen wird von Helms und Strothotte benutzt, um an den Rechner Rückmeldungen darüber zu geben, wie vom Rechner erzeugte Animationen von Benutzern interpretiert werden. Im Gegensatz zu früheren Ansätzen (siehe z.B. [Fischer 86]) macht das von ihnen vorgestellte Modell zur wissensbasierten Mensch-Computer-Interaktion den Informationsbegriff selbst zum

Ansatzpunkt der Begriffsbildung. Die dabei geprägten Begriffe der „gelieferten" und der „mitgelieferten" Information betrachten den Informationsfluß in der Mensch-Computer-Interaktion von seiten des Produzenten statt wie bisher von seiten des Informationskanals oder des Empfängers.

Das von Matthias Schneider-Hufschmidt beschriebene Werkzeug kommt ohne wissensbasierte Unterstützungskomponenten aus. Ausgehend von einer Kritik herkömmlicher User Interface Management Systeme (UIMS) stellt er ein Werkzeug vor, das — ähnlich wie das von Rathke beschriebene — die direkte Komposition zur interaktiven Konstruktion von Benutzungsschnittstellen verwendet. Er zeigt, wie mit diesem Ansatz viele der mit UIMSs verbundenen Probleme von vornherein vermieden werden können, und belegt die Praktikabilität des Ansatzes mit einigen prototypischen Implementierungen.

Sehr nahe am „Praxis"-Ende des Werkzeugspektrums steht der Beitrag von Joachim Bauer und Albrecht Hampp. Sie zeigen exemplarisch, wie heute in der industriellen Praxis die Forderung nach Unabhängigkeit von Anwendung und Benutzungsschnittstelle umgesetzt wird. Sie dokumentieren damit anschaulich den heutigen Stand der Kunst in den Bereichen des Entwurfs und der Konstruktion von Benutzungsschnittstellen für die tägliche Praxis.

Im Unterschied zur Mathematik sind die Methoden und Werkzeuge der MCK nicht ohne konkrete Anwendungen und konkrete Anwender zu entwickeln. Auch eine „reine" MCK, die als wissenschaftliche Disziplin ausschließlich Methoden und Werkzeuge produzieren möchte, kommt ohne Anwendungen und Anwender nicht aus. Der sehr praxisnahe Beitrag von Thomas Fehrle zeigt, welche Rolle software-ergonomische Kriterien und empirische Methoden bei der Konstruktion von Benutzungsschnittstellen spielen können. Er belegt eindrucksvoll, daß MCK ein interdisziplinäres Unterfangen darstellt, dessen Methodenvorrat nicht nur den Natur- und Ingenieurwissenschaften entstammt.

Für naive Benutzer ist es die Benutzungsschnittstelle, die zählt; an ihr „zeigen sich" die Programme, treten mit den Benutzern in Kontakt. Die naivsten, jüngsten, und daher anspruchvollsten Benutzer sind Kinder. Es ist deshalb nicht verwunderlich, daß viele der frühen Arbeiten zum Computereinsatz in der Schule zu den Klassikern der Mensch-Computer-Interaktion gezählt werden müssen. Auch ist zu beobachten, daß Computerspiele, die sich vor allem an junge Käuferschichten richten, unbeschadet ihrer inhaltlichen Fragwürdigkeit oft mit hervorragenden Benutzungsschnittstellen ausgestattet sind. Anton Brenner begründet in seinem Beitrag die überragende Bedeutung der Mensch-Computer-Interaktion, die als *die* Unterrichtsmethode schlechthin angesehen werden muß. Anhand vieler Beispiele deckt er Zusammenhänge auf, die zwischen Mensch-Computer-Interaktion, strukturiertem Programmieren und interaktivem Problemlösen bestehen. So bewertet, stellt sich die Mensch-Computer-Interaktion als Fazit seiner Methodenkritik der Informatikdidaktik dar.

Interaktion, Präsentation und Repräsentation

Wolf-Fritz Riekert

In der industriellen Praxis stößt man häufig auf die Vorstellung, angesichts des wachsenden Angebots an Werkzeugen und Baukästen für die Gestaltung von Benutzungsoberflächen müßte es ein leichtes sein, ein einmal vorhandenes Programm mit einer Benutzungsschnittstelle auszurüsten, die dem derzeitigen Stand der Technik entspricht. Dahinter steckt die Hoffnung, die Interaktion mit einem Anwenderprogramm könnte unabhängig von dessen Softwarearchitektur konzipiert werden. Wie im folgenden gezeigt wird, ist diese Hoffnung trügerisch.

In den achtziger Jahren hat sich die Auffassung durchgesetzt, Computersoftware als ein Stück kodierten Wissens zu betrachten. Diese Betrachtungsweise braucht nicht auf die Menge der seit jener Zeit entstandenen wissensbasierten Systeme beschränkt zu werden, sie läßt sich durchaus auch auf herkömmlich implementierte Softwaresysteme ausdehnen. Aus heutiger Sicht ist Software stets ein Mittel zur Repräsentation und Verarbeitung von Wissen, unabhängig von der Frage, welche Repräsentationskonzepte im Einzelfall Verwendung finden: seien dies Daten und Programme, seien dies Objekte und Methoden oder seien dies Fakten und Regeln. Daß diese Konzepte den Vorgang der Software-Entwicklung entscheidend beeinflussen, ist allgemein anerkannt. Weniger offensichtlich ist die Tatsache, daß die Möglichkeiten der Mensch-Computer-Interaktion und der Informationspräsentation durch die verwendeten Wissensrepräsentationskonzepte und Inferenzmechanismen weitgehend vorgegeben sind.

In diesem Beitrag wird gezeigt, wie jedes Paradigma der Wissensrepräsentation seine Entsprechung auf seiten der Benutzungsschnittstelle besitzt: Das Prinzip der Stapelverarbeitung aus den Anfangszeiten der elektronischen Datenverarbeitung bewirkt ein strikt deterministisches Input-Output-Verhalten. Die prozedurale Wissensdarstellung mit Sprachen wie z.B. Algol oder Modula-2 begünstigt Dialoge nach den Grundfiguren der strukturierten Programmierung: Wiederholung, Reihung und Selektion. Die objektorientierte Wissensdarstellung ermöglicht die Präsentation des Wissensbestands durch Bildschirmobjekte, die als Interaktionsmedium dienen. Die Inferenztechniken logik- und regelbasierter Systeme sind maßgebend für die Initiative; während die Technik der Vorwärtsinferenz fast zwangsläufig zu benutzergesteuerten, modusfreien Dialogen führt, ergeben sich aus Rückwärtsinferenzen systemgesteuerte, geführte Dialoge.

Diese Wissensrepräsentationsparadigmen und ihre Auswirkungen auf die Gestaltung von Benutzungsschnittstellen werden in den folgenden Abschnitten verdeutlicht. Abschließend wird ein Ausblick gegeben, inwieweit eine Synthese zwischen verschiedenen erwünschten Eigenschaften von Benutzungsschnittstellen möglich ist und welche Techniken der Wissensrepräsentation und -verarbeitung hierfür erforderlich wären.

1 Ein Stapel Karten

Die automatisierte Datenverarbeitung wurde in ihren Anfangszeiten als eine Technik angesehen, ständig wiederkehrende, langwierige Berechnungen an eine Maschine zu delegieren. Realisiert wurde dies durch das Prinzip der *Stapelverarbeitung*.

Die Stapelverarbeitung beruht auf einem Funktionsmodell, das durch eine ausgeprägte Dreiteilung in die Funktionen Eingabe, Verarbeitung und Ausgabe gekennzeichnet ist.[1]

- Die Eingabe der zu verarbeitenden Daten erfolgt vermittels eines *Stapels von Lochkarten*, daher der Name Stapelverarbeitung. Dieser Stapel muß bereits vor dem Rechenlauf in vollständiger Form bereitgestellt werden.
- Die Verarbeitung der Daten erfolgt in Zyklen, die aus Leseanweisungen, Berechnungen und Ausgabeanweisungen bestehen. Die entscheidende Programmstruktur ist die *Wiederholung*; dies entspricht dem Zweck, eine große Zahl von gleichartigen Daten derselben Berechnungsvorschrift zu unterziehen.
- Die Ausgabe der Ergebnisse erfolgt auf einem Zeilendrucker. Die Gesamtheit der Ergebnisse steht dem Benutzer oder der Benutzerin[2] nach Abschluß des Rechenlaufs in Papierform als sogenanntes *Druckerprotokoll* zur Verfügung.

Das hierbei zugrundeliegende „Wissensrepräsentationsparadigma" ist ein Stapel von Lochkarten. Kartenstapel dienen zur permanenten Speicherung von Programmen und Daten, sie können durch den Computerbenutzer mit Hilfe eines Kartenlochers ediert werden, und sie fungieren als Informationsträger zur Dateneingabe in den Computer.

In verallgemeinerter Form führt der Stapel zum Konzept der sequentiellen Datei, d.h. einem Informationsträger oder Ein-/Ausgabegerät mit sequentiellem Lese- oder Schreibzugriff. Dieser sequentielle Zugriff charakterisiert auch den Zeilendrucker, der zur Datenausgabe dient, und er ist auch bestimmend für die Nutzung der ebenfalls aus den Zeiten der Stapelverarbeitung stammenden Datenträger Lochstreifen und Magnetband.

Die „Interaktion" mit einem stapelverarbeitenden System ist gekennzeichnet durch ein strikt deterministisches Ein-/Ausgabeverhalten. Die Dateneingabe — das Erstellen eines Kartenstapels — erfolgt vor dem Rechenlauf. Die Abfolge der Eingabedaten entspricht festgelegten Regeln, die der Benutzer beim „Ablochen" der Daten kennen muß. Verstöße gegen diese Regeln führen, sofern sie vom System bemerkt werden, zum Abbruch des Programms und zum Überlesen aller Datenkarten bis zu einer „Steuerkarte", die den Beginn des nächsten Stapels kennzeichnet. Die „Präsentation" der Ergebnisse erfolgt zeitversetzt in Form eines kompletten Druckerprotokolls. Da sich diese Art der Informationspräsentation nachträglich nicht mehr beeinflussen läßt, fordert der Benutzer im Normalfall vorsorglich das größtmögliche abrufbare Informationsangebot an. Die eigentliche Informationsauswahl erfolgt ohne Rechnerunterstützung durch Blättern und Suchen in einem umfangreichen Papierstapel.

---

[1] Diese Dreiteilung der Funktionen eines Datenverarbeitungssystems wird auch nach den Anfangsbuchstaben der drei Wörter *Eingabe*, *Verarbeitung* und *Ausgabe* mit dem Kunstwort *EVA* bezeichnet.

[2] Die Leserinnen dieses Beitrags werden gebeten zu verzeihen, daß zugunsten einer flüssigen Lesbarkeit des Texts im folgenden nur noch die geschlechtspezifische Formulierung *Benutzer* verwendet wird, die stets so verstanden werden soll, daß der Fall einer *Benutzerin* eingeschlossen ist.

Die Technik der Stapelverarbeitung hat auch heute noch ihre Bedeutung — freilich nicht für die interaktive Rechnerbenutzung. Viele vollautomatische Abläufe folgen auch in modernen Betriebssystemen diesem Schema. Ein Beispiel sind sogenannte *Filter*-Programme in Unix, die eine sequentielle Verarbeitung der sogenannten *Standardeingabe* vornehmen und die Ergebnisse auf die sogenannte *Standardausgabe* übertragen. Standardein- und -ausgabe stellen hierbei in der Regel jedoch nicht die Verbindung mit dem Benutzer her, vielmehr sind sie Dateien oder Datenströmen zugeordnet, die wiederum von anderen Programmen erzeugt bzw. verarbeitet werden.

2 Wo bin ich ...

Verbindet man in einem stapelverarbeitenden System die Standardein- und -ausgabe mit einem Fernschreiber (anstatt mit Lochkartenleser und Zeilendrucker), so entsteht der Prototyp eines *Dialogsystems*. Eingabe und Ausgabe können nun im Wechsel erfolgen. Dies allein reicht freilich nicht aus, um einen sinnvollen Mensch-Rechner-Dialog zu ermöglichen. Weitere Anforderungen an die zugrundeliegenden Programm- und Datenstrukturen müssen erfüllt sein.

Einige der Anforderungen lassen sich auf relativ einfache Weise erfüllen. So ist es nötig, das Programm so zu ergänzen, daß immer, wenn dies erforderlich ist, eine Eingabeanforderung ausgegeben wird, die dem Benutzer signalisiert, wann das System eine Eingabe erwartet, und sinnvollerweise auch, welche Art von Daten einzugeben ist.

Ganz generell stellt sich jedoch das Problem, daß ein Programm, das nicht für die interaktive Verwendung konzipiert ist, Eingaben normalerweise dann anfordert, wenn es die Daten benötigt, und Ausgaben dann vornimmt, wenn die Ergebnisse anfallen. Dabei wird meist nicht der Zeitpunkt getroffen, der für den Benutzer des Programms am besten geeignet ist. Darüber hinaus liegt die größte Schwierigkeit in der Computerzentriertheit eines solchen Dialogs. Durch den Computer werden vorprogrammierte Ziele vorgegeben, die häufig für den Benutzer nicht unmittelbar einsichtig sind. Das Ergebnis ist, daß der Dialog die Form eines Verhörs annimmt; er stellt sich als eine unumkehrbare Folge von Abfragen des Computers und Antworten des Benutzers dar, zu der es keine Alternative gibt. Möglichen Fehleingaben oder Meinungsänderungen des Benutzers während des Programmlaufs kann allein durch Programmabbruch und Neustart Rechnung getragen werden.

Hier kommt eine wesentliche Eigenschaft von Dialogsystemen zum Ausdruck, nämlich die Verteilung der *Initiative*. Bis jetzt wurde der Fall beschrieben, daß die Initiative ganz auf seiten des Computers liegt: Es handelte sich um einen computergesteuerten Dialog. Der Vorteil eines solchen Dialogs besteht darin, daß der Benutzer geführt wird; er braucht lediglich die Fragen des Systems zu beantworten. Der Nachteil eines solchen Dialogs liegt in der geringen Freiheit des Benutzers. Im Extremfall dürfen lediglich Daten eines vorgegebenen Typs eingegeben werden und keine Steuerungsinformation, die den Ablauf des Programms beeinflussen könnte.

Im Gegensatz hierzu stehen die benutzergesteuerten Dialoge. Typisches Beispiel ist die Verwendung des Kommandointerpretierers eines Betriebssystems. Hierbei gibt der Benutzer Kommandos ein, also Steuerungsinformation. Das System reagiert, indem es ein Programm startet, das dieses Kommando ausführt. Daraufhin werden erforderlichenfalls Ergebnisse und ein Ausführungsstatus ausgegeben. Danach beginnt wieder ein neuer Interpretierungszyklus; das System erwartet die nächste Kommandoeingabe des Benutzers. Der

Vorteil dieser Dialogform besteht darin, daß sie dem Benutzer die Möglichkeit gibt, den Ablauf des Programms in einem großen Ausmaß zu beeinflussen. Freilich liegt zugleich auch eine Schwierigkeit in der Freiheit der Auswahl aus einer großen Zahl von möglichen Benutzereingaben, die alle erlernt sein müssen.

In der Praxis liegt die Verteilung der Initiative im Spektrum zwischen den beiden oben beschriebenen Extremen.[3] So etwa verlangt jedes gute interaktive System ein Mindestmaß an Möglichkeiten der Steuerung durch seinen Benutzer. Dies gilt auch für Systeme mit relativ streng geführtem Dialog: Beispielsweise muß es möglich sein, zu einem früheren Dialogschritt zurückzukehren und bereits vollzogene Dateneingaben zu revidieren. Oder der Benutzer muß die Gelegenheit haben, den Umfang der vom System angezeigten Information zu beeinflussen. Die Möglichkeit der Benutzersteuerung kann nicht allein durch eine unabhängige Benutzerschnittstellenkomponente transparent abgehandelt werden, sie stellt besondere Anforderungen an die Gestaltung des Anwendungsprogramms, das zusätzlich zu den eigentlichen Berechnungen die Auswertung und Ausführung der Steuerungsinformation übernehmen muß. Der Anwendungsprogrammierer hat hierfür Sorge zu tragen.

Mitte der siebziger Jahre, mit der Einführung von Teilnehmersystemen auf der Basis von Bildschirmterminals, erhielt die Frage der Steuerbarkeit durch den Benutzer endgültig entscheidende Bedeutung. Die Tatsache, daß eine bereits vom Computer ausgegebene Information imstande ist, wieder ins Nichts wegzurollen, bedeutete für viele Benutzer einen Schock, dem manche Computersysteme bis zum heutigen Tag nicht wirksam abhelfen können. Ein Bildschirm, auf dem lediglich 24×80 alphanumerische Zeichen Platz haben, erwies sich als ungeeignetes Ausgabemedium für die computergenerierten Ströme sequentieller Daten. Zwangsläufige Folge war die Forderung nach wahlfreiem Zugriff auf die im Computer gespeicherten Informationen.

Mit der Einführung von direkt adressierbaren Plattenspeichern wurde ein solcher wahlfreier Zugriff in breitem Umfang technisch möglich. Auf der Basis dieser Technologie ließen sich *Datenbanken* konstruieren, in welchen strukturierte Information repräsentiert und über verschiedene Zugriffspfade direkt abgerufen werden konnte. Entscheidende Bedeutung gewinnt die Programmstruktur der *Selektion*: Berechnete Programmverzweigung und indizierter Datenzugriff ermöglichen Dialogformen, die dem Benutzer ein größeres Maß an Steuerungsmöglichkeiten geben. Menüs ermöglichen Fortbewegung in einem Baum von Kommandos, Masken erlauben den direkten Zugriff auf die gespeicherten Daten.

Mit den gewachsenen Möglichkeiten der Steuerung entsteht die Notwendigkeit eines Informationsangebots über den Dialogstatus. J. Nievergelt kleidete dieses Bedürfnis in die Fragen: „Wo bin ich, was kann ich tun und wie komme ich wieder weg von hier?“ Die Antwort auf diese Fragen wird geliefert vermittels einer expliziten Repräsentation von Zustandsinformation und deren Präsentation auf dem Bildschirm. Diese Zustandsinformation umfaßt die in Bearbeitung befindlichen Daten (die sogenannte *site*), den Dialogmodus des aktiven Programms (*mode*) und die Einordnung in die Dialoghistorie (*trail*) [Nievergelt/ Weydert 80].

Das den Konzepten von Nievergelt folgende System XS-2 [Stelovsky 84] präsentiert diese Zustandsinformationen in der Gestalt von baumförmigen Graphen auf dem Bildschirm. Dabei treten die Entsprechungen zwischen der internen Repräsentation der Programme und Daten und deren externer Präsentation sehr deutlich zutage. So spiegelt sich

[3] Siehe hierzu auch den Beitrag von Chr. Rathke in diesem Band.

die hierarchische Strukturierung von Programmen und Daten, die für die verwendete Programmiersprache Modula-2 [Wirth 82] und das dem System zugrundeliegende hierarchische Filesystem charakteristisch ist, in den verwendeten baumförmigen Graphen wider. Die möglichen verschiedenen system- und benutzerdefinierten Strukturierungskonzepte, darunter insbesondere die Blockstrukturen *Reihung*, *Wiederholung* und *Selektion* der strukturierten Programmierung [Nassi/Shneiderman 73] bilden sich dabei als unterschiedliche Typen von Knoten ab.

Über die Darstellung des Dialogzustands hinaus ermöglicht XS-2 erstmals auch dessen Veränderung durch Selektionshandlungen: So können Daten und Dialogmodi durch Zeigeaktionen gewechselt werden, Kommandos können mit Hilfe der Maus ausgeführt werden, und frühere Zustände können durch Selektion in der Dialoghistorie wiederhergestellt werden.

Entwickelt auf der Basis prozeduraler Programmiertechnik, sind die Nievergeltschen Konzepte auch heute noch beispielhaft für viele Dialogsysteme. Geteilte Bildschirme und Statuszeilen zur Anzeige von Steuerungsinformation sowie die Möglichkeit der Navigation in Daten, Funktionen und in der Dialoghistorie stellen einen Standard dar, der inzwischen in den meisten Informationssystemen zumindest im Ansatz verwirklicht ist.

3 Don't mode me in!

Während die im letzten Abschnitt beschriebenen Entwicklungen lediglich das Ziel hatten, Dialogmodi für den Benutzer sichtbar und beherrschbar zu machen, bezwecken objektorientierte Benutzungsoberflächen die völlige Abschaffung unterschiedlicher Dialogmodi. "Don't mode me in!" war die Devise, die das T-Shirt von Larry Tesler schmückte, der maßgeblich an der Entwicklung der objektorientierten Sprache *Smalltalk* und deren graphischer Benutzungsoberfläche beteiligt war [Tesler 81].

Die Smalltalk-Umgebung gab das Vorbild ab für die sogenannten objektorientierten Benutzungsoberflächen, die sich auf modernen Arbeitsplatzrechnern weitgehend durchgesetzt haben. Eine objektorientierte Benutzungsoberfläche zeigt die im Computersystem gespeicherten Informationen in Form graphischer Objekte auf dem Bildschirm. Solche Objekte können eine Vielzahl von Formen aufweisen: Bildschirmfenster, Formulare, Formularfelder, Menüs oder Piktogramme; ja sogar einzelne Buchstaben in einem Textfenster lassen sich als graphische Objekte interpretieren.

Die Interaktion vermittels graphischer Objekte erfolgt nach der sogenannten *Nomen-Verb*-Syntax: Erst wird das Objekt oder die Objektgruppe (das *Nomen*) selektiert, dann die Operation (das *Verb*), die auf die Selektion angewandt werden soll. Dies hat den Vorteil, daß die Interaktion weitgehend ohne Dialogmodi auskommt. Nach der Selektion eines Objektes (oder einer Objektgruppe) gerät man nicht in einen besonderen Systemzustand, der die Angabe einer Operation zwingend erfordert. Auf eine irrtümliche Selektion kann stets eine zweite erfolgen, die dann die bisherige Selektion ersetzt. Darüber hinaus kann nach einer erfolgten Operation unmittelbar eine zweite Operation angewählt werden, sofern sich diese auf die aktuelle Selektion von Objekten bezieht.

Objektorientierte Benutzungsoberflächen sind eng verknüpft mit dem Vorhandensein eines hochauflösenden graphischen Bildschirms und eines Zeigeinstruments. Auf dem graphischen Bildschirm werden Objekte und Operationen visualisiert, mit dem Zeigeinstrument — in der Regel einer Maus — können Objekte selektiert und Operationen ausgelöst werden. Einzelne Objekte sowie ganze Objektgruppen, z.B. graphische Symbole (sogenannte *icons*), Textbereiche oder gar Zwischenräume zwischen benachbarten Buchstaben lassen sich durch einfache Zeigeaktionen selektieren. Operationen werden typischerweise in sogenannten Menüs präsentiert, also in Bildschirmfenstern, die Namen oder graphische Darstellungen der Operationen enthalten. Anklicken eines Menüeintrags bewirkt dessen Anwendung auf die aktuelle Selektion von Objekten.

Wie bei anderen Interaktionstechniken auch besteht eine Abhängigkeit zwischen objektorientierten Benutzungsschnittstellen und dem zugrundeliegenden Programmierstil. In der herkömmlichen Art der prozeduralen Programmierung werden Eingaben typischerweise an vielen unterschiedlichen Stellen im Programm erwartet. Jede dieser Stellen im Programm repräsentiert einen Systemzustand und ist zugleich eine potentielle Ursache für einen weiteren eigenständigen Dialogmodus. In der objektorientierten Programmierung hingegen ist der Systemzustand in erster Linie bestimmt durch die vorhandenen Objekte und deren Eigenschaften und nicht durch eine Stelle im Programm. Systeme mit objektorientierten Benutzungsschnittstellen befinden sich deshalb (mit wenigen Ausnahmen) stets an derselben Stelle im Programm, wenn eine Benutzereingabe erwartet wird. Dies garantiert einen einheitlichen Dialogmodus über den Verlauf einer Sitzung.

Die Verarbeitung der Benutzereingaben mittels objektorientierter Benutzungsschnittstellen beruht auf einem fundamentalen Prinzip der objektorientierten Programmierung, dem Versenden von Nachrichten[4]: Die Dialogsoftware führt Buch über die Menge der im Augenblick selektierten Objekte. Selektionshandlungen mit der Maus oder über die Tastatur führen unmittelbar zu einer Veränderung dieser Menge. Jede sonstige Benutzerinteraktion wird als eine Nachricht interpretiert, die in der Folge an die selektierten Objekte versandt wird. Die Empfängerobjekte sind aktive Softwarestrukturen, die über Methoden verfügen, um die empfangene Nachricht zu interpretieren und auszuführen.

Von großer Bedeutung ist, daß die möglichen Interaktionen und deren Wirkungen in verteilter Form bei den Objekten definiert sind. Trotz des vorherrschenden einheitlichen Dialogmodus ergeben sich dadurch reichhaltige Formen des Dialogs. Beispielsweise kann die gleiche Benutzerhandlung, die an unterschiedlichen Objekten vorgenommen wird, unterschiedlich interpretiert werden. Dieses Systemverhalten, das auch als Polymorphismus bezeichnet wird, ermöglicht die einfache Realisierung generischer Operationen (z.B. Kopieren oder Löschen), die für eine große Anzahl von Objekten definiert sind und dabei aber für unterschiedliche Arten von Objekten unterschiedlich implementiert werden müssen. Ein weiterer Vorteil ist die Erweiterbarkeit eines solchen Systems. Eine solche Systemerweiterung findet statt, wenn infolge einer Benutzeraktion neue Objekte auf dem Bildschirm erscheinen, die sogar einer neuen Objektklasse angehören können. Die Verfügbarkeit zusätzlicher Objekte auf dem Bildschirm eröffnet neue Möglichkeiten der Interaktion mit dem System, ohne daß hierzu ein zentraler Interpretierer geändert werden müßte.

---

[4] Das Versenden von Nachrichten ist nur eine mögliche Interpretation der objektorientierten Informationsverarbeitung, die jedoch insbesondere bei Fragen der Mensch-Computer-Kommunikation den Vorteil besonderer Anschaulichkeit besitzt. Ein neueres, in den Konsequenzen weitergehendes Verarbeitungsmodell der objektorientierten Programmierung ist durch das Konzept der generischen Funktion gegeben [DeMichiel/Gabriel 87].

4 What you see is what you get

Interaktive Computerbenutzung ist Informationsaustausch. Der Mensch versorgt den Computer mit Information, die dieser zusammen mit bereits im Datenspeicher abgelegter Information nutzt, um neue Information abzuleiten. Der Computer stellt dem Menschen abgespeicherte sowie abgeleitete Information zur Verfügung, wenn dieser es verlangt. Die Verbindung zwischen beiden Welten — der Vorstellungswelt des Benutzers und den Repräsentationen im Innern des Computers — wird durch die Benutzungsschnittstelle des Softwaresystems hergestellt.

In den Dialogsystemen alter Prägung geschieht diese Informationsübertragung in der Art eines „Fernschreiberdialogs“ auf dem Bildschirmgerät. Der Benutzer erteilt Kommandos und richtet Anfragen an die Maschine, der Computer wendet sich mit Statusmeldungen und Eingabeanforderungen an den Benutzer. Die ausgetauschten Nachrichten repräsentieren in der Regel Änderungen des Informationsbestands. Die Benutzungsschnittstelle ist dabei lediglich Durchgangsstation für den Informationsaustausch; der Bildschirm enthält — ähnlich wie das Endlosformular eines Fernschreibers, aber in flüchtiger Form — das Protokoll der zuletzt übertragenen Nachrichten.

Gegen derartige fernschreiberorientierte Benutzungsschnittstellen richtete sich der Slogan „What you see is what you get“ (WYSIWYG)[5], der den Siegeszug der bildschirmorientierten Texteditoren einleitete. Die Idee, die hinter dem WYSIWYG-Prinzip steht, besteht darin, daß die Benutzungsschnittstelle den Informationsbestand, der im Computer repräsentiert ist, in einer externen Darstellungsform auf dem Bildschirm anzeigt, die den Vorstellungen des Benutzers so gut wie möglich entspricht. Auf halbem Weg zwischen den Vorstellungen des Benutzers und den Softwareobjekten im Innern des Computers ist der Bildschirm ein dritter Ort, an dem Information über den Anwendungsbereich repräsentiert ist.

So präsentiert ein WYSIWYG-Editor (z.B. der Editor EMACS [Gosling 82]) den in Bearbeitung befindlichen Text und nicht etwa ein Protokoll der Interaktionen. Ähnliches gilt auch für Bildschirmmasken, die Teile der in einer Datenbank gespeicherten Informationen auf dem Bildschirm präsentieren. Der Einsatz von Grafik, wie er in den bereits angeführten objektorientierten Benutzungsschnittstellen üblich ist, eröffnet eine weitere Dimension der benutzerorientierten Präsentation der im Computer repräsentierten Information. In all diesen Fällen muß die externe Darstellung durch Bildschirmobjekte mit den zugehörigen rechnerinternen Repräsentationen in Einklang stehen. Die Aufrechterhaltung der Konsistenz zwischen beiden Darstellungen ist Aufgabe der Benutzungsschnittstelle des Systems. Von Vorteil ist eine möglichst feste und unmittelbare Kopplung zwischen interner und externer Repräsentation; es wird dann eine besondere Art der Interaktion möglich, die als direkte Manipulation [Shneiderman 83, Hutchins et al. 86] bezeichnet wird:

- Wenn sich ein internes Datum ändert, wird dies auf dessen externer Darstellung (sofern eine solche vorhanden ist) unmittelbar sichtbar.
- Wenn (z.B. mit Hilfe eines Zeigeinstruments) an den externen Präsentationen Veränderungen vorgenommen werden, so wirkt sich dies automatisch auf die betreffenden internen Repräsentationen aus.

---

[5] Für eine eingehende Diskussion des WYSIWYG-Prinzips siehe z.B. [Thimbleby 83].

Die Interaktionsform der direkten Manipulation stellt besondere Anforderungen an die Art der internen Repräsentation von Information. Zum einen muß einfach feststellbar sein, welche internen Zustände von einer Benutzeraktion betroffen sind. Am einfachsten ist dies möglich, wenn jedem Bildschirmobjekt ein internes Softwareobjekt zugeordnet ist. Dies läßt sich insbesondere dann gut realisieren, wenn das betreffende System in einer objektorientierten Sprache implementiert ist. Zum andern muß es einen Überwachungsmechanismus für interne Zustände geben, der beauftragt werden kann, die Benutzungsschnittstelle zu aktivieren, wann immer eine Zustandsänderung eintritt. Dadurch läßt sich gewährleisten, daß die Bildschirmdarstellung stets auf dem aktuellen Stand ist. Auch hierfür eignen sich objektorientierte Systeme, in denen Zustandsänderungen durch Methoden vorgenommen werden, die bei der Programmierung der Benutzungsschnittstelle im entsprechenden Sinn erweitert werden können.

Die Brauchbarkeit von Benutzungsschnittstellen, die auf dem Prinzip der direkten Manipulation beruhen, hängt freilich davon ab, wie gut das externe Format zur Informationsdarstellung den Vorstellungen des Benutzers angepaßt ist. Im Idealfall stellt die Benutzungsschnittstelle nicht nur einfach eine Verbindung her zwischen den Benutzervorstellungen und der internen Informationsrepräsentation, vielmehr bringt sie die Welten von Mensch und Maschine unmittelbar in Kontakt. Wenn die Bildschirmdarstellungen den Vorstellungen des Benutzers entsprechen, so wird es für den Benutzer bedeutungslos, daß es in der Realität, in seinen Vorstellungen, auf dem Bildschirm und im Computer verschiedene Repräsentationen eines Phänomens gibt. Was der Benutzer auf dem Bildschirm sieht und womit er am Rechner hantiert, erscheint ihm nicht als ein Abbild, sondern als das Original.

Eine integrierte objektorientierte Systemarchitektur, die den Systemkern und die Benutzungsschnittstelle gleichermaßen umfaßt, bietet hier große Vorteile. Eine objektorientierte Benutzungsschnittstelle ermöglicht den Einsatz von sogenannten Interaktionsobjekten [Herczeg 86], die sich nach außen hin als sensitive Bildschirmobjekte zur externen Wissensdarstellung zeigen, nach innen hin aber aktive Wissensstrukturen sind, die mit den Objekten kommunizieren, die zur Repräsentation des Anwendungswissens dienen. Mit einer objektorientierten internen Wissensrepräsentation haben die auf der Benutzungsoberfläche sichtbaren Objekte eine eindeutige interne Entsprechung, und eine enge Kopplung beider Darstellungen wird möglich.

Im Forschungsprojekt INFORM, das an der Universität Stuttgart in den Jahren 1981 bis 1989 unter der Leitung von R. Gunzenhäuser, G. Fischer und H.-D. Böcker durchgeführt wurde, bildete eine derartige integrierte objektorientierte Systemarchitektur die technische Basis für die Realisierung einer wissensbasierten Mensch-Computer-Kommunikation. In den in diesem Projekt entstandenen Softwareprototypen sind nicht nur die Sachinformationen aus dem Anwendungsbereich, sondern auch die Elemente der Benutzungsschnittstelle und das dem System zugrundeliegende Metawissen in Form von objektorientierten Wissensbasen repräsentiert. In der Konsequenz können grundsätzlich dieselben Interaktionskonzepte verwendet werden, um auf alle diese Wissensbasen zuzugreifen. Über die Entwicklung eines benutzerfreundlichen Anwendersystems hinaus erlaubt diese Softwarearchitektur daher auch die Konstruktion von Systemkomponenten zur Metakommunikation, die eine Anpassung der Benutzungsschnittstelle des Systems auf die Bedürfnisse des Anwenders ermöglichen, sowie den Einsatz von Metasystemen, mit deren Hilfe die dem System zugrundeliegenden Konzepte transparent gemacht und dem Benutzer zur selbständigen Veränderung vorgelegt werden können [Gunzenhäuser/Böcker 88].

5 Von Daten gesteuert oder von Zielen geleitet

Neben den Formalismen der Wissensrepräsentation sind auch die einem Softwaresystem zugrundeliegenden Inferenztechniken von entscheidender Bedeutung für die Mensch-Computer-Interaktion. Unter *Inferenz* soll hier der Vorgang verstanden werden, wie ein Softwaresystem aus vorhandenen Informationen neue Informationen ableitet.

In sogenannten Expertensystemen [Harmon et al. 89] erfolgen die Inferenzen wissensbasiert. Dabei ist das zur Ableitung von Informationen erforderliche Wissen in einer Wissensbasis repräsentiert. Im Gegensatz zur Wissensdarstellung herkömmlicher Programmsysteme existiert dieses Wissen in einer Art „Reinform"; denn in Expertensystemen wird eine Trennung zwischen Wissen und Ablaufsteuerung vorgenommen. Typischerweise sind Expertensysteme als regelbasierte Systeme implementiert.[6] Ein regelbasiertes System ist im wesentlichen durch folgende Eigenschaften charakterisiert:

- Das für Inferenzen nötige Wissen ist in Form von *Regeln* in einer Wissensbasis abgelegt.
- Die Steuerung des Programmlaufs besorgt eine anwendungsneutrale Komponente, die sogenannte *Inferenzmaschine*.

Dahinter verbirgt sich folgender Gedanke: Die „Programmierung" des Expertensystems soll idealerweise vermittels eines Wissensakquisitionsprozesses erfolgen, in dessen Verlauf das Wissen eines Experten in nichtprozeduraler Form, nämlich in Form von Regeln im Computersystem abgelegt wird. Um die prozedurale Seite, die Umsetzung dieses Wissens in Abläufe, muß sich der Experte nicht kümmern; denn dies erfolgt durch die Inferenzmaschine.

Die Wirkungsweise eines regelbasierten Systems besteht darin, daß mit Hilfe der Regeln aus einer Menge von bekannten Informationen eine Reihe von gesuchten, bislang unbekannten Informationen erschlossen wird. Diese Informationen, die häufig auch als Fakten bezeichnet werden, können im Rechner auf verschiedene Arten repräsentiert sein, etwa durch aussagenlogische Ausdrücke oder durch die Zustände einer Menge von Objekten im Sinne der objektorientierten Programmierung.

In interaktiven Systemen werden die Ausgangsfakten zur Ableitung von neuen Informationen vom Benutzer bereitgestellt. Die Umstände, unter denen diese Informationseingabe stattfindet, sind von entscheidender Bedeutung für die Qualität der Interaktion mit dem System. Die Trennung zwischen Regelwissen und Ablaufsteuerung bringt es dabei mit sich, daß der Ablauf des Dialogs mit einem regelbasierten System durch die Inferenzmaschine geprägt wird. In diesem Zusammenhang müssen zwei grundsätzlich verschiedene Arten der Ablaufsteuerung unterschieden werden, nämlich die Vorwärts- und die Rückwärtsverkettung, die sich in unterschiedlicher Weise auf die Dialoggestaltung auswirken.

- Vorwärtsverkettende Systeme arbeiten datengesteuert. Sie beginnen erst zu arbeiten, nachdem sie der Benutzer mit Informationen versorgt hat. Auf die vorhandenen Informationen werden die passenden Regeln angewandt, woraufhin neue Informationen erschlossen werden. Auch auf diese werden wieder Regeln angewandt. Dieser Vorgang wird solange iteriert, bis keine neue Information mehr erschlossen werden kann.

---

[6] Ein den regelbasierten Systemen verwandter Ansatz sind sogenannte logikbasierte Systeme, etwa auf der Basis von PROLOG [Clocksin/Mellish 87]. Die im folgenden getroffenen Aussagen gelten weitgehend auch für logikbasierte Systeme.

- Rückwärtsverkettende Systeme arbeiten zielgerichtet. Diese Systeme werden erst auf eine Anfrage (das „Ziel") hin aktiv. Daraufhin sucht das System nach bekannten Informationen oder nach Regeln, die eine Antwort auf die Anfrage bereithalten. Eine Regel ist dann anwendbar, wenn ihre Voraussetzungen erfüllt sind. Die Erfüllbarkeit der Voraussetzungen ist ein neues Ziel, das die Inferenzmaschine zu einer rekursiven Arbeitsweise veranlaßt. Wenn die Rekursion nicht durchweg bei bekannten Informationen endet, wird in interaktiven Systemen üblicherweise der Benutzer nach den erforderlichen Ausgangsinformationen gefragt.

Vorwärtsverkettende Systeme lassen sich leicht mit dem Prinzip der Objektorientierung vereinbaren. In objektorientierten Systemen werden durch die Interaktionen des Benutzers Objekte erzeugt und den Objekten Attribute zugewiesen. Die dadurch entstandene Situation macht Regeln anwendbar, die von der Inferenzmaschine interpretiert werden. In der Folge werden neue Objektattribute zugewiesen, und es werden neue Objekte erzeugt. Dies entspricht dem oben bereits beschriebenen Verhalten von objektorientierten Systemen. Die aus der Objektorientiertheit resultierenden Interaktionsvorteile — im wesentlichen die Modusfreiheit des Dialogs — bleiben also in vorwärtsverkettenden Systemen erhalten.

Besondere Sorgfalt erfordert die Berücksichtigung von Meinungsänderungen des Benutzers in vorwärtsverkettenden Systemen. Wenn der Benutzer bereits eingegebene Informationen zurücknimmt — in objektorientierten Systemen bedeutet dies, daß er Attributwerte zurücksetzt und bereits erzeugte Objekte wieder löscht —, dann muß das System alle auf der Basis dieser Informationen erfolgten Inferenzen ebenfalls rückgängig machen. Ein einfaches Expertensystem, das für den vollautomatischen — also nicht interaktiven — Ablauf konzipiert ist, ist hierzu nicht in der Lage. Es ist hierbei ein Übergang zu sogenannten *Truth-Maintenance-Systemen*[7] erforderlich, die das Zurücknehmen von Fakten — und sogar von Regeln — ermöglichen.

Dialoge in vorwärtsverkettenden Systemen sind typischerweise benutzergesteuert. Diese Dialogform hat den Vorteil, daß sie dem Benutzer große Freiheit bei der Interaktion einräumt. Ein Nachteil dieser Dialogform ist jedoch die mangelnde Zielgerichtetheit des Dialogs. In vorwärtsverkettenden Systemen kann ein Benutzer beliebig viele Informationen eingeben und dadurch eine große Zahl von Inferenzen auslösen. Ob freilich die vom System inferierten Informationen auch die sind, die der Benutzer sucht, kann nicht garantiert werden.

In rückwärtsverkettenden Systemen wird der Benutzer hingegen meist vom System geführt. Dem Benutzer werden nur solche Fragen gestellt, die zur Erreichung des Ziels, d.h. zur Beantwortung einer Anfrage von Interesse sind. Dies hat den großen Vorteil, daß der Benutzer keinerlei unwichtige Information eingibt.

Ein Problem besteht allerdings darin, daß die gängigen rückwärtsverkettenden Inferenzmaschinen dem Dialog wenig Freiraum lassen. Oft erfolgt dabei ein Rückfall in die Zeiten der vollständig rechnergesteuerten Dialoge, und es müssen die Fragen des Systems in einer unabänderlichen Reihenfolge beantwortet werden. Im schlimmsten Fall werden sehr schwer erhebbare Informationen erfragt, die sich bereits nach der Beantwortung der nächsten Frage als irrelevant herausstellen. Dies ist aber keine zwangsläufige Folge der Rückwärtsverkettung. Ein Freiraum kann durch die sogenannten Indeterminismen eröffnet werden, die regelbasierte Systeme kennzeichnen.

[7] Siehe hierzu z.B. [Stallman/Sussman 77].

Indeterminismen bestehen darin, daß aus dem im System gespeicherten Regelwissen normalerweise kein eindeutiger Ablauf abgeleitet werden kann, den die Inferenzmaschine einzuschlagen hätte. Wenn beispielsweise zwei Regeln geeignet sind, eine bestimmte Anfrage zu beantworten, ist die Reihenfolge grundsätzlich beliebig, in der diese beiden Regeln von einem rückwärtsverkettenden System geprüft werden. Gleiches gilt für die Überprüfung der Voraussetzungen einer Regel. Die Reihenfolge dieser Voraussetzungen ist ebenfalls nicht von Belang.

Es gibt Ansätze, diesen Indeterminismus des Ablaufs für eine Parallelisierung des Inferenzvorgangs zu nutzen; bei Verwendung paralleler Rechnerarchitekturen läßt sich so die Performanz des Systems steigern [Warren 87]. Für die Gestaltung der Benutzungsschnittstelle bringt eine solche Parallelisierung ebenfalls große Vorteile. Die Rückwärtsverkettung kann hier verwendet werden, um alle zum Erreichen des Ziels relevanten Fragen parallel aufzuwerfen. Dieses Vorgehen ermöglicht die Vereinigung der Vorteile von rückwärts- und vorwärtsverkettenden Systemen. Die durch Rückwärtsverkettung aufgeworfenen Fragen können dem Benutzer beispielsweise in einem großen Fragebogen präsentiert werden. Dem Benutzer ist freigestellt, in welcher Reihenfolge er die Fragen beantwortet. Sobald der Benutzer eine dieser Fragen beantwortet, werden mit Hilfe des Prinzips der Vorwärtsverkettung sofort alle Konsequenzen aus der gegebenen Antwort berechnet und auf dem Bildschirm angezeigt. Wenn dieser Vorwärtsverkettung ein Truth-Maintenance-System zugrundeliegt, ist sogar eine Revision der Benutzereingaben möglich. Fragen, die durch die Antworten des Benutzers überflüssig geworden sind, werden vom System automatisch aus dem Fragebogen entfernt. Das vom Benutzer angestrebte Ziel ist spätestens dann erreicht, wenn der Fragebogen keine unbeantworteten Fragen mehr enthält.

Leider sind Expertensysteme, die die Interaktionsvorteile der verschiedenen Inferenztechniken in der beschriebenen Weise vereinigen, nicht Stand der Technik. Der Grund liegt wohl darin, daß bei der Entwicklung von Expertensystemen anfänglich vor allem die Fähigkeit zur Inferenzbildung im Vordergrund steht. Aspekte der Benutzungsschnittstelle werden meist hintangestellt.

Am Beispiel der Expertensysteme wird deutlich, daß eine unreflektierte Anwendung neuer Softwaretechniken bereits erreichte Errungenschaften der Mensch-Computer-Interaktion gefährden kann. Wenn diese Gefahr aber erkannt und ernstgenommen wird, stellen die neuen Softwaretechniken prinzipiell auch die Mittel bereit, um diese Gefahr wieder aus dem Weg zu räumen, und eröffnen darüber hinaus noch erweiterte Möglichkeiten der Gestaltung von Benutzungsschnittstellen.

6 Zusammenfassung

Es zeigt sich, daß die Aspekte der Präsentation und der Interaktion stets in einer direkten Abhängigkeit von den zugrundeliegenden Softwaretechniken stehen. Zum einen wirken sich die benutzten Softwaretechniken unmittelbar auf die Benutzungsschnittstelle aus. Zum andern werden durch neue Softwaretechniken erst neue Formen der Interaktion möglich.

Dies gilt mit Gewißheit ebenfalls für die jüngsten Entwicklungen der Informatik, z.B. zu neuronalen Netzen oder zur Verarbeitung unscharfen Wissens, auch wenn sich die Wechselwirkungen mit Benutzeraspekten dort noch nicht im Detail absehen lassen. Sicher ist jedoch, daß jeder technische Fortschritt in der Informationsverarbeitung zugleich eine

Herausforderung und eine Chance für die Gestaltung von Benutzungsschnittstellen darstellt. Das Ziel einer benutzergerechten Mensch-Computer-Interaktion stellt dabei die Entwickler von Softwaresystemen ständig vor neue Aufgaben.

Einsatz von Hypermedia beim Wissenserwerb

Susanne Neubert und Rudi Studer

Mehr und mehr wird heute versucht, Computer auch für die Bearbeitung kognitiv anspruchsvoller, nichtnumerischer Aufgabenstellungen einzusetzen. Diese Überlegungen sind Grundlage der Künstlichen Intelligenz (KI) [Lenz 92]. KI wird dabei definiert als "the science of making machines do things that would require intelligence if done by men"[Minsky 68]. Die Schwierigkeiten bei der Formalisierung von Allgemeinwissen führten dazu, sich auf abgeschlossene Fachgebiete zu beschränken. Aufgrund des Spezialisierungsgrades in den Anwendungen konzentrierte man sich bisher primär auf das Wissen eines oder einiger Experten in einem bestimmten Fachgebiet und bezeichnete resultierende Systeme als Expertensysteme. So wurden eine Vielzahl von Expertensystemen in Unternehmungen entwickelt, es ist jedoch deutlich ein Mißverhältnis zwischen im Einsatz befindlichen Systemen und Prototyp-Realisierungen zu erkennen [Lenz 92, Mertens et al. 90].

Die Ursache hierfür ist sicherlich im Bereich der Methodik zur Entwicklung von Expertensystemen zu suchen [Lenz 92]. Nahezu alle existierenden Expertensysteme werden nach dem Rapid-Prototyping-Ansatz entwickelt. Beim Rapid-Prototyping wird das neu gewonnene Wissen direkt in einem Wissensrepräsentationsformalismus formuliert. Dies hat den Vorteil, daß man zu einem sehr frühen Zeitpunkt in der Systementwicklung ein ausführbares System zur Verfügung hat, das damit die Möglichkeit zur Rückkopplung mit dem Experten bzw. dem Endbenutzer bietet. Die Funktionalität des Systems kann dann schrittweise auf die gesamte geforderte Funktionalität erweitert werden. Ein Nachteil allerdings ist es, daß der Wissensingenieur (Knowledge Engineer) Arbeiten wie die Erhebung des Wissens, die Interpretation des Wissens und die Implementation des Systems in einem einzigen Schritt durchführen muß. Die Zwischenstufen sind somit nicht dokumentiert, nur das lauffähige System ist verfügbar als Beschreibung der Expertise. Für den Experten ist diese Darstellung jedoch meist weitgehend unverständlich. Nachdem sich heute die Entwicklung von Expertensystemen, das sogenannte Knowledge Engineering, nicht mehr auf nur kleine universitäre Prototypen beschränkt, sondern auch große, kommerzielle Systeme realisiert werden, überwiegen die Nachteile der Rapid-Prototyping-Entwicklungsmethodik, die zu nicht mehr wartbaren Systemen führen, immer mehr gegenüber den Vorteilen.

Um diese zu umgehen, hat sich in den vergangenen Jahren das sogenannte modellbasierte Knowledge Engineering für die Entwicklung von Expertensystemen als Alternative zum Rapid-Prototyping-Ansatz herausgebildet. Grundgedanke im Rahmen dieses modellbasierten Wissenserwerbs ist es, in Analogie zum Software Engineering Lebenszyklus-Modelle einzuführen und damit einen Schwerpunkt auf die Entwicklung verschiedener Modelle zu setzen. In den verschiedenen Entwicklungsschritten von Analyse, d.h. Spezifikation, Design und Implementierung werden unterschiedliche Zwischenergebnisse, d.h. verschiedene Modelle der Expertise, entwickelt. Das Ergebnis der Analysephase — im Bereich der wissensbasierten Systeme auch Wissensakquisition genannt — wird dabei auf einem sehr abstrakten Niveau im sogenannten Modell der Expertise dokumentiert.

Über die Einführung der modellbasierten Entwicklungsmethodik für Expertensysteme hinaus versuchen heute einige Ansätze[1], durch den Einsatz von operationalen Spezifikationssprachen für das Modell der Expertise[2] Vorteile des Prototyping mit denen des modellbasierten Ansatzes zu koppeln. So wollen auch wir im folgenden von der Existenz einer formalen und gleichzeitig operationalen Spezifikationssprache ausgehen. KARL [Angele et al. 91b, Angele et al. 93b] wurde zur Beschreibung des Modells der Expertise entwickelt, das damit nicht nur formal beschrieben, sondern auch lauffähig ist und somit die rechnergestützte Evaluierung des Modells ermöglicht.

Ansätze, die das abstrakte Modell der Expertise auf einer eher informalen Ebene proklamieren, haben zwar keine Möglichkeit zur automatischen Auswertung dieses Modells, bieten aber oftmals eine interaktive Evaluierungsmöglichkeit des informalen Modells an [Maurer 93]. Außerdem bieten sie eine Darstellung an, die als Kommunikationsbasis zwischen Experte und Wissensingenieur dient.

Ein Nachteil der direkten Formalisierung ist es, daß der Wissensingenieur vor einer weitaus schwereren Aufgabe steht, als wenn er das erhobene Wissen informal beschreiben soll. Ähnlich wie beim Prototyping-Ansatz ist er direkt mit einem Formalismus konfrontiert, mit dem er zwar von Implementierungsdetails wie Datentypen usw. abstrahieren kann, der jedoch nur für sehr geübte Wissensingenieure leicht verwendbar ist.

Aus den angeführten Gründen schlagen wir vor, beide Ansätze miteinander zu koppeln, d.h. sowohl eine informale bzw. semiformale als auch eine formale und ausführbare abstrakte Darstellung der Expertise in der Analysephase zu entwickeln.

Durch eine Zerlegung der Analysephase in zwei Teilschritte wird die Formalisierung vereinfacht: Zunächst wird eine Zwischenrepräsentation auf einer semiformalen Ebene entwickelt, die für den Experten verständlich ist und deren Entwicklung durch den Experten unterstützt und damit vereinfacht werden kann. Diese Zwischendarstellung des Wissens integriert Prinzipien von Hypermedia [Nielsen 90, Shneiderman/Kearsley 89, Conklin 87] und ist somit ein Beschreibungsmittel für eine strukturierte und verständliche Darstellung der Expertise. Es werden Knoten und Kanten definiert sowie relevante Aspekte der Problemlösung auf natürlichsprachliche Weise beschrieben. Darüber hinaus werden Beziehungen zwischen diesen Knoten hergestellt. So kann die Zwischendarstellung den zweiten Analyseschritt, die Formalisierung der Expertise, deutlich erleichtern, weil die Wissensstrukturen denen des formalen Modells bereits sehr ähnlich sind.

In diesem Beitrag wird die oben eingeführte Entwicklungsmethodik MIKE für Expertensysteme, die die Kopplung von Prinzipien des modellbasierten Knowledge Engineering mit denen des Prototyping und von Hypermedia vorsieht, im einzelnen beschrieben. Insbesondere wird auf ein semiformales Modell, eine Zwischenrepräsentation innerhalb der Wissensakquisition, eingegangen. In diesem Zusammenhang wird ein Werkzeug vorgestellt, das sogenannte *Conceptual Model Construction Kit* (CoMoKit) [Neubert/Maurer 92], das den gesamten Prozeß der Wissensakquisition, also die Eingabe und die Strukturierung von Protokollen des Wissenserhebungsprozesses, die Konstruktion der Zwischenrepräsentation und die Erstellung des formalen Modells der Expertise durchgängig unterstützt[3].

---

[1] Hierzu zählt unter anderem auch der hier vorgestellte MIKE-Ansatz (Modellbasiertes und Inkrementelles Knowledge Engineering) [Angele et al. 93a].

[2] Unter Expertise versteht man das spezifische Wissen eines Experten, für das ein wissensbasiertes System entwickelt werden soll.

[3] Dieses Werkzeug wurde in Zusammenarbeit mit der Universität Kaiserslautern entwickelt und

1 Grundprinzipien

In diesem Kapitel werden die grundlegenden Konzepte und Prinzipien vorgestellt, die unserer Methodik MIKE zugrunde liegen [Angele et al. 93a]. Dabei werden einige Ideen von KADS, einem zentralen Ansatz aus dem Bereich des modellbasierten Wissenserwerbs aufgegriffen. Nähere Informationen über KADS können entnommen werden aus: [Breuker et al. 87, Hickman et al. 89, Wielinga et al. 91, Wielinga et al. 92].

1.1 Lebenszyklus-Orientierung

Elementare Grundlage der methodischen Ansätze ist die Einführung eines Lebenszyklus-Konzeptes [Lenz 92], das die anfallenden Tätigkeiten und deren zeitlich-organisatorischen Aspekt in den Vordergrund stellt. So werden beispielsweise in der Methodologie KADS die Phasen *Analysis*, *Design*, *Implementation*, *Installation*, *Use and Maintenance* vorgeschlagen. Jede Phase sieht die Entwicklung verschiedener Modelle vor, weshalb diese Art der Entwicklung von wissensbasierten Systemen als *modellbasiertes* Knowledge Engineering bezeichnet wird, das auch wir zugrunde legen. Besonders im Vordergrund steht in diesem Beitrag das Ergebnis der Analysephase, die Spezifikation des Systems, die auch Modell der Expertise genannt wird.

1.2 Das abstrakte Modell der Expertise

Das Modell der Expertise beschreibt verschiedene Kategorien von Wissen auf drei separaten Ebenen.

- Der *Gegenstandsbereich* beschreibt anwendungsspezifisches Wissen, d.h. Konzepte und deren Eigenschaften sowie Beziehungen zwischen Konzepten.
- *Inferenzschritte* beschreiben Arbeitsschritte innerhalb der Problemlösungsmethode, d.h. des Verfahrens zur Lösung einer Aufgabe. Solche sogenannten Inferenzschritte beschreiben also Aktionen, bei denen Eingabedaten verarbeitet und Ausgabedaten produziert werden. Graphisch ergibt sich daraus ein Netz, eine sog. Inferenzstruktur. Die Inferenzschritte ebenso wie die Beschreibung der Ein- und Ausgabedaten sind generisch, d.h. vollkommen anwendungsunabhängig. Erst durch das In-Beziehung-Setzen der Inferenzstrukturen und deren Elemente mit anwendungsbereichsspezifischen Konzepten und Beziehungen des Gegenstandsbereichs werden die Inferenzschritte mit einer Bedeutung für die konkrete Anwendung belegt. Beispiele für generische Inferenzschritte wären *Abstrahieren*, *Auswählen*, *Modifizieren* usw., für die generische Beschreibung von Ein- oder Ausgabedaten *Hypothese*, *Beobachtung* usw.
- Durch den *Kontrollfluß* wird die Reihenfolge der Ausführung der Inferenzschritte innerhalb der Problemlösungsmethode festgelegt. Die Kontrollebene ist damit ebenfalls generisch. Hierfür werden meist ähnliche Kontrollstrukturen wie die aus Programmiersprachen bekannten verwendet (z.B. if-then-else).

---

basiert auf HyperCAKE [Maurer 92], einem Werkzeug zur Wissensaquisition, das sowohl Expertensystem- als auch Hypermedia-Techniken integriert.

1.3 Wiederverwendbarkeit

Teile der Expertise können für andere Anwendungsgebiete wiederverwendet werden, da sie generisch, d.h. unabhängig vom konkreten Anwendungsbereich sind. Inferenzschritte und deren Kontrollfluß, die beispielsweise ein Diagnoseproblem beschreiben, können ebenso für die Modellierung der Diagnose einer Krankheit wie für das Auffinden eines Fehlers in einem Motor herangezogen werden. Es hat sich herauskristallisiert, daß ein zu modellierendes Expertensystem fast immer einem bestimmten Typ zuzuordnen ist. Dabei werden in der Literatur meist folgende Problemtypen unterschieden: Diagnose, Bewertung, Überwachung, Design, Planung und Konfiguration. Die meisten Probleme lassen sich einem dieser Problemtypen zuordnen. Das heißt, die Konstruktion des Modells der Expertise gestaltet sich nun anders als bisher: Aus den in einer Bibliothek abgelegten generischen Teilmodellen, den sogenannten Interpretationsmodellen [Wielinga et al. 92], die einen bestimmten Problemtyp beschreiben, wird dasjenige Modell ausgewählt, dem das zu modellierende Problem zugeordnet werden kann. Diese Interpretationsmodelle werden dann als Schablonen für die zu modellierende Expertise eingesetzt[4]. Es muß „lediglich" eine Anpassung (meist Verfeinerung) auf das Anwendungsproblem stattfinden und der Gegenstandsbereich modelliert werden.

1.4 Formale und ausführbare Modelle

Wir fordern eine formale Darstellung des Modells der Expertise, um Mehrdeutigkeiten der natürlichen Sprache zu vermeiden und um das Verständnis der Problemlösungsschritte durch die vollständige und korrekte Beschreibung zu verbessern. Darüber hinaus wollen wir das Prinzip des Prototyping in das modellbasierte Knowledge Engineering integrieren. Damit kann der hervorstechende Vorteil des Prototypings, die Evaluierung, d.h. Auswertung, des bereits entwickelten Modells, zu einem frühen Zeitpunkt auch im modellbasierten Ansatz erhalten bleiben. Durch die Ausführbarkeit des Modells der Expertise ist die Evaluierung dieses Prototyps möglich. Hierzu verwenden wir die formale und operationale Spezifikationssprache KARL [Angele et al. 91b, Angele et al. 93b], um das Modell der Expertise zu beschreiben und zu evaluieren.

Hieraus ergibt sich, daß auch die generischen, wiederverwendbaren Interpretationsmodelle in der Sprache KARL beschrieben werden können und so in der Bibliothek vorhanden sind. Damit ist ein Großteil der Formalisierungsarbeit bereits geleistet.

2 Einführung einer Zwischenrepräsentation

Trotz verschiedener Vorteile einer formalen Darstellung des Wissens am Ende der Analysephase, z.B. automatische, rechnergestützte Evaluierung oder Sammlung von formal beschriebenen Interpretationsmodellen, existieren auch verschiedene Nachteile: Es ergeben sich große Schwierigkeiten bei der Entwicklung dieser formalen Darstellung. Der Experte kann zu dieser Aufgabe nichts beitragen, so daß der Wissensingenieur beim Verstehen einer für ihn noch unbekannten Problemstellung ganz auf sich allein gestellt ist. Bevor er ein

[4] Nur falls kein Modell gefunden werden kann, muß ein für den Anwendungsbereich passendes neu entwickelt werden (Modellkreation).

passendes Interpretationsmodell aus der Bibliothek auswählen kann, muß er das Problem verstehen. Dabei kann ihn nur der Experte unterstützen. Es hat sich jedoch gezeigt, daß Experte und Wissensingenieur oft vor einem großen Problem stehen, wenn es darum geht, sich gegenseitig die Bedürfnisse und den Inhalt der eigenen Arbeit klarzumachen.

So schlagen wir vor, die Nachteile einer direkten Entwicklung einer formalen Spezifikation zu vermeiden, indem vorher eine informale bzw. semiformale Darstellung des Wissens bereitgestellt wird. Der dafür bereitgestellte Formalismus bietet eine gute Kommunikationsbasis zwischen Wissensingenieur und Experte, desweiteren erleichtert er durch seine gezielt entwickelten Wissensstrukturen auch den Formalisierungsprozeß des Wissens. Ausgehend von den natürlichsprachlichen Wissensprotokollen, die der Wissensingenieur vom Experten aus der Phase der Wissenserhebung erhält, wird also eine *semiformale*, strukturierte Zwischenrepräsentation entwickelt, bevor mit der Formalisierung des Wissens begonnen wird. Unter semiformal verstehen wir Elemente, die zwar informal, d.h. mit natürlicher Sprache, Bildern, Grafiken oder ähnlichem beschrieben sind, aber dennoch durch wohldefinierte Beziehungen mit anderen Elementen verbunden sind. Die Einführung einer Zwischenrepräsentation zwischen den natürlichsprachlichen Wissensprotokollen und dem formalen Modell der Expertise birgt verschiedene Vorteile in sich:

- Ein besonders hervorzuhebender Vorteil ist es, daß der Experte bei der Erstellung des Modells der Expertise mitwirkt. Besonders bei der ersten Strukturierung des meist unübersichtlichen, unstrukturierten und schwer verständlichen Wissens wird der anwendungsfremde Wissensingenieur vom Experten unterstützt. Der Experte trägt nicht nur maßgebend zur Entwicklung der Zwischenrepräsentation bei, er ist auch in der Lage, eine vom Wissensingenieur erstellte informale Zwischenrepräsentation zu lesen und auf Plausibilität zu überprüfen. Durch die Mithilfe des Experten erleichtert sich die Modellierung des Modells der Expertise für den Knowledge Engineer, da sich sein Verständnis der Expertise verbessert.
- Durch ihre informale bzw. semiformale Darstellung der Zwischendarstellung wird die Kooperation zwischen Wissensingenieur und Experte verbessert.
- Desweiteren wird die Formalisierung des Wissens mit Hilfe der semiformalen Zwischenrepräsentation vereinfacht. Wichtige Wissenselemente sind bereits dargestellt ebenso Zusammenhänge zwischen diesen, d.h. die informal bzw. semiformal strukturierte Expertise gibt Hinweise auf Strukturen des formalen Modells der Expertise.
- Abschließend ist der Vorteil zu nennen, daß durch eine existierende Zwischenrepräsentation eine maßgebliche Grundlage für die Dokumentation und die Erklärungskomponente des Systems besteht. Ausgehend hiervon ergeben sich Vorteile für die Wartung des bereits eingesetzten Systems.

2.1 Hypermedia

Mit Hypermedia bezeichnet man nichtlinear miteinander verbundene Informationseinheiten [Shneiderman/Kearsley 89], die mit Information verschiedener Medien gefüllt sein können, z.B mit Text, Grafiken, Audio, Video, usw. Jede Informationseinheit wird durch einen sogenannten Knoten realisiert. Ein Knoten verweist auf andere Informationseinheiten, realisiert durch sogenannte Links. Dies ermöglicht ein nichtsequentielles Lesen bzw. Schreiben [Nielsen 90], d.h. es existiert keine vorgegebene Ordnung wie z.B. in Büchern, Zeitungen usw.

Der Benutzer kann sich existierende Informationen in beliebiger Reihenfolge anschauen und sich so durch das Hypermedia-Netz bewegen. Dies wird als Navigieren oder Browsen bezeichnet. Auch für die Entwicklung eines Hypermedia-Netzes, d.h. für die Definition von Knoten und Verbindungen zwischen Knoten, stehen dem Benutzer Werkzeuge zur Verfügung.

Hypermedia findet bereits in den verschiedensten Bereichen Anwendung, es wird eingesetzt für Wörterbücher, Enzyklopädien, medizinische Textbücher, Produktkataloge, Hilfesysteme (z.B. Reparaturanleitungen), (technische) Dokumentationen, zum Erlernen von Sprachen usw.

Auch im Bereich des Software Engineering (CASE) wird Hypermedia bereits eingesetzt, z.B. für die Anforderungsanalyse, für die Dokumentation usw. (vgl. etwa [Neubert/Oberweis 92, Bjoerner/Prehn 91, Bösze/Aschacher 91, Sametinger/Stritzinger 91, Cybulsky/Reed 92, Garg/Scacchi 87]).

2.2 Hypermedia für den Wissenserwerb

Der Einsatz von Hypermedia im Bereich des Wissenserwerbs befindet sich noch in einer frühen Phase. Existierende Ansätze beschränken sich meist auf Konzepte [Angele et al. 91a, Workshop 91]. Zum Großteil wird vorgeschlagen, Hypermedia für die Dokumentation einer Wissensbasis zu verwenden, womit die Erklärungsfähigkeit, die Validierung und die Akzeptanz des Systems erhöht wird [Hoppe 92b].

Der Einsatz von Hypermedia bei der Wissensakquisition konzentriert sich meist auf die Benutzerführung. In den beiden Werkzeugen Shelley [Anjewierden/Wielemaker 90, Anjewierden et al. 92] und KEATS [Motta et al. 90] werden einzelne Editoren vorgestellt, die die Entwicklung des Modells der Expertise technisch unterstützen. In [Workshop 91] werden verschiedene Vorschläge gemacht, Hypermedia für die konzeptionelle Unterstützung der Wissensakquisition, für die Dokumentation, für die Entwicklung einer Erklärungskomponente und für die Bereitstellung eines Tutors einzusetzen.

In unserem Ansatz schlagen wir eine informale bzw. semiformale Zwischenrepräsentation, basierend auf Hypermedia, für die Verbesserung des Wissensakquisitionsprozesses und der Dokumentation vor [Neubert 92, Hoppe/Neubert 92, Neubert 93]. Damit die beschriebenen Vorteile einer Zwischenrepräsentation optimal zum Tragen kommen können, wurden in diesem sogenannten *Hypermodell* geeignete Knoten- und Linktypen eingeführt, mit denen die Expertise strukturiert werden kann. Diese wurden so gewählt, daß sie für den Experten verständlich sind und er selbständig Knoten und Links zwischen Knoten anlegen kann. Einzelne Sachverhalte des Anwendungsproblems werden in einem Knoten informal beschrieben (im Informationsfeld), durch den Knotentyp und durch Verbindungen des Knotens zu anderen Knoten wird das Wissen strukturiert. Das entstehende Netz ist darauf ausgerichtet, für die Zusammenhänge, die im Modell der Expertise formalisiert werden müssen, Hinweise zu geben. So werden Aktivitäten des Experten beschrieben ebenso wie wichtige Begriffe der Anwendung. Aktivitäten werden z.B. untereinander verbunden, um die Reihenfolge darzustellen, in der sie vom Experten ausgeführt werden, Begriffe werden z.B in einer *is_a*-Hierarchie miteinander in Beziehung gesetzt.

2.3 Das Hypermodell

Im Hypermodell stehen folgende Modellierungsprimitive zur Verfügung:

- Knoten:
  Ein Knoten ist ein Hypermedia-Dokument mit einem Multimedia-Informationsfeld, das Text, Grafik, Audio, Video usw. beinhalten kann. Im Hypermodell sind drei Knotentypen enthalten: *Protokolle, Aktivitäten* und *Begriffe*. Ein Protokoll enthält ein aus einer Phase der Wissenserhebung resultierendes Wissensprotokoll[5]. Eine Aktivität beschreibt einen Schritt des Problemlösungsprozesses, den der Experte durchführt, z.B. die *Sammlung von Kundendaten*. In einem Begriff wird die Beschreibung eines in den Problemlösungsprozeß involvierten Objektes abgelegt, z.B. die Erläuterung des Begriffs *Glasversicherung* o.ä.
- Kanten (Links):
  Kanten (Links) beschreiben Beziehungen zwischen zwei Knoten. Wir unterscheiden dabei zwischen folgenden Link-Typen:
  - Ein *Reihenfolgelink* verbindet zwei Aktivitäten, um deren Reihenfolge im Problemlösungsprozeß zu beschreiben.
  - Ein *Verfeinerungslink* verbindet eine Aktivität mit einer ihrer Teilaktivitäten. Die Menge dieser Subaktivitäten beschreibt die Aktivität auf einer detaillierteren Stufe. Ein Verfeinerungslink kann auch zwischen zwei Protokollen bestehen, wenn eines einen Teilaspekt des anderen im Detail beschreibt.
  - Ein *Inferenzlink* zwischen einem Begriff und einer Aktivität oder umgekehrt beschreibt den Datenfluß einer Detaillierungsebene.
  - Ein *Beschreibungslink* verbindet einen Abschnitt oder ein Wort innerhalb des Informationsfeldes eines Begriffs oder einer Aktivität mit einem Konzept oder einer Aktivität, um diesen Abschnitt bzw. das Wort im Detail, d.h. durch einen eigenen Knoten zu beschreiben.
  - Ein *Datumlink* zwischen zwei Protokollen existiert, um die chronologische Ordnung ihrer Erhebung zu dokumentieren.
  - *Is_a Links* und vom Benutzer definierte *Relationslinks* existieren zwischen zwei Begriffen, um deren Beziehung zu beschreiben. Oft benutzte Relationslinks sind z.B. *teil_von* oder *verursacht*.
  - Ein *Protokollink* verbindet einen Begriff oder eine Aktivität mit dem Protokoll, in dem der Begriff oder die Aktivität vom Experten beschrieben wurde.

Die einzelnen beschriebenen Modellierungsprimitive des Hypermodells können zu sogenannten *Kontexten* gruppiert werden, um einen funktionalen Zusammenhang auszudrücken. Kontexte beschreiben somit eine Sicht auf relevante Substrukturen des Hypermodells.

Der *Protokollkontext* beschreibt die gesamten Resultate aller Erhebungsphasen, der *Aktivitätenkontext* beschreibt die Hierarchie aller durchzuführenden Arbeitsschritte zur Problemlösung, ein *Strukturkontext* beschreibt den Datenfluß, ein *Reihenfolgekontext* den Kontrollfluß, der *Begriffskontext* illustriert relevante Begriffe und deren Beziehungen, der *Dokumentationskontext* gibt Auskunft über im Text verwendete Begriffe und Aktivitäten.

---

[5] Beispielsweise aus einem Interview mit dem Experten.

Im *Interpretationskontext* sind alle Kontexte außer dem Protokollkontext zusammengefaßt. Er beschreibt damit die semiformale Strukturierung des Wissens.

- Kontexte:
  - Der *Protokollkontext* beinhaltet Protokolle, Verfeinerungslinks zwischen Protokollen und Datumlinks. So ist der Prozeß der Wissenserhebung dokumentiert.
  - Der *Begriffskontext* umfaßt alle Begriffe und Beziehungen, die zwischen diesen beschrieben wurden, z.B. *is_a* Links oder selbst definierte Relationslinks wie *teil_von*, oder *benötigt* usw.
  - Der *Aktivitätenkontext* enthält alle Aktivitäten und Verfeinerungslinks, die zwischen ihnen bestehen. So entsteht ein Baum oder ein Netz aus Aktivitäten und Teilaktivitäten.
  - Ein *Reihenfolgekontext* enthält Aktivitäten, die durch Reihenfolgelinks miteinander verbunden sind. Dies sind stets Aktivitäten einer einzelnen Hierarchiestufe.
  - Ein *Strukturkontext* ist ebenso wie der entsprechende Reihenfolgekontext die Sicht auf Aktivitäten einer einzelnen Hierarchiestufe. Inferenzlinks und die über sie verbundenen Begriffe sind neben Aktivitäten Inhalt eines Strukturkontextes, der damit den Datenfluß beschreibt.
  - Der *Dokumentationskontext* gibt eine Sicht auf alle Beschreibungslinks und über sie miteinander verbundene Knoten.
  - Der *Interpretationskontext* enthält den Aktivitätenkontext, den Reihenfolgekontext, den Begriffskontext, den Strukturkontext und den Dokumentationskontext und ergibt damit die semiformale Repräsentation der Expertise.
- Das *Hypermodell* besteht aus dem Interpretationskontext und dem Protokollkontext sowie den zwischen diesen beiden Kontexten existierenden Protokollinks, die auf die vom Experten stammenden Protokolle zurückverweisen.

Beispiele für einige Kontexte werden im Rahmen des Werkzeugs (Abschnitt 3.2) beschrieben, mit dem sie rechnergestützt entwickelt werden können.

2.4 Die Gesamtumgebung

Ein weiteres Grundprinzip unserer Methodik ist es, eine integrierte Umgebung zu schaffen, in der die informalen Wissensprotokolle mit der semiformalen Darstellung des Wissens verbunden sind — realisiert im Hypermodell —, wobei aber zusätzlich auch die formale Spezifikation der Expertise an die semiformale Darstellung des Wissens angebunden ist. Zu diesem Zweck wird ein weiterer Linktyp eingeführt, der sogenannte *Formalisierungslink*. Durch ihn können informal beschriebene Wissenselemente, z.B. eine Aktivität, mit formal in KARL formulierten Wissenselementen, z.B. einem Inferenzschritt, verbunden werden. Eine solche Verbindung besagt, daß z.B. für den konkreten Anwendungsfall der Inferenzschritt *select* durch die Aktivität *„Wähle eine geeignete Versicherung aus“* und deren natürlichsprachliche Beschreibung erklärt werden kann. Analog werden formale Konzepte mit Begriffen des Hypermodells verbunden usw.

So dient das Hypermodell als Dokumentation des Systems und ist außerdem für die Erklärungskomponente und die Wartung des Systems nützlich.

3 Der Prozeß des Wissenserwerbs

Aus den in den vorangehenden Abschnitten beschriebenen Prinzipien unserer Methodik geht eine bestimmte Vorgehensweise für die Analysephase hervor. Diese wird in diesem Abschnitt kurz beschrieben ebenso wie das Werkzeug CoMoKit (Conceptual Model Construction Kit), welches entwickelt wurde, um diese Phasen des Wissenserwerbs durch den Rechner zu unterstützen und eine Umgebung zu schaffen, die sämtliche Zwischenergebnisse integriert.

3.1 Der gesamte Entwicklungsprozeß

Abbildung 1 zeigt den gesamten Prozeß der Wissensakquisition. Sie beginnt mit der Wissenserhebung und geht weiter mit der Interpretation des in den Wissensprotokollen beschrieben Wissens. Im Formalisierungsschritt wird das formale Modell der Expertise in KARL formuliert. Der Operationalisierungsschritt entfällt, da die formale Darstellung in KARL bereits auch eine operationale Darstellung des Wissens ist. Mit Evaluierung wird die rechnergestützte Auswertung des in KARL beschriebenen Wissens bezeichnet.

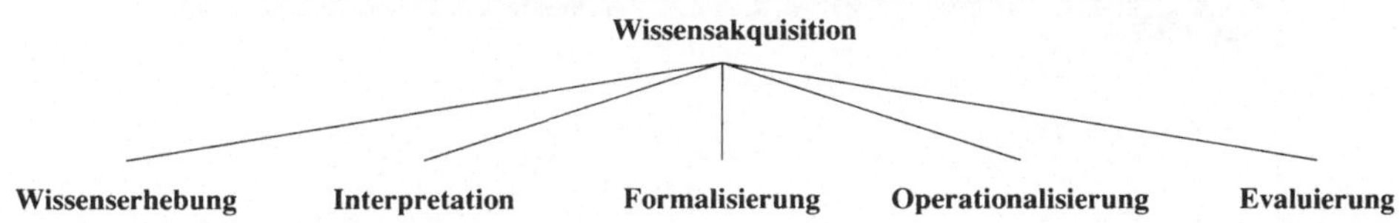

Abbildung 1. Teilschritte der Wissenserhebung

3.2 Werkzeugunterstützung

Conceptual Model Construction Kit (CoMoKit) ist das Werkzeug, das den Wissensingenieur bei den Aufgaben der Wissensakquisition, insbesondere bei der Interpretation und Formalisierung, unterstützt. Im folgenden werden die einzelnen Komponenten von CoMoKit etwas detaillierter beschrieben.

3.2.1 Interpretation

Der Wissensingenieur beginnt die Entwicklung eines wissensbasierten Systems mit der Erhebung des Wissens. Die hieraus resultierenden natürlichsprachlichen Wissensprotokolle werden mit Hilfe von CoMoKit in das System aufgenommen. Dies geschieht mit Hilfe des sogenannten *Protokoll-Editor* (siehe Abbildung 2). Neben textuellen Daten ist auch die Eingabe von Video- und Audiodaten möglich. Der Protokoll-Editor ermöglicht das Hinzufügen neuer Protokolle ebenso wie das Löschen oder das Modifizieren bereits existierender Protokolle.

Der Protokoll-Editor kooperiert mit dem *Aktivitäten-Editor* und dem *Begriffs-Editor*, denn bereits innerhalb des Protokoll-Editors kann mit der Strukturierung des Wissens begonnen werden. Ausgehend vom Markieren relevanter Textpassagen, die Aktivitäten oder Begriffe beschreiben, kann ein *Begriff* oder eine *Aktivität* des Hypermodells erzeugt werden, wobei das markierte Fragment des Protokolltextes Inhalt des Informationsfeldes des neuen Knotens wird. Ein Name für den neuen Knoten wird zusätzlich vom Benutzer vergeben.

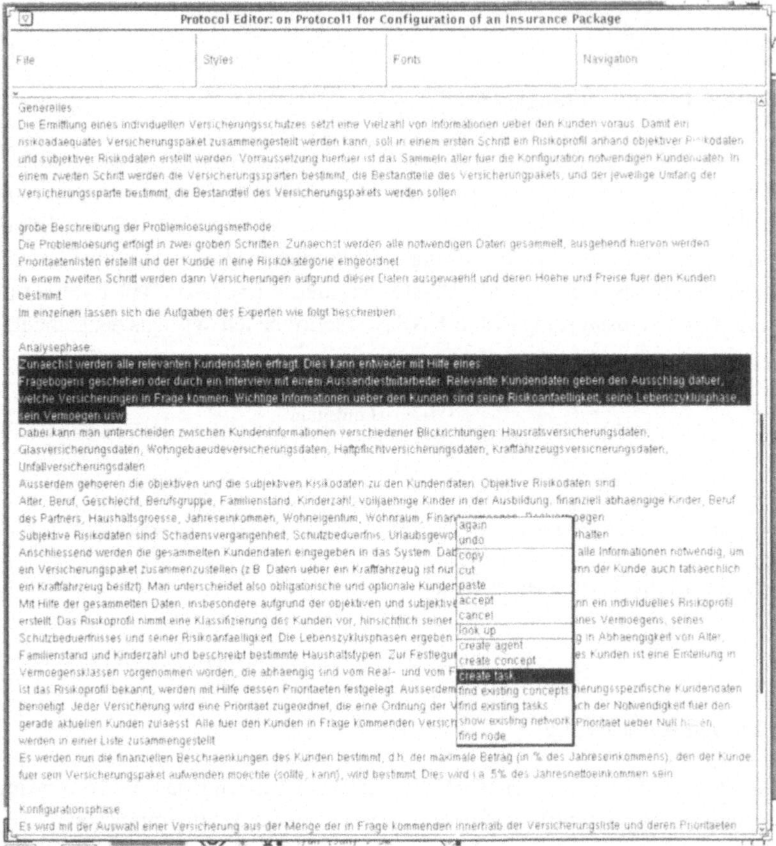

Im Protokoll-Editor kann nach Angabe eines Namens ein Protokoll angelegt bzw. gelesen, gelöscht oder modifiziert werden. In der Abbildung wird ein bereits angelegtes Protokoll gezeigt. Es beschreibt ein Wissensprotokoll zum Anwendungsbereich: Konfiguration eines individuellen Versicherungspaketes für Privatkunden [Ohlgart 92]. Innerhalb des Protokolls können durch Markierung und Menüanwahl relevante Aktivitäten und Begriffe als Knoten des Hypermodells definiert werden.

Abbildung 2. Protokoll-Editor

Der *Aktivitäten-Editor* ermöglicht die Sicht auf alle bereits angelegten Aktivitäten; zusätzlich können neue Aktivitäten generiert oder existierende Aktivitäten modifiziert oder gelöscht werden. Desweiteren können im Aktivitäten-Editor Verfeinerungslinks und Reihenfolgelinks zwischen Aktivitäten und Inferenzlinks zwischen Aktivitäten und Begriffen angelegt werden. In Abbildung 3 wird der Aktivitätenkontext, in Abbildung 4 ein Strukturkontext für das Versicherungsproblem gezeigt.

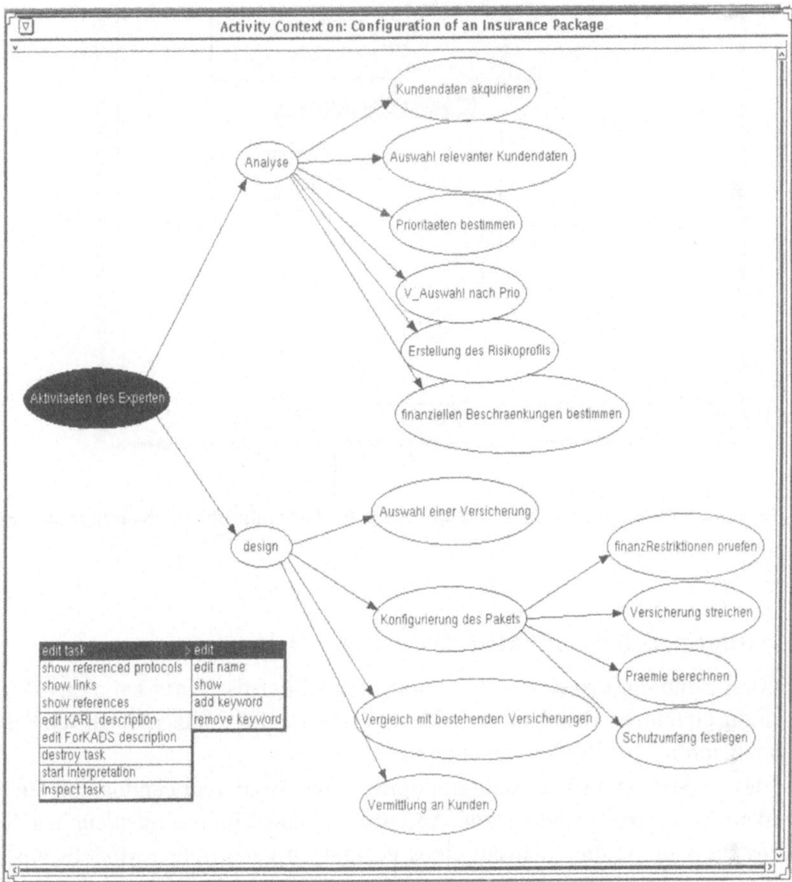

Abbildung 3. Aktivitäten-Kontext für die Konfiguration eines geeigneten Versicherungspakets

Innerhalb des Aktivitäten-Editors — beim Anzeigen des Strukturkontexts — werden bereits einige im Problemlösungsprozeß verwendete Begriffe sichtbar. Der *Begriffs-Editor* ermöglicht die Sicht auf alle bereits angelegten Begriffe und deren Verbindungen untereinander. Darüber hinaus ist das Anlegen, Modifizieren und Löschen von Begriffen ebenso möglich wie deren Verbinden durch die entsprechenden Linktypen. So können Begriffe z.B. durch is_a-Links miteinander verbunden werden. Abbildung 5 zeigt Ausschnitte aus dem Begriffs-Editor, der den Begriffs-Kontext für das verwendete Anwendungsbeispiel darstellt.

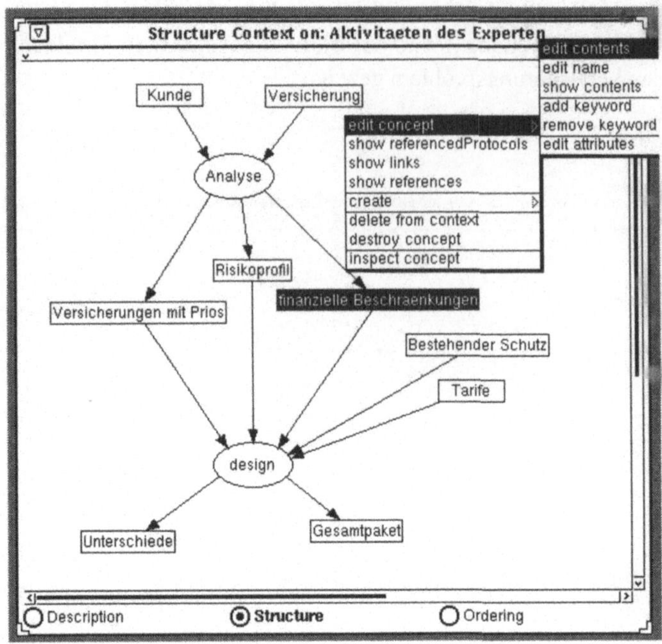

Abbildung 4. Struktur-Kontext für die erste Verfeinerung des Gesamtproblems Konfiguration eines Versicherungspakets

3.2.2 Die Erstellung des formalen Modells der Expertise

Mit Hilfe der drei Editoren: Protokoll-, Aktivitäten- und Begriffs-Editor kann das Hypermodell vollständig erstellt werden. Nun dient dieses Hypermodell in einem nächsten Schritt dazu, die Formalisierung des Wissens zu unterstützen.

Mit Hilfe des Hypermodells kann das Grundprinzip der Wiederverwendbarkeit leichter realisiert werden, denn eine grundlegende Aufgabe für den Wissensingenieur zur Realisierung dieses Prinzips ist die Auswahl eines geeigneten generischen Modells aus der Bibliothek. Dies ist in einer frühen Phase des Wissenserwerbs besonders schwierig, in der der Wissensingenieur nur über eine geringfügige Kenntnis des Anwendungsbereichs verfügt. Das mit Hilfe des Experten erstellte Hypermodell bietet ihm hier eine maßgebliche Unterstützung: Die im Hypermodell entstandenen Strukturen geben dem Wissensingenieur (neben anderen Kriterien[6]) Hinweise auf in Frage kommende Modelle.

Ebenso dient das Hypermodell als Grundlage für ein neu zu entwickelndes generisches Modell, d.h. von Inferenzschritten und deren Kontrollfluß, falls kein in der Bibliothek vorhandenes Modell als passend erscheint. Durch Abstraktion der in dem Hypermodell verwendeten Knotennamen entstehen die generischen Inferenzschritte und generische Input-/Outputdaten. Für die Modellierung des Kontrollflusses zeigen Reihenfolgelinks eine

[6] Die Modellauswahl stellt beim Einsatz der wiederverwendbaren Interpretationsmodelle eine zentrale Aufgabe des Knowledge Engineers dar. Sie ist jedoch zum aktuellen Zeitpunkt noch sehr vage definiert, und es existieren nur sehr wenige Heuristiken zur Auswahl eines Interpretationsmodells.

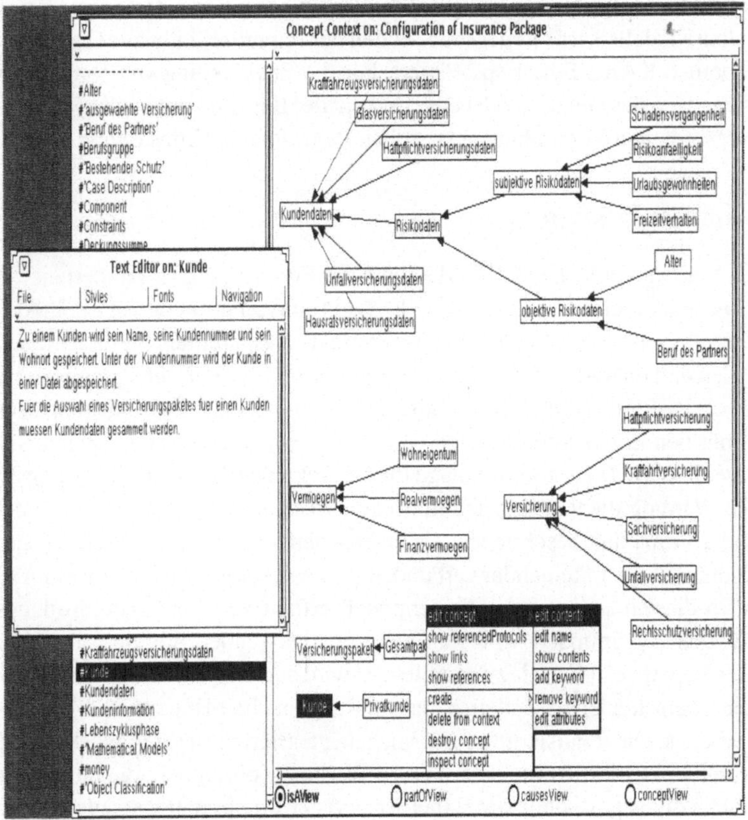

Existierende Begriffe sind aufgelistet (linke Seite). Zu einem Begriff kann das Informationsfeld angezeigt werden (siehe Begriff Kunde). Die rechte Seite zeigt die für das gegebene Konfigurationsproblem bereits angelegte is_a-Hierarchie zwischen Begriffen. Es kann wahlweise umgeschaltet werden zwischen verschiedenen Linktypen.

Abbildung 5. Der Begriffskontext

Ordnung auf, die auf die Inferenzschritte übertragbar ist. Oft ist ein aus der Bibliothek ausgewähltes Modell nicht vollständig für das gegebene Anwendungsproblem geeignet und muß angepaßt werden. Diese Modifikation von Modellen wird durch Strukturen des Hypermodells erleichtert, das durch enthaltene Aktivitäten Hinweise gibt auf zu modellierende Inferenzschritte.

Die Betrachtung, die Entwicklung oder die Modifikation der gesamten Bibliothek von generischen Modellen wird vom *Interpretationsmodell-Editor* unterstützt. Der Interpretationsmodell-Editor ermöglicht es, einzelne Inferenzschritte, aber auch die gesamten Inferenzstrukturen, zu generieren und diese formal — in KARL[7] — zu beschreiben. Darüber hinaus kann mit Hilfe des Interpretationsmodell-Editors ein Modell als Schablone für das

[7] In CoMoKit ist es möglich, eine andere Spezifikationssprache als KARL für die Formalisierung der Modelle zu verwenden.

konkrete Modell der Expertise ausgewählt werden. Auf Basis des so ausgewählten bzw. entwickelten Modells wird das gesamte Modell der Expertise inklusive Gegenstandsbereich im sogenannten KARL-Editor spezifiziert. Für die Entwicklung von formalen Konzepten und Beziehungen des Gegenstandsbereichs dient der Begriffskontext des Hypermodells mit seinen Begriffen und Verbindungen zwischen Begriffen als Hilfestellung.

4 Zusammenfassung

In diesem Beitrag wurde die MIKE-Methodik zur Entwicklung von Expertensystemen vorgestellt. Diese Methodik versucht, Vorteile des Prototyping mit denen des modellbasierten Wissenserwerbs zu verbinden, indem eine abstrakte Beschreibung der Expertise mittels einer formalen und operationalen Spezifikationssprache vor der Realisierung des endgültigen Systems bereitgestellt wird. Darüber hinaus führen wir eine Zwischenrepräsentation ein, die nicht nur den Entwicklungsprozeß vereinfacht, sondern auch den späteren Einsatz des Systems verbessert, da sie als Grundlage für die Dokumentation, die Erklärungskomponente und die Wartung dient. Diese semiformale Zwischenrepräsentation wird mit Hilfe von Hypermedia-Prinzipien beschrieben, sie enthält nämlich informal beschriebene Elemente — die Knoten —, die miteinander verbunden sind und somit den Hypermedia-Grundsätzen genügen. In diesem sogenannten Hypermodell erfolgt also eine erste Strukturierung der Expertise. Das Hypermodell wird nun nicht nur verwendet, um ein formales abstraktes Modell der Expertise in KARL zu erstellen, es wird auch mit diesem verknüpft. So entsteht ein Netz aus verschiedenen Modellen, das im Rahmen einer Hypermedia-Umgebung leicht spezifizierbar ist. Die Realisierung einer solchen integrierten Gesamtumgebung ist durch die Verwendung von CoMoKit möglich. Dieses Werkzeug ermöglicht die interaktive Eingabe der unterschiedlichen Modelle der Expertise und der Interpretationsmodell-Bibliothek.

Der Wissensingenieur wird neben der Werkzeugunterstützung auch durch die Mithilfe des Experten beim Wissenserwerb entlastet. Der Experte kann zunächst selbständig protokollieren, wie er bei der Lösung seines Problems vorgeht. Mit Hilfe des Werkzeugs kann er Strukturen der Expertise mittels verschiedener von ihm definierter Knoten und Kanten unterschiedlichen Typs beschreiben. Neben der Erleichterung des Wissenserwerbs verbessert diese aktive Teilnahme des Experten auch die Akzeptanz des Systems.

CoMoKit unterstützt nicht nur die Erstellung einzelner Dokumente und Modelle und deren Verbindungen untereinander, er weist dem Benutzer auch den Weg bei seinen Aufgaben innerhalb des Wissenserwerbs [Neubert/Studer 92]. Dabei liegt der Schwerpunkt der Unterstützung zum aktuellen Zeitpunkt vorrangig auf der Analysephase. Es ist jedoch vorgesehen, eine gesamte hypermedia-basierende Systemumgebung [Neubert/Oberweis 92] zu schaffen. Uns ist es besonders wichtig, eine integrierte Umgebung zu schaffen, in der verschiedenste Darstellungsformen der Expertise existieren, die es ermöglichen, weniger formale Zwischenergebnisse für die Dokumentation und die Erklärungskomponente zu nutzen und (durch geeignete Links) in das Gesamtsystem einzubinden. Somit bieten wir eine sowohl technische als auch methodische Hilfestellung für den Wissensingenieur an.

Danksagung

Die Entwicklung der MIKE-Methodik erfolgte in Zusammenarbeit mit Jürgen Angele, Dieter Fensel und Dieter Landes. CoMoKit entstand in Kooperation mit Frank Maurer, dem wir außerdem für zahlreiche fruchtbare Diskussionen zum Thema Integration von Hypermedia und Wissenserweb besonders danken möchten.

Ein Baukastenansatz für wissensbasiertes Entwerfen

Christian Rathke

Entwerfen beschäftigt sich mit dem zielgerichteten Erzeugen von Artefakten. Beim Software-basierten Entwerfen werden Computer verwendet, um graphische, textuelle oder für die Steuerung von Maschinen geeignete Beschreibungen des zu erstellenden Produkts zu erzeugen [Gero 90]. Systeme zur Unterstützung von Entwurfsaktivitäten lassen sich auf einem Spektrum zwischen reinen Werkzeugen und autonomen Systemen ansiedeln. An einem Endpunkt befinden sich Systeme, die als Erweiterung oder Ersatz von Papier und Bleistift dienen, wie z.B. CAD-Systeme, mit denen Gebäude oder Maschinenteile entworfen werden. Sie unterstützen das Entwerfen mittels vordefinierten graphischen Symbolen und Rasterung, Skalierung und Bemaßung. An dem anderen Endpunkt des Spektrums befinden sich Systeme, denen man ein Entwurfsproblem als funktionale Spezifikation übergibt und die ohne Einwirkung eines Benutzers eine Lösung für das Entwurfsproblem generieren. Oft werden solche Systeme als „intelligent" bezeichnet, besonders wenn sie Probleme lösen, die sonst nur von erfahrenen Experten des Problembereiches beherrscht werden.

Software-basierte Konstruktions-Baukästen (kurz: Software-Baukästen) befinden sich auf der Werkzeugseite des Spektrums. Die Unterstützungsfunktion für den Benutzer beruht auf einer direkt-manipulativen Benutzungsschnittstelle [Hutchins et al. 86] und auf der Verwendung von Abstraktionen und Operationen aus dem Anwendungsbereich. Expertensysteme für das Entwerfen als Teilgebiet der Künstlichen Intelligenz gehören zur Klasse der autonomen Systeme. Theorembeweisen, Verstehen natürlichsprachlicher Texte, Interpretieren von Bildern und autonome Roboter sind weitere Teilgebiete der Künstlichen Intelligenz, in denen angestrebt wird, Probleme von einem intelligenten System selbständig lösen zu lassen.

Die Angemessenheit beider Ansätze für die Entwurfsunterstützung wird von vielen Faktoren bestimmt, darunter besonders von den Eigenschaften des Problems und dem Wissen und den Fertigkeiten des Anwenders. Die These dieses Beitrags besteht darin, daß die meisten Entwurfsprobleme (z.B. in der Architektur und der Mechanik) am besten in einem interaktiven Prozeß gelöst werden, bei dem ein Designer und ein wissensbasiertes Unterstützungssystem das Produkt *zusammen* entwerfen.

In den folgenden Abschnitten werden die für die Interkation wichtigen Charakteristika von Software-Baukästen und Expertensystemen einander gegenübergestellt. In der Kombination beider Ansätze als wissensbasierte Entwurfsumgebungen müssen Anforderungen bezüglich der Benutzungsschnittstelle, des Dialogmodus, der Modifizierbarkeit durch den Benutzer und des Anwendungsbereiches erfüllt werden. Um die Eigenschaften von wissensbasierten interaktiven Entwurfsprozessen für die Klasse der technischen Systeme näher zu untersuchen, wurde eine wissensbasierte interaktive Umgebung für das Entwerfen von CNC[1]-Maschinen entwickelt [Negele/Rathke 91]. KONEX+ verbindet ein konventionelles Expertensystem [König/Rathke 91] mit der interaktiven Benutzungsschnittstelle eines Software-basierten Konstruktions-Baukastens. Eigene Systemteile, sog. Designexperten,

[1] Computerized Numerical Control

stellen die wissensbasierten Komponenten von KONEX+ dar. Im Anschluß an die Beschreibung von KONEX+ wird auf verwandte Arbeiten eingegangen und eine Bewertung des Erreichten vorgenommen.

1 Wissensbasierte Entwurfsumgebungen

Software-basierte Konstruktions-Baukästen und Expertensysteme für das Entwerfen markieren die Endpunkte eines Spektrums zwischen Werkzeugen und autonomen Systemen:

- Mit Hilfe eines *Software-basierten Konstruktions-Baukastens* können Elemente aus einem Anwendungsbereich fast beliebig miteinander kombiniert werden [Fischer/Lemke 88]. Es gibt nur wenige Einschränkungen, die die Anzahl der möglichen Kombinationen begrenzen. Deshalb ist die Anzahl konstruierbarer Entwürfe sehr groß.
- In *Expertensystemen für das Entwerfen* werden Heuristiken aus dem Anwendungsbereich verwendet, um die Anzahl der Möglichkeiten zur Kombination von Komponenten zu reduzieren. Im Gegensatz zu Konstruktions-Baukästen führen sie die Entwurfsaufgabe eigenständig durch. Sie sollen Aktivitäten von Experten ersetzen und Teile des Entwurfsprozesses selbständig durchführen.

Verbindet man beide Ansätze in Form einer wissensbasierten Entwurfsumgebung, entstehen neue Systemeigenschaften, die sich von denen reiner Konstruktions-Baukästen oder Expertensysteme unterscheiden. Die Unterschiede betreffen die Gestaltung der Benutzungsschnittstelle, die Aufteilung der Dialoginitiative, die Anpaßbarkeit durch den Benutzer und die Verwendung von Wissen über das Anwendungsgebiet.

Die Benutzungsschnittstelle

Software-basierte Konstruktions-Baukästen werden oft mit ihrer Benutzungsschnittstelle identifiziert. Man kann sie kaum ohne deren Erwähnung beschreiben. Ihre Benutzungsschnittstelle ist normalerweise direkt-manipulativ und enthält eine „Palette" von Komponenten sowie einem Arbeitsbereich, in dem diese Komponenten plaziert, angepaßt und miteinander verbunden werden. Der Music Construction Set [Brown 85] und der Pinball Construction Set [Budge 83] sind Beispiele aus dieser Kategorie.

Expertensysteme für das Entwerfen werden nicht primär als interaktive Systeme entwickelt. Man übergibt ihnen eine formale Beschreibung des gewünschten Produkts in Form einer funktionalen Spezifikation. Bei der Erstellung der Spezifikation mag etwas Unterstützung im syntaktischen Bereich hilfreich sein. Dies wird aber nicht als essentiell angesehen. Aus diesem Grund stehen Benutzungsschnittstellen bei der Expertensystemforschung eher am Rande des Interesses, obwohl sie oft einen großen Teil des gesamten Entwicklungsaufwandes darstellen [Smith 84, Mittal et al. 86].

In der hier angestrebten Umgebung zur Unterstützung der Entwurfstätigkeit sollen Designer in die Lage versetzt werden, mit dem System über den sich entwickelnden Entwurf und über Systemeigenschaften zu kommunizieren. Kommunikation über einen Gegenstand erfordert dessen explizite Repräsentation und die Fähigkeit, implizite Eigenschaften explizit zu machen. Werden Teilaufgaben an das System delegiert, sollte es seine Entscheidungen erklären können. Beide Eigenschaften, die explizite Repräsentation von Wissen und die Fähigkeit zu Erklärungen, sind typische Merkmale von Expertensystemen.

Dialoge mit wechselnder Initiative

In Dialogen mit Expertensystemen liegt die Dialoginitiative typischerweise beim System. Da eine echte natürlichsprachliche Kommunikation nicht realisierbar ist, werden Benutzer entweder aufgefordert, Alternativen aus einem Menü auszuwählen oder einfache Ja/Nein-Fragen zu beantworten (vgl. den Beitrag von W.-F. Riekert in diesem Buch). Den Benutzern wird also eine passive Rolle aufgezwungen. Dieses Dialogverhalten ergibt sich aus der Rollenverteilung zwischen Benutzer und System. Probleme und ihre Lösungen werden an das System *delegiert*.

In Dialogen mit Software-Baukästen liegt die Initiative beim Benutzer. Das System hat den Charakter eines Werkzeugs, das die Rolle von Papier, Bleistift und Lineal einnimmt. Gute Baukästen sind dabei für den Benutzer „unsichtbar", d.h. ihre spezifischen Eigenschaften werden dem Benutzer nicht bewußt, sondern treten hinter die Beschäftigung mit der Aufgabe zurück (vgl. den Beitrag von G. Fischer in diesem Buch). Die angestrebte Unsichtbarkeit verbietet die Delegation der Aufgaben an das Werkzeug.[2]

Wissensbasierte Systeme zur Unterstützung des Entwurfsprozesses zeichnen sich durch Dialoge mit wechselnder Initiative aus. Die Benutzer sollten aktive Kontrolle ausüben können, sofern sie dies wünschen. Andererseits sollten die Systeme ihr Wissen über den Anwendungsbereich zum Tragen bringen und den Benutzer zu besseren Entwürfen führen.

Anpaßbarkeit durch den Endbenutzer

Die Delegation von Aufgaben an ein Software-System und dessen aktive Rolle im Entwurfsprozeß bewirken einen Verlust an Steuerungsmöglichkeiten. Wollen Designer in Ausnahmefällen Kontrolle über das Systemverhalten zurückerhalten, z.B. weil sie abweichende Präferenzen und Vorstellungen über einen Anwendungsbereich haben, muß die Funktionalität des Unterstützungssystems verändert werden können [Fischer/Girgensohn 90]. In einem Expertensystem bedeuten Anpassungen eine Modifikation der Wissensbasis. Überlicherweise wird die Wissensbasis eines Expertensystems aber von einem Wissensingenieur außerhalb des Anwendungsdialogs verwaltet, so daß Anpassungen nur indirekt möglich sind.

Wissen über den Anwendungsbereich

Durch ihre Begrenzung auf Konstruktionen aus einem Anwendungsbereich sind Software-basierte Konstruktions-Baukästen stark an diesem Anwendungsbereich orientiert und auf andere Bereiche nicht übertragbar. Dadurch wird eine Einschränkung des Designraums erreicht. Innerhalb des eingeschränkten Designraums gibt es trotzdem noch so viele Freiheitsgrade, daß kreatives Entwerfen [Mittal et al. 86] möglich bleibt. Neben neuen, innovativen Entwürfen können aber ebensogut unvernünftige (z.B. zu teure, zu schwere, zu langsame usw.) oder sogar fehlerhafte Entwürfe erzeugt werden.

Software-basierte Konstruktions-Baukästen sind der Grammatik natürlichsprachlicher Sätze vergleichbar. Sie helfen beim Formulieren syntaktisch korrekter „Sätze", ohne dafür zu garantieren, daß ihre Aussagen Sinn machen. Konstruktions-Baukästen unterstützen

[2] Die sprachlich-semantische Unvereinbarkeit von „Delegation" und „Werkzeug" unterstützt diese Aussage.

also das Entwerfen auf der *syntaktischen* Ebene. Die Komponenten des Entwurfs sind das Vokabular des Designraums.

Wissensbasierte Entwurfsumgebungen machen sich die Semantik des Anwendungsbereichs zunutze. Sie verwenden Wissen über Objekte und Beziehungen aus dem Anwendungsbereich [Fischer/Rathke 88], um über die Qualität von Entwürfen zu entscheiden.

2 Konex+ – eine wissensbasierte, interaktive Entwurfsumgebung

KONEX+ unterstützt Techniker beim Entwerfen von CNC–Maschinen [Hammer 90]. Diese Geräte bestehen aus Hardware- und Softwarekomponenten. Sie steuern Bewegungen anderer Maschinen wie z.B. Roboter in einem Produktionsprozeß. Hardware- und Softwareteile (Konfigurationsobjekte) werden zu CNC–Maschinen zusammengesetzt. Diese müssen zum einen technische, zum anderen ökonomische und firmenstrategische Restriktionen erfüllen:

- *Technische Abhängigkeiten* bestehen z.B. darin, daß ein Objekt nicht mit einem anderen zusammen verwendet werden darf oder daß ein Objekt für die Verwendung eines anderen erforderlich ist. So müssen z.B. CNC–Maschinen entweder genügend Speicherplatz auf ihrer eigenen Platine haben, oder sie müssen zusätzliche Speichereinheiten aufnehmen können. Für Objekte, die zusätzliche Steckplätze in der Hauptplatine benötigen, muß das Vorhandensein solcher Steckplätze überprüft werden.

Auf der anderen Seite können Randbedingungen durch die Firmenstrategie oder ökonomische Notwendigkeiten auferlegt sein. Diese schränken die technologisch möglichen Konfigurationen weiter ein.

- *Abhängigkeiten, die auf externen Anforderungen basieren,* sind z.B. finanzielle Restriktionen und spezielle Kundenwünsche bezüglich der Funktionalität und der Leistung. Zum Beispiel wird die Verarbeitungszeit bestimmter Operationen wichtig, falls das System in einen übergeordneten Produktionsprozeß wie eine Fließbandfertigung eingefügt werden soll.

Die Benutzungsschnittstelle

Entsprechend den in Abschnitt 1 beschriebenen Anforderungen wird die Benutzungsschnittstelle von KONEX+ in einem mehrfach unterteilten Bildschirm präsentiert (Abbildung 1). Die Schnittstelle ist der eines Software-basierten Baukastens nachgebildet. Sie wird durch Komponenten ergänzt, die den Entwurfsprozeß mit Wissen aus dem Anwendungsbereich unterstützen.

Die Palette

Die Palette (Abbildung 2) ist der Bildschirmbereich, auf dem Grundkomponenten ausgewählt und in den Arbeitsbereich übertragen werden, wodurch sie zu dem aktuellen Entwurf hinzugefügt werden.

Die Palette ist hierarchisch aufgebaut, wobei die Blätter des Baumes die auswählbaren Komponenten darstellen. Konfigurationskomponenten sind manipulierbare Bildschirmobjekte der Benutzungsschnittstelle. Durch Übertragen von Konfigurationskomponenten in

Palette
Arbeitsbereich
Katalog
Meldungen
Designexperten
Gesperrte Objekte

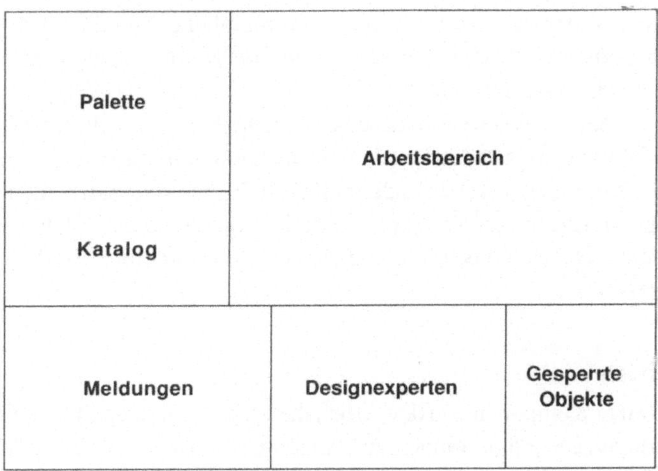

Die Benutzungsschnittstelle von KONEX+ besteht aus einer Reihe modularer Funktionseinheiten: Die *Palette* enthält die grundlegenden Designkomponenten. Diese können ausgewählt und in den *Arbeitsbereich* übertragen werden, der auch den augenblicklichen Designzustand enthält. Vordefinierte Entwürfe werden im *Katalog* gespeichert. Andere Fenster zeigen *Meldungen, Designexperten* und *Gesperrte Objekte.*

Abbildung 1. Die Aufteilung der Benutzungsschnittstelle von KONEX+

/SERIELLE-KOMMUNIKATION
6.1. SERIELLES-ZUSATZGERAET
6.1.1. GHIELMETTI-LOCHSTREIFENLESER
6.1.2. IBH-FLOPPY
6.1.2.1. IBH-FLOPPY-3.5
6.1.2.2. IBH-FLOPPY-5.25
6.1.3. IBH-WINCHESTER
6.1.3.1. IBH-WINCHESTER-3.5
6.1.3.2. IBH-WINCHESTER-525
6.1.4. ANSCHLUSSMODUL
6.2. DNC-FUNKTION
6.2.1. DOWN/UPLOAD-NC-PROGRAMM
6.2.1.1. DOWN/UPLOAD-NC-PROGRAMM-CNC
6.2.1.2. DOWN/UPLOAD-NC-PROGRAMM-FF-STATION
6.2.2. BLOCKWEIS-NACHLADEN-ABARBEITEN
6.2.2.1. BLOCKWEIS-NACHLADEN-ABARBEITEN-CNC
6.2.2.2. BLOCKWEIS-NACHLADEN-ABARBEITEN-FF
6.2.3. DOWN/UPLOAD-TABELLENDATEN
6.2.3.1. DOWN/UPLOAD-TABELLENDATEN-CNC

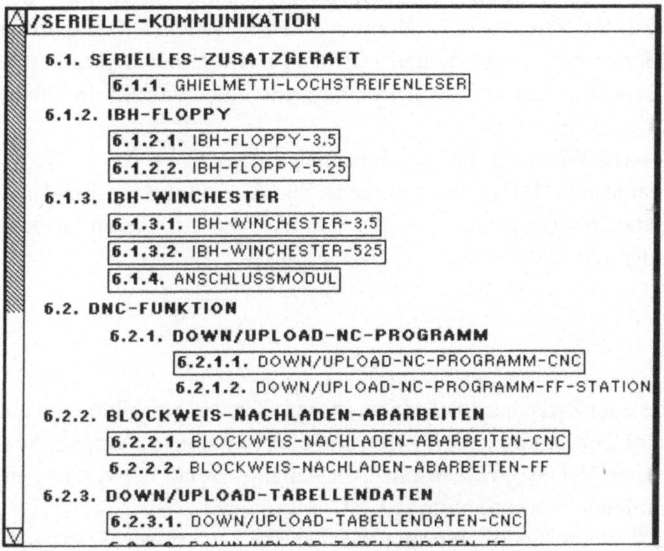

Abbildung 2. Die Palette

den Arbeitsbereich werden Teilelisten für CNC–Maschinen interaktiv erstellt. Im Unterschied zu anderen Systemen dieser Art spielt die räumliche Anordnung der Teile dabei keine Rolle. Für Softwareteile ist sie irrelevant, und für Hardwareteile wird die räumliche Anordnung durch das System bestimmt.

Wie in anderen Konstruktions-Baukästen enthält die Palette nur *prototypische* Objekte. Auswählen und Übertragen in den Arbeitsbereich instantiieren den Prototyp im Kontext des aktuellen Entwurfs. Im Gegensatz zu anderen Konstruktions-Baukästen enthält die Palette keine Werkzeuge, mit denen die Objekte modifiziert werden könnten. Dies ist durch den konkreten Anwendungsbereich bedingt, in dem es nicht erforderlich ist, die Elemente des Entwurfs anzupassen.

Der Arbeitsbereich

Das Übertragen einer Komponente in den Arbeitsbereich (Abbildung 3) veranlaßt KONEX+, eine Reihe alternativer Konfigurationen zu „berechnen". Danach wird der Arbeitsbereich aktualisiert.

Berechnung und Aktualisierung stützen sich auf Wissen über das Zusammenwirken der Komponenten in CNC–Maschinen. Ähnlich wie in den Expertensystemen XCON [Barker/ O'Connor 89] und COSSACK [Frayman/Mittal 87] wird die Konfiguration auf Inkonsistenzen und fehlende Teile untersucht. Als Konsequenz können Komponenten hinzugefügt oder von der weiteren Betrachtung ausgeschlossen werden. Diese Tatsache wird an andere Teile der Benutzungsschnittstelle weitergegeben, z.B. können ausgeschlossene Teile in der Folge nicht mehr aus der Palette ausgewählt werden.

Der Inhalt des Arbeitsbereichs kann unter verschiedenen Perspektiven betrachtet werden:

- Die *Stückliste* (vgl. Abbildung 3) repräsentiert Konfigurationen auf der Ebene der Komponenten. Sie zeigt, welche Komponenten in welcher Konfiguration enthalten sind. Die Menge der Komponenten selbst ist nach deren Funktion strukturiert, ob diese vom Benutzer oder vom System hinzugenommen wurden und ob diese in allen Alternativen vorhanden sind.
- Charakteristische Werte für die verschiedenen Alternativen sind als *Diagramme* (Abbildung 4) dargestellt. Balkendiagramme stellen Alternativen *im Vergleich* dar.
- Spezielle Darstellungen zeigen, wie Platinen auf die verfügbaren Steckplätze verteilt werden können (Abbildung 5).

Der Katalog

Frühere Entwürfe oder Zwischenzustände werden im Katalog (Abbildung 6) abgespeichert. Sie werden durch Übertragung in den Arbeitsbereich reaktiviert. Designer können so zwischen verschiedenen Versionen wechseln. Am Anfang enthält der Katalog prototypische Entwürfe und minimale, vorkonfigurierte CNC–Maschinen.

Der Katalog dient als Repertoire prototypischer Konfigurationen. Er erlaubt das Entwerfen, ausgehend von konkreten Beispielen, wobei es, im Gegensatz zum sog. fallbasierten Entwerfen, dem Benutzer überlassen bleibt, die Eigenschaften der Einträge im Katalog mit einer gewünschten Konfiguration zu vergleichen.

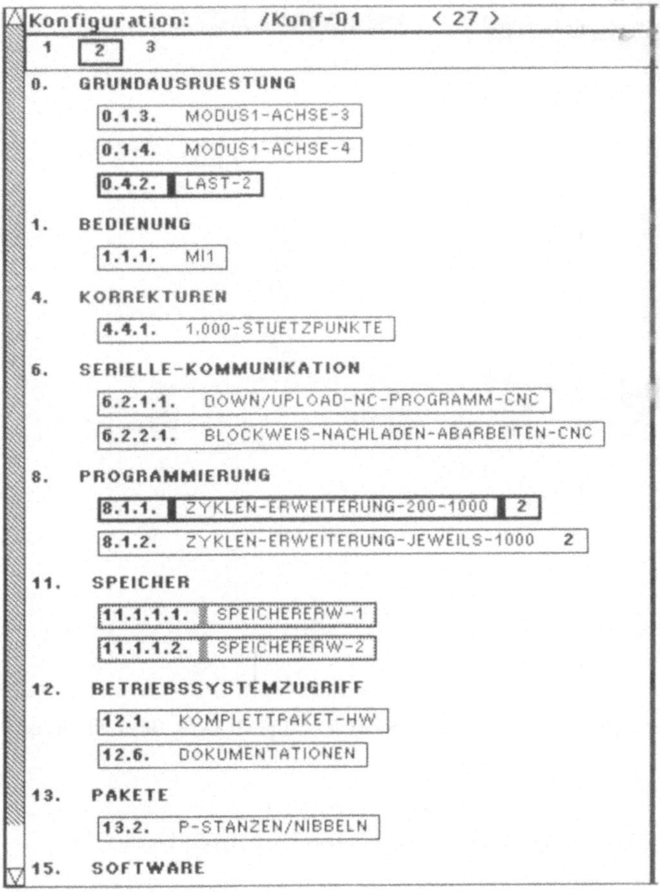

Konfiguration: /Konf-01 < 27 >
1 2 3

0. GRUNDAUSRUESTUNG
0.1.3. MODUS1-ACHSE-3
0.1.4. MODUS1-ACHSE-4
0.4.2. LAST-2

1. BEDIENUNG
1.1.1. MI1

4. KORREKTUREN
4.4.1. 1.000-STUETZPUNKTE

6. SERIELLE-KOMMUNIKATION
6.2.1.1. DOWN/UPLOAD-NC-PROGRAMM-CNC
6.2.2.1. BLOCKWEIS-NACHLADEN-ABARBEITEN-CNC

8. PROGRAMMIERUNG
8.1.1. ZYKLEN-ERWEITERUNG-200-1000 2
8.1.2. ZYKLEN-ERWEITERUNG-JEWEILS-1000 2

11. SPEICHER
11.1.1.1. SPEICHERERW-1
11.1.1.2. SPEICHERERW-2

12. BETRIEBSSYSTEMZUGRIFF
12.1. KOMPLETTPAKET-HW
12.6. DOKUMENTATIONEN

13. PAKETE
13.2. P-STANZEN/NIBBELN

15. SOFTWARE

Abbildung 3. Der Arbeitsbereich

Meldungen, Gesperrte Objekte, Designexperten

Meldungen (Abbildung 7) sind nicht explizit angeforderte Äußerungen des Systems. Sie werden z.B. dann ausgegeben, wenn das System eigenständig Designentscheidungen trifft (Abschnitt 3). Meldungen werden aus Bildschirmobjekten aufgebaut, deren Eigenschaften über Zeigeinstrument und Menüauswahl abgefragt werden können, und dienen so als Einstiegspunkte für weitere Erklärungen.

Jede betrachtete Alternative sperrt eine Reihe von Komponenten. Diese werden im entsprechenden Fenster angezeigt. Der Benutzer kann nach dem Grund einer Sperrung fragen, indem er die gesperrte Komponente selektiert und aus dem dann erscheinenden Popup-Menü einen entsprechenden Eintrag auswählt.

Die „Designexperten" sind die wissensbasierten Teile von KONEX+. Sie werden im folgenden Abschnitt ausführlicher dargestellt.

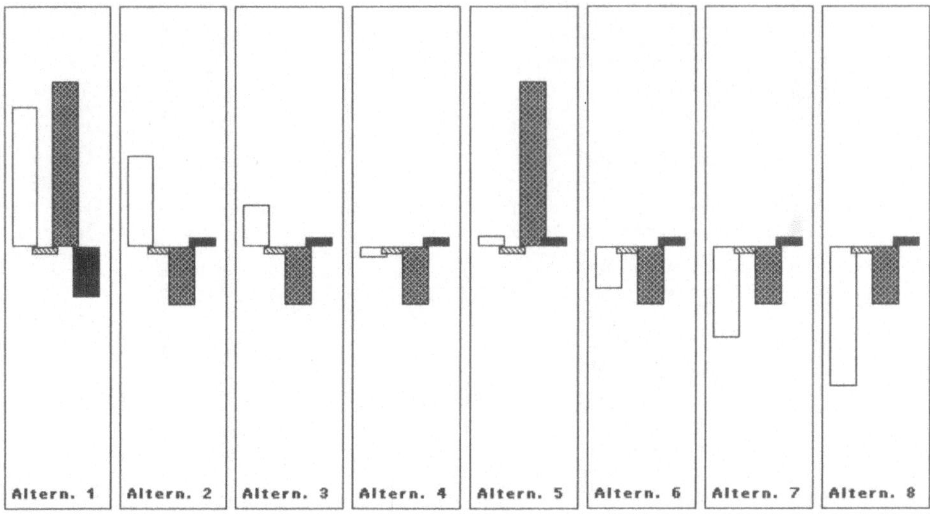

Balkendiagramme zeigen Alternativen im Vergleich bezüglich Preis, Bearbeitungszeit, Leistung und Lieferzeit.

Abbildung 4. Graphische Repräsentation von Entwürfen im Arbeitsbereich

3 Designexperten

Der Entwurfsprozeß ist charakterisiert durch die Bewertung, die Auswahl und das Verfolgen einer Menge von Entwurfsalternativen. Er wird sowohl vom Benutzer als auch vom System vorangetrieben. Designexperten sind wie externe Beobachter dieses Entwurfsprozesses. Ihre Funktion hängt von ihrem aktuellen Zustand ab:

1. *Aus:* Der Designexperte bewertet den aktuellen Designzustand nicht.
2. *Informativ:* Nach Hinzufügen oder Wegnehmen einer Komponente bewertet der Designexperte den aktuellen Zustand. Entsprechende Meldungen werden an den Benutzer weitergegeben (Abbildung 8).
3. *Restriktiv:* Der Designexperte bewertet alle Alternativen. Nur zulässige Konfigurationen werden weiterverfolgt. Der Benutzer wird über die anderen Alternativen und über die Gründe ihres Ausscheidens (z.B. weil ihre Leistungsdaten eine untere Grenze unterschritten haben) informiert. Restriktive Designexperten sind also auch informativ. Restriktive Designexperten ermöglichen die Delegation von Kontrolle an das System. Dies entscheidet dann über die zulässigen Alternativen.

Steckplaetze: Macro 30 Altern. 2
Macro 30
MI 6
MI 3
MI6
leer
leer
MI3
leer
leer
leer
SPEICHERERW-1
MODUS1-ACHSE-3
SPEICHERERW-1
MODUS1-ACHSE-3
SPEICHERERW-2
MODUS1-ACHSE-3
MODUS1-ACHSE-3
leer
leer
leer
leer
leer
leer

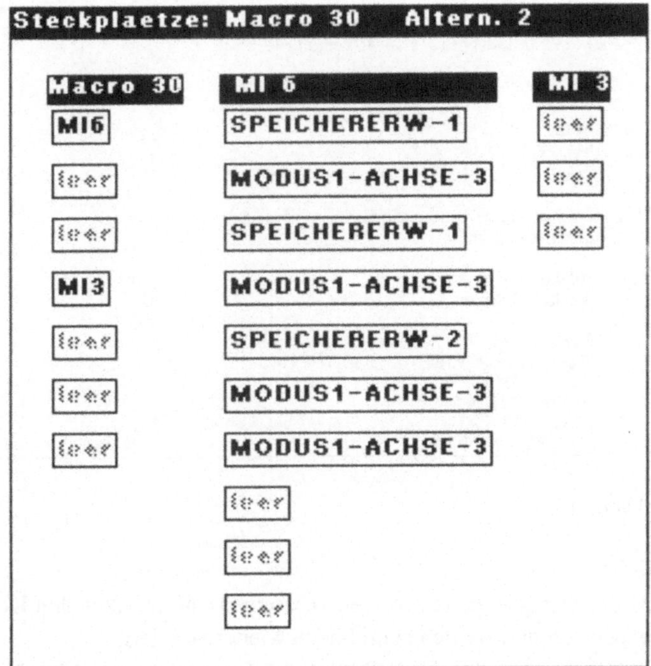

Spezielle Darstellungen zeigen die Verteilung von Einschüben auf Steckplätze.

Abbildung 5. Graphische Repräsentation von Entwürfen im Arbeitsbereich

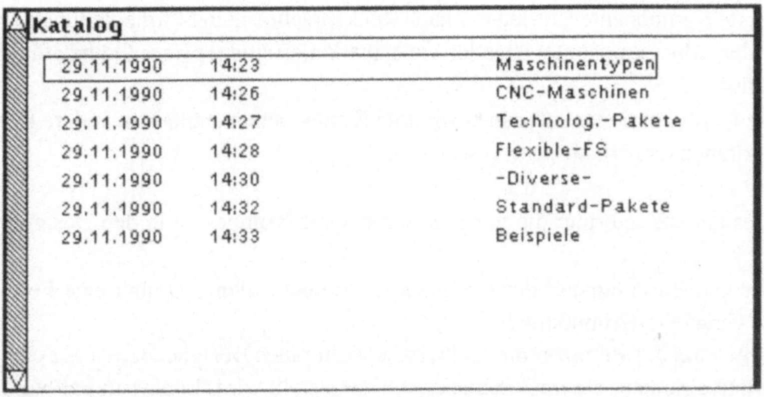

Katalog
29.11.1990 14:23 Maschinentypen
29.11.1990 14:26 CNC-Maschinen
29.11.1990 14:27 Technolog.-Pakete
29.11.1990 14:28 Flexible-FS
29.11.1990 14:30 -Diverse-
29.11.1990 14:32 Standard-Pakete
29.11.1990 14:33 Beispiele

Abbildung 6. Der Katalog

```
Meldungen
Beurteilung des Gesamtpreises.  (Alternative 3)

        Der Preis betraegt:  5961 GE

    Vorschlag:
        Alt. 2 5706 GE
        Alt. 4 6216 GE

    Die Konfiguration besteht aus folgenden Objekten.
    - Benutzergewaehlt:

        MODUS1-ACHSE-3                              424
        MODUS1-ACHSE-4                              823
        MI1                                         950
        DOWN/UPLOAD-NC-PROGRAMM-CNC                 159
        BLOCKWEIS-NACHLADEN-ABARBEITEN-CNC           40
        KOMPLETTPAKET-HW                              6
        DOKUMENTATIONEN                             705
        1.000-STUETZPUNKTE                          394
        P-STANZEN/NIBBELN                            48
```

Abbildung 7. Meldungen

Die Zustände der Designexperten werden zusammen mit der aktuellen Konfiguration im Katalog abgespeichert und werden beim Laden wieder aktiviert.

Die Designexperten unterstützen den Benutzer auf verschiedene Weise. Konfigurationen werden *bewertet.* Sie werden miteinander *verglichen*, und die Unterschiede werden hervorgehoben. Entwurfsentscheidungen werden einer *Kritik* unterworfen. Suboptimale Entwürfe werden identifiziert. Der Benutzer erhält *Hinweise* über wichtige Eigenschaften alternativer Entwürfe. Routineaufgaben, wie z.B. das Hinzufügen notwendiger Komponenten, können an das System *delegiert* werden.

Das Wissen der Designexperten umfaßt verschiedene Bereiche:

- Einige Experten haben spezifisches Wissen über Preise, Leistung, Ausführungsgeschwindigkeit und Lieferdaten.
- Bestimmte Komponenten dürfen nur nach Rücksprache mit der Firmenleitung verwendet werden. Marketingstrategien oder Verfügbarkeiten sind typische Gründe für solche Restriktionen.
- Manche Konfigurationen müssen bestimmte Komponenten enthalten, andere Komponenten können explizit ausgeschlossen sein.

Jeder Designexperte bringt die mit ihm verbundene Kompetenz in den Designprozeß ein.

Designer können Parameter der Designexperten überprüfen und über eine Formularschnittstelle verändern (Abbildung 9).

Alternativ kann der Benutzer die Aufmerksamkeit eines Designexperten auf eine spezielle Alternative richten, die im Arbeitsbereich dargestellt wird. In diesem Fall wird eine detaillierte Bewertung der Alternative durchgeführt, z.B. detailliertere Leistungsangaben. Der Designexperte kann den Benutzer auffordern, mehr als eine Alternative anzugeben, um einen Vergleich vornehmen zu können.

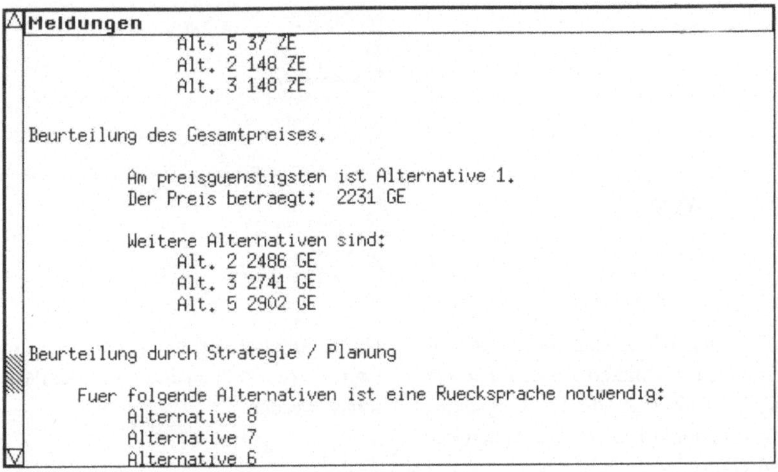

```
Meldungen
                  Alt. 5 37 ZE
                  Alt. 2 148 ZE
                  Alt. 3 148 ZE

Beurteilung des Gesamtpreises.

             Am preisguenstigsten ist Alternative 1.
             Der Preis betraegt:  2231 GE

             Weitere Alternativen sind:
                  Alt. 2 2486 GE
                  Alt. 3 2741 GE
                  Alt. 5 2902 GE

Beurteilung durch Strategie / Planung

      Fuer folgende Alternativen ist eine Ruecksprache notwendig:
             Alternative 8
             Alternative 7
             Alternative 6
```

Informative Designexperten bewerten den aktuellen Zustand. Eine besonders preiswerte Alternative wird hervorgehoben. Andere Alternativen werden von weiteren Designexperten erläutert.

Abbildung 8. Bewertung eines Entwurfs durch Designexperten

Abbildung 7 zeigte das Beispiel eines Designexperten, der einen Hinweis gibt: Im Teilfenster „Meldungen“ werden alle Komponenten einer ausgewählten Alternative mit ihren Einzelpreisen gezeigt. Zusätzlich hat der Designexperte zwei weitere Alternativen vorgeschlagen, die ungefähr so teuer wie die vom Benutzer ausgewählte sind.

Abbildung 10 zeigt eine schematische Darstellung des Designexperten für die Preisbewertung einer Konfiguration. Außer Name, Beschreibung und Designzustand spielen *Benutzermethoden* und *Entwurfsmethoden* eine wichtige Rolle:

- *Benutzermethoden* werden für die Kommunikation mit dem Designer verwendet. Ein Teil von ihnen ist für das Erzeugen des Formulars zuständig, mit dessen Hilfe der Benutzer die Parameter inspizieren und verändern kann.
  Name, Beschreibung und Designzustand werden in allen Formularen angezeigt. Zusätzliche Felder hängen von der Art des Designexperten ab. Im allgemeinen zeigen sie Parameter, die vom Benutzer modifiziert werden können, um den Designexperten an spezielle Gegebenheiten oder Benutzerpräferenzen anzupassen. Alle Parameter haben sinnvolle Voreinstellungen.
  Ein anderer Teil der Benutzermethoden legt fest, was und in welcher Form im Fenster „Meldungen“ dargestellt wird.
- *Entwurfsmethoden* werden vom Designexperten zur Realisierung seiner Funktionen verwendet. Kritisieren, Beraten und Bewerten sind typische Entwurfsmethoden.

Das Designwissen selbst ist unterschiedlich repräsentiert. Manches ist rein algorithmischer Natur, anderes basiert auf Heuristiken. Die modulare Architektur mit Protokollen für Design- und Benutzermethoden macht es leicht, die Liste der Designexperten von KONEX+ zu ergänzen [Negele 90].

In diesem Formular können die oberen und unteren Preisgrenzen spezifiziert werden. Die Designexperten zur Bewertung der Leistungsdaten, Ausführungszeiten und Lieferzeiten haben eine vergleichbare Form.

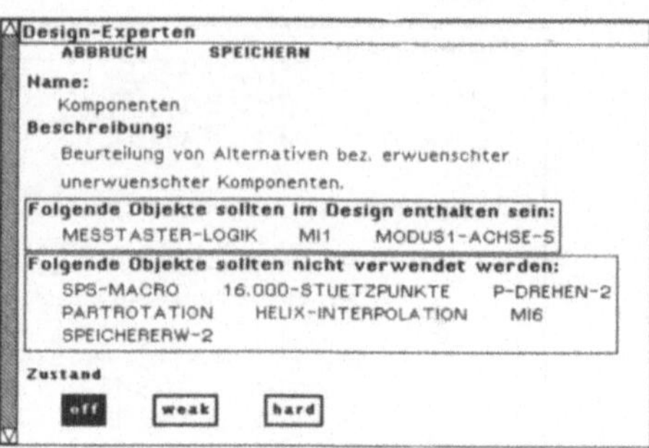

Die Konfigurationskomponenten für diesen Designexperten können direkt von der Palette übertragen werden.

Abbildung 9. Zwei Eingabeformulare zur Spezifikation individueller Parameter von Designexperten

Name:	Preis
Beschreibung:	Erklärt wichtige Punkte, die den Preis einer Alternative betreffen
Benutzermethoden:	kommunizieren
Entwurfsmethoden:	beraten, kritisieren, bewerten
Designzustand:	informativ

Abbildung 10. Schematische Struktur eines Designexperten

4 Diskussion

Designexperten erweitern die Entwurfsunterstützung mit Hilfe von Software-Baukästen. Unter Verwendung der direkt-manipulativen Benutzungsschnittstelle von Software-Baukästen werden Bildschirmobjekte zu einem Entwurf zusammengeführt. Entwurfsaktivitäten des Benutzers und des Systems werden als Zustandsveränderungen in der Benutzungsoberfläche reflektiert.

Die Dialoginitiative zwischen Benutzer und System ist ausgewogen. Benutzer üben aktive Kontrolle über das System aus, oder sie delegieren Kontrolle durch Aktivieren von Designexperten. Indem die Designexperten den Benutzer über ihre Aktionen informieren, ermöglichen sie einen Wechsel der Initiative, z.B. in Form von Nachfragen nach detaillierteren Erläuterungen. Durch Ausschalten der Designexperten kann das System zu einem reinen Software-Baukasten reduziert werden.

Das Wissen der Designexperten ist nicht in einer "black box" verborgen, die nur indirekt durch Anforderung von Erklärungen inspiziert werden kann. Benutzer können vielmehr ihre Präferenzen in den Entwurfsprozeß einbringen, indem sie einzelne Parameter anpassen.

Schließlich erlaubt das System Bewertung, Kritik und Ergänzung von Entwurfsentscheidungen des Benutzers. Zusätzlich zum rein syntaktischen Wissen über das Kombinieren von Software- und Hardwarekomponenten ist das System auch in der Lage, Alternativen zu vergleichen und Rangfolgen unter ihnen aufzustellen.

Grenzen

KONEX+ bewertet Entwürfe weitgehend ohne Kenntnis einer funktionalen Spezifikation. Benutzer können nur wenige Eigenschaften (z.B. Preis und Leistungsdaten) vorgeben. Es ist nicht möglich, Eigenschaften der Aufgaben und Einsatzgebiete für die zu entwerfende CNC-Maschine zu beschreiben, anhand deren Bewertungen durchgeführt werden könnten. Damit steht KONEX+ in der Tradition von Expertensystemen wie R1/XCON [Barker/O'Connor 89], die die funktionale Spezifikation nur *implizit* in der Beschreibung der Abhängigkeiten zwischen Komponenten enthalten. Solche Systeme können prinzipiell nicht beurteilen, wie weit Entwürfe den funktionalen Anforderungen genügen.

Die von KONEX+ unterstützte Arbeitsweise legt es nahe, die funktionale Spezifikation zusammen mit dem Entwurf *inkrementell* zu erstellen. Das Explorieren des Designraums zusammen mit der inkrementellen Erzeugung der Spezifikation wird als „Reformulieren" [Stelzner/Williams 86, Tou et al. 82] bezeichnet. Der Entwurfsprozeß würde zweifellos von einer expliziten Repräsentation einer inkrementell ergänzten Spezifikation profitieren: Designer bekämen zusätzliche Informationen über die Eigenschaften des Entwurfs. Auch die Einträge des Katalogs könnten durch solche Beschreibungen ergänzt werden. KONEX+ wäre zudem in der Lage, die Entwürfe an der Spezifikation zu messen.

Verwandte Arbeiten

Die vorgestellten Ideen und grundlegenden Konzepte wurden maßgeblich von den Systemen FRAMER und JANUS beeinflußt. FRAMER [Lemke/Fischer 90] ist ein kooperatives Problemlösesystem für das Entwerfen von Rahmensystemen für Benutzungsschnittstellen. Die grundlegenden Komponenten des Baukastens sind Fenster, Menüs und Icons. Diese können im Arbeitsbereich zu einem Rahmensystem für Benutzungsschnittstellen kombiniert werden. Man kann *Kritiker* [Silverman 92] auffordern, den entstehenden Entwurf zu bewerten. In FRAMER ist die Agenda des Entwurfsprozesses explizit repräsentiert, so daß darauf basierende sog. Checklisten als Anleitung für den Benutzer eingesetzt werden können.

Im Unterschied zu FRAMER ist KONEX+ an einem spezielleren Anwendungsbereich orientiert. Es können dadurch mehr Randbedingungen und Einschränkungen ausgenutzt werden. Benutzungsschnittstellen haben nur eine begrenzte Anzahl wohlbekannter Einschränkungen.

JANUS [Fischer et al. 90b] unterstützt Benutzer beim Entwerfen von Kücheneinrichtungen. Neben Palette und Arbeitsbereich hat das System einen Katalog guter und schlechter Beispiele. Wissensbasierte Kritiker bewerten den Aufstellungsort der Küchenmöbel. JANUS ist mit einem Hypertext-Subsystem verbunden, das eine Argumentationsstruktur von Designthemen enthält.

Der Anwendungsbereich von JANUS hat ähnliche Eigenschaften wie der von KONEX+. Das Wissen von JANUS über die Anordnung von Küchenmöbeln ist im Gegensatz zu KONEX+ als Sammlung von Kritikerregeln repräsentiert. In KONEX+ ist das Wissen als eine

Reihe von Designexperten modularisiert, die auf ihre Funktionen abgestimmte Schnittstellen besitzen. Dies erlaubt eine vereinfachte, vom Anwender im Dialog durchführbare Anpassung ihrer Funktionalität.

Ein bemerkenswerter Unterschied zu KONEX+ ist die Tatsache, daß einige Randbedingungen des Anwendungsbereiches in JANUS implizit in der zweidimensionalen Darstellung der Komponenten repräsentiert sind. Dies ermöglicht es, „Wissen in die Welt" [Norman 89] zu verlagern.

5 Zusammenfassende Bemerkungen

Wir haben eine Architektur für wissensbasierte Entwurfssysteme beschrieben, die zwei fundamental unterschiedliche Ansätze zum Software-basierten Entwerfen verbindet: Software-Baukästen und Expertensysteme. Diese zwei Ansätze definieren zwei Endpunkte eines Spektrums zwischen einfachen Werkzeugen und autonomen Systemen. Abhängig davon, wer die Entwurfsentscheidungen trifft, haben Systeme einen Platz innerhalb dieses Spektrums. Dabei unterstützen sie den Designer in unterschiedlichem Ausmaß. In ihrer reinen Form dienen Software-Baukästen als Ersatz für Papier und Bleistift, wohingegen Expertensysteme das Wissen eines Expertendesigners auf ein gut spezifiziertes Problem anwenden.

Software-Baukästen fehlt grundlegendes Wissen über den Anwendungsbereich. Sie können die Entwürfe nicht bewerten und kritisieren. Sie können dem Designer keine Ratschläge für bessere Entwürfe geben. Auf der anderen Seite erfordern Expertensysteme eine volle Spezifikation des Entwurfsproblems. Diese Sichtweise ist deshalb nicht dem Entwurfsproblem angemessen, weil viele Möglichkeiten und Restriktionen des Designraums am Anfang nicht bekannt sind. Die meisten Entwurfsprobleme in der realen Welt sind schlecht strukturierte Probleme [Simon 73].

Schlecht strukturierte Probleme können einfacher mit einem kooperativen System wie KONEX+ gelöst werden. Der Benutzer wird durch die wissensbasierten Komponenten des Systems unterstützt. Man kann das System ungehindert für kreatives Entwerfen verwenden. Die Spezifikation des Problems ist ein integraler Bestandteil des Entwurfsprozesses.

Die Architektur des Systems basiert auf dem Paradigma der Software-Baukästen mit einer interaktiven, direkt-manipulativen Benutzungsschnittstelle. Sie wird durch wissensbasierte Designexperten erweitert. Das Entwerfen von CNC–Maschinen verläuft analog zum physischen Zusammensetzen der Teile. Die Designexperten bewerten und kritisieren das entstehende Produkt. Sie übernehmen dabei die Dialoginitiative. Ihre Aktionen basieren auf ihrem Wissen über den Anwendungsbereich, d.h. über den Bereich der CNC–Maschinen. Die Designexperten handeln wie intelligente Assistenten, ohne daß Designer in ihren Entscheidungsspielräumen eingeengt werden.

KONEX+ balanciert Kontrolle, Initiative, Verantworlichkeiten und Automatismen anders als die meisten Systeme zur Designunterstützung. Wissensbasierte Komponenten stehen im Dienst der Benutzer und ihrer Aufgaben. Damit wird eine Richtung eingeschlagen, die Forschungen in den Gebieten der Künstlichen Intelligenz und der Mensch-Maschine-Kommunikation an den Bedürfnissen der Anwender auszurichten.

Danksagung

Rainer König und Alexander Negele haben KONEX+ im Rahmen von Diplomarbeiten implementiert. Wolfgang Hammer und Mitarbeiter von IBH Bernhard Hilpert, Ingenieurgesellschaft für Prozeßautomation, steuerten ihr umfangreiches Wissen über CNC–Maschinen bei. Die Benutzungsschnittstelle verwendet mit XIT ein System, das in der Abteilung Dialogsysteme des Instituts für Informatik unter Leitung von Prof. Rul Gunzenhäuser und von seinen Mitarbeitern Jürgen Herczeg, Hubertus Hohl, Matthias Ressel und Thomas Schwab entwickelt wurde. Martin Rathke und Wolf-Fritz Riekert haben eine frühere Version dieses Beitrags kritisch kommentiert und mit ihren Vorschlägen zur endgültigen Form beigetragen.

Was sagen Computeranimationen ihren Betrachtern? Sichtbeschreibungen in der Materialflußsimulation

Christine Helms und Thomas Strothotte

Vor über 20 Jahren stellte Rudolph Arnheim die provokative Frage: „Wieviel wissen wir eigentlich darüber, was Kinder und überhaupt Lernende tatsächlich sehen, wenn ihnen eine Lehrbuchabbildung, ein Film oder ein Fernsehprogramm vor Augen kommt?“ [Arnheim 72] Diese Fragestellung, die seither eine zentrale Rolle in der Lernpsychologie gespielt hat (siehe [Weidenmann 88]), ist auch für Visualisierungen bei technischen Anwendungen von Relevanz. In diesem Bereich wird viel daran gearbeitet, durch den Einsatz von Fenstern, Piktogrammen, Farben usw., immer mehr Informationen und wichtige komplexe Zusammenhänge gleichzeitig auf dem Bildschirm zu präsentieren. Die entscheidende Frage, was ein Benutzer aber tatsächlich sieht, bleibt oft außen vor.

In diesem Beitrag wird die genannte Fragestellung auf eine spezielle technische Anwendung, die Materialflußsimulation, bezogen. Üblicherweise betrachten hier Benutzer die Animation ihres simulierten Systems, ziehen ihre Schlüsse daraus und handeln anschließend entsprechend. Bei dem hier neu vorgestellten Ansatz betrachtet der Benutzer die Animation und beschreibt dem Rechner seine Beobachtungen in einer formalen Notation, genannt eine *Sichtbeschreibung*. Diese Beschreibung, die eine oft subjektive Einschätzung des Benutzers darstellt, dient dem Rechner als eine neue Informationsquelle, um den Benutzer in seiner weiteren Arbeit zu unterstützen. Bei der vorliegenden Anwendung, für die ein prototypisches System in Smalltalk entwickelt wurde, steht die Validierung des Simulationsmodells im Vordergrund.

1 Simulation und Benutzerunterstützung

Simulation ist heute ein anerkannt effizientes Werkzeug zur Gestaltung von Materialflußsystemen. Ergebnisse von Simulationsstudien werden zur Planung künftig zu bauender oder zur Effizienzsteigerung und Reorganisation bereits bestehender Systeme eingesetzt (vgl. [Jünemann 89]). Das Grundprinzip der Simulation beruht auf der Modellierung des zu simulierenden Systems, um anhand des dynamischen Verhaltens des Modells Schlüsse abzuleiten, die auf die Realität übertragbar sind (vgl. [VDI 92]).

Trotz unbestrittener Bedeutung der Simulation befriedigt ihre Verbreitung bei Endbenutzern, wie Planern, Technologen und Konstrukteuren, noch lange nicht. Um die grundlegenden Probleme eines Simulationsbenutzers zu untersuchen, soll die generelle Methodologie der Simulation anhand Abbildung 1 kurz vorgestellt werden.

Während der Systemanalyse wird die Problemstellung diskutiert, die für das reale System gelöst werden soll, es werden Eingangsdaten analysiert, gesammelt und aufbereitet. In der zweiten Phase wird das Modell in einer dem verwendeten Simulationsinstrument angepaßten Weise entworfen, implementiert und validiert. In der Experimentphase werden, ausgehend vom validierten Modell, Experimente entworfen, die als Variation des Modells und seiner Parameter entstehen. Diese Experimente werden in mehreren Simulationsläufen

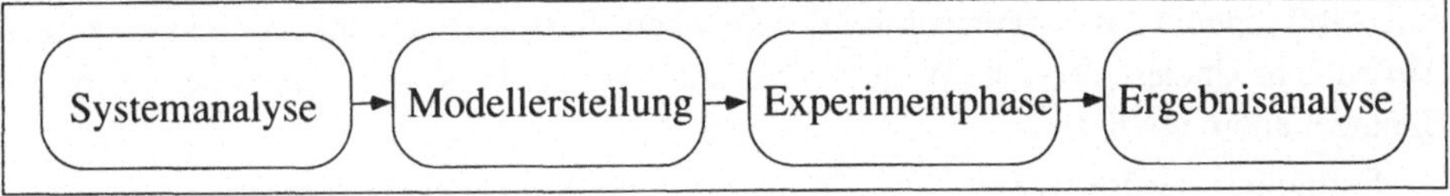

Abbildung 1. Generelle Methodologie der Simulation

ausgeführt und ihre Daten gesammelt. Die Phase der Ergebnisanalyse verwendet statistische Auswertungsverfahren, um die Vielzahl der Experiment-Ergebnisdaten auszuwerten und zu analysieren und somit Schlüsse für das zu simulierende System abzuleiten.

Von besonderer Relevanz ist die Phase der Modellerstellung, denn Ergebnisse sind nur dann auf die Realität übertragbar, wenn ein valides Modell verwendet wird. Die Anforderungen an den Benutzer sind während dieser Phase sehr hoch, da sowohl Kreativität als auch Erfahrung und Wissen gefordert sind. Eine detaillierte Betrachtung der Modellerstellung kann anhand Abbildung 2 erfolgen:Der Benutzer erstellt ein Modell, der Rechner errechnet daraus während eines Simulationslaufes seine Ergebnisse und präsentiert diese dem Benutzer in Form einer Animation oder graphischen Präsentation der statistischen Daten. Für die Modellvalidierung muß dieser nun die Ergebnisse mit seinen Vorstellungen vom Idealverhalten des Modells vergleichen und Ursachen für die Unterschiede ermitteln, um das Modell so zu verändern, daß sich beim nächsten Simulationslauf die Ergebnisse dem Idealverhalten nähern. Dieser Prozeß wiederholt sich solange, bis der Benutzer entscheidet, daß das Modell in seinem Verhalten dem zu simulierenden realen System hinreichend ähnlich ist, so daß die Schlüsse aus den Simulationsläufen auf das Original übertragbar sind.

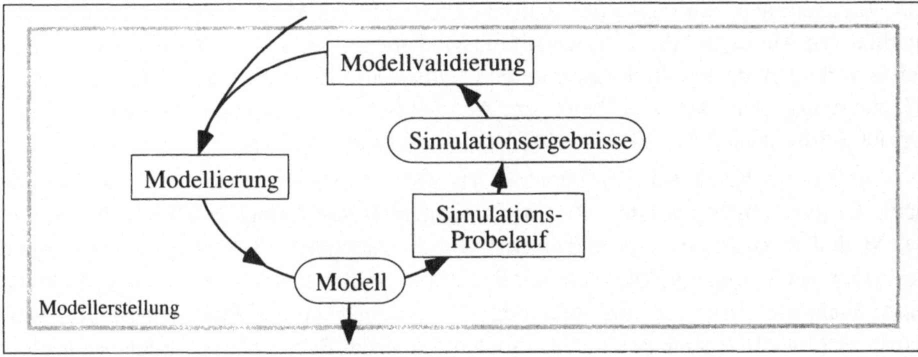

Abbildung 2. Schritte der Modellerstellung

Um auf die Frage von Arnheim zurückzukommen, muß für die Simulation die Frage gestellt werden: „Was sieht ein Benutzer beim Betrachten der Simulationsergebnisse?" Häufige Form der Präsentation von Simulationsergebnissen ist die Animation, bei der das dynamische Verhalten des simulierten Modells präsentiert wird. Bisher ist die Animation eine Art Endpunkt aus der Perspektive des Rechners. Sie wird mit mehr oder minder großem Aufwand produziert, doch die Weiterverwendung der Animationsinformationen bleibt dem Benutzer allein überlassen.

Formuliert der Betrachter einer Animation seine Beobachtungen und Einschätzungen einer Animation und reicht sie an den Rechner weiter, so verfügt dieser über eine neue Art von Informationen, sofern er sie interpretieren kann. Aus diesem Grund ist ein Formalismus erforderlich, der es einem Benutzer ermöglicht, seine individuelle Sicht auf eine Animation, die geprägt ist durch sein Umfeld- und Kontextwissen, zu formulieren. Im weiteren wird ein Formalismus sogenannter Sichtbeschreibungen für die Simulation vorgestellt.

2 Formalismus von Sichtbeschreibungen

Sichtbeschreibungen (SB) für die Simulation müssen sich an den Informationen orientieren, die mit einer Animation vermittelt werden können. Der vorzustellende Formalismus entstand in Auswertung verschiedener Animationssysteme und wurde durch informelle Experimente evaluiert, bei denen Probanden verschiedene Animationen präsentiert bekamen, um sie im Anschluß daran zu beschreiben [Helms 93].

Die grundlegende Zweiteilung einer SB in Dokumentation und Kritik trägt der Tatsache Rechnung, daß ein Benutzer den aktuellen Zustand (Istzustand) eines Modells einerseits beschreiben bzw. dokumentieren soll und andererseits Kritik am Verhalten des Modells üben soll, um damit das Verhältnis des aktuellen Modells zum Sollzustand zu bewerten.

In der Dokumentation wird der Istzustand durch eine Systembeschreibung, qualitative Aussagen und kausale Zusammenhänge eingeschätzt. Für die Systembeschreibung wird nach Kreutzer [Kreutzer 86] eine Dreiteilung in Objekte, Relationen und Verhalten vorgenommen, mit denen der statische Charakter des Modells beschreibbar ist. Die qualitativen Aussagen beziehen sich auf die Modellelemente und beschreiben ihr dynamisches Verhalten anhand ihrer Zustände und statistischen Ergebniswerte (z.B. Auslastung, Blockierung), ohne dieses zu bewerten. Als Kausalzusammenhänge kann der Benutzer Ursache-Wirkungseffekte zwischen Modellelementen formulieren.

Im Teil der Kritik soll der Benutzer das Modell und sein Verhalten bewerten und dazu die ihm – nicht aber dem Rechner – bekannten Simulationsziele heranziehen. Um das Modell zu kritisieren, stehen dem Benutzer die Kategorien Bewertung, Probleme und Aufgaben zur Verfügung. Innerhalb der Bewertung soll er Modellelemente allgemein auf einer Skala von „sehr gut“ bis „sehr schlecht“ einschätzen und Aussagen zur Relevanz einzelner Modellelemente treffen. Als Probleme kann der Benutzer das Verhalten einzelner Modellelemente anhand ihrer Ergebniselemente benennen, um deren Ursache er aber nicht weiß. Dagegen sollen als Aufgaben notwendige Änderungen am Modell bezeichnet werden. Zur Unterscheidung von Problemen und Aufgaben (siehe [Brander et al. 89] und Edelmann [Edelmann 86]).

Die Abbildung 3 zeigt die Baumstruktur des SB-Formalismus. Die Sinnfälligkeit von SB erweist sich allerdings erst in ihren Anwendungen, von denen an dieser Stelle nur die Unterstützung eines Benutzers während der Modellvalidierung herausgegriffen werden kann.

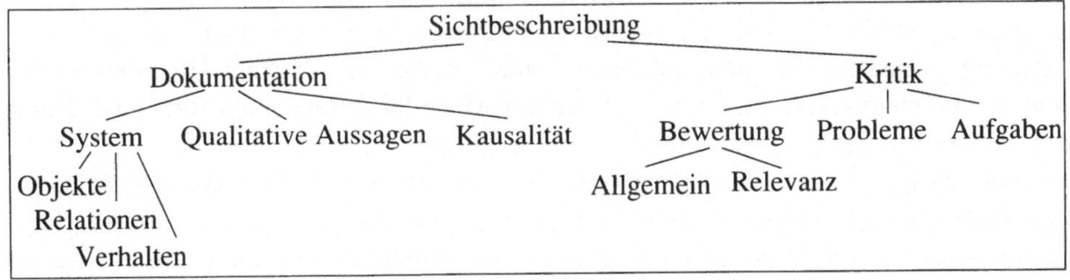

Abbildung 3. Baumstruktur einer Sichtbeschreibung

3 Anwendungen von Sichtbeschreibungen

3.1 Modellvalidierung innerhalb der Sichtbeschreibungsmethodologie

Die Validierung eines Simulationsmodelles ist für den Benutzer eine der schwierigsten Aufgaben während der Simulation, denn bei vielen kommerziell verfügbaren Simulatoren gibt es eine sehr klare Arbeitsteilung zwischen Rechner und Benutzer. Während die Modellierung primär Aufgabe des Benutzers ist und der Rechner nur vereinzelt und auf sehr niedriger Ebene an der Modellbildung teil hat, ist die Berechnung der Simulationsergebnisse während des Simulationslaufes alleinige Aufgabe des Rechners, der auch gleichzeitig die Simulationsergebnisse aufbereitet und dem Benutzer präsentiert. Der wiederum muß die Ergebnisse auswerten, um neue Änderungen am Modell oder den Simulationsparametern vorzunehmen.

Die vom Benutzer vorgenommene Validierung läuft in drei Phasen ab. Zuerst ermittelt er ein Fehlverhalten des animierten Modells, dann sucht er davon ausgehend eine mögliche Problemursache, die das beobachtete Fehlverhalten auslöst, und zuletzt versucht er, durch Modelländerungen die Problemursache zu kompensieren. Ein erneuter Probelauf zeigt, ob der Benutzer mit seiner Modelländerung Erfolg hatte.

Gegen eine vollautomatische Validierung des Modells durch den Rechner sprechen folgende Gründe:

- Der Rechner hat keine Kenntnis der Simulationsziele. Eine vollständige Vermittlung aller Simulationsziele ist aufgrund ihrer Komplexität und Vielfalt nicht möglich. Außerdem kennt der Rechner das zu simulierende System nicht.
- Für die Validierung sind nicht allein die Informationen relevant, die der Rechner besitzt und präsentiert, sondern auch die, die der Benutzer als Schlußfolgerungen aus der Betrachtung seiner Simulationsergebnisse zieht.
- Der Rechner kann keine Bewertung einzelner Modellelemente hinsichtlich ihrer Relevanz vornehmen und könnte seinen Ausgangspunkt der Validierung nur willkürlich bestimmen.

Diese Gegenargumente betreffen vorrangig den Einstieg für die Validierung, nicht den Vorgang des Fehlersuchens im Modell für einen benannten Fehler im Verhalten des Modells.

Wie können die Möglichkeiten der Sichtbeschreibung den Prozeß der Modellvalidierung unterstützen? Allein die Aussagen der Gruppe „Probleme" können die Einwände gegen eine automatische Validierung ausräumen, denn in die Formulierung von Problemen sind sowohl Simulationsziele als auch Schlußfolgerungen des Benutzers und Relevanzeinschätzungen eingeflossen. Ein vom Benutzer formuliertes Problem kann einen Schlußfolgerungsprozeß des Rechners initiieren, mittels dessen der Rechner Ursachen für das konkrete Problem ermittelt, woraus notwendige Modelländerungen ableitbar sind. Damit wird eine rechnergestützte Modellvalidierung möglich.

Eine solche Vorgehensweise erfordert eine Erweiterung des Simulationssystems um eine wissensbasierte Komponente, die neben einer Faktenbasis in einer Regelbasis Suchmechanismen innerhalb eines Materialflußsystems enthält. Die Fakten beziehen sich auf topologische Modelldaten (Vorgänger-Nachfolger Relationen, Typen von Modellelementen, Paramter u.a.) und Ergebnisse des Simulationslaufes (z.B. Auslastung, Zustände der Modellelemente).

Abbildung 4 zeigt die grundlegende Architektur, die für die rechnergestützte Modellvalidierung eingesetzt wird.

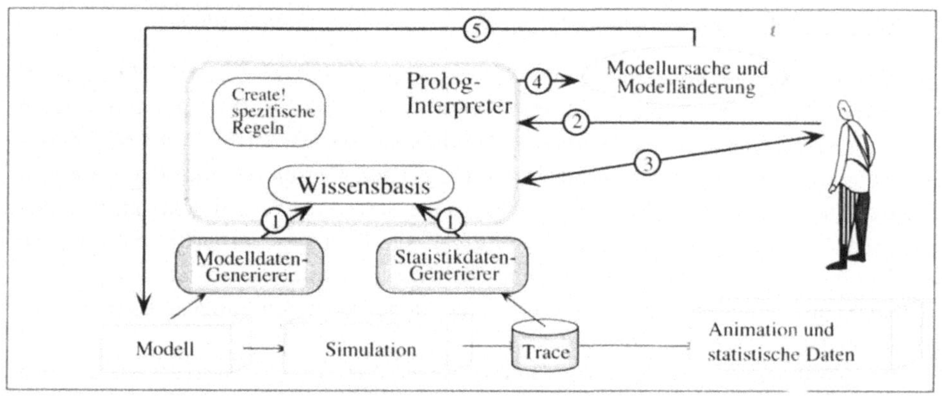

Abbildung 4. Architektur für rechnergestützte Modellvalidierung

3.2 Ergebnisse der rechnergestützten Modellvalidierung am Beispiel von Create!

CREATE! ist ein bausteinorientierter Simulator, der am Fraunhofer Institut für Materialfluß und Logistik – Dortmund entwickelt wird. Kennzeichnend für CREATE! ist das Zurverfügungstellen von physischen und logischen Bausteinen, aus denen ein Simulationsmodell konfigurierbar ist, das noch durch die Parametrisierung der verwendeten Bausteine vervollständigt werden muß. Die Animation bedient sich des Simulationsmodelles und animiert die verschiedenen Zustände von Bausteinen anhand definierter Einfärbungen.

Die rechnergestützte Modellvalidierung für CREATE! arbeitet nach dem Szenario aus Abbildung 5. Dabei initiiert eine Aussage der Aussagengruppe „Probleme“ aus einer Sichtbeschreibung den Schlußfolgerungsprozeß, in dessen Ergebnis die Ursache für den als problematisch erkannten Baustein ermittelt sein soll.

Für die konkrete Implementierung wurde eine wissensbasierte Komponente verwendet, deren Schlußfolgerungskomponente ein Prolog Interpreter ist. Die Wissensbasis teilt sich in Fakten und Regelbasis. Die Regelbasis muß eine Suche im Modell nach dem als Problem

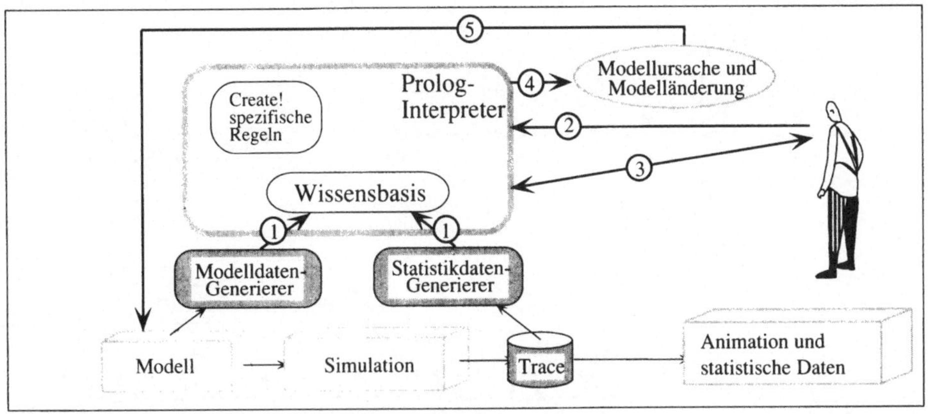

(1) Vorbereitung der Wissensbasis, (2) Initiierung des Schlußfolgerungsprozesses, (3) Dialog über die Ursachenfindung, (4) Vorschlag des Rechners für die Ursache, (5) Rückwirkung auf das Modell

Abbildung 5. Szenario für die rechnergestützte Modellvalidierung

benannten Fehlverhalten einzelner Modellelemente ermöglichen. Dazu enthält sie folgende Kategorien:

Einstiegs- und Zyklusregeln. Die Einstiegsregeln bestimmen den Problemzustand des aktuell zu untersuchenden Bausteins, sofern dieser nicht durch die Problemformulierung vorgegeben ist. Die Zyklusregel realisiert das schrittweise Durchsuchen des Modells nach Ursachen.

Suchrichtung im Modell. Die Suchrichtung im Modell ergibt sich aus dem Zustand des aktuellen Bausteins. So wird z.B. bei Blockierung eines Modellelementes zuerst dessen Nachfolger und erst mit niedrigerer Priorität dessen Vorgänger im Modell untersucht.

Untersuchungskriterien. Die Untersuchungskriterien ergeben sich aus dem Zustand des aktuellen Bausteins und der daraus gefolgerten Untersuchungsrichtung und legen fest, auf welches Kriterium hin der nächste Baustein zu untersuchen ist.

Zustandsdefinitionen. Die aktuellen Zustände werden ausschließlich aus den statistischen Ergebnissen bestimmt. Dabei werden sogenannte Schwellwerte verwendet, die z.B. eine individuelle Einstellung des Stauzustands bei einer Blockierung von 80% oder 95% erlauben.

Abbruchkriterien. In den Abbruchkriterien sind spezielle Zustände in Bausteinen definiert, die eine mögliche Problemursache darstellen können.

Anhand des folgenden Modells soll die rechnergestützte Modellvalidierung demonstriert werden. Abbildung 6 zeigt die Topologie des Beispielmodells.

Dieses Beispielmodell ist von einem optimalen Referenzmodell abgeleitet und enthält zwei wesentliche Änderungen, wodurch das Gesamtverhalten des Modells gestört wird. Geändert wurden die Bearbeitungszeiten der Bearbeitungen 3 und 4, wodurch der Transport 3 gestaut wird, weil die beiden Zweige der Bearbeitungsstationen 3 und 4 nicht genügend Teile abnehmen. Daraufhin hat der Zweig mit der Bearbeitung 2 nur noch geringen Durchsatz, weshalb der Transport 4 nur noch Teile aus dem oberen Zweig mit der Bearbeitung

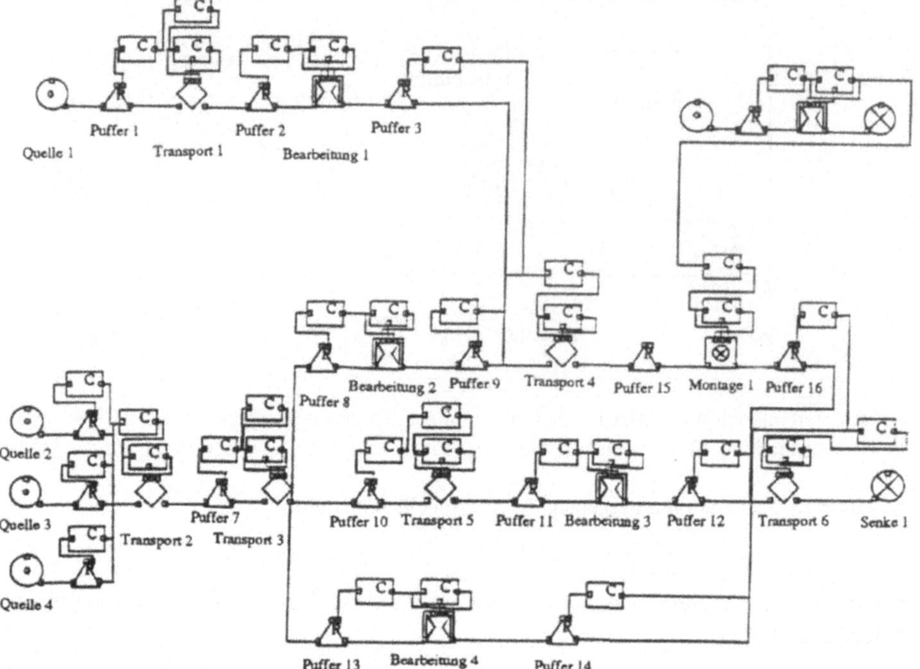

Abbildung 6. Beispielmodell

1 in den Puffer 15 vor der Montage liefert. Die fehlenden Teile von Bearbeitung 2 führen zum ständigen Warten in der Montage 1, weshalb keine Teile aus Puffer 15 entfernt werden können und der Transport 4 blockiert ist, was sich zuletzt auch im oberen Zweig an der Bearbeitung 1 als Blockierung auswirkt.

Formuliert ein Benutzer als Teil einer SB innerhalb der Probleme die Aussage „Bearbeitung1 problematisch", so ermittelt die rechnergestützte Modellvalidierung von CREATE!

- Bearbeitung 4 ist überlastet
- Bearbeitung 3 ist überlastet
- Quelle 4 hat zu große Abgabe
- Quelle 3 hat zu große Abgabe
- Quelle 2 hat zu große Abgabe
- Quelle 1 hat zu große Abgabe

Diese verschiedenen Fehlerursachen sind durch den Backtrackingmechanismus von Prolog ermittelt worden und basieren darauf, daß es mehrere Fehler im Modell geben kann und daß die Quellen und Senken als Systemgrenzen eine besondere Rolle spielen. Ausgehend von der SB des Benutzers hat der Rechner die richtigen Ursachen für das Fehlverhalten des Modells gefunden.

Im folgenden sollen zwei Variationen der oben angegebenen SB vorgestellt werden. Die erste nutzt aus, daß der Benutzer neben der Lokalisierung eines Fehlers im Modell diesen auch inhaltlich genauer benennen kann, woraufhin ihm der Rechner andere bzw. genauere Informationen über mögliche Ursachen liefert. Ein Beispiel dafür ist die Aussage „Bearbeitung 1 überlastet" in der SB. Als Ergebnis liefert der Rechner nur die zu große Abgabe der Quelle 1 als Ursache, weil eine Überlastung nur durch einen Baustein selbst bedingt ist oder durch zu intensive Lieferung von Flußobjekten durch die Vorgänger. Die nachfolgenden Bausteine werden bei der Überlastung also nicht betrachtet.

Die zweite Variation der Sichtbeschreibung benennt mit „Montage 1 problematisch" einen anderen Baustein. Als Ergebnis liefert der Rechner die Bausteine Bearbeitung 3 und 4 und die Quellen 4, 3 und 2, jedoch nicht die Quelle 1, weil die Quelle 1 keinen Einfluß auf das Verhalten des Bausteins Montage 1 besitzt.

Mit diesen zwei Variationen wird die Notwendigkeit der Sichtbeschreibung als Initialzündung für einen Schlußfolgerungsprozeß des Rechners demonstriert. Eine systematische Analyse aller Bausteine oder eine willkürliche Auswahl eines bestimmten Bausteins kann der konkreten Situation während einer Simulationsstudie nicht Rechnung tragen, weil das Umfeld unberücksichtigt bleibt. Weitere Informationen und praktische Anwendungen sind [Helms 93] zu entnehmen.

3.3 Ausnutzung weiterer Informationen der Sichtbeschreibung

Da bisher nur die Sichtbeschreibungsinformationen der Aussagengruppe „Probleme" Berücksichtigung bei der Modellvalidierung fanden, sollen weitere Aussagengruppen auf ihre Eignung hin untersucht werden.

Qualitative Aussagen
Die Einschätzungen einzelner Modellelemente bezüglich ihrer Zustände sollten, sofern sie als signifikant vom Benutzer eingeschätzt werden, zur Bestimmung der Problemzustände durch den Rechner herangezogen werden. Z.B. sollte eine Einschätzung „Bearbeitung 5 ist oft blockiert" generell dazu führen, daß die Bearbeitung 5 als blockiert eingeschätzt wird unabhängig von ihren statistischen Daten und den Rechenregeln des Rechners. Dazu ist es erforderlich, aus den relevanten qualitativen Aussagen jeweils Fakten für die Wissensbasis abzuleiten und die Regelbasis so zu erweitern, daß diese Einschätzungen die höchste Priorität besitzen.

Kausalzusammenhänge
Als Kausalzusammenhänge formuliert ein Benutzer Ursache-Wirkungsketten, die der Rechner sonst während aufwendiger Schlußfolgerungsprozesse ermittelt. Die Ausnutzung solcher bereits bekannten Zusammenhänge verkürzt den Schlußfolgerungsprozeß und ermöglicht u.U. das Auffinden von Ursachen, die der Rechner aufgrund seiner Wissensbasis nicht ermitteln kann. Die Kausalzusammenhänge und ihre Ausnutzung für die rechnergestützte Modellvalidierung sind vor allem dann sinnvoll, wenn der Verfasser der Sichtbeschreibung und der Anwender der rechnergestützten Modellvalidierung nicht ein und dieselbe Person ist.

Relevanz „Modellelement x nicht so relevant"
Die Aussage, daß ein Modellelement nicht sonderliche Relevanz hinsichtlich der Simulationsziele besitzt, sollte die Konsequenz haben, daß das betreffende Modellelement

selbst keinen Schlußfolgerungsprozeß auslöst. Eine Eintragung in die Faktenbasis und eine Ergänzung der Einstiegsregeln können dies verhindern bzw. den Benutzer auf den Widerspruch hinweisen.

Relevanz „Modellelement x statistischer Wert von y erforderlich"
Allgemeine Bewertung

Bei der Relevanzaussage muß der bezeichnete statistische Wert herangezogen werden, um die Erfüllung zu überprüfen. Bei positivem Ergebnis kann für das entsprechende Modellelement ein Fakt „In-Ordnung" eingetragen werden. Das Gleiche passiert mit einer positiven allgemeinen Bewertung. Modellelemente, für die ein Fakt „In-Ordnung" existiert, sind als Ursache für das Fehlverhalten des Modells ausgeschlossen.

Am folgenden Beispielmodell sollen die Auswirkungen der Einbeziehung der SB demonstriert werden. Dazu wurde auf das Modell aus Abbildung 6 zurückgegriffen. Gegenüber dem optimalen Modell wurden diesmal die Bearbeitungszeiten für die Bearbeitung 2 und 4 hochgesetzt und die Abgabe der Quelle 3 verlangsamt. Der Effekt ist der, daß die seltenere Abgabe von Objekten des Typs 4 durch die Quelle 3 zu einer Unterlastung des mittleren unteren Zweiges mit der Bearbeitung 3 führt. Die höheren Bearbeitungszeiten von Bearbeitung 2 und 4 führen zu einem Rückstau im Transport 3 und 2. Gleichzeitig verhindert die Verzögerung von Bearbeitung 2 die rechtzeitige Bereitstellung von Objekten für die Montage 1, so daß sich der andere Zuliefererzweig mit der Bearbeitung 1 staut. Allerdings ist dieser Stau recht gering, da die Bearbeitungszeit für Bearbeitung 2 und 4 nur geringfügig geändert wurde.

Untersucht werden sollen die Bausteine Bearbeitung 1 und 3. Die Bearbeitung 1 weist eine geringfügige Blockierung (9%) auf und Bearbeitung 3 ist aufgrund der mangelnden Lieferung von Quelle 3 unterlastet. Die herkömmliche Benutzung der rechnergestützten Modellvalidierung ergibt für die Bearbeitung 1 keine Ursache, weil gar kein Problemzustand erkannt werden kann, denn der Schwellwert einer Blockierung liegt bei 10%. Für die Bearbeitung 3 werden die Überlastungen von Bearbeitung 2 und 4 ebenso wie die zu große Lieferung der Quellen 4 und 2 verantwortlich gemacht. Die eigentliche Ursache, die Quelle 3 kann mit der derzeitigen Regelbasis nicht ermittelt werden, weil der Einfluß von Quelle 3 auf die Transportbausteine 2 und 3 von den Quellen 2 und 4 überlagert wird.

Eine mögliche SB für dieses Modell wird in Abbildung 7 gezeigt. Bei Verwendung dieser SB ergeben sich für die Bausteine Bearbeitung 1 und Bearbeitung 3 folgende Schlußfolgerungen des Rechners. Wegen der Relevanzaussage `bearbeitung1 nicht so relevant` fragt der Rechner zuerst beim Benutzer nach, ob er die Bearbeitung 1 entgegen dieser Relevanzaussage untersuchen soll. Dann wird die Bearbeitung 1 aufgrund der Feststellung in der SB `bearbeitung1 ist oft blockiert` auf einen Stau hin untersucht, und es werden als Ursachen die Überlastung der Bearbeitung 2 und die große Abgabe der Quellen 2 und 4 ermittelt. Interessant ist an dieser Stelle, daß die Bearbeitung 4 aufgrund der Einschätzung `bearbeitung 4 gut` nicht als Ursache vom Rechner genannt wird.

Für die Bearbeitung 3 wird als erste Fehlerursache die niedrige Auslastung der Quelle 3 ermittelt. Diese Angabe ist mit einem Hinweis auf die SB versehen, damit der Benutzer den Wert dieser Aussage ermessen kann. Weiterhin werden dann die auch vorher schon ermittelten Ergebnisse mit einer Ausnahme, der Bearbeitung 4, genannt.

```
Dokumentation
   Qualität
      • bearbeitung 1 ist oft blockiert
   Kausalität
      • bearbeitung 3 wird niedrig ausgelastet,
        weil quelle 3 niedrig ausgelastet wird
Kritik
   Allgemein
      • bearbeitung 4 gut
   Relevanz
      • bearbeitung 1 nicht so relevant.
```

Abbildung 7. Beispiel einer Sichtbeschreibung

3.4 Bewertung der rechnergestützten Modellvalidierung

Die Einbeziehung von Einschätzungen des Benutzers durch die SB in den Schlußfolgerungsprozeß hat den entscheidenden Vorteil, daß eine subjektive Einschätzung des Benutzers über problematisches Verhalten einzelner Modellelemente höher gesetzt wird als die vom Rechner pauschal berechnete Zugehörigkeit eines Modellelements zu einem Problemzustand. So haftet der Einschätzung eines Bausteins als blockiert anhand „objektiver" Überschreitungen gewisser Schwellwerte immer ein Rest Unsicherheit an, weil diese Einschätzung kontextsensitiv ist, was derzeit jedoch in den Regeln der rechnergestützten Modellvalidierung keine Entsprechung findet.

Insgesamt ergeben sich durch die Einbeziehung der SB interessante Erweiterungsmöglichkeiten für die Modellvalidierung. Wie die oben aufgeführten Beispiele zeigen, kann der Einfluß der SB auf die Ergebnisse immens sein, woraus sich eine ernstzunehmende Verpflichtung für den Ersteller ableitet. Eine nicht zutreffende SB kann Ergebnisse der Ursachenforschung massiv verfälschen. Kompensiert werden kann dieser Einfluß dadurch, daß Ergebnisse ohne und mit Einbeziehung der SB verglichen werden. Vor allem bieten SB jedoch die Möglichkeit, subjektive Einschätzungen von Benutzern in die Ursachenforschung einzubeziehen und somit individuelle Ergebnisse bei verschiedenen Benutzern zu liefern.

4 Analyse des Informationsflusses

Die bei der vorgestellten Anwendung ablaufenden Prozesse der Informationsverarbeitung sollen nun in einem allgemeineren Kontext analysiert werden. Kern ist der wechselseitige Schlußfolgerungsprozeß, der zur Folge hat, daß der jeweilige Informationsempfänger (Computer oder Benutzer) mehr aus dem Vermittelten gewinnen kann, als tatsächlich übertragen wurde. Dies soll nun im folgenden präzisiert werden.

4.1 Gelieferte und mitgelieferte Information

Bei der Kommunikation zwischen einem Sender und einem Empfänger werden gewisse Informationen physisch übertragen; sind diese entsprechend, so kann der Empfänger durch einen Schlußfolgerungsprozeß weitere Informationen daraus gewinnen (vgl. auch entsprechende Literatur zu zwischenmenschlicher Kommunikation, z.B. [Goffman 69]. Für die tatsächlich übertragenen Informationen wird der Begriff *gelieferte Information* geprägt; für die vom Empfänger durch einen Schlußfolgerungsprozeß darüber hinaus gewonnene Information wird der Begriff *mitgelieferte Information* geprägt (vgl. Abbildung 8). Neu an dieser Betrachtungsweise ist, daß, obwohl die mitgelieferten Informationen erst beim Empfänger entstehen, sie dennoch der Kommunikation zugeordnet werden. Dies wird damit gerechtfertigt, daß sie schließlich erst durch Hinzufügen der gelieferten Information zu der beim Empfänger bereits vorhandenen Information erzeugt werden.

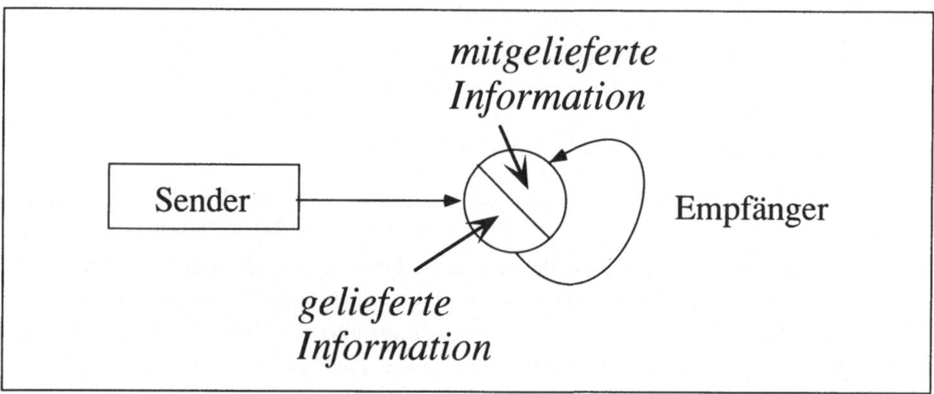

Über die Mensch-Computer-Schnittstelle werden stets Fakten übertragen (gelieferte Informationen). Beim Empfänger entstehen daraus zusätzliche (mitgelieferte) Informationen.

Abbildung 8. Verhältnis von gelieferter zu mitgelieferter Information

Als erstes Beispiel können die Fakten „$A > B$" und „$B > C$" dienen, die vom Sender an den Empfänger übertragen und somit *geliefert* werden. Schließt der Empfänger daraus „$A > C$", so gilt dieses als vom Sender *mitgelieferte* Information.

4.2 Beispiele aus der Materialflußsimulation

Die Begriffe der gelieferten und der mitgelieferten Information können nun auf den vorgestellten Ansatz des Dialogs zur Modellvalidierung angewandt werden. Einige Beispiele verdeutlichen den Informationsfluß:

1. *Vom Computer zum Benutzer gelieferte Information*: „Bearbeitung 1 hat eine Blockierung von 9%".
   Dieses Faktum stammt aus der konkreten Simulation des Materialflußsystems und wird als solches an den Benutzer weitergeleitet.
2. *Vom Computer an den Benutzer mitgelieferte Information*: „Bearbeitung 1 ist blockiert". Zu diesem Schluß ist der Benutzer aufgrund seiner Kenntnisse der Ziele und des Umfelds der Simulation gekommen, obwohl normalerweise der Schwellwert von „blockiert" erst bei über 10% liegt. Hier ist das subjektive Einschätzungsvermögen

des Benutzers am Werk, um eine Schlußfolgerung durchzuführen, zu der der Computer mangels Hintergrundinformationen nicht in der Lage wäre.

3. *Vom Benutzer an den Computer gelieferte Information*: Der Inhalt einer Sichtbeschreibung.
Der Benutzer liefert dem Rechner seine Einschätzung der Animation als einen Ausdruck in einer formalen Sprache. So könnte er beispielsweise die vom Rechner mitgelieferte Information „Bearbeitung 1 ist blockiert" als Teil der SB formulieren.
4. *Vom Benutzer an den Computer mitgelieferte Information*: Eine mögliche Fehlerquelle im Modell.
Aufgrund der Sichtbeschreibung und wissensbasierten Komponente für die rechnergestützte Modellvalidierung errechnet der Computer mögliche Fehlerquellen.

Der letzte Punkt widerspricht zunächst der Intuition, denn es wird der Standpunkt vertreten, daß die möglichen Fehlerquellen vom Benutzer mitgeliefert werden, obwohl sie ihm *a priori* bekannt sind. Dennoch sind sie aufgrund der von ihm gelieferten Informationen vom Computer zu errechnen; dieses rechtfertigt, daß sie bereits der Kommunikation zugeordnet werden.

4.3 Anwendung der Begriffe

Die Begriffe der gelieferten und der mitgelieferten Information können nun angewandt werden, um klarzustellen, welche Informationsverarbeitungsprozesse bei der Modellvalidierung stattfinden.

In der Einleitung dieses Beitrags wurde auf den üblichen Prozeß der Modellvalidierung Bezug genommen. Dieser wird in Abbildung 9 (a) schematisch dargestellt, wobei hier von mehreren Benutzern ausgegangen wird, die nacheinander mit dem System arbeiten. Der Rechner liefert den Benutzern mittels der Animation gewisse Informationen, die über die Mensch-Computer-Schnittstelle fließen; daraus zieht der Benutzer seine Schlüsse und erzeugt neue Fakten, die vom Computer mitgeliefert wurden. Diese mitgelieferten Informationen bleiben allerdings dem Computer verborgen; insgesamt dienen die gelieferten und mitgelieferten aber als Grundlage dafür, daß die Benutzer Handlungen durchführen (in diesem Fall, das Vornehmen von Änderungen im Modell), bei denen aber der Rechner die Benutzer nicht situationsgerecht unterstützten kann. Diese Handlungen des Benutzers lösen wiederum Änderungen in der Animation aus, und der Prozeß wiederholt sich.

In Abbildung 9 (b) wird zum Vergleich der neue Prozeß, wie er in diesem Beitrag vorgestellt wurde, schematisch dargestellt. Wie gehabt werden durch die Animation Informationen den Benutzern geliefert und mitgeliefert. Durch den Sichtbeschreibungsformalismus aber können nun die Benutzer dem Computer einige dieser mitgelieferten Informationen mitteilen. Sie werden vom Rechner gespeichert (in Abbildung 9(b) als Rechtecke dargestellt); aus diesen Sichtbeschreibungen kann der Computer wiederum neue – von den Benutzern mitgelieferte – Informationen gewinnen und anwenden, um Änderungen im Modell vorzuschlagen bzw. vorzunehmen.

Neu ist also an dem hier vorgestellten Ansatz, daß der Benutzer die ihm durch die Animation vom Rechner mitgelieferten Informationen diesem mitteilt. Daraus kann der Computer abermals neue Informationen errechnen, die bislang überhaupt nicht existierten. Hiermit ist der Computer wiederum in der Lage, dem Benutzer substantielle Hilfestellungen zu bieten.

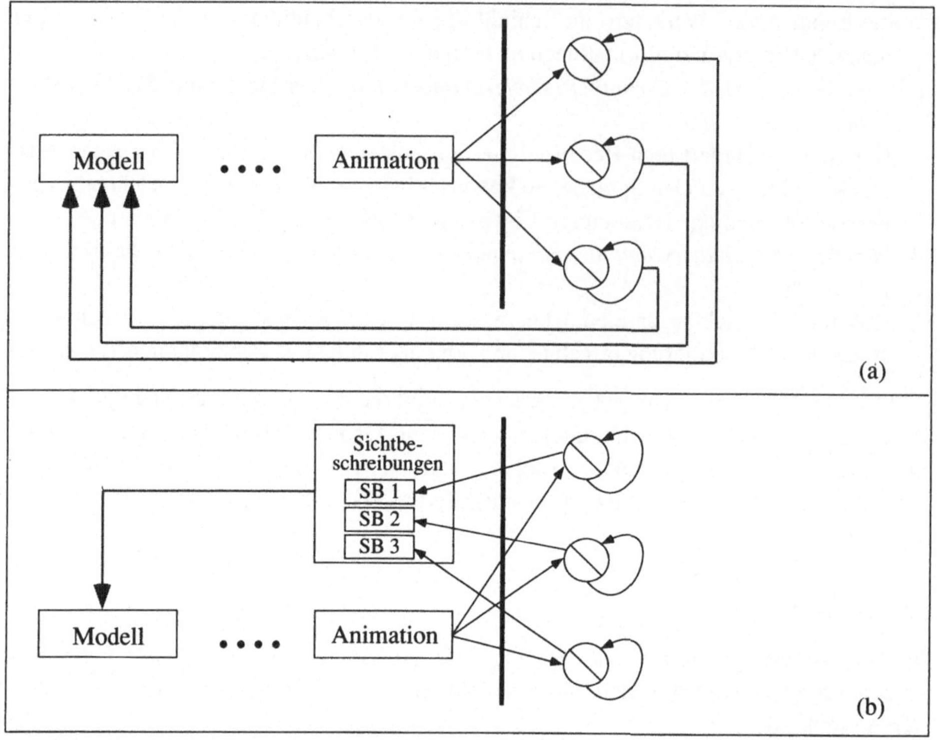

Die Trennlinie stellt die Mensch-Computer-Schnittstelle dar, die Kreise jeweils Benutzer (vgl. Abbildung 8). (a) bildet den bislang üblichen Vorgang ab, (b) den Vorgang mit Sichtbeschreibungen.

Abbildung 9. Informationsfluß bei der Modellvalidierung

5 Abschließende Bemerkungen

Sichtbeschreibungen bieten Benutzern erstmalig die Gelegenheit, explizit über die von ihnen aus einer Animation gewonnen Erkenntnisse – Informationen gelieferter und mitgelieferter Art – mit dem Rechner in einen Dialog zu treten. Durch den Formalismus der Sichtbeschreibung werden die Benutzer auch zu einer systematischen Auseinandersetzung mit dem Präsentierten gezwungen. Somit werden die Benutzer auch dazu geführt, sich nicht von den bunten Animationen, die technische Systeme heute oft bieten, überwältigen zu lassen, sondern über deren Bedeutung nachzudenken. Vieles hängt also von dem speziellen Sichtbeschreibungsformalismus ab. Er muß so konzipiert sein, daß Benutzer alle ihre Beobachtungen darin auch zum Ausdruck bringen können. Da ein solcher Formalismus das Mittel ist, durch das Benutzer eine Animation bearbeiten, hat er auch einen massiven Effekt darauf, zu welchen möglichen Schlußfolgerungen Benutzer kommen können.

Danksagung

Die Autoren bedanken sich bei Prof. Dr. R. Gunzenhäuser für viele gelieferte und mitgelieferte Informationen.

Eine Entwicklungsumgebung für adaptierbare Benutzungsoberflächen

Matthias Schneider-Hufschmidt

Der Entwurf der Benutzungsoberfläche eines interaktiven Computersystems ist eine aufwendige und für die Einsetzbarkeit eines Systems entscheidende Aufgabe in der Software-Entwicklung. Benutzungsoberflächen sind selbst komplexe Software-Produkte, die sowohl spezifische Eigenschaften von Applikationen als auch technische Gegebenheiten der verwendeten Hardware und Software widerspiegeln.

Die Methodik des Oberflächenentwurfs und die Entwicklung geeigneter Entwicklungswerkzeuge sind seit langem Gegenstand der Forschung. In den letzten Jahren haben User Interface Management Systeme (UIMS) [Hartson/Hix 89, Pfaff 85] weite Verbreitung gefunden. Diese Systeme bestehen aus zwei Komponenten: sie stellen sowohl eine Entwicklungsumgebung für den Entwurf von Benutzungsoberflächen als auch die Laufzeitumgebung für den Einsatz des entworfenen Systems zur Verfügung [Myers 89].

Der Einsatz von User Interface Management Systemen bringt wesentliche Vorteile:

- Eine wichtige Eigenschaft von UIMS ist die strenge Trennung von Benutzungsoberfläche und Applikation. Diese Trennung ermöglicht die unabhängige Entwicklung dieser Systemkomponenten. Dadurch lassen sich Prototypen von Benutzungsoberflächen erstellen, ohne daß der funktionale Kern eines Systems bereits vorliegen muß.
- UIMS bieten einen einheitlichen Entwicklungsprozeß für Benutzungsoberflächen für verschiedenste Anwendungssysteme an. Ihre Benutzung garantiert die Konsistenz der Oberflächen für diese Systeme.
- UIMS ermöglichen die Kombination eines Anwendungssystems mit verschiedenen Benutzungsoberflächen, um sich an Hardware-Eigenschaften anzupassen oder Benutzeranforderungen zu erfüllen.
- UIMS bieten Unterstützung für die Wiederverwendung von Interface-Komponenten in späteren Oberflächenentwicklungen an.

Aber auch mit dem Einsatz von UIMS bleibt der Entwurf einer guten Benutzungsoberfläche eine komplexe Aufgabe. Das Wissen, das zur Erfüllung dieser Aufgabe notwendig ist, läßt sich in drei Kategorien einteilen: Wissen über Aussehen und Verhalten von Benutzungsoberflächen, Wissen über den Prozeß der Entwicklung von Oberflächen sowie Wissen über die zugrundeliegende Anwendung. Mangelndes Wissen in einer dieser Kategorien führt unweigerlich zu suboptimalen Benutzungsschnittstellen. Da Software-Designer selten auch Anwendungsexperten sind, lassen sich grobe Designfehler nur dann vermeiden, wenn ein enger Informationsaustausch zwischen Anwendern und Designern erfolgt.

Eine weitere Verbesserung der Qualität von Benutzungsoberflächen kann dadurch erreicht werden, daß man den Endanwendern die Werkzeuge der Entwicklungsumgebung zur Verfügung stellt, da sie das notwendige Fachwissen in ihrem Anwendungsbereich haben. Sie können dann ihre Oberflächen selbst sowohl an ihren Arbeitsstil und ihre Expertise als auch an sich ändernde Anforderungen ihrer Anwendungssysteme anpassen. In diesem Fall wird ein Teil der Verantwortung, aber auch ein Teil der Entscheidungsfreiheit des Oberflächen-Designers auf die Endanwender übertragen. Wenn diese eine Systemoberfläche adaptieren wollen, müssen sie lernen, wie man die Entwicklungsumgebung nutzt und wie man ergonomische Benutzungsoberflächen entwirft. Dieser zusätzlich notwendige Lernaufwand wird durch die Verwendung eines UIMS reduziert, das den Entwurf von Oberflächen nach dem in Abschnitt 2 ausführlich beschriebenen Prinzip der „Direkten Komposition" ermöglicht. In diesen Entwurfsumgebungen enthält jedes Oberflächenobjekt die notwendige Information über die Möglichkeiten seiner Gestaltung.

Einen alternativen Ansatz zur Verwendung von UIMS stellen die sogenannten *Application Frameworks* dar [Weinand et al. 88]. Application Frameworks sind meist Klassenbibliotheken zum Entwurf von Benutzungsoberflächen und Anwendungen. Durch objektorientierte Techniken lassen sie sich anwendungsspezifisch erweitern. Zur Realisierung dieser Änderungen muß der Designer allerdings programmieren können. Application Frameworks erfordern meist eine wesentlich engere Kopplung von Anwendung und Oberfläche, als dies bei der Verwendung eines UIMS nötig ist. Eine genauere Evaluation der verschiedenen Ansätze, die den Rahmen dieses Kapitels sprengen würde, befindet sich beispielsweise in [Myers 92].

1 Anforderungen an den Entwurf von Benutzungsoberflächen

Aus den Erfahrungen mit dem Einsatz von UIMS in der industriellen Praxis lassen sich eine Reihe von Anforderungen an User Interface Management Systeme formulieren, die von den meisten konventionellen Systemen nicht oder nur teilweise erfüllt werden. Diese Anforderungen gelten mit unterschiedlicher Gewichtung auch für andere Einsatzbereiche wie Büro-Automatisierung.

Die hier beschriebenen Anforderungen lassen sich in drei Kategorien unterteilen. In der ersten Gruppe werden Anforderungen der künftigen Benutzer an die entstehenden Oberflächen zusammengefaßt. Die zweite Kategorie umfaßt Anforderungen an den Entwurfsvorgang. In der dritten Kategorie werden Anforderungen an die Benutzungsoberfläche der Entwurfsumgebung zusammengefaßt. Im folgenden werden die wichtigsten der von uns erkannten Anforderungen beschrieben. Eine ausführlichere Analyse findet sich in [Kühme/ Schneider-Hufschmidt 92].

1.1 Anforderungen an die zu entwerfende Benutzungsoberfläche

Die erste Gruppe von Anforderungen betrifft die erstellte Benutzungsoberfläche, das Ziel des Entwurfsvorgangs. Entwurfswerkzeuge für Benutzungsoberflächen sollten die Erstellung von Benutzungsoberflächen mit den folgenden Eigenschaften unterstützen.

- *Graphische Darstellung von Informationen und Bedienelementen.* Benutzungsoberflächen müssen in der Lage sein, sowohl beliebige Informationen (wie Systemzustände, Berechnungsergebnisse etc.) als auch die für die Systemsteuerung notwendigen Bedienelemente (Buttons, Menüs etc.) graphisch darzustellen.
- *Keine erzwungene Trennung von Anzeige- und Bedienelementen.* Graphische Darstellungen von Systemen und die für die Steuerung verwendeten Bedienelemente sollen in der Benutzungsoberfläche beliebig kombiniert werden können.

- *Objektorientierte, direkt-manipulative Interaktion.* Alle Darstellungselemente (wie Grafiken, Texte), die zur Darstellung eines Systems verwendet werden, sollen gleichzeitig zur Steuerung einsetzbar sein. Die Interaktion mit diesen Objekten erfolgt mittels direkter Manipulation mit einen Zeigegerät (Maus, Pen) oder durch gesprochene Sprache.
- *Fähigkeit zur multimodalen Eingabe und Ausgabe.* Für die Steuerung von Prozeßautomatisierungssystemen ist die Integration von Video zur Systemüberwachung und Audio zur Ausgabe von Daten sowie zur Steuerung (z.B. in hands-busy-Situationen) notwendig.
- *Klare Trennung von Benutzungsoberfläche und „Anwendung“.* Diese Anforderung wird von den meisten UIMS erfüllt. Allerdings ist die Form der Kommunikation zwischen Applikationssystem und Oberfläche sehr unterschiedlich (Kommunikation über explizite Ereignisse vs. Callbacks, d.h. Funktionsaufrufe im Anwendungsprogramm). Vor allem die Intensität der Kommunikation kann bei großen verteilten Systemen ein wichtiger Faktor werden.
- *Unterstützung „verteilter Anwendungen“.* Man muß davon ausgehen, daß Prozeßautomatisierungssysteme viele Rechner mit unterschiedlichen Aufgaben und mehrere Steuerungsstationen umfassen. Die Oberflächen-Software muß auch in solchen heterogenen Systemen einsetzbar sein. Ähnliche Anforderungen ergeben sich in CSCW-Umgebungen (Computer Supported Cooperative Work).
- *Standardkonformität.* Im industriellen Bereich haben sich ein Reihe von konkurrierenden Quasi-Standards für das Aussehen und Verhalten von Benutzungsoberflächen (“Look&Feel” wie Motif [Open Software Foundation 90a, Open Software Foundation 90b] und OpenLook [SunSoft 91] etabliert. Die entstehenden Oberflächen sollten diesen Standards folgen und sich gegebenenfalls an verschiedene Umgebungen anpassen können.
- *Echtzeit-Unterstützung.* Wenn die Oberflächenkomponente eines Systems die zum Teil sehr harten Realzeitanforderungen industrieller Systeme nicht erfüllen kann, muß die Trennung von Oberfläche und Applikationssystem gewährleistet sein. Dadurch können Verzögerungen in der Oberflächenkomponente die Steuerung des Systems nicht beeinflussen.
- *Verfügbarkeit von Entwurfsmechanismen über den Entwurfszeitpunkt hinaus.* Für diese Anforderung gibt es mehrere Gründe. In vielen Anwendungen (z.B. Anlagenprojektierungen, Netzeditoren) gehören Entwurfshandlungen zum Repertoire des Anwendungssystems. In diesen Systemen ist die Trennung zwischen Entwurfswerkzeug und Anwendung neu zu definieren, da die Funktionalität der Entwicklungsumgebung auch in der Anwendung benötigt wird.
- Die Individualisierbarkeit von Benutzungsoberflächen gewinnt immer mehr an Bedeutung [Fischer/Girgensohn 90]. Zur Realisierung von „adaptiven“ und „adaptierbaren“ Benutzungsoberflächen sind Entwurfsmechanismen nötig, die auch dem Endanwender zur Verfügung gestellt werden können.

1.2 Anforderungen an den Entwurfsvorgang

Die Erfüllung der in diesem Abschnitt beschriebenen Anforderungen soll den Entwurfsvorgang bequem, schnell und damit auch wirtschaftlich machen. Diese Anforderungen sind unabhängig von der Frage, welche Eigenschaften die entworfenen Oberflächen bekommen sollen.

- *Übereinstimmendes Dialogverhalten während Entwurf und Ablauf.* Diese Anforderung resultiert, ebenso wie die nächste, aus dem oben beschriebenen Wunsch, dem Endanwender die Modifikation von Benutzungsoberflächen zu ermöglichen. Um den dafür notwendigen Lernaufwand zu minimieren, sollten die Entwurfshandlungen und die Benutzungsvorgänge einander möglichst ähnlich sein.
- *Direkt-manipulative Erstellung der Benutzungsoberfläche.* Die ergonomischen Kriterien, die für die zu entwickelnden Oberflächen gelten, haben natürlich auch für die Entwicklungsumgebung und den Entwurfsvorgang Gültigkeit. Für Anwendungsexperten, die Benutzungsoberflächen entwerfen, ist die direkt-manipulative Gestaltung einer textuellen Beschreibung vorzuziehen.
- *Interaktive Spezifikation des dynamischen Verhaltens.* Während konventionelle Entwurfswerkzeuge das Layout von Oberflächen durch direkt-manipulative Mechanismen unterstützen, bleibt die Definition des Verhaltens der Oberfläche meist dem Anwendungsprogrammierer überlassen, der für die Anwendung den entsprechenden Programmcode schreiben muß. Da wir davon ausgehen, daß Benutzungsoberflächen von Ergonomen entworfen werden, sollte die Definition des Oberflächenverhaltens interaktiv und möglichst mittels direkter Manipulation möglich sein. Dafür gibt es verschiedene Ansätze: Mögliche Reaktionen auf eintretende Ereignisse können mittels Menüauswahl definiert oder Empfänger von Nachrichten durch Auswahl mit einem Zeigegerät selektiert werden. Eine weitere Möglichkeit ist *Programmieren durch Vormachen* [Myers 90]. Die Simulation des definierten Verhaltens soll zu jedem Zeitpunkt und mit minimalem Aufwand möglich sein.
- *Einheitliches Entwurfsverfahren.* Für alle Objekte, die in einer Benutzungsoberfläche verwendet werden, sollte ein einheitliches Entwurfsverfahren verwendet werden. Zur Verringerung des Lernaufwands und zur effektiven Nutzung eines Entwurfswerkzeugs sollte das Entwurfsverfahren von den folgenden Faktoren unabhängig sein:
  - *Interaktionstechnik*: Die Funktionalität eines zu entwerfenden Oberflächenelements (z.B. ein graphisches Symbol für eine Verkehrsampel, ein Button oder ein Ausgabebereich für Video) sollte keinen Einfluß auf das Entwurfsverfahren haben.
  - *Komplexität* des zu entwerfenden Oberflächenelements: sowohl einfache Liniengrafiken, komplexe Visualisierungsobjekte (wie z.B. für einen Industrieroboter) als auch vollständige Oberflächen sollten mit den gleichen Methoden und Werkzeugen entworfen werden können.
  - *Oberflächen-Stil* (Look&Feel): Der Wechsel zwischen zwei Oberflächen-Stilen sollte den Designer nicht zwingen, andere Entwurfsmechanismen einsetzen zu müssen.
- *Erweiterbarkeit: Interaktiver Entwurf neuer Dialogbausteine.* Beim Entwurf eines UIMS ist es ausgeschlossen, daß bereits alle notwendigen Bausteine für Oberflächen vordefiniert werden. Deshalb muß in der Entwicklungsumgebung die Möglichkeit vorhanden sein, neue Objekte zu definieren. Diese Definition soll mit den gleichen Methoden und Werkzeugen möglich sein, die zum Entwurf kompletter Oberflächen eingesetzt werden.

- *Wiederverwendbarkeit von Dialogbausteinen.* Bereits früher entworfene Oberflächenobjekte sollen bei späteren Entwürfen wieder eingesetzt werden können. Es müssen Mechanismen existieren, die die persistente Ablage, die Verwaltung und die Modifikation von bereits vorhandenen Oberflächenobjekten unterstützen.
- *Verfügbarkeit von Standardbausteinen.* Die in anderen Benutzungsoberflächen verwendeten und den Benutzern bekannten Bausteine müssen in der Entwurfsumgebung bekannt und verwendbar sein.
- *Rascher Wechsel zwischen Entwurfsprozeß und Simulation.* Um die prototypische Entwicklung von Benutzungsoberflächen zu unterstützen, muß es möglich sein, Entwürfe rasch auf ihre Eignung zu prüfen. Der Übergang vom Entwurf einer Oberfläche zur Simulation ihres Verhaltens sollte keine aufwendigen Übersetzungs- und Bindevorgänge erforderlich machen. Dadurch ergeben sich komfortable Testmöglichkeiten für die Dynamik von Benutzungsoberflächen

1.3 Anforderungen an die Entwurfsumgebung

Auch die Randbedingungen, unter denen die Entwurfsumgebung arbeitet, beeinflussen die Einsatzmöglichkeiten und sollten bei der Realisierung eines Entwurfswerkzeuges Berücksichtigung finden:

- *Aufsetzen auf eine Standardumgebung.* Die meisten Software-Häuser setzen mittlerweile auf Standard-Entwicklungsumgebungen auf und schreiben häufig auch spezifische Gestaltungsrichtlinien für Benutzungsoberflächen (Style Guides, z.B. [Open Software Foundation 90b]) vor. Aus diesem Grunde sollte die Entwurfsumgebung derartigen Standards genügen können.
- *Berücksichtigung von Sicherheitsaspekten.* In vielen Fällen wird die Modifikation einer im industriellen Bereich eingesetzten Benutzungsoberfläche aus Sicherheitsgründen nicht oder nur sehr eingeschränkt möglich sein. Die Entwurfsumgebung sollte Mechanismen zur Verfügung stellen, um verschiedene Zugriffs- und Modifikationsrechte für individuelle Benutzer und Benutzergruppen festzulegen.
- *Offenheit für neue Interaktionsmedien:* Multimedia und multimodale Interaktion werden in absehbarer Zeit zum Stand der Technik bei Benutzungsoberflächen gehören. Es werden weitere, heute noch nicht gebräuchliche Interaktionstechniken und -medien aufkommen. Mittel und Werkzeuge zur Nutzung dieser Interaktionsformen in Benutzungsoberflächen sollen homogen in die existierende Entwicklungsumgebung integriert werden können.

2 Direkte Komposition von Benutzungsoberflächen

In diesem Abschnitt wird das Konzept der Direkten Komposition kurz beschrieben, welches das zentrale Leitbild bei der Entwicklung einer Entwurfsumgebung für Benutzungsoberflächen mit dem Namen SX/Tools war.

Der Begriff „Direkte Komposition von Benutzungsoberflächen" beschreibt eine Methode zum Entwurf von Benutzungsoberflächen, die konsequent das Paradigma der Direkten Manipulation [Shneiderman 83] mit einem Kompositionsansatz für Benutzungsoberflächen-Objekte verbindet.

Direkte Komposition basiert auf einem elementaren konzeptuellen Modell von Oberflächenobjekten [Kühme et al. 91]. In diesem Modell wird sowohl das Verhalten von Objekten in der Entwurfsphase als auch ihr Verhalten zum Ablaufzeitpunkt in der Kombination mit einem Anwendungssystem beschrieben (siehe Abbildung 1). Ein besonderer Vorteil dieses Ansatzes ist darin zu sehen, daß der Lernaufwand für die Erstellung und Gestaltung von Benutzungsoberflächen durch den Wegfall sonst üblicher, spezieller Werkzeuge und Editoren beträchtlich reduziert wird.

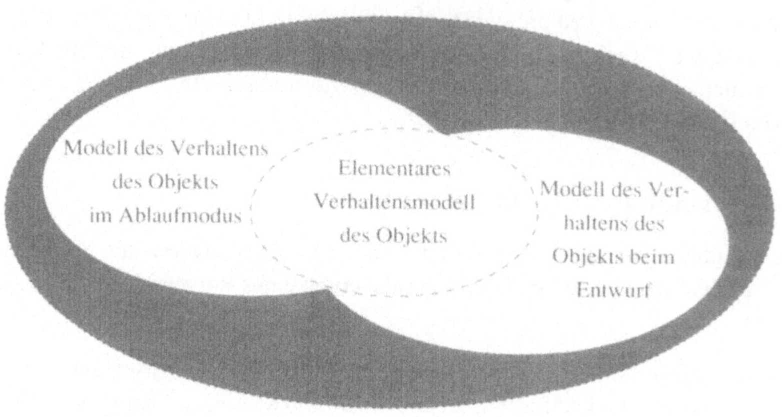

Abbildung 1. Objektmodell der Direkten Komposition

Aussehen und interaktives Verhalten von Oberflächenobjekten lassen sich vollständig interaktiv beschreiben. Neue Objekte können von bereits vorhandenen kopiert werden und sowohl komplexe Objekte als auch vollständige Benutzungsoberflächen aus vorhandenen Elementen „komponiert" werden.

Eine Konsequenz des Objektmodells der Direkten Komposition ist die Tatsache, daß jedes Objekt genau eine Menge von elementaren Interaktionstechniken hat. Objekte können sich in verschiedenen Zuständen (Rollen) befinden und beschreiben die Semantik der Interaktion abhängig von diesen Zuständen. Die Vereinigung aller Interaktionstechniken in allen Rollen bildet das Dialogmodell der Objekte. So enthält die Interaktion mit einem Objekt im Design-Zustand hauptsächlich Entwurfshandlungen, während im Ablauf-Zustand die Aspekte der Manipulation und Visualisierung überwiegen.

Die Erstellung von Benutzungsoberflächen mittels Direkter Komposition bietet unter anderem folgende Vorteile: Interaktionsobjekte besitzen konsistente Interaktionsformen für ihre Entwicklung und ihre Benutzung. Die Adaptierbarkeit von Benutzungsoberflächen ist eine direkte Folge des Kompositionsansatzes. Erweiterbare und offene Entwurfsumgebungen lassen sich mit dem Kompositionsansatz einfach realisieren.

3 SX/Tools – Gestaltung von Benutzungsoberflächen nach dem Prinzip der Direkten Komposition

In diesem Abschnitt wird beschrieben, welche Leistungsmerkmale von SX/Tools sich aus der Verwendung der Direkten Komposition ergeben und inwieweit mit diesen und anderen Leistungsmerkmalen SX/Tools die oben beschriebenen Anforderungen erfüllt.

3.1 Architektur

SX/Tools ist ein Entwicklungssystem für Benutzungsoberflächen, das dem Prinzip der Direkten Komposition folgt. Der Kern von SX/Tools ist eine *C++-Klassenbibliothek* von Oberflächenelementen. Aus den Objekten der C++-Klassen lassen sich beliebige Benutzungsoberflächen direkt-manipulativ zusammensetzen. Alle Objekte enthalten die dafür notwendigen interaktiven Mechanismen, so daß es keiner zusätzlichen Entwurfswerkzeuge bedarf.

SX/Tools wurde auf der Basis des X Window Systems [Scheiffler/Gettys 86] entwickelt und folgt dem OSF/Motif-Style Guide. Aufgrund der Festlegung auf diese de facto-Standards ist SX/Tools in verschiedenen Hardware-Umgebung einsetzbar und einfach zu portieren.

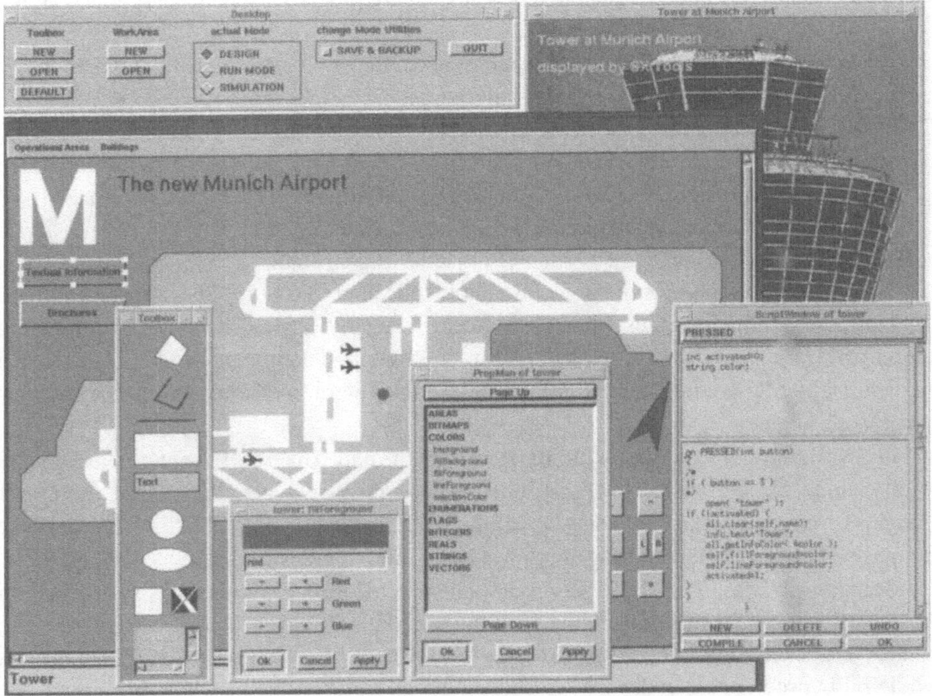

Abbildung 2. Elemente der SX/Tools-Entwurfsumgebung

SX/Tools läßt sich am besten mit dem InterViews-System [Linton et al. 89] vergleichen. Wie InterViews besteht es aus einer C++-Klassenbibliothek von komponierbaren Oberflächenobjekten. Darüber hinaus erlaubt SX/Tools die interaktive Gestaltung dieser Objekte.

Für den Vorgang der direkt-manipulativen Gestaltung von Benutzungsoberflächen verwenden wir den Begriff „Projektierung", im gleichen Sinne, wie er beispielsweise im Anlagenbau verwendet wird. Oberflächen bzw. Teile von Oberflächen werden „projektiert" und in Anwendungssysteme eingebunden.

3.2 Auswahl und Modifikation von Benutzungsoberflächenelementen

Basiselemente. Der Basisvorrat an Objekten umfaßt bisher vor allem gängige *Bedienelemente* (Buttons, Menüs, Textfelder usw.) und *graphische Grundelemente* (Linie, Polygon, Rechteck, Kreis, Ellipse usw.). Die Objekte werden in sogenannten Toolboxen für die interaktive Bearbeitung zur Verfügung gestellt. Von dort werden sie in die zu erstellende Benutzungsoberfläche kopiert.

Entwurf und Ablauf. Die Objekte unterscheiden einen *Entwurfsmodus* und einen *Ablaufmodus*. Einzelne Objekte, Objektgruppen oder auch alle Objekte, die gerade in Bearbeitung sind, können in einen der beiden Modi umgeschaltet werden, ohne daß in eine andere Umgebung gewechselt werden muß. Während der Erstellung einer Oberfläche kann zur Testdurchführung in den Ablaufmodus geschaltet werden. In der späteren Anwendung steht der Gestaltungsmodus für benutzer- und anwendungsspezifische Anpassungen weiter zur Verfügung.

Bei jedem Objekt läßt sich als Eigenschaft einstellen, ob und inwieweit es auch im Ablaufmodus vom Benutzer direkt-manipulativ verändert werden kann (Änderung von Lage, Größe etc.). Dadurch können auch Benutzungsoberflächen für Anwendungen (z.B. Netzeditor, Anlagenprojektierung) realisiert werden, in denen zum Teil dieselben Interaktionen mit dem System vollzogen werden, wie beim Entwurf einer Benutzungsoberfläche.

Einstellen von Objekt-Eigenschaften. Sämtliche Eigenschaften von Objekten können vollständig interaktiv eingestellt werden. „Statische" Eigenschaften (*Properties*) wie Größe, Lage und Farbe werden teils direkt-manipulativ, teils über "Property Sheets" gewählt. Das „dynamische" Verhalten eines Objekts bei vorgegebenen oder frei definierten Ereignissen kann über *Methoden* gestaltet werden, die interaktiv entwickelt werden. Diese Methoden werden in einer C++-ähnlichen Syntax formuliert und intern in einem effizient interpretierbaren Code abgelegt.

In SX/Tools gibt es keine Aufteilung in Bedien- und Anzeigeelemente. Alle Objekte — also auch die graphischen Grundelemente — sind in der gleichen Weise fähig, auf Ereignisse zu reagieren. Für jedes Objekt sind zusätzliche Properties sowie zusätzliche Ereignisse und deren Behandlung durch Methoden frei definierbar.

Befindet sich das Objekt im Entwurfsmodus und trifft ein Ereignis ein, so wird auch in diesem Modus die für dieses Ereignis spezifizierte Methode ausgeführt. In dieser Methode können Properties beim Objekt selbst oder bei anderen Objekten auf neue Werte gesetzt werden. Ebenso können an das Objekt selbst oder an andere Objekte wiederum Ereignisse gesendet werden. Die anderen Objekte werden dabei in der Regel über ihren Namen, der frei vergeben werden kann, identifiziert. Auch Properties und Ereignisse werden zum Zeitpunkt der Ausführung über ihren Namen identifiziert. Dieses Verfahren reagiert völlig unkritisch, wenn einer der verwendeten Namen ungültig ist, es wird dann lediglich keine Aktion durchgeführt.

3.3 Erstellen neuer Benutzungsoberflächenelemente

Programmierung. Eine Erweiterung der Klassenbibliothek durch Programmierung in C++ kann unter Ausnutzung von Vererbungsmechanismen mit geringem Aufwand erfolgen. Eine mögliche Anwendung dieses Verfahrens ist die Definition von Elementarbausteinen für neue Interaktionstechniken.

Die Oberflächenentwickler, die SX/Tools zum Entwurf einsetzen, sollen diese Form der Erweiterung nur im Ausnahmefall wählen müssen. Das übliche Verfahren zur Erweiterung ist die interaktive Aggregation mit den Mitteln von SX/Tools. Voraussetzung dafür, daß nur in seltenen Fällen programmiert werden muß, ist eine genaue Definition der notwendigen Basiselemente, die das System zur Verfügung stellt.

Interaktive Aggregation. Neue, zusammengesetzte Objekte können aus beliebigen Objekten direkt-manipulativ aggregiert werden. Sie können mit eigenen Properties und Methoden versehen werden. Diese neuen Objekte können sowohl in der bearbeiteten Benutzungsoberfläche verwendet als auch zur Wiederverwendung einer Toolbox hinzugefügt werden. Sowohl Toolboxen als auch erstellte Benutzungsoberflächen werden als persistente Objekte in Dateien abgelegt.

Die Entwurfsumgebung von SX/Tools besteht im wesentlichen aus den bereits erwähnten Toolboxen und den in ihnen enthaltenen Objekten. Eine *Anpassung der Entwurfsumgebung* kann erfolgen, indem aus beliebigen Objekten oder auch aus Teilen von bereits erstellten Benutzungsoberflächen *benutzer- und anwendungsspezifische Toolboxen* zusammengestellt werden. Aufgrund der oben beschriebenen Möglichkeit der Aggregation neuer Objekte kann interaktiv eine Toolbox erstellt werden, die neben einer Auswahl von Standard- und Basisobjekten auch solche Objekte enthält, die ein für einen Anwendungsbereich spezifisches Erscheinungsbild und Verhalten besitzen (vgl. Abbildung 3).

Abbildung 3 zeigt auch, daß der dem Prinzip der Direkten Komposition folgende Ansatz einen uniformen Entwurfsprozeß impliziert, der für die Entwicklung von „Werkzeugen", vollständigen Benutzungsoberflächen und die spätere Adaptierung von Oberflächen während der Benutzung Gültigkeit hat. Sämtliche Aufgaben werden in einer einzigen Umgebung ausgeführt und folgen den gleichen grundlegenden Prinzipien. Dies unterscheidet SX/Tools von konventionellen UIMS, die meist eine Trennung von Entwurfs-, Simulations- und Laufzeitumgebung vorschreiben [Green 85].

SX/Tools erlaubt eine einheitliche Gestaltung auf jeder beliebigen Granularitätsstufe. Für ein graphisches Grundelement wie für komplexe, aggregierte Objekte kommen dieselben Gestaltungsmechanismen zum Einsatz. Komplexere Objekte sind grundsätzlich Aggregate, deren Bestandteile ebenso wie die Aggregate selbst mit den regulären Gestaltungsmechanismen bearbeitet werden können.

3.4 Projektierung der Projektierumgebung

Entsprechend dem Prinzip der Direkten Komposition unterstützt jedes Benutzungsoberflächenelement seine eigene Gestaltung. Dazu bietet es eine vordefinierte eigene „Benutzungsoberfläche" an, die z.B. aus Script-Editoren, Property Sheets oder aus klassenspezifischen Menüs besteht.

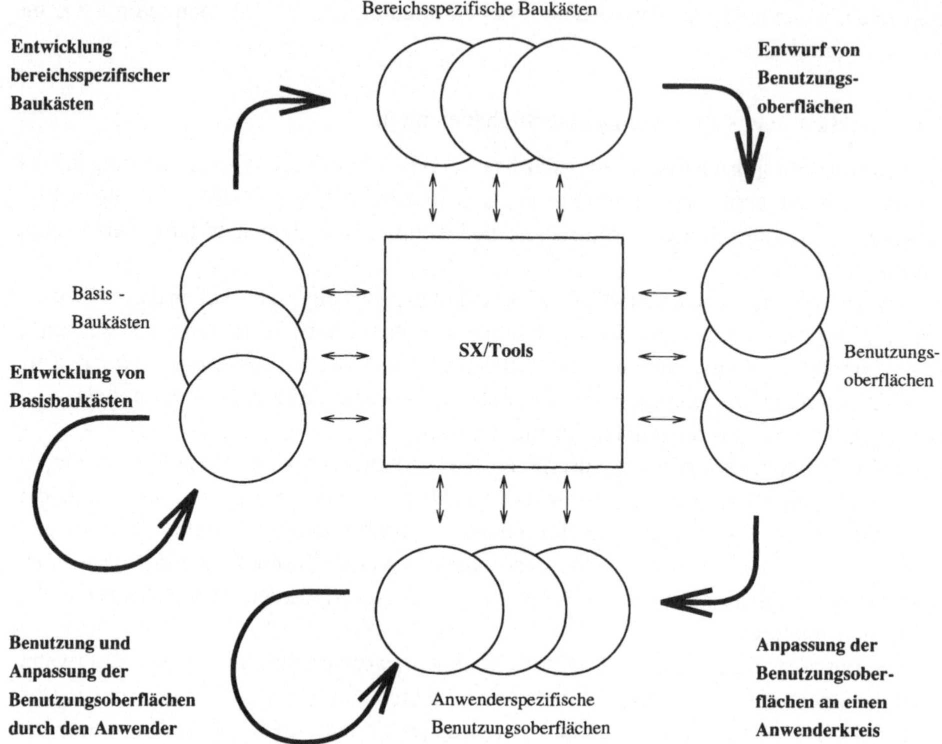

Abbildung 3. Einheitliche Entwurfsmechanismen in allen Phasen der Benutzungsoberflächen-erstellung

Diese vordefinierte Benutzungsoberfläche eines Objekts kann mit den Mitteln der Direkten Komposition erweitert werden. Abbildung 4 zeigt ein Beispiel für dieses Vorgehen. Aus einer Toolbox, die projektierte Geschäftsgrafik-Elemente enthält, wird ein Diagramm erzeugt. Dazu existiert ein projektiertes spezifisches Property Sheet, das zur Veränderung von Eigenschaften des Diagramms eingesetzt wird.

3.5 Anpassung einer Benutzungsoberfläche

Die *Adaptierbarkeit der erstellten Benutzungsoberfläche* ist bei SX/Tools eine inhärente Objekteigenschaft. Eine SX/Tools-Benutzungsoberfläche enthält grundsätzlich alle Mechanismen für eine Anpassung, da jedes Objekt einen Entwurfsmodus besitzt und seinen eigenen Entwurf unterstützt (siehe Abschnitt 2). Es brauchen daher keine speziellen Werkzeuge in die Umgebung integriert zu werden, um eine Adaptierbarkeit auch über die Entwurfsphase hinaus zu unterstützen.

3.6 Anbindung an die Applikation

SX/Tools kann in der üblichen Vorgehensweise zum Anwendungsprogramm hinzugebunden werden, steht aber auch als separater X-Client zur Verfügung, der die Rolle eines

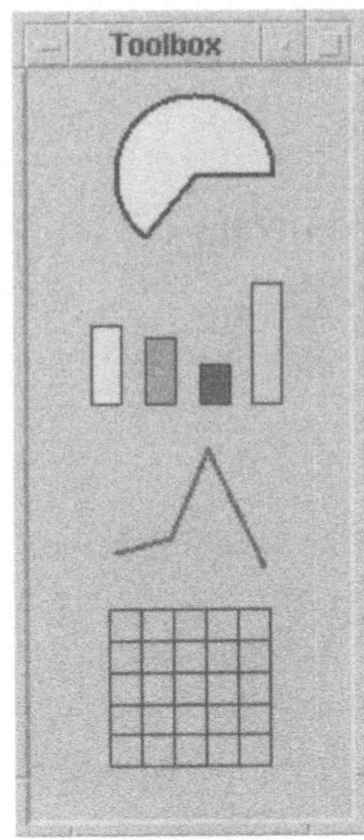

projektierte Geschäftsgrafik-Toolbox

kopiertes und projektiertes Diagramm

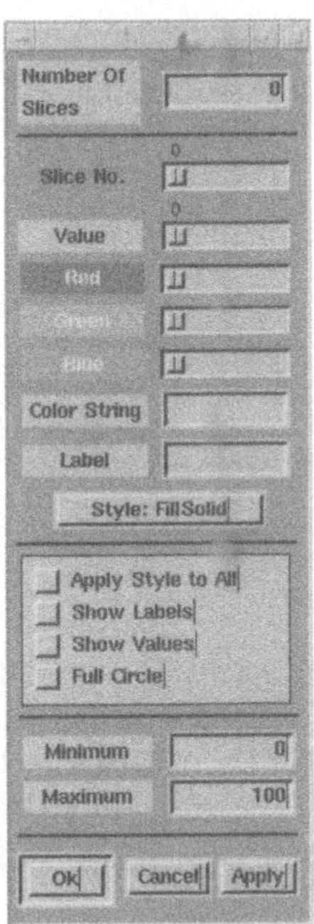

projektierte Projektier-Benutzungsoberfläche für Diagramme

Abbildung 4. Projektierung der Projektierung

SX-Servers übernimmt. Damit kann eine *Client-Server-Architektur* für eine SX/Tools-Benutzungsoberfläche mit einer beliebigen Anzahl von *SX-Clients* und *SX-Servern* realisiert werden (siehe Abbildung 5).

SX-Clients können über ein generisches Protokoll Nachrichten mit Objekten in der SX/Tools-Benutzungsoberfläche austauschen (Abbildung 6). Auf der Seite des SX-Clients wird die Kommunikation mit der einfach zu handhabenden Programmbibliothek SXlib realisiert. Diese Bibliothek enthält u.a. Aufrufe, um bei Objekten Property-Werte zu setzen oder abzufragen, Methoden aufzurufen, Objekte zu generieren etc. Generell sind von der Applikation aus dieselben Aktionen möglich, die bei einem Objekt in einer Methode verwendet werden können.

In den Methoden der SX/Tools-Objekte werden Nachrichten an SX-Clients durch die Formulierung einfacher Nachrichtenausdrücke versandt. SX/Tools-Objekte können auch Properties und Methoden bei Objekten in anderen SX-Benutzungsoberflächen ansprechen.

Diese Kommunikationsstruktur betont sowohl die Trennung von Benutzungsoberfläche und Applikation als auch die Objektorientierung. Es wird nicht in der Applikation die Hinterlegung eines Callbacks bei einem Bedienelement programmiert. Vielmehr ist bei SX/Tools alle Information über die Weiterleitung oder Weiterverarbeitung eines Ereignisses im Benutzungsoberflächenelement selbst enthalten. Diese Information kann erstellt und geändert werden, ohne die Applikation selbst ändern zu müssen.

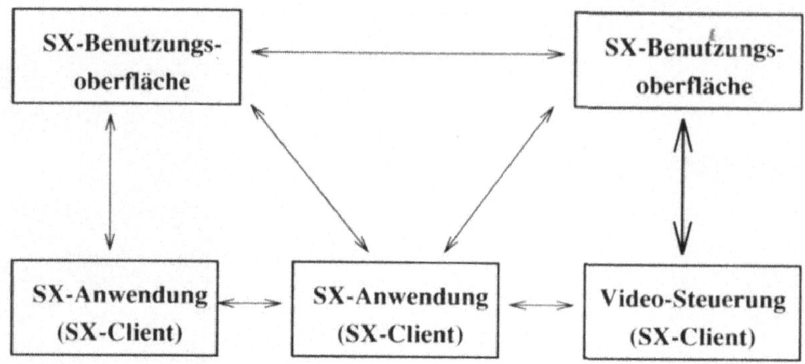

Abbildung 5. Die SX-Client-Server-Struktur

Beispiele für eine Nutzung der Client-Server-Architektur sind die Realisierung verteilter Anwendungen, das Aktivieren von SX-Objekten aus anderen „offenen“ Anwendungen heraus oder der Anschluß einer Audio-/Videosteuerung für Multimedia-Oberflächen. Da umgekehrt auch ein SX-Client mit mehreren SX-Servern kommunizieren kann und auch SX-Server untereinander kommunizieren können, sind auch CSCW-Anwendungen realisierbar.

Die SXlib wurde unter Verwendung der Xlib des X Window Systems [Nye 90] realisiert und ist daher auch in heterogenen Umgebungen einsetzbar.

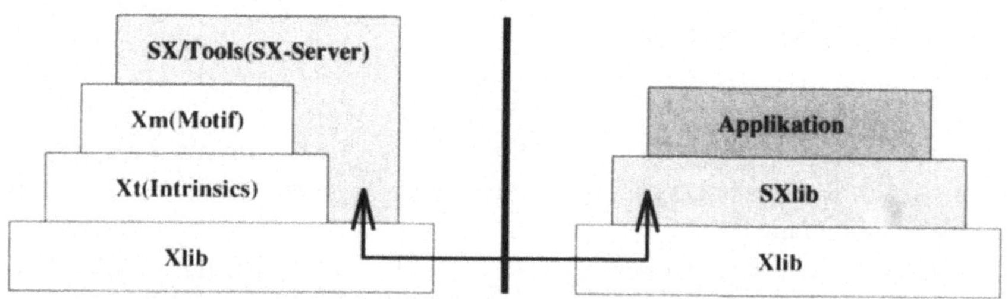

Abbildung 6. Anbindung an die Applikation

3.7 Integration in bestehende Werkzeugumgebungen?

SX/Tools ist als „Standalone“–X-Client und als Motif-Widget verfügbar. Eine Integration von SX/Tools in existierende Werkzeugumgebungen für den Widget-basierten Oberflächenentwurf ist über den SX-Widget möglich. Dabei wird die „äußere“ Gestaltung des SX-Widgets (Lage und Größe) von einem beliebigen anderen Design-Werkzeug übernommen, während die „innere“ Gestaltung des SX-Widgets von den betreffenden SX-Objekten selbst übernommen wird.

3.8 SX/Tools — ein Werkzeug für die Gestaltung von Multimedia-Oberflächen

Mit dem Einsatz neuer Medien wie Audio, Video und Animation wird die Zeit als neue Dimension der Informationsdarstellung und -aufnahme eingeführt. Neben der Definition der räumlichen Bezüge der Objekte zueinander sind in einer Multimedia-Benutzungsoberfläche auch die zeitliche Abfolge der Visualisierungen der Objekte und die Synchronisierung der Objekte untereinander von Bedeutung. Deshalb werden zur Zeit Komponenten in SX/Tools entwickelt, die die Beschreibung von Zeitabhängigkeiten ermöglichen.

Für Multimedia-Objekte wird das Konzept der Direkten Komposition beibehalten. Multimedia-Objekte enthalten alle Funktionalität für ihre interaktive Bearbeitung. Dies betrifft die Inhalte der Objekte selbst wie auch die Beziehungen der Objekte untereinander, d.h. komplette Multimedia-Präsentationen.

Die oben geschilderte SX-Kommunikationsstruktur ist ideal für die Einbindung von Multimedia-Interaktionstechniken. Die Ein-/Ausgabe von Multimedia-Daten kann von den Multimedia-Objekten als Dienstleistung von entsprechenden Controller-Prozessen angefordert werden. Die Verteilung dieser Aufgaben auf mehrere Rechner stellt — auch in heterogenen Umgebungen — kein Problem dar. Diese Kommunikationsstruktur erlaubt es auch der Benutzungsoberfläche, jederzeit auf die von den verwendeten Ein-/Ausgabegeräten eintreffenden Ereignisse zu reagieren [Niemöller/Harke 93].

4 Abschließende Bemerkungen

Die Entwicklung graphischer, interaktiver Benutzungsoberflächen durch Anwendungsexperten wird in naher Zukunft zur Regel werden. Der dadurch erzwungene Übergang von der Programmierung zur direkt-manipulativen Projektierung von Benutzungsoberflächen muß durch geeignete Entwicklungsumgebungen unterstützt werden, die das evolutionäre Prototyping von Oberflächen unterstützen.

In diesem Beitrag wurden einige der wichtigsten Anforderungen aus der industriellen Praxis an Entwicklungswerkzeuge für graphische Benutzungsoberflächen beschrieben. Vor allem der Trend zu multimodalen Benutzungsoberflächen und die wachsende Einbindung von Endbenutzern in den Entwurfsprozeß müssen von diesen Entwurfsumgebungen unterstützt werden. Wir haben gezeigt, daß Direkte Komposition ein Entwurfsprinzip ist, das die Erfüllung dieser Anforderungen weitgehend ermöglicht.

Eine Reihe der beschriebenen Anforderungen sind bislang auch im System SX/Tools, das das Prinzip der Direkten Komposition verwirklicht, nicht erfüllt. So fehlen bislang beispielsweise Komponenten zur direkt-manipulativen Beschreibung des Verhaltens von Objekten und zur Unterstützung der Verwaltung von bereits entwickelten Oberflächenkomponenten. Die Definition einer ausreichend mächtigen und dennoch einfach verwendbaren Menge von Basiselementen ist ein evolutionärer Prozeß, der bis heute noch nicht vollständig abgeschlossen ist.

Über die hier beschriebenen Probleme des Entwurfs von Oberflächen hinaus gibt es eine Reihe von weitergehenden Fragestellungen, die beispielsweise die Integration des Oberflächenentwurfs in den größeren Zusammenhang des Software-Entwurfs betreffen. Auch die technische Integration des Entwurfswerkzeugs in CASE-Umgebungen (Computer Aided Software Engineering) wurde bislang nicht thematisiert. Diese Fragen stellen sich bei unserem Ansatz genauso wie beim konventionellen Oberflächenentwurf und sind wichtige Themen für weitere Forschung und Entwicklung.

Unsere Erfahrungen mit dem Einsatz von SX/Tools für den Oberflächenentwurf haben gezeigt, daß Direkte Komposition ein vielversprechender Ansatz ist, um die Entwicklung von Benutzungsoberflächen einem großen Kreis von Anwendungsexperten und Endbenutzern zugänglich zu machen.

Danksagung

Ich danke meinen Kollegen in der Zentralabteilung Forschung und Entwicklung der Siemens AG, die an der Realisierung von SX/Tools beteiligt waren: Martin Brenner, Manfred Burger, Hartmut Dieterich, Max Müller, Florian Murr, Thomas Kühme und Reinhard Vogl entwickelten das SX/Tool-Basissystem. Ulrike Harke, Ulrich Leiner, Meinrad Niemöller und Horst Schukat realisierten die SX-Multimedia-Komponenten. Martin Brenner und Hartmut Dieterich hatten auch an der Entstehung dieses Artikels maßgeblichen Anteil.

Ein Benutzungsschnittstellenbaukasten für Systemprogramme

Joachim Bauer und Albrecht Hampp

Ein wichtiges Ziel der IBM ist es, einheitliche Schnittstellen für die verschiedenen Betriebssysteme von IBM-Rechnern zur Verfügung zu stellen. Dies gilt sowohl für Programmier- als auch für Benutzungsschnittstellen. Im Bereich der Systemprogramme wird deshalb der Standard *SystemView* (siehe [IBM 91c]) definiert, der die Schnittstellen in drei Dimensionen beschreibt:

- der Benutzungsschnittstellen-Dimension,
- der Anwendungsprogramm-Dimension und
- der Daten-Dimension.

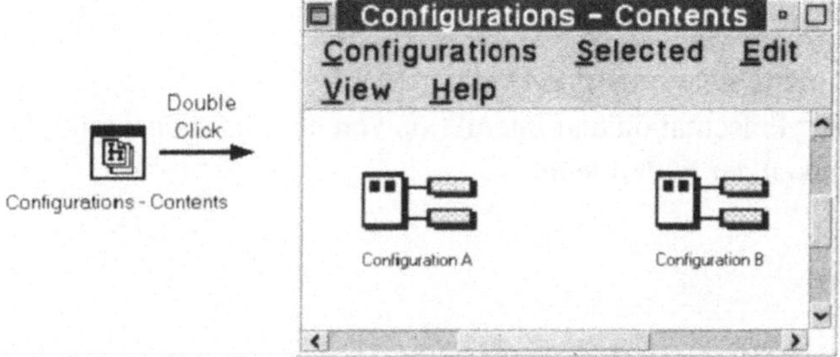

Es befindet sich ein als Icon repräsentiertes Objekt auf dem Bildschirm, das eine Liste von Konfigurationen enthält. Dieses öffnet der Benutzer durch Antippen mit der Maus und erhält eine Liste von Konfigurationsobjekten. Mit dieser Liste von Konfigurationsobjekten kann weitergebarbeitet werden, indem Aktionen auf den einzelnen Objekte ausgeführt werden.

Abbildung 1. Objektorientierte Benutzungsschnittstellen

Wir werden uns im folgenden weiter mit der Benutzungsschnittstellen–Dimension beschäftigen. Diese baut auf dem Standard *Systems Application Architecture Common User Access (SAA CUA oder kurz CUA)* auf, in dem definiert wird, wie die Benutzungsschnittstellen von IBM-Produkten aussehen sollen [IBM 91b]. Dabei wird beispielsweise festgelegt, welche Einträge in den Menüs erscheinen sollen und welche graphischen Elemente dazu benutzt werden, den Benutzer eine Auswahl aus verschiedenen Alternativen treffen zu lassen. Außerdem fordert CUA objektorientierte Benutzungsschnittstellen. Das heißt, daß man mit einer Anwendung interagiert, indem man ein Objekt auswählt und darauf eine Aktion anwendet (siehe Abbildung 1).

Die Benutzungsschnittstellen-Dimension erweitert diesen Standard um spezifische Eigenschaften für Systemprogramme. *ScreenView* [Diel et al. 91, IBM 92] ist ein Benutzungsschnittstellenbaukasten, der die Implementierung von Programmen, die konform zu der Benutzungsschnittstellen-Dimension sind, vereinfachen soll. Durch die Verwendung von ScreenView wird die Einheitlichkeit der Benutzungsschnittstellen verschiedener Systemprogramme bis zu einem gewissen Grad erzwungen. In diesem Beitrag werden zunächst aus der Sicht von Joachim Bauer, der bei der Entwicklung der ScreenView-Architektur mitgewirkt hat, die Eigenschaften und die Architektur von ScreenView beschrieben. Dann wird aus der Sicht des Anwenders Albrecht Hampp die Erstellung eines Anwendungsprogramms unter Einsatz von ScreenView beschrieben.

1 Eigenschaften von ScreenView

Ziele für die mit ScreenView erstellten Benutzungsschnittstellen sind:

- Konsistenz und
- Erweiterbarkeit für andere Interaktionstechniken.

Um diese generellen Ziele zu erreichen, wurde die Architektur von ScreenView so entworfen, daß sie die Implementierung einer Anwendung unterstützt, die folgendem Anwendungsmodell genügt:

- Objektorientierte Anwendungsstruktur,
- Trennung der Präsentation und Interaktion von der Funktionslogik,
- Unabhängigkeit der Funktionen.

1.1 Konsistenz

Benutzungsschnittstellen von Systemprogrammen sollen untereinander konsistent sein, so daß die Benutzer verschiedener Systemprogramme bei allen Programmen dieselben Interaktionsformen vorfinden. Beim Wechsel von einem Programm zum anderen müssen sich dann die Benutzer zwar immer noch auf die inhaltlichen Eigenheiten eines Programms einstellen, nicht aber auf eine völlig andere Art der Bedienung. Wenn eine Anwendung ohne Verwendung eines Benutzungsschnittstellenbaukasten programmiert wird, haben die Entwickler große Freiheitsgrade beim Entwurf der Benutzungsschnittstelle und müssen genau darauf achten, daß sie den CUA–Standard nicht verletzen. Bei Verwendung von ScreenView wird ihnen die detaillierte Programmierung der Benutzungsschnittstelle abgenommen und somit eine Konsistenz mit CUA zu einem gewissen Grad erzwungen.

1.2 Erweiterbarkeit für andere Interaktionstechniken

ScreenView ist nicht nur kurzlebig für die im Moment verfügbaren Interaktionstechniken verwendbar, sondern ist erweiterbar für zukünftig zu verwendende Techniken. Beispielsweise könnten Medien wie Spracheingabe und -ausgabe angeschlossen werden, die es Sehbehinderten erlauben, mit dem Rechner zu kommunizieren.

1.3 Objektorientierte Anwendungsstruktur

Eine Anwendung mit objektorientierter Benutzungsschnittstelle muß nicht objektorientiert implementiert sein. Aber sie muß so strukturiert sein, daß die Bestandteile der Anwendung mit den an der Benutzungsschnittstelle sichtbaren Objekten assoziiert werden können. Objekte, mit denen der Benutzer interagiert, können folgendermaßen unterschieden werden:

Container-Objekte. Objekte, die andere Objekte enthalten.
Datenobjekte. Objekte, die keine anderen Objekte enthalten.

Beispielsweise ist eine Rechnerkonfiguration, die Datensichtgeräte und Rechner enthält, ein Container-Objekt. Die enthaltenen Datensichtgeräte und Rechner dagegen sind Datenobjekte. Container-Objekte müssen folgende Arten von Unterstützung bieten:

- Navigation innerhalb der Hierarchie der ineinander enthaltenen Objekte (siehe Abbildung 1),
- Anzeige der Relationen zwischen den enthaltenen Objekten (z.B. könnte ein Datensichtgerät mit einem Rechner verbunden sein),
- Ausfiltern von Objekten mit bestimmten Eigenschaften (z.B. könnte die Anzeige auf alle Datensichtgeräte eingeschränkt werden, die mit Rechner A verbunden sind).

1.4 Trennung der Präsentation und Interaktion von der Funktionslogik

Um die Benutzungsschnittstelle unabhängig von der eigentlichen Funktionalität der Anwendung programmieren zu können, ist bei ScreenView die Benutzungsschnittstelle streng von der Funktionslogik getrennt. Die eigentlichen Berechnungen und Datenzugriffe finden nur in der Funktionslogik statt, Interaktion mit dem Benutzer nur im Benutzungsschnittstellenteil, der getrennt implementiert ist. Der Austausch von Informationen zwischen der Funktionslogik und dem Benutzungsschnittstellenteil erfolgt dabei über von ScreenView zur Verfügung gestellte Services. Die Funktionslogik für eine Anwendung kann aus einer einzigen Funktion, aber auch aus vielen Funktionen bestehen, bei denen jede Funktion für eine auf ein Objekt anwendbare Aktion zuständig ist.

1.5 Unabhängigkeit der Funktionen

Die einzelnen Funktionen sollen für sich allein lauffähig sein, ohne daß sie in ein bestimmtes Programm eingebunden werden müssen. Das erlaubt, daß eine Anwendung die Funktionen einer anderen Anwendung ansprechen kann, ohne sich um die Initialisierung irgendwelcher Daten kümmern zu müssen. Falls eine Funktion ohne die Initialisierung bestimmter Daten nicht auskommt, muß sie diese beim Start der Funktion anfordern. Für diesen Zweck stellt ScreenView sogenannte Environment-Services zur Verfügung.

2 Architektur von ScreenView

Die oben genannten Eigenschaften werden durch die im folgenden beschriebene Struktur von ScreenView erreicht. Diese basiert darauf, daß der Entwickler seine Anwendung in mehrere Komponenten auftrennt.

2.1 Vom Anwendungsprogrammierer bereitzustellende Komponenten

Für die Spezifikation der Benutzungsschnittstelle stellt ScreenView eine Spezifikationssprache zur Verfügung. Die *Benutzungsschnittstellenspezifikation* ist unterteilt in einen Navigationsteil und einen Parameterteil. Im Navigationsteil werden Objekte und ihre Beziehungen zueinander definiert, im Parameterteil die Struktur und Eigenschaften der Parameter eines Funktionsprogramms. ScreenView generiert eine Laufzeitversion dieser Benutzungsschnittstellenspezifikation und erzeugt daraus Benutzungsschnittstellen für die Navigation und die Parameterabfrage (siehe Abbildung 2).

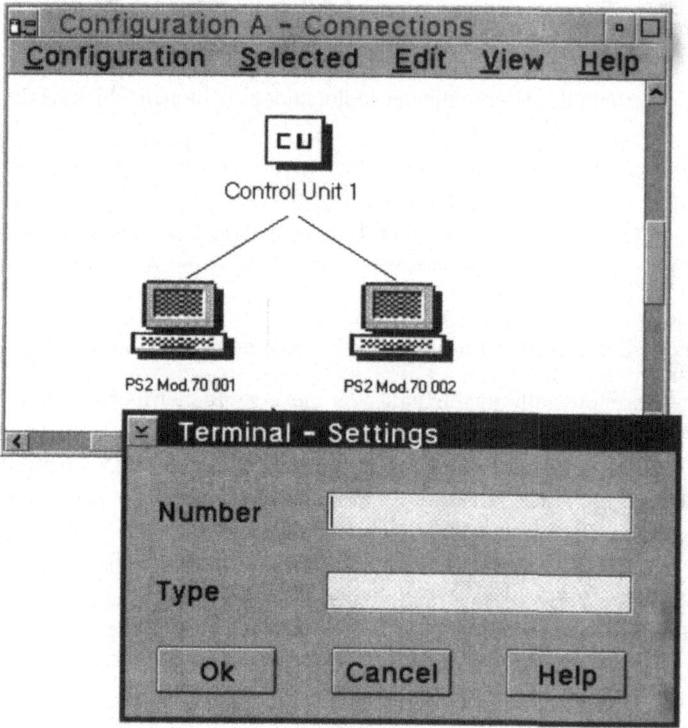

Abbildung 2. Navigation und Parameterabfrage

Die *Prüfprogramme* dienen dazu, vom Benutzer eingegebene Daten auf ihre Richtigkeit zu überprüfen. Sie werden vom Anwendungsprogrammierer als Programme bereitgestellt, die gewissen Eigenschaften genügen müssen. Die *Funktionsprogramme* enthalten die Anwendungslogik. Das Erfragen von Daten aus Datenbanken und Berechnungen laufen hier ab. Funktionsprogramme dürfen nicht direkt mit dem Benutzer kommunizieren. Stattdessen wird durch einen Programmaufruf an ScreenView die Benutzungsschnittstelle aktiviert. Der Austausch von Daten zwischen dem Funktionsprogramm und der Benutzungsschnittstelle erfolgt über eine *Variable Table*. Das ist eine Datenstruktur, die eine Liste von Variablennamen mit ihren zugeordneten Werten enthält. Für den Navigationsteil, in dem der Benutzer mit Objekten hantiert, sind Services nötig, die Daten über die konkreten Objektinstanzen zur Verfügung stellen und beim Ändern der Daten eines Objekts oder dem Löschen eines Objekts die Daten der Anwendung entsprechend modifizieren. Als Vehikel, das die Daten zwischen dem Navigationsteil und der Anwendungslogik transferiert, dienen die *Datenzugriffsfunktionen*. Zusammengefaßt haben wir also folgende Anwendungsteile, die der Anwendungsprogrammierer bereitstellen muß:

- Benutzungsschnittstellenspezifikation,
- Funktionsprogramme,
- Prüfprogramme und
- Datenzugriffsfunktionen.

2.2 Zusammenwirken der Anwendungskomponenten und ScreenView

Abbildung 3 zeigt einen Überblick über die Struktur einer ScreenView-Anwendung. Diese enthält die im letzten Abschnitt beschriebenen vom Anwendungsprogrammierer bereitgestellten Komponenten und die Teile von ScreenView, die das Zusammenspiel dieser Komponenten ermöglichen und letztendlich die Interaktion an der Benutzungsschnittstelle implementieren. Die von ScreenView bereitgestellten Teile sind grau schraffiert wiedergegeben.

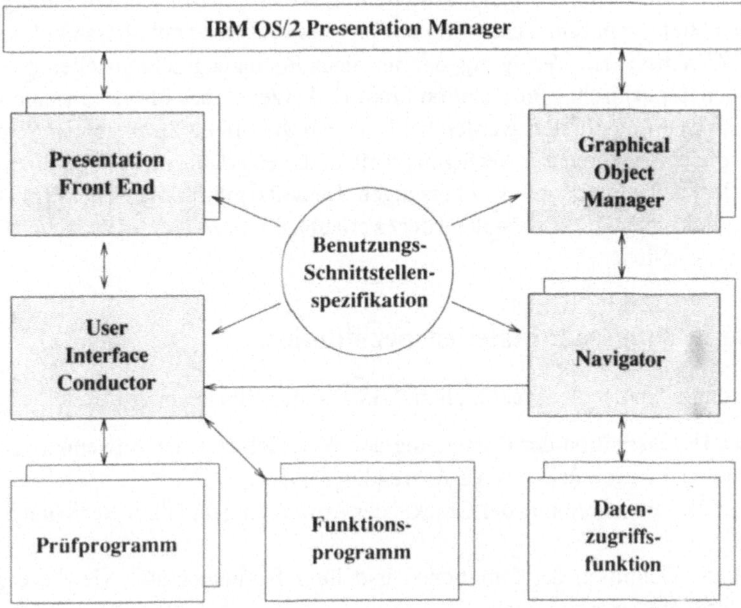

Abbildung 3. Struktur einer ScreenView-Anwendung

Das *Presentation Front End (PFE)* präsentiert die Benutzungsschnittstelle einer Anwendung gemäß ihrer Beschreibung in der Benutzungsschnittstellenspezifikation. Das mit

ScreenView mitgelieferte *generische* Presentation Front End dient der textuellen Interaktion mithilfe von Dialogboxen (siehe unteres Fenster in Abbildung 2). Während das Presentation Front End die Benutzungsschnittstelle für den Parameterabfrageteil bereitstellt, implementiert der Navigator *GenOVHa (Generic Object and View Handler)* zusammen mit dem Graphical Object Manager (GOM) die Benutzungsschnittstelle für die Navigation. Objekte und ihre Beziehungen untereinander werden, wie in der Benutzungsschnittstellenspezifikation beschrieben, als Icons und Linien zwischen den Icons präsentiert (siehe Abbildung 2). ScreenView stellt dem Anwender zwei verschiedene Graphical Object Managers zur Verfügung, die unterschiedliche Darstellungen implementieren. Die Koordination zwischen den einzelnen Komponenten erfolgt über den *User Interface Conductor*. Funktionsprogramme kommunizieren nie direkt mit dem Presentation Front End. Dadurch wird erreicht, daß Funktionsprogramme vom Presentation Front End unabhängig sind. Anstatt das generische Presentation Front End, GenOVHa und die mitgelieferten Graphical Object Managers zu verwenden, kann eine Anwendung auch eigene anwendungsspezifische Präsentationsprogramme zur Verfügung stellen und so spezielle Präsentationsformen verwenden.

2.3 Entwicklungswerkzeuge

Für die Erstellung der vom Anwendungsprogrammierer bereitzustellenden Spezifikationen stellt ScreenView Entwicklungswerkzeuge zur Verfügung. Die Benutzungsschnittstellenspezifikation erfolgt normalerweise textuell. Der *AST Generator* dient dann dazu, diese in eine interne Form, die *AST (Abstract Syntax Table)*, überzuführen, die die Grundlage für alle von ScreenView zur Verfügung gestellten Services ist. Um ein anwendungsspezifisches Presentation Front End nicht völlig neu programmieren zu müssen, stellt ScreenView einen *PFE Generator* zur Verfügung, der aus einer Benutzungsschnittstellenspezifikation ein anwendungsspezifisches Presentation Front End erzeugt, das für gewünschte spezielle Interaktionsformen modifiziert werden kann. Durch die offene Struktur von ScreenView könnte man leicht Editoren zur Verfügung stellen, die es erlauben, Dialoge direkt zu editieren und daraus die Function UIS zu erzeugen. Dasselbe gilt für die GenOVHa UIS. Hier könnte man sich einen Editor vorstellen, der es erlaubt, die Beziehungen zwischen Objekten graphisch zu erstellen.

3 Die Benutzungsschnittstellenspezifikation

Die Benutzungsschnittstellenspezifikation (UIS [1]) unterteilt sich in drei Teile:

Workarea UIS. Definition der Darstellung des Wurzelobjekts der Anwendung, d.h. desjenigen Objekts, von dem aus die Anwendung aktiviert wird.

GenOVHa UIS. Beschreibung der Objekte der Anwendung und ihrer Beziehungen untereinander.

Function UIS. Definition der Funktionen und ihrer Parameter und wie diese auf dem Bildschirm präsentiert werden.

Bei der Benutzungsschnittstellenspezifikation wird zwischen einem abstrakten, präsentationsunabhängigen Teil und einem präsentationsabhängigen Teil unterschieden.

Im folgenden wollen wir auf die Function UIS und die GenOVHa UIS näher eingehen.

[1] Abkürzung für User Interface Specification.

3.1 Function UIS

Der abstrakte Teil für eine Funktion mit den Parametern "number" und "type" könnte, wie in Abbildung 4 dargestellt, definiert werden.

```
<set> "terminal settings"
  <select> actions
    <alt> Ok
    <alt> Cancel
    <alt> Help
  <eselect>
  <element> number
  <element> type
<eset>
```

Abbildung 4. Abstrakte Beschreibung eines Dialoges

Dieser abstrakte Teil beschreibt die für die Ausführung der Funktion nötigen Parameter und die möglichen Aktionen "Ok" (Annahme der Parameter), "Cancel" (Abbruch) und "Help" (Hilfe). Über die Art und Weise, wie die Parameter an der Benutzungsschnittstelle abgefragt werden, sagt er noch nichts aus. Zu diesem Zweck werden im abstrakten Teil sogenannte *Sections* eingeführt, in denen die präsentationsabhängige Information definiert wird. Der in Abbildung 5 dargestellte Ausschnitt aus einer Function UIS zeigt die Sections *General*, *API* und *Setview* für den Parameter "type".

```
...
<element> type
  general : varname     = terminal_type
            valuetype   = alphanum
            valuelength = 50
  api     : keyword     = type
  setview : entryfield ( text        = "Type"
                         xcoord      = 60     ycoord     = 30
                         xsize       = 85     ysize      = 8
                         xcoordtext  = 10     ycoordtext = 30 )
```

Abbildung 5. Sections innerhalb einer Benutzungsschnittstellenspezifikation

In der General-Section steht Information, die von verschiedenen Benutzungsschnittstellentypen gemeinsam benutzt wird. Im Beispiel werden der Variablenname (varname) `terminal_type` sowie Typ (valuetype) und Länge (valuelength) des einzugebenden Wertes festgelegt. Die API-Section beschreibt das für einen bestimmten Parameter zu benutzende Schlüsselwort, das verwendet wird, wenn die Funktion über das *Application Programming Interface* (API) oder die Kommandoschnittstelle aufgerufen wird. Die Setview-Section schließlich enthält die Parameter für textorientierte Benutzungsschnittstellen. In unserem Beispiel wird der type-Parameter als ein textuelles Eingabefeld (entryfield) spezifiziert, das den Titel (text) "Type" hat und an den angegebenen Koordinaten plaziert wird. Abbildung 2 zeigt, wie diese Parameterabfrage an der Benutzungsschnittstelle präsentiert wird. Zur Erweiterung auf einen anderen Benutzungsschnittstellentyp könnte eine neue Section, z.B. *SpeechInput* eingeführt werden, in der spezifische Information für diesen Benutzungsschnittstellentyp definiert würden. Die Function UIS kann in einzelne Dialogschritte (*Communication Units*) unterteilt werden, in denen jeweils mehrere, voneinander unabhängige Daten eingegeben werden können. Zwischen diesen Dialogschritten sind eingabeabhängige Verzweigungen möglich, die durch das Funktionsprogramm gesteuert werden. Daten einer Communication Unit werden vom in ScreenView enthaltenen, generischen Presentation Front End in einer Dialogbox zusammengefaßt und so dem Benutzer präsentiert.

3.2 GenOVHa UIS

Der präsentationsunabhängige Teil der GenOVHa UIS beschreibt statisch *Objektklassen*, bestehende *Objekthierarchien*, *Relationen*, die zwischen Instanzen der Klassen bestehen können, und die Aktionen, die auf ein Objekt angewendet werden können. Der präsentationsabhängige Teil der GenOVHa UIS ist in der CompView[2]-Section definiert. Dort ist festgelegt, welche *Sichten (Views)* der Anwender auf die Objekte der GenOVHa-Datenwelt hat. Dabei wird für jede Sicht definiert, von welchen Objekt- und Relationenklassen Instanzen sichtbar sein sollen, welche *Aktionen* in der Sicht möglich sind und welche Icons oder Symbole zur *Darstellung* der unterschiedlichen Objekte verwendet werden sollen. Diese Darstellung kann dynamisch an bestimmte Eigenschaften von Instanzen gekoppelt werden.

4 Eine Beispielanwendung

Anhand eines vereinfachten Beispiels werden die wesentlichen Schritte beim Erstellen einer ScreenView-Anwendung erläutert. Im Mittelpunkt der Betrachtungen stehen hierbei die verschiedenen Benutzungsschnittstellenspezifikationen, mit denen der Entwickler die Benutzungsschnittstelle der Anwendung beschreibt.

Die hier dargestellte Anwendung soll folgende Funktionalität beinhalten:

- Es gibt Objekte des Typs *Rechner*;
- Rechner werden als Icons auf dem Bildschirm dargestellt;
- Rechner können mittels folgender Funktionen manipuliert werden: Kreieren und Löschen einer Instanz, Login zu und Logoff von einem Rechner sowie Anzeigen und Verändern der Eigenschaften eines Rechners. Eigenschaften der Rechner sollen hierbei sein:
    - Name (vom Benutzer frei definiert und veränderbar),

[2] "CompView" steht für den CUA-Begriff *Composed View*, eine Sicht auf Objekte, die diese in ihren Beziehungen zu anderen Objekten zeigt.

- Betriebssystem (beim Kreieren definiert und nicht veränderbar),
- Verbindungszustand (wird durch Login und Logoff verändert).

Um den Umfang des Beitrages nicht zu sprengen, erfolgt eine Beschränkung auf die Beschreibung einer Funktion, der *Anzeige der Eigenschaften*, und der Darstellung, wie der objektorientierte Teil der Benutzungsschnittstelle (Präsentations-, Navigationsteil) modelliert wird.

4.1 Grobentwurf der Anwendung

Die Funktionalität der Beispielanwendung führt zu einem Grobentwurf, der den ScreenView-Anforderungen Rechnung trägt. Dieser, wohlgemerkt sehr grobe, Entwurf soll helfen, die anschließend geschilderte Implementierung besser zu verstehen.

Grafische Darstellung der Rechner-Objekte

In der Anwendung soll die Präsentation aller Rechner innerhalb eines Containers erfolgen. Die visuelle Darstellung der Rechner soll abhängen vom jeweiligen Betriebssystem. Damit kann der Benutzer „auf einen Blick" sehen, mit welchem Typus von Rechner er es zu tun hat. (Denkbar ist auch eine Visualisierung des Verbindungszustandes, welcher aber für das hier gezeigte Beispiel unerheblich ist.)

Manipulation der Rechner-Objekte

Der Dialog mit dem Benutzer für die gewählte Funktion „Anzeige der Eigenschaften" soll wie folgt ablaufen:

1. Benutzer stößt die Funktion an. Dies kann über ein Kommando, oder aber aus der grafischen Benutzungsschnittstelle heraus erfolgen.
2. Benutzer wählt einen Rechner aus, dessen Eigenschaften er sehen oder verändern will. Dieser Schritt entfällt, wenn bei Aufruf der Funktion bereits ein Rechner angegeben ist. (Dies ist bei Beauftragungen aus der grafischen Benutzungsschnittstelle immer der Fall.)
3. Die Eigenschaften des ausgewählten Rechners werden angezeigt, der Benutzer hat die Möglichkeit, den Namen zu verändern.

Zu jedem Zeitpunkt soll der Benutzer die Möglichkeit haben, den Dialog und damit die Ausführung der Funktion zu unterbrechen.

4.2 Implementierung mittels ScreenView

Im folgenden wird die Erstellung der einzelnen Anwendungsteile beschrieben, die die Benutzungsschnittstelle und deren Verhalten definieren. Dabei werden die interaktionsspezifischen Teile nur insofern berücksichtigt, als sie für die Bearbeitung unumgänglich sind. Daran schließt sich die Darstellung an, wie diese Anwendungsteile bei der Integration in ScreenView verbunden werden.

Objektorientierter Präsentationsteil

Dieser Abschnitt beschreibt, wie die graphische Benutzungsschnittstelle einer Anwendung in der GenOVHa Benutzungsschnittstellenspezifikation festgelegt wird.

Objektklassen und Objekthierarchie. Im Rahmen der beschriebenen Anwendung gibt es zuerst nur Objekte vom Typ Rechner. Um diese jedoch auf geeignete Weise präsentieren zu können, wird eine weitere Klasse definiert: ein Fenster, in welchem die Rechner dargestellt werden können. Diese Klasse besitzt die Container-Eigenschaft, d.h. ihre Instanzen können Instanzen anderer Klassen enthalten. Abbildung 6 zeigt, wie diese Hierarchie in der GenOVHa UIS mittels eines <consists>–Konstrukts beschrieben wird. Bei der Klasse Rechner ist "namescope=yes" angegeben. Dies bedeutet, daß alle Instanzen dieser Klasse eindeutige Namen besitzen.

Darstellung der Objekte. Für die Beispielanwendung wird nur eine Sicht definiert: `defview(viewid=alle_Rechner ...)`. Diese Sicht gehört zur Klasse `Rechner_Container` und zeigt Instanzen der Klasse *Rechner*, was durch die Referenz auf die dort definierte Sicht `inview(viewid = alle_Rechner)` erreicht wird. Abbildung 6 zeigt auch die Definition der Icons, die für die Darstellung der Instanzen beider Klassen verwendet werden sollen. Diese Festlegung geschieht in einer `visclass`-Section. Für Rechner wird die Darstellung abhängig gemacht vom Typ des Betriebssystems (VSE, MVS, VM oder UNIX).

```
<class> Rechner_Container
  ...
  compview : visclass ( icon = rechner.ico )
  ...
  <consist>
    compview : defview ( viewid = alle_Rechner  default = yes )
    ...
    <link> Rechner
  <econsist>
<eclass>

<class> Rechner
  ...
  namescope = yes
  ...
  compview : inview ( viewid = alle_Rechner )
             visclass ( eval = Betriebssystem  evalicon = "VSE   vse.ico"
                                               evalicon = "MVS   mvs.ico"
                                               evalicon = "VM     vm.ico"
                                               evalicon = "UNIX unix.ico" )
  ...
<eclass>
```

Abbildung 6. Definition der Objekthierarchie und Darstellung in der GenOVHa UIS

Datenzugriffsroutinen. GenOVHa benutzt Datenzugriffsroutinen dazu, notwendige Informationen über die Objekte der Anwendung einzuholen und generische Aktionen, d.h. solche Aktionen, die für alle Objektklassen definiert werden können, auszuführen. In der geschilderten Anwendung gibt es Datenzugriffsroutinen für die Klasse Rechner, um

- (alle) existierende Instanzen zu erfragen,
- die Eigenschaften einer Instanz zu bearbeiten,
- die spezifischen Eigenschaften einer Instanz zu bestimmen (wird für die eigenschaftsabhängige Darstellung benötigt),
- eine neue Instanz zu kreiern und
- eine Instanz zu löschen.

Die generische Aktion mit der `menuid` `SEL_OPEN_AS_SETTINGS` ist immer mit der Nachricht `BUSNM_GDA_EDIT_INST_PROPS` verknüpft. Dieser wird in Abbildung 7 die Datenzugriffsroutine `Rechner_Settings` zugeordnet.

Aktionen auf Objekten. Aktionen müssen, um über die grafische Benutzungsschnittstelle verfügbar zu sein, in einer Sicht als Menüeintrag definiert werden. Für Objekte, die in dieser Sicht dargestellt werden können, kann diesem Eintrag nun eine Aktion zugeordnet werden. Hierbei werden generische und spezifische Aktionen unterschieden. Die generischen Aktionen werden in Datenzugriffsroutinen abgehandelt (s.o.). Für die objekt- und anwendungsspezifische Aktion `Login...` hingegen wird ein Funktionsprogramm (`type=API` in der UIS) aufgerufen.

```
<class> Rechner_Container
  ...
  <consist>
    ...
    compview :
      defmenu ( menuid   = SEL_OPEN_AS_SETTINGS text = "Anzeige der Eigenschaften"
                                                mode = change )
      defmenu ( menuid   = SEL_LOGIN            text = "Login..."
                posafter = SEL_OPEN_AS_SETTINGS mode = insert )
      ...
    <link> Rechner
  <econsist>
<eclass>

<class> Rechner
  ...
  dataaccess ( message = BUSNM_GDA_EDIT_INST_PROPS
                   dll = demogda                    proc = Rechner_Settings )
  ...
  <actions>
    <select>
      <alt> login
        general  : action ( func = login  type = api )
        compview : refmenu ( menuid = SEL_LOGIN )
      ...
    <eselect>
  <eactions>
<eclass>
```

Abbildung 7. Definition von Datenzugriffsroutinen und Aktionen in der GenOVHa UIS

Funktionsprogramme

Stellvertretend für alle Funktionsprogramme der Beispielanwendung wird anhand der Aktion *Anzeige der Eigenschaften* die Erstellung eines Funktionsprogramms erläutert.

Definition der Variable Table. Laut Abschnitt 4.1 soll die Anzeige der Eigenschaften eines Rechners zweistufig realisiert werden. In einer ersten Interaktion wird die Rechner-Instanz ausgewählt. Im zweiten Schritt werden die zugehörigen Eigenschaften angezeigt und können verändert werden. Der Aufbau der Variable Table für das besprochene Funktionsprogramm basiert also auf zwei Dialogschritten (Communication Unit – communit).

Abbildung 8 zeigt die Struktur der Function UIS, wie sie für die Anzeige der Eigenschaften benötigt wird. Neben der Aufteilung des Dialoges in die beiden Schritte (communit) ist die Zuordnung der Parameter zu diesen Dialogschritten dargestellt. Zu sehen ist auch, wie in einem allgemeinen (general) Teil die Typdefinition der Parameter geschieht, die präsentationsunabhängig ist. Die spezielle setview-Section beschreibt, wie dieser Parameter durch ein Presentation Front End dargestellt und eingegeben werden soll. Diese zusätzliche Angabe ist optional und gilt für das generische Presentation Front End von ScreenView; andere Presentation Front End Implementierungen müssen davon keinen Gebrauch machen. Damit der definierte Parameter auch über das API verfügbar ist, wird ihm das Schlüsselwort `RECHNER` zugeordnet.

Struktur des Funktionsprogramms. Der von ScreenView vorgegebene Rahmen für ein Funktionsprogramm legt für das Beispielprogramm die folgenden Teilschritte fest:

1. Initialisierung der Kommunikation mit dem User Interface Conductor.
2. Anfordern einer Variable Table.
3. Vorbereiten der ersten Communication Unit (Bereitstellen aller Rechnernamen).
4. Anforderung der Eingaben für die erste Communication Unit (Auswahl eines Rechners).
5. Lesen der Eingabe (Rechnername) aus der Variable Table.
6. Vorbereiten der zweiten Communication Unit (Betriebssystem und Verbindungszustand eintragen).
7. Anforderung der Eingaben für die zweite Communication Unit (geänderter Rechnername).
8. Weitergabe der Namensänderung in die Anwendungsdaten.
9. Freigabe der Variable Table.
10. Beenden der Kommunikation mit dem User Interface Conductor.

Innerhalb des Funktionsprogramms bleibt der Bezug auf den Dialog ausschließlich auf die Daten in der Variable Table beschränkt. Der Programmierer braucht sich nicht um Einzelheiten der Interaktion zu kümmern.

Integration der Anwendungsteile in ScreenView

Die getrennte Entwicklung der Funktions- und Navigationsteile wird durch die Integration in die ScreenView-Plattform abgeschlossen. Hierzu werden beide Teile der Anwendung in ScreenView registriert.

Für jedes Funktionsprogramm wird ein Eintrag in der *Function Description Table* erzeugt, in welcher eine Zuordnung zwischen API-Befehlsname, verwendeter UIS sowie

```
<set> "Settings CU1"
  general : communit      = UNIT1
            text          = "Rechner Eigenschaften - Auswahl"
            defaultaction = "Settings CU2"  ...
  setview : dialogbox ( ... )
  <iterate> "Rechnerliste"
    general : varname   = RECHNER    text     = "Rechner auswaehlen"
              valuetype = alphanum   required = yes
              ...
    api     : keyword = RECHNER
    setview : combobox ( type = dropdown ... )
    ...
  <eiterate>
  <select> "Aktionen 1"
    general : varname = AKTION1              ...
    setview : pushbuttongroup ( ... )
    <link> "Settings CU2"
      general : value = 0  text = "Ok..."
      setview : pushbutton ( actiontype = OK preselect = yes ... )
    <alt> "Abbruch 1"  ...
    <alt> "Hilfe 1"    ...
  <eselect>
<eset>

<set> "Settings CU2"
  general : communit      = UNIT2
            text          = "Rechner Eigenschaften - Bearbeiten"
            defaultaction = "OK 2"           ...
  setview : dialogbox ( ... )
  <element> "Rechner 2"
    general : varname    = RECHNER         text        = "Rechner"
              valuetype  = alphanum        valuelength = 20
              accesstype = out
    setview : entryfield ( ... )
  <element> "Betriebssystem 2"
    general : varname    = BETRIEBSSYSTEM  text        = "Betriebssystem"
              valuetype  = any             valuelength = 4
              accesstype = out
    setview : entryfield ( protection = readonly  ... )
  <element> "Status 2"
    general : varname    = STATUS          text        = "Verbindungsstatus"
              valuetype  = any             valuelength = 20
              accesstype = out
    setview : entryfield ( protection = readonly  ... )
  <select> "Aktionen 2"
    general : varname = AKTION2              ...
    <alt> "OK 2"       ...
    <alt> "Abbruch 2"  ...
    <alt> "Hilfe 2"    ...
  <eselect>
<eset>
```

Abbildung 8. Aufbau der Benutzungsschnittstellenspezifikation für die Funktion „Anzeige der Eigenschaften“

der Dynamic Link Library und dem Funktionsnamen für das Funktionsprogramm und dem zugehörigen Presentation Front End erfolgt. Ergänzt wird dieser Eintrag um weitere optionale Angaben, auf die hier nicht weiter eingegangen werden soll. Abbildung 9 zeigt den API-Aufruf zur Installation des Funktionsprogramms „Anzeige der Eigenschaften".

```
BUS_INST_FUNCTION  NAME           = Rechner_Settings
                   AST_FILE       = settings
                   DESCRIPTION    = "Anzeige der Eigenschaften"
                   FUNCTION_DLL   = rechner
                   EXECUTION_PROC = FP_Settings
                   PFE_DLL        = buspfesv
                   PFE_PROC       = buspfegetcontrol
```

Abbildung 9. API-Kommando zum Registrieren eines Funktionsprogramms

Der Navigationsteil der Anwendung wird in die ScreenView Workarea installiert. Entsprechend dem objektorientierten Ansatz, wird dort eine Instanz der in der Objekthierarchie zuoberst angesiedelten Objektklasse, also ein Container für die Rechner-Objekte, verfügbar gemacht. Ähnlich wie in der GenOVHa UIS wird ein Icon definiert, das diese Instanz repräsentiert, und werden die Aktionen vereinbart, die auf dieser Instanz erlaubt sind. Abbildung 10 zeigt die Workarea UIS, die für die Integration der Anwendung benötigt wird.

```
<class> Rechner_Container
 general : defaultaction = "öffnen"
           helpfile      = demohelp   contexthelp = 7000
 contview : icon       = contrech.ico icontext = "Beispielanwendung"
            detailstext = "Host Rechner Beispiel"
 <actions>
   <alt> "öffnen"
     general : text = "Öffnen"
               action ( type = GENOVHA  ast = rechner )
 <eactions>
<eclass>
```

Abbildung 10. Vollständige Workarea UIS zur Integration der GenOVHa-Anwendung in ScreenView

4.3 Die Anwendung im Einsatz

Das Ergebnis der in Ausschnitten wiedergegebenen Entwicklung wird in Abbildung 11 und Abbildung 12 dargestellt.

Die Abbildung 11 zeigt, wie die Rechner-Instanzen nach Öffnen des umgebenden Containers präsentiert werden.

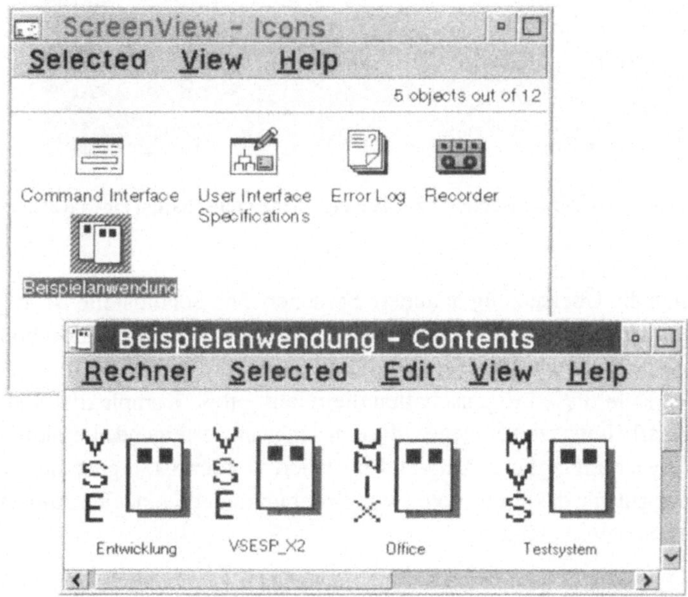

Abbildung 11. ScreenView Workarea und der geöffnete Container der Anwendung

Nachdem der Benutzer in der grafischen Oberfläche einen Rechner ausgewählt hat, löst er die Funktion „Anzeige der Eigenschaften" aus. Da die Rechner-Instanz bereits bekannt ist, wird die erste Communication Unit — diese enthält die Auswahl der Instanz — übersprungen. Dies wird vom User Interface Conductor gesteuert, der die Angabe des Rechnernamens (`RECHNER=...` im Aufruf) erkennt und diesen Wert in die Variable Table überträgt, wenn das Funktionsprogramm einen Wert hierfür anfordert. Da dies die einzige Eingabe auf der Communication Unit ist, wird das Presentation Front End nicht mehr beauftragt. Infolgedessen bleibt diese Communication Unit dem Benutzer verborgen. Die Dialogbox, die zur anschließend bearbeiteten, zweiten Communication Unit gehört, ist in Abbildung 12 abgebildet.

5 Zusammenfassung

ScreenView wurde als Rahmen für die Integration vieler Anwendungen entwickelt, nicht um schnell ein kleines Programm zu schreiben. Daran orientieren sich seine Eigenschaften. Es ist so modular, daß es leicht um andere Präsentationskomponenten erweitert werden und somit in neue Umgebungen (z.B. andere Betriebssysteme) eingebettet werden kann. Alle Begriffe und Icons, die an der Benutzungsschnittstelle verwendet werden, können unabhängig von der restlichen Anwendung ersetzt werden. Dies erlaubt auf einfache Weise

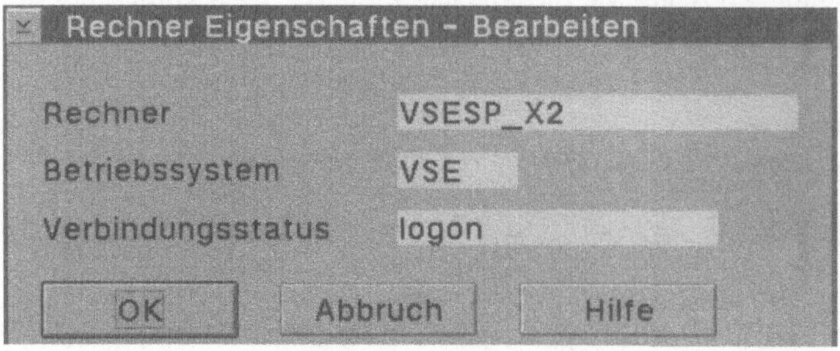

Abbildung 12. Dialogbox der Anwendung zur Anzeige der Eigenschaften eines Rechners

auch nachträglich die Übersetzung in andere Sprachen. Die Schnittstelle ist so geschaffen, daß durch eine einzige Spezifikation interaktive Dialoge, eine Kommandoschnittstelle und eine Programmierschnittstelle definiert werden.

Als Nachteil steht diesen Eigenschaften die relativ große Komplexität und die daraus resultierende Einarbeitungszeit entgegen, die eine langsam ansteigende Lernkurve zur Folge hat. Nachdem dieser anfängliche Aufwand investiert worden ist, eignet sich ScreenView jedoch auch sehr gut für das Prototyping von Programmen, da einzelne Anwendungsteile leicht ausgetauscht werden können.

Empirische Evaluation von Benutzungsschnittstellen

Thomas Fehrle

Die Benutzbarkeit interaktiver Software gewinnt durch den stetig wachsenden Kreis von Anwendern ständig an Bedeutung. Benutzungsfreundlichkeit zählt inzwischen zu den wichtigsten Qualitätsanforderungen an Software und ist für den Kunden eine wesentliche Entscheidungsgrundlage für deren Einsatz. Letztendlich trägt dieser die Folgekosten, die sich durch unzureichende Benutzbarkeit ergeben, wie z.B. Schulungsmaßnahmen der Benutzer oder Korrektur von Bedienfehlern.

Vergleicht man Verfahren zur Qualitätssicherung im Bereich der Benutzungsfreundlichkeit mit Verfahren für andere Qualitätsanforderungen, so ist auffällig, daß Benutzungsfreundlichkeit nur mittels aufwendiger empirischer Testverfahren bewertet werden kann. Dabei sind die erzielten Ergebnisse nur im Rahmen der getesteten Meßgrößen aussagekräftig, wie z.B. typisches Benutzerprofil oder Häufigkeit der Benutzung. Wenn diese Parameter bei der Spezifikation von Software jedoch hinreichend definiert worden sind, so läßt sich im Software-Entwicklungsprozeß durch konsequentes Anwenden empirischer Verfahren zur Evaluation von Benutzungsoberflächen und ihrer Bedienungsfreundlichkeit eine deutlich bessere Produktqualität erzielen. Damit diese Verfahren zur Evaluation der Bedienungsfreundlichkeit in einer möglichst frühen Entwicklungsphase durchgeführt werden können, wird das traditionelle Phasenmodell aus dem Software-Engineering durch iteratives Design ergänzt oder ersetzt. Dabei werden einzelne Designentscheidungen in kurzen Zyklen prototypisch implementiert, empirisch evaluiert und so oft überarbeitet, bis die gestellten Anforderungen erreicht worden sind.

In diesem Beitrag werden zunächst allgemeine Anforderungen an die Benutzbarkeit von Software beschrieben. Anschließend werden Verfahren zur Bewertung von Benutzbarkeit vorgestellt, die in der betrieblichen Praxis innerhalb der Firma IBM Deutschland GmbH angewendet werden [IBM 91a]. Einen Überblick über weitere Verfahren gibt z.B. Karat in [Karat 88]. Problemstellungen beim Software-Entwicklungsprozeß, der primär Benutzungsfreundlichkeit als Ziel verfolgt, werden zum Schluß diskutiert.

1 Anforderungen an die Benutzbarkeit von Software

Software wird niemals zweckfrei, sondern mit dem Ziel eingesetzt, daß ein Benutzer mit der Software eine bestimmte Menge von Aufgaben erledigen kann, die typischerweise in einem größeren Arbeitszusammenhang (betriebliche Organisation) anfallen.

In dem „magischen Dreieck“ der Software-Ergonomie (vgl. Abbildung 1) besteht zwischen Anwender, Aufgabe und System bzw. Werkzeug ein unmittelbares Abhängigkeitsverhältnis. Das Profil des Benutzers (z.B. Qualifikation, Arbeitsbereich oder DV-Kenntnisse) beeinflußt dessen Aufgabe einschließlich der Lösungsstrategien und der eingesetzten Werkzeuge zur Aufgabenerledigung. Die Aufgabe (z.B. Algorithmisierbarkeit einer komplexen Aufgabe, Anforderungen bezüglich Korrektheit der Lösung oder Zeitbedarf zur Lösungsfindung etc.) setzt ein bestimmtes Profil des Benutzers voraus und wirkt sich auf

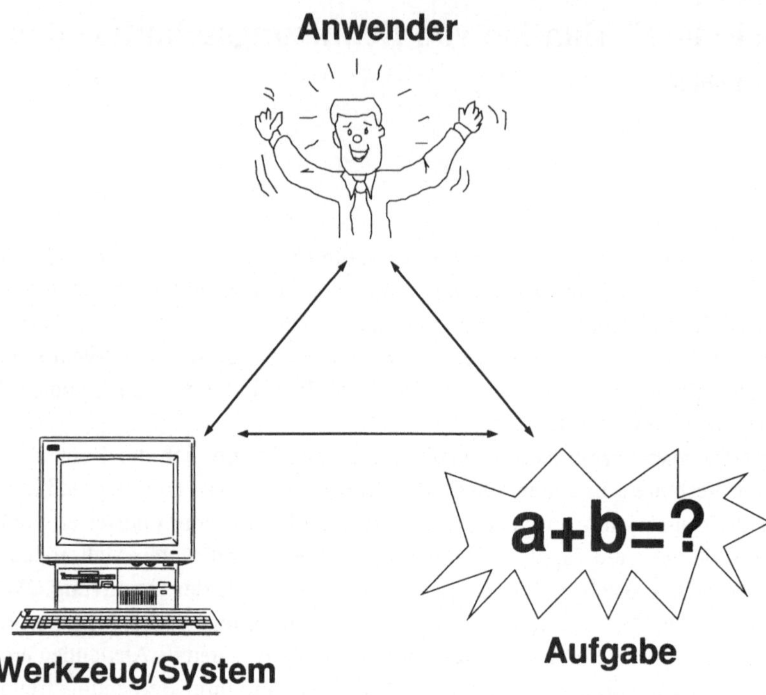

Abbildung 1. „Magisches Dreieck" der Software-Ergonomie

den Entwurf des Systems aus. Ein bestimmter Systementwurf setzt wiederum bestimmte Fähigkeiten beim Benutzer voraus und ermöglicht das Bearbeiten bestimmter Aufgaben. Die Bandbreite der Einsatzmöglichkeiten von Computersystemen wird in Tabelle 1 dargestellt.

Aber auch innerhalb eines Software-Produktes gibt es ganz unterschiedliche Aufgabenstellungen, z.B. Installation, die nur selten vom Benutzer ausgeführt werden, oder der regelmäßige Einsatz, um täglich anfallende Arbeiten auszuführen (vgl. auch Tabelle 2).

Es ist unmittelbar einsichtig, daß ein System auf einen eng begrenzten Benutzerkreis zur Durchführung einer genau spezifizierten Aufgabenmenge nahezu optimal zugeschnitten werden kann. Doch bereits bei solchen spezialisierten Werkzeugen gelten Einschränkungen. Durch regelmäßige Benutzung von Software durchläuft der Anwender verschiedene Stufen des Umgangs mit dem System. Entsprechend seiner Lernkurve vom Anfänger zum Experten sollte der Anwender auch seine Produktivität bei der Benutzung des Systems steigern können. Es handelt sich dabei um den Zielkonflikt Erlernbarkeit versus produktive Benutzung. Während ein Anfänger bereitwillig durch selbsterklärende Menüstrukturen zu einer bestimmten Funktionalität navigiert, was einfach zu erlernen ist, möchte der Experte möglichst direkten Zugriff zur Funktionalität.

Im Gegensatz zu spezialisierten Software-Systemen gibt es auch viele Systeme, die von einem heterogenen Anwenderkreis für unterschiedlichste Aufgaben benutzt werden, z.B. Betriebssysteme, Textverarbeitungssysteme oder Tabellenkalkulationsprogramme. Beim Design solcher allgemeiner Werkzeuge tritt der Zielkonflikt auf, ob das System für ein

- Öffentliche Auskunftssysteme für jedermann
- Textverarbeitung im Büro
- Grafikerstellung für Publishing oder Konstruktion
- Bearbeitung routinemäßiger Vorgänge durch Sachbearbeiter
- Bearbeitung von Vorgängen mit hohen Korrektheitsanforderungen (z.B. im Banken- und Versicherungswesen)
- Bearbeitung zeitkritischer Vorgänge unter hohen Sicherheitsanforderungen mit psychischem Druck (z.B. Fluglotsen)
- Programmierung durch Endbenutzer oder Informatiker
- Rechnereinsatz durch behinderte Benutzer (z.B. Sehbehinderte oder motorisch Behinderte)
- Rechnereinsatz unter besonderen Bedingungen durch Benutzer ohne freie Hand bzw. ohne direkten Blickkontakt zum Bildschirm (z.B. Pilot, Autofahrer, Chirurg)

Tabelle 1. Einsatzmöglichkeiten von Computersystemen

- Installation
- Migration
- Anpassung des Systems an die Systemumgebung oder an persönliche Bedürfnisse
- Erarbeiten von tutoriellem Material
- Navigation durch Hilfeinformation
- Lösen von anwendungsbezogenen Aufgaben
- Serviceleistungen (Software-Wartung, Support in Problemfällen durch den Hersteller)

Tabelle 2. Verschiedene Aufgabenstellungen innerhalb eines Software-Produktes

konkretes Benutzerprofil entworfen wird, welches der Majorität der Benutzer entspricht, oder ob beim Entwurf ein abstrahiertes Benutzerprofil berücksichtigt wird.

Der Endbenutzer soll mit möglichst geringer mentaler Belastung Software einsetzen können. Arbeitsschritte sollen klar ersichtlich sein, die Komplexität minimiert (z.B. durch Reduktion der eingesetzten Konzepte) und unterschiedliche Bedienmodi (z.B. modale Dialogfenster) eliminiert werden. Im Extremfall kann eine derartige Simplifikation des Werkzeuges den Benutzer zum „geistigen Fließbandarbeiter" degradieren und ihn langweilen.

Ein weiterer Designkonflikt besteht zwischen Funktionalität und Komplexität. Dabei fordert der Benutzer von der Anwendung eine möglichst umfassende Funktionalität mit mächtigen Operationen, ohne daß aber dabei die Komplexität in der Benutzung hoch sein darf. Zusätzliche Funktionalität bedingt aber die Einführung neuer Konzepte und die Erhöhung der Freiheitsgrade bei der Benutzung, was zwangsläufig die Komplexität erhöht.

Die Einführung neuer Technologien im Bereich der Mensch-Computer-Interaktion (z.B. Übergang von auswahlgesteuerten Benutzungsschnittstellen zu graphischen und objektorientierten Benutzungsschnittstellen) dient der Verbesserung der Benutzbarkeit. Dennoch finden nicht alle Technologien bei den Anwendern Zuspruch. Dies trifft vor allem dann zu, wenn Benutzer die traditionellen Technologien virtuos beherrschen oder wenn ihnen die Bereitschaft fehlt, sich umzustellen.

Generell wird bei vielen Software-Projekten versucht, die genannten Designkonflikte dadurch zu minimieren, daß entweder unterschiedliche Interaktionstechniken angeboten werden (z.B. Direkte Manipulation für den Gelegenheitsbenutzer oder Kommandos für den Experten) oder daß der Benutzer eine Reihe von Optionen setzen kann, um sich damit das System an seine Bedürfnisse anzupassen.

2 Anforderungen zur Entwicklung benutzbarer Software

Die Software-Ergonomie gibt dem Entwickler eine Reihe ganz unterschiedlicher Richtlinien vor. Herstellerabhängige Architekturen wie z.B. SAA/CUA von IBM [IBM 91b] beschreiben den Aufbau und die Verwendung von Interaktionsobjekten (Fenster, Menüstrukturen, Piktogramme, sensitive Ein-/Ausgabeelemente etc.), wodurch vor allem innere und äußere Konsistenz bei der Gestaltung von Benutzungsoberflächen und bei der Interaktion erreicht werden soll.

Industrienormen, wie z.B. DIN 66 234 [DIN 88], beschreiben die Qualität von Software mit abstrakten Gestaltungszielen. Dort werden Merkmale etwa zu den Bereichen Aufgabenangemessenheit, Selbstbeschreibungsfähigkeit, Steuerbarkeit, Erwartungskonformität und Fehlerrobustheit beschrieben.

Die Zertifikation eines Software-Produktes, welches die Einhaltung herstellerabhängiger Richtlinien ausweist, zählt als Gütezeichen für ergonomisch gestaltete Software und wird zuküftig eine Mindestforderung an Software sein.

Das Befolgen allgemeiner Richtlinien bei der Gestaltung von Benutzungsoberflächen muß aber nicht a priori für jede Anwendung angemessen sein. Allgemeine Richtlinien sind nicht beliebig übertragbar und bieten für das spezifische Problem beim Software-Entwurf keine konkrete Lösung.

Neben den beschriebenen Konflikten bei der Gestaltung von Benutzungsoberflächen werden diese jedoch auch sehr stark von technischen, betriebswirtschaftlichen und marktpolitischen Faktoren beeinflußt.

3 Verfahren zur Bewertung von Benutzungsoberflächen

3.1 Iterativer Prozeß zum Erstellen von Benutzungsoberflächen

Um die vorliegende Komplexität beim Entwurf von Benutzungsoberflächen methodisch behandeln zu können, ist in jeder Entwicklungsphase eine frühzeitige Bewertung erforderlich. Anstelle eines statischen Phasenmodells versucht man, Schwächen im aktuellen Stadium flexibel durch einen iterativen Entwicklungsprozeß zu identifizieren und durch eine Überarbeitung des Entwurfs zu eliminieren. Bei der Bewertung werden typische Benutzer miteinbezogen. Gould zählt neben der Einbindung der Benutzer und einem ganzheitlich integrierten System-Entwurf den iterativen Entwurf mit kontinuierlicher Evaluation mit Endbenutzern zu den wichtigsten Prinzipien bei der Gestaltung benutzungsfreundlicher Systeme [Gould 88].

Bei einem iterativen Entwicklungsprozeß werden die Phasen

- Analyse/Evaluation
- Design/Redesign
- (Teil-)Implementierung

so oft ausgeführt, bis die geforderten Leistungsmerkmale der Benutzungsoberfläche durch den Test bestätigt sind. Dabei sollen schwerwiegende Designentscheidungen schnell evaluiert werden können.

Die Phase Analyse/Evaluation wird vorzugsweise von Arbeitswissenschaftlern, Software-Ergonomen und Software-Entwicklungsplanern mit Unterstützung von Kunden und Anwendern durchgeführt. Das Design/Redesign sollte in einem Team, bestehend aus Software-Ergonomen, Designern, Programmierern und Anwendern, erfolgen. Die Implementierung ist Aufgabe von Programmentwicklern.

3.2 Feldstudie

In einer Feldstudie werden die Anwender über ihre Aufgaben und Vorgehensweisen zur Aufgabenbewältigung befragt. Dieses Verfahren wird eingesetzt, um grundlegendes Wissen über die zu evaluierenden Arbeitsprozesse zu akquirieren. Die erhobenen Daten (vgl. Tabelle 3) werden bei der Analyse für ein in der Anfangsphase stehendes Projekt eingesetzt.

- Was kann oder soll durch Einführung einer (überarbeiteten) Software-Lösung primär verbessert werden?
- Welche Arbeitsprozesse müssen modelliert werden?
- Welche Anwender mit welchen Verantwortlichkeiten sind am Arbeitsprozeß beteiligt?
- Welche Schnittstellen zu anderen (nicht modellierten) Prozessen existieren?
- Welche Randbedingungen gelten?
- Welche Objekte werden im Arbeitsprozeß erzeugt und manipuliert?
- Welche Datenmengen aus welchem Datenbestand werden in einem bestimmten Zeitraum bearbeitet?
- Wie lange ist die Bearbeitungszeit eines einzelnen Arbeitsschrittes?
- Welche Arbeitsschritte rufen Unzufriedenheit bei den Anwendern hervor?
- Wie hoch ist die Fehlerrate in den einzelnen Arbeitseinheiten?

Tabelle 3. Fragestellungen für eine Arbeitsanalyse

Nach erfolgter Einführung der entwickelten Software beim Kunden sollte zur Kontrolle die Befragung wiederholt werden. Dadurch erhält man einen Aufschluß darüber, in welchem Bereich die gewünschten Verbesserungen erreicht worden sind und wo noch Defizite bestehen. Dabei können diese Daten dann auch als Grundlage für die Entwicklung von Nachfolge-Versionen dienen.

Kommerzielle Software-Produkte werden laufend weiterentwickelt. Feldstudien werden dabei für Produkte durchgeführt, die bereits im Markt eingesetzt werden. Um Produkte zu bewerten, die sich noch in der Entwicklungsphase befinden, wird die Benutzbarkeit mittels der weiter unten beschriebenen "Usability Tests" ermittelt.

Feldstudien werden flächendeckend mittels standardisierter Fragebögen zur statistischen Auswertung oder stichprobenartig mittels Interviews mit flexiblem und individuellem Verlauf zur qualitativen Erhebung von Sachverhalten durchgeführt.

3.3 Beobachtung der Anwender vor Ort

Die Befragung der Anwender ergibt eine subjektive Beschreibung des Arbeitsprozesses. Für dessen exakte Modellierung und insbesondere für dessen Optimierung bedarf es jedoch zusätzlicher Beobachtung der Anwender bei ihrer täglichen Arbeit durch Experten. Zum einen können durch Fragebögen nicht alle Aspekte eines komplexen Prozesses erhoben werden, zum anderen sind die Befragten oft voreingenommen.

Befragung und Beobachtung ergänzen sich gegenseitig. Die Beobachtung eignet sich sehr gut, um von einem bestehenden Prozeß eine Vorstellung zu bekommen, wobei typischerweise über die beobachteten Ergebnisse auch mit dem Anwender diskutiert wird. Einer Feldstudie sollte auch eine Beobachtungsphase vorausgehen. Damit kann sichergestellt werden, daß der Fragebogen das Arbeitsfeld, welches durch die zu entwickelnde Software modelliert werden soll, auch abdeckt.

3.4 Expertenbegutachtung

Die Begutachtung eines Designvorschlages durch einen Experten (z.B. Software-Ergonom) kann dem Entwicklungsteam sehr schnell eine Rückmeldung über die Güte der Benutzungsoberfläche bzw. über potentielle Probleme geben. Dabei kann dem Experten ein Designentwurf der Benutzungsoberfläche in unterschiedlicher Weise präsentiert werden (vgl. Tabelle 4).

- Stufen der Präsentation von Designvorschlägen
- Papierentwurf mit Skizzen über den Bildschirmaufbau
- Panelflow am Bildschirm (erstellt mittels Demonstrationswerkzeugen)
- Experimenteller Prototyp
- Inkrementeller Prototyp als Produktvorstufe

Tabelle 4. Stufen der Präsentation von Designvorschlägen

Der Experte kann zur Evaluierung von Benutzungsoberflächen auch auf analytische Verfahren (z.B. GOMS [Card et al. 83] oder Task Action Grammars [Payne/Green 83]) zurückgreifen.

3.5 Walkthrough

Sobald eine erste konsolidierte Gestaltung der Benutzungsoberfläche vorliegt (z.B. Papierentwurf, Panelflow), wird diese mit den Anwendern evaluiert. Dabei können zu diesem Zeitpunkt Aufgaben nur simuliert werden. Dem Anwender wird der Entwurf vorgestellt, und er soll dazu spontan Lob und Kritik äußern sowie Verständnisprobleme offenlegen.

3.6 Usability Test

In Usability Tests wird ein erstellter Prototyp evaluiert, der bereits funktional so weit implementiert worden ist, daß damit konkrete Aufgaben durchgeführt werden können. Zu diesem Test werden typische spätere Endbenutzer als Testpersonen eingeladen, die nach einer bestimmten Einarbeitungsphase vorgegebene Aufgaben erledigen müssen.

Der Test findet in einem speziellen Testlabor statt, welches aus zwei Räumen besteht. Der erste Raum ist eine typisierte Büroumgebung, in welcher der Testteilnehmer eigenständig arbeiten kann. Davon ist der Beobachtungsraum durch eine Glasspiegelwand getrennt, welche den Testbeobachtern Einblick auf den Testteilnehmer ermöglicht. Die typisierte Büroumgebung ist zusätzlich mit Kameras ausgerüstet, so daß der Testablauf auf Video aufgezeichnet werden kann. Monitore im Beobachtungsraum, welche den Bildschirminhalt des Rechners wiedergeben, mit dem der Testteilnehmer arbeitet, gehören ebenso zur Ausstattung wie eine Gegensprechanlage, womit der Testteilnehmer mit dem Testleiter kommunizieren kann.

Während der Vorbereitungsphase zu einem Test müssen die Qualitätsanforderungen an das zu testende Produkt in puncto Benutzungsfreundlichkeit konkretisiert werden, die durch den Test bestätigt werden sollen. Diese Zielvorgaben können einerseits objektiv meßbare Testgrößen sein, wie z.B. „90% der Probanden erledigen eine bestimmte Aufgabe in weniger als 5 Minuten, ohne Rückfragen beim Testleiter zu stellen", oder subjektive Größen, wie „80% der Testteilnehmer bewerten das Produkt als leicht erlernbar".

Zu Beginn des einzelnen Tests wird der Testteilnehmer mit dem Zweck und der Methodik des Tests vertraut gemacht, und die Räumlichkeiten werden besichtigt. Erst dann stellt der Testleiter das Produkt vor. Nach einer festgelegten Einarbeitungszeit, in der sich der Testteilnehmer mit dem Produkt vertraut macht, beginnt dann der eigentliche Test.

Der Testleiter und die weiteren Beobachter ziehen sich in den Beobachtungsraum zurück und verfolgen, wie der Testteilnehmer die vorgegebenen Aufgaben löst. Dazu wird er vom Testleiter aufgefordert, während der Aufgabendurchführung laut zu denken. Dadurch werden Differenzen zwischen der Erwartungshaltung des Testteilnehmers und dem eigentlichen Verhalten der zu testenden Benutzungsoberfläche aufgedeckt. Während man durch das Beobachten einfach identifizieren kann, wo Probleme bei der Benutzbarkeit bestehen, erhält man durch lautes Denken Aufschlüsse darüber, worin diese Probleme bestehen. Um lautes Denken zu fördern, können auch zwei Personen am Test teilnehmen, die dann gemeinsam die Aufgabenstellung bearbeiten und dabei miteinander kommunizieren müssen.

Während des Tests kann der Testteilnehmer von sich aus den Testleiter um Rat fragen, sobald er mittels anderer bereitgestellter Hilfsmittel (z.B. Dokumentation, interaktive Hilfe) bei der Ausführung der vorgegebenen Aufgabe nicht weiterkommt.

Neben der Aufzeichnung des Tests durch Videokameras, was eine spätere detaillierte Auswertung ermöglicht, protokollieren die Testbeobachter den Test. Daneben erstellt der Prototyp der zu testenden Software einen Logfile mit sämtlichen ausgeführten Benutzeraktionen und Zeitangaben. Diese Logfiles können dann ebenfalls zu einem späteren Zeitpunkt automatisiert ausgewertet werden.

Der Testteilnehmer führt im Test sämtliche Aufgaben zweimal aus, so daß auch ein gewisser Lernfortschritt erfaßt werden kann.

Fragebögen zur Person, zur Aufgabe und zum evaluierenden Produkt ergänzen den Test. Jeder Testteilnehmer erhält abschließend die Möglichkeit, in einer Diskussion das Produkt zu bewerten.

An einem solchen Usability Test nehmen ca. 10 bis 20 Benutzer teil, wobei objektiv und subjektiv gemessene Daten aufbereitet werden (siehe auch Tabelle 5). Ein Test dauert pro

Teilnehmer durchschnittlich 5 bis 8 Stunden, wobei von dem Testteilnehmer über diesen Zeitraum volle Konzentration verlangt wird.

- Objektiv erhobene Testergebnisse
  - Benötigte Zeit zur Aufgabendurchführung
  - Art und Anzahl der Benutzung bereitgestellter Hilfsmittel
  - Anzahl fehlerfrei gelöster Aufgaben
  - Anzahl unnötiger Interaktionen
  - Häufigkeit von Benutzerfehlverhalten
- Subjektiv erhobene Testergebnisse
  - was am Produkt am besten gefällt / Vorteile des Produktes
  - was am Produkt am wenigsten gefällt / Nachteile des Produktes
  - Produkt entspricht/widerspricht den Erwartungen
  - Produkt erleichtert die eigene Arbeit

Tabelle 5. Auswahl an Ergebnissen aus Usability Tests

Bei der Testauswertung werden die erhaltenen Ergebnisse mit den vorgegebenen Zielen verglichen. Das Produkt geht nach dem Test in einen erneuten Redesignzyklus, falls die Vorgaben nicht erreicht wurden oder gravierende Probleme bei der Benutzbarkeit festgestellt werden konnten. Sämtliche Ergebnisse fließen in die Weiterentwicklung des Produktes, in dessen Vermarktung und die Schulungsmaßnahmen zum Produkt mit ein.

Bei einem Usability Test können schwerpunktmäßig einzelne Aspekte der Benutzbarkeit oder das gesamte Produkt evaluiert werden (vgl. Tabelle 6).

- Anwendungsneutrale Grundlagen (z.B. allgemein einsetzbare Interaktionsobjekte und Interaktionsformen)
- Gesamtsystem in der ausgelieferten Form
- Teilaspekte einer Anwendung
- Piktogramme/Terminologie
- Dokumentation
- Installation
- Objektstruktur / Navigation in Objektstruktur
- Vergleich unterschiedlicher Designansätze
- Antwortzeiten

Tabelle 6. Ausgewählte Themenbereiche für Usability Tests

3.7 Ausblick

Der Software-Entwicklungsprozeß soll die Evaluierung der Benutzungsschnittstelle durch Einbezug der späteren Benutzer in einer möglichst frühen Entwicklungsphase vorsehen.

Durch die Bemühungen, den Entwicklungszyklus für Software zu verkürzen, können vollständige und funktionale Prototypen in der gegebenen Zeit kaum mehr entwickelt werden. Dadurch entstehen hohe Anforderungen an Prototypingwerkzeuge. So müssen Prototypen sehr effizient erstellt und der Code vom Prototyp zumindest teilweise für das Produkt wieder verwendet werden können. Kieback et al. stellen in [Kieback et al. 92] industrielle Projekte vor, welche Ansätze mit Prototyping verfolgen. Für iteratives Design und Prototyping eignet sich auch eine Systemarchitektur, welche die Benutzungsschnittstelle von der Funktionalität weitgehend trennt. Das Produkt IBM ScreenView [IBM 92] erlaubt durch die strikte Trennung zwischen Benutzungsoberfläche und Anwendungslogik, daß die Benutzungsoberfläche einer bestehenden Anwendung variiert werden kann, ohne die Funktionalität zu verändern. Dies ermöglicht, die Benutzungsoberfläche eines Produktes selbst in einer fortgeschrittenen Entwicklungsphase bei Bedarf noch zu korrigieren.

Um für Usability Tests valide Ergebnisse zu erhalten, sollte beim Test ein möglichst vollständiger Prototyp mit Dokumentation vorhanden sein. Unvollständige Prototypen, die z.B. unzureichendes Feedback im Fehlerfall geben, verunsichern die Testteilnehmer, und die Testergebnisse zeigen oft eine einseitige Betonung der fehlenden Funktionalität. Aber auch ein vollständiger Prototyp kann eine reale Arbeitssituation nur begrenzt widerspiegeln. Die Testpersonen befinden sich in einer Lernphase, obwohl sie beim Test jede Aufgabe zweimal ausführen müssen. Trotzdem handelt es sich bei Usability Tests in jedem Fall um eine Simulation der Benutzung. Wie der Anwender die Benutzungsfreundlichkeit beim routinemäßigen Einsatz bewertet, kann exakterweise erst in einer Feldstudie analysiert werden. Dabei werden wiederum Rückschlüsse auf das Bewertungsverfahren gewonnen.

Zusammenfassend läßt sich feststellen, daß neben der sich ständig weiterentwickelnden Technologie im Bereich der Benutzungsschnittstellen die Mitwirkung der Anwender beim Software-Entwicklungsprozeß die Benutzungsfreundlichkeit erhöht. Alle Evaluationsverfahren sind jedoch zeitaufwendig, was nur durch den Einsatz produktivitätssteigernder Werkzeuge zum Programmieren von Benutzungsoberflächen ausgeglichen werden kann (z.B. Dialog Management Systeme oder objektorientierte Programmiersysteme).

Neue Technologien, wie z.B. Multimedia, Animation, Sprachausgabe, Systeme mit berührempfindlichen Monitoren, mit integriertem Stift und Handschrifterkennung, werden kommerziell Einsatz finden und den Freiheitsgrad der Entwickler bei der Gestaltung der Benutzungsschnittstellen vervielfachen. Dadurch wird die Notwendigkeit empirischer Untersuchungen über angemessene und benutzungsfreundliche Oberflächen im Einzelfall noch weiter gesteigert.

Mensch-Computer-Interaktion in der Schule

Anton Brenner

1 Zur Terminologie „Mensch-Computer-Interaktion" in der Didaktik der Informatik

Angehende Informatiker werden in ihrer Fachausbildung bzw. im Studium über Mensch-Computer-Interaktion informiert und instruiert. In den allgemeinbildenden Schulen wird diese Thematik dagegen *nur* indirekt gelehrt und gelernt: Mensch-Computer-Interaktion wird vor allem praktiziert. Die Befähigung der Schüler zur Mensch-Computer-Interaktion ist ein zentrales Ziel eines allgemeinbildenden Unterrichts über Computer, Informationstechnik und Informatik. Mensch-Computer-Interaktion ist aber vor allem auch Unterrichtsmethode: *learning by doing*. Mensch-Computer-Interaktion ist nicht nur eine Unterrichtsmethode, sondern die Unterrichtsmethode schlechthin: Die Erfahrungen mit dem Unterricht über Computer, Informationstechnik und Informatik in der allgemeinbildenden Schule zeigen, daß abstrakte, mehr *theoretische* Unterrichtsinhalte aus der Informatik nur in engem Zusammenhang mit praktischer Computernutzung vermittelt werden können. Denn: Allgemeinbildender Unterricht über Computer, Informationstechnik und Informatik richtet sich heutzutage wirklich an alle Schüler. Nur in der Sekundarstufe II (11.–13. Schuljahr, gymnasiale Oberstufe) betrifft er die Auslese der an Informatik speziell interessierten Schüler. In der Sekundarstufe I (Hauptschule, Realschule, Gymnasium, Gesamtschule), also im 5. bis 10. Schuljahr, erhält jeder Schüler eine *informationstechnische Grundbildung* (vgl. *Gesamtkonzept für die informationstechnische Bildung* der Bund-Länder-Kommission für Bildungsplanung und Forschungsförderung aus dem Jahre 1987 [BLK 87]). Auch die *Vertiefte informationstechnische Bildung in Form der Informatik*, vorrangig in der Sekundarstufe II im 11.–13. Schuljahr, richtet sich nicht nur an besonders begabte, hoch motivierte Gymnasiasten.

Mensch-Computer-Interaktion in der Schule ist also kein Unterrichtsthema, nur indirekt Unterrichtsinhalt, vor allem aber Unterrichtsmethode (vgl. [Meyer 92]). Die Didaktik der Informatik bleibt oft bei der Erstellung von Ziel- bzw. Themenkatalogen als Lehrplan-Empfehlungen stehen. Empfehlungen wie die amtlichen Lehrpläne bleiben aber häufig ohne die erhoffte Wirkung auf den konkreten Unterricht, weil Themen, Inhalte und Zielsetzungen von Unterricht durch überzeugende Unterrichtsmethoden konkretisiert werden müssen. Unterrichtsmethoden können nicht aus Unterrichtsinhalten und Unterrichtszielen logisch stringent (im Sinne der Sachlogik der Didaktik) abgeleitet werden. Eine sog. Abbild-Didaktik, die dies versucht, hält erziehungswissenschaftlicher Kritik nicht stand (vgl. [Blankertz 75, S. 134ff]). Unterrichtsmethoden zu entwickeln und zu erproben kann andererseits nicht dem einzelnen Lehrer überlassen bleiben, weil Unterrichtsmethoden vorgegebene Unterrichtsinhalte und Unterrichtszielsetzungen nicht nur unterschiedlich interpretieren, sondern sogar ändern (vgl. [Meyer 92, S. 75ff]), möglicherweise ins Gegenteil verkehren können. Weil

Zielsetzungen, Inhalte und Methoden des Unterrichts in Wechselwirkung zueinander stehen, muß sich die Didaktik der Informatik auch zu Unterrichtsmethoden äußern. Über einige Jahre hinweg war BASIC-Programmieren die zentrale Unterrichtsmethode (vgl. Abschnitt 2.3). Sie wird seit langem von der Informatik und ihrer Didaktik bekämpft. Mittlerweile gibt es mehrere Alternativen, verschiedene Formen der Mensch-Computer-Interaktion in der Schule.

Dieser Beitrag kann keine aktuelle Zustandsbeschreibung der Mensch-Computer-Interaktion in der Schule im Sinne einer empirischen Untersuchung liefern: Lehrer und Schüler sind meist die einzigen Zeugen für das, was im Unterricht geschieht. Wenn Untersuchungen vorliegen, sind sie oft zum Zeitpunkt ihrer Publikation aufgrund der rasanten technologischen Entwicklung bereits veraltet oder beschränken sich auf wenige einzelne Formen der Mensch-Computer-Interaktion (vgl. z.B. [Krummheuer 89]). Sie geben keinen Überblick über den Grad der Verbreitung der einzelnen Formen. So ist auch der Verfasser auf seine individuellen Erfahrungen mit Schülern und Studenten (als Absolventen von Informatik-Grundkursen in der Sekundarstufe II), auf den Erfahrungsaustauch mit Lehrern und Kollegen sowie auf Schulbücher, Kursmaterialien oder Materialien für die Lehrerfortbildung angewiesen.

2 Verschiedene Formen der Mensch-Computer-Interaktion in der Schule

Die Möglichkeiten zur Mensch-Computer-Interaktion in der Schule werden wesentlich auch von der Hardware und Basissoftware der Schulcomputer bestimmt. Die Schulen verfügen i.d.R. über keine UNIX-Computer. Ihre Ausrüstungen, die auf der Grundlage von Hard- und Software-Empfehlungen der Schulministerien der Länder beschafft worden sind, bestehen aus bereits älteren MS-DOS-Computern (PCs), selten aus neueren PCs unter der Benutzungsoberfläche MS WINDOWS. An vielen Schulen muß man noch mit veralteten Computern unterhalb des PC-Standards auskommen. Deshalb können nicht alle folgenden Formen von Mensch-Computer-Interaktion an jeder Schule realisiert werden.

2.1 Primitivformen von Mensch-Computer-Interaktion in der Schule

Die ersten Erfahrungen mit Mensch-Computer-Interaktion machen Schüler meist über Computerspiele in der Freizeit, weniger in der Schule. Die beliebtesten Computerspiele sind Geschicklichkeitsspiele. Die Interaktion findet i.d.R. über einen *Joystick* o.ä. statt, mit dem Aktivitäten auf dem Bildschirm ausgelöst und gesteuert werden. Es handelt sich fast immer um klassisches Konditionieren, um Reiz-Reaktion-Lernen und einfaches Automatisieren. Eine geistige Auseinandersetzung mit Computer, Informationstechnik und Informatik findet gewöhnlich nicht statt. Eine moderne Medienpädagogik muß die Computerspiele in der Schule aufgreifen, weil ein erheblicher Anteil von Computerspielen pädagogisch höchst fragwürdig ist. Die informationstechnische Grundbildung in der Sekundarstufe I sollte die Computerspiele nicht ganz ignorieren, weil sie in spielerischer Form den Zugang zu ernsthafterer Computernutzung erleichtern und über rasche Erfolgserlebnisse das Interesse am Computer stabilisieren. Übertriebene Erwartungen der Didaktik der Informatik in die Computerspiele sind jedoch fehl am Platze. Vielmehr muß sorgfältig darauf geachtet werden, daß Computerspiele in der Schule nicht zur Sackgasse werden, indem sie eine vertiefte Auseinandersetzung mit dem Computer blockieren.

Manche Schüler finden Zugang zur Mensch-Computer-Interaktion über das Lernen am Computer: Sie wollen mit einfachen Computer-Lernprogrammen schlichtes Üben bzw. „Pauken" von Fertigkeiten anregend und effektiv gestalten: Rechtschreiben, Vokabel- , Grammatik- und Rechentraining usw. Zu diesen Lernformen gehört auch tutorieller computerunterstützter Unterricht. Dabei übernimmt der Computer Lehraufgaben des Zeigens und Erklärens, des Beschreibens, des Informierens durch Texte und Grafiken, der Lernkontrolle durch Fragen und Aufgabenstellungen, entsprechender Rückmeldung durch Bewertung der Antworten oder Lösungen und der Steuerung des Lernprozesses auf der Grundlage der Schülerbeiträge.

Lernen am Computer findet meist in einem weitgehend vom Computer dominierten Dialog statt: *computergeführter Dialog*.

Oft wird der Schüler vom Lernprogramm gegängelt und eingeengt. Das Lernmittel bestimmt den Lernprozeß, dominiert den Lerner. Viele Pädagogen lehnen deshalb Lernen am Computer als didaktischen Widersinn prinzipiell ab. Sie bestreiten nicht, daß mit computerunterstütztem Lernen durchaus schnelle Lernerfolge erzielt werden können. Vor allem in der betrieblichen Schulung und Weiterbildung spielen Computer als geduldige Lehrer eine immer bedeutendere Rolle. Wenn Lernen am Computer selbstbestimmtes, vom Computer unterstütztes Lernen ist, findet es durchaus seinen Platz auch in der allgemeinbildenden Schule, wo die Schüler auch das Lernen lernen sollen, auch das computerunterstützte Lernen.

Für die informationstechnische Bildung hat computerunterstütztes Lernen immer zwei Dimensionen: Einerseits ist der Computer Lernmittel, andererseits Lerngegenstand und Werkzeug. Damit sind auch die folgenden Formen von Mensch-Computer-Interaktion unter computerunterstütztem Lernen (in einem erweiterten Sinne) einzuordnen.

Weil computergeführte Dialoge seitens der Interaktion mit dem Computer keine hohen Anforderungen an die Schüler stellen, werden vielfach besonders triviale Computeranwendungen mit besonders einfachem Mensch-Computer Dialog als Einstieg in die informationstechnische Grundbildung in der Sekundarstufe I praktiziert: Die Schüler geben ausschließlich wenige zu verarbeitende Daten über die Tastatur ein und lesen die Ergebnisdaten vom Bildschirm ab. Im Mathematikunterricht arbeiten sie z.B. mit einem Programm zum Prozentrechnen: Sie werden vom Computer aufgefordert, Zahlen für die gegebenen Größen (z.B. Prozentsatz, Grundwert) einzugeben. Die Ergebnisse (z.B. Prozentwert und Endwert) erscheinen auf dem Bildschirm. Eine Übersicht der verschiedenen Grundaufgaben des Prozentrechnens auf dem Bildschirm (*Menü*) ermöglicht den Schülern, die geeignete Auswahl für die jeweilige Aufgabe (z.B. über die Angabe einer Kennziffer) treffen zu können. Wie für die Computerspiele gilt auch für diese Primitivform von Mensch-Computer-Interaktion: Übertriebene Erwartungen der Didaktik der Informatik sind fehl am Platze. Es muß sorgfältig darauf geachtet werden, daß diese Primitivform in der Schule nicht zur Sackgasse wird, weil sie dem Schüler beim Problemlösen, beim Lernen kaum Spielraum für eigene Aktivitäten läßt: z.B. Lösungswege auszudenken bzw. Entscheidungen zu treffen, welche Computeraktivitäten in welcher Reihenfolge ausgelöst werden. Der Schüler darf nur reagieren, nicht agieren. Der Computer ist dabei mehr Automat als Werkzeug zum interaktiven Problemlösen.

2.2 Eine einfache Form der Mensch-Computer-Interaktion in der Schule: Steuern und Regeln mit LEGO

Eine mögliche Aufgabenstellung für Schüler der Sekundarstufe I:

> Mit den (fast) allen Schülern bekannten LEGO-Bausteinen wird eine einfache Verkehrsampelanlage der folgenden Skizze in der Abbildung 1 (links) nachgestaltet. Die Ampeln für die Fahrzeuge auf der Straße und die Ampeln für die Fußgänger sollen mit dem Computer richtig gesteuert werden. Die Lampen und die Bedarfstasten der Ampelanlage sind über ein Interface mit einem PC verbunden (vgl. Abbildung 1, rechts).

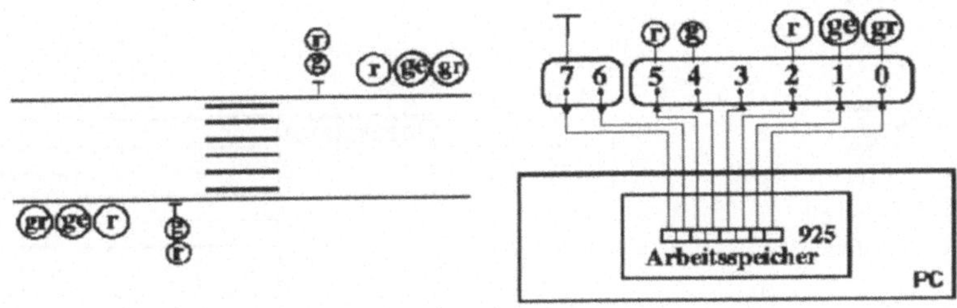

Abbildung 1. Eine einfache Verkehrsampelanlage

Die Software LEGO LINES erzeugt auf dem Bildschirm verschiedene Arbeitsflächen (vgl. Abbildung 2) zum Ansteuern der Ampeln über die Ausgänge 0 bis 5 des Interface. Eine Statuszeile am unteren Bildschirmrand beschreibt den Zustand der 6 Ausgänge und 2 Eingänge des Interface mit 8 Bits. Im Direktmodus dieses Systems (Abbildung 2, links) werden einzelne Ampelphasen als Bytes erprobt. Im Programmiermodus (Abbildung 2, rechts) lassen sich die erprobten und bewährten Bytes (genauer: nur die Bits 0 bis 5) in ihrem richtigen Nacheinander in das vorgesehene Raster in der Mitte des Bildschirms eintragen und ggf. korrigieren. Das Arbeitsfeld rechts vom Raster nimmt die jeweilige Zeitdauer (in Sekunden) der betreffenden Ampelphase auf. Im Arbeitsfeld links vom Raster werden die einzelnen Ampelphasen kommentiert.

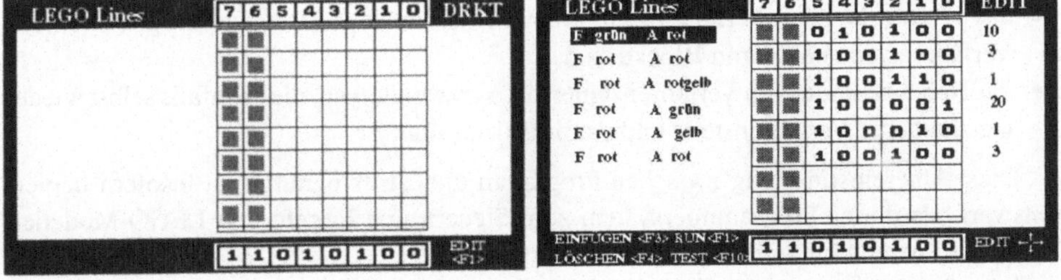

Abbildung 2. LEGO LINES Oberflächen

So entsteht durch *Interaktion über Formulare bzw. Masken* aus dem leeren Formular (Abbildung 2, links) ein Programm (Abbildung 2, rechts) für einen einzigen Durchlauf der Ampelphasen ohne Berücksichtigung der Bedarfstaste an der Fußgängerampel. Die Programmzeilen werden über eine spezielle Funktionstaste getestet, das gesamte Programm über eine Funktionstaste gestartet und ggf. mit einer Funktionstaste abgebrochen. Mit einer Funktionstaste wird zwischen Direktmodus und Programmiermodus hin- und hergeschaltet: *Interaktion über Funktionstasten.*

Über eine weitere Funktionstaste wird eine neue Bildschirm-Seite zum Speichern, Laden und Löschen von Programmen erzeugt. Sie enthält ein einfaches Menü der Arbeitsmöglichkeiten. Über Ziffern wird ausgewählt: *Interaktion über ein Menü.*

Das System verfügt über Kontrollstrukturen für Schleifen und Verzweigungen. Damit entsteht in mehreren Schritten ein voll funktionsfähiges Programm zur automatischen Steuerung der Verkehrsampeln mit Berücksichtigung der Bedarfstasten an den Fußgängerampeln (vgl. Abbildung 3, links).

```
                        7 6 5 4 3 2 1 0
WIEDERHOLE
   F grün  A rot            0 1 0 1 0 0    10
   F rot   A rot            1 0 0 1 0 0     3
   F rot   A rotgelb        1 0 0 1 1 0     1
   F rot   A grün           1 0 0 0 0 1    10
WENN                    0
WIEDERHOLE
   F rot   A grün           1 0 0 0 0 1     1
BIS                     1
ENDE WENN
   F rot   A grün           1 0 0 0 0 1    10
   F rot   A gelb           1 0 0 0 1 0     1
   F rot   A rot            1 0 0 1 0 0     3
IMMER
```

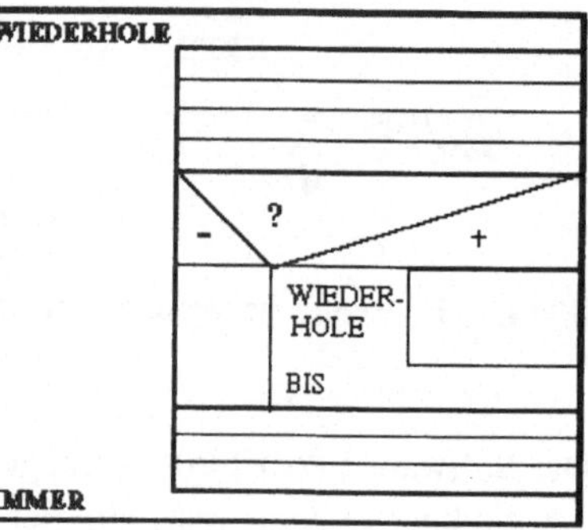

Abbildung 3. Die fertige Verkehrsampelsteuerung

Das entstandene Programm ist verständlich, übersichtlich, weil gut strukturiert. Dies belegt die weitgehende Ähnlichkeit mit dem dazugehörigen Struktogramm (vgl. Abbildung 3, rechts). Das Struktogramm spiegelt die Struktur der algorithmischen Problemlösung der Ampelsteuerung wider:

- Ampelphasen als ganzheitliche Verfahrensteile, dargestellt als Blöcke,
- das Nacheinander von Verfahrensteilen als Sequenzen von Blöcken,
- das Ineinander von Verfahrensteilen bei Schleifen, die selbst wieder ganzheitliche Verfahrensteile und damit Blöcke sind,
- das Nebeneinander von Verfahrensteilen bei Verzweigungen, die ebenfalls selbst wieder ganzheitliche Verfahrensteile und damit Blöcke sind.

Diese Übereinstimmung zwischen Programm und Struktogramm ist insofern bemerkenswert, als dieses Programmiersystem zum Steuern und Regeln von LEGO-Modellen nicht über Prozeduren und Funktionen verfügt.

Steuern und Regeln mit LEGO ist als Unterrichtsthema bzw. Unterrichtsinhalt für die informationstechnische Grundbildung in der Sekundarstufe I interessant, weil die Schüler einige Sachverhalte über Computer, Informationstechnik und Informatik lernen können: Bits und Bytes, Bitkombinationen als Daten in *Zweizeichensprache*, Bitkombinationen zusammen mit Zahlen und Kommentaren als Befehle, Steuern und Regeln über Befehlsketten, Befehlsketten als Programme, elementare Ablaufstrukturen von Programmen (Sequenz , Verzweigung, Schleife), leicht veränderbare Programme als Software, Steuern und Regeln mit dem Computer als ein Anwendungsbereich mit Gegenwarts- und Zukunftsbedeutung.

Steuern und Regeln mit LEGO ist aber insbesondere als Unterrichtsmethode für die informationstechnische Grundbildung interessant, weil auf eine für die Schüler einfache, elementare, exemplarische Weise Mensch-Computer-Interaktion möglich wird als *benutzergeführter Dialog* über einfache Formulare bzw. Masken, Funktionstasten und einfachste Menüs. Die Schüler brauchen dazu keinerlei Vorerfahrungen im Umgang mit dem Computer. Dabei besitzen sie viel Spielraum für eigene Aktivitäten: Lösungswege ausdenken und Entscheidungen treffen, welche Computeraktivitäten in welcher Reihenfolge ausgelöst werden müssen. Sie dürfen agieren, nicht nur reagieren. Der Computer wird für den Schüler ein Werkzeug zum Steuern und Regeln einfacher (LEGO-)Maschinenmodelle: z.B. Bedarfsampel, Waschmaschine, automatische Tür, Greifarmroboter, Sortierautomat u.a.m.

Übertriebene Erwartungen seitens der Didaktik der Informatik an diese Form der Mensch-Computer-Interaktion in der Schule sind aber fehl am Platze, weil das Steuern und Regeln mit LEGO-Modellen einen sehr eingeschränkten Erfahrungsbereich bez. Computernutzung darstellt. Interaktives Problemlösen mit dem Computer im Wechsel zwischen Direktmodus und Programmiermodus kommt hier bald an Grenzen, weil Prozeduren und Funktionen als wesentliche Gestaltungsmittel für Programme fehlen. Steuern und Regeln mit LEGO ist aber auch keine Sackgasse, weil aufgrund des eingeschränkten Anwendungsbereichs und der beschränkten Möglichkeiten (max. 30 Programmzeilen) nicht die Gefahr besteht, daß diese besondere Form der Mensch-Computer-Interaktion überstrapaziert, zu stark verfestigt und damit verabsolutiert wird.

2.3 Klassisches BASIC-Programmieren als veraltete, immer noch weit verbreitete Form der Mensch-Computer-Interaktion in der Schule: Interaktives, ablauforientiertes Codieren

BASIC, als universelle Programmiersprache zum Erlernen des Programmierens geschaffen, hat über viele Jahre den Informatikunterricht in den Schulen geprägt. J. Kemeny, der BASIC für den Gebrauch im Bildungswesen entwickelt hat, sieht den Wert des Rechners darin, daß man ihn wie einen geduldigen Schüler lehren kann: „Ich meine, daß die richtige Haltung ist, sie (die Schüler) einen Algorithmus im Prinzip zu lehren, und der richtige Weg, den Algorithmus auszuführen, ihn für einen Computer zu programmieren. Der Computer wird also verwendet, um den Schüler zu zwingen, den gegebenen Algorithmus dem Rechner zu erklären. Wenn der Schüler dabei Erfolg hat, wird er ein tiefes Verständnis des Problems haben; das Verständnis wird weit größer sein, als je zuvor in seiner vorhergehenden Erfahrung.“ (Vgl. [Kemeny/Kurtz 66], zit. nach [Eyferth et al. 74], S. 113.) BASIC-Programmieren ist konzipiert als Übersetzen eines zumindest im Prinzip bekannten Algorithmus in Programmcode, als Codieren.

Das Problem der Ampelsteuerung (vgl. Abschnitt 2.2) hat z.B. das BASIC-Programm in Abbildung 4 als algorithmische Lösung.

```
10 REM Bedarfsampel
20 FOR J=1 TO 8
30 READ C, T
40 IF  J<>5 THEN OUT 925, C :
   FOR I=1 TO T*1000 : NEXT I : GOTO 60
50 IF INP(925) < 128 THEN OUT 925,C :
   FOR I=1 TO T*1000 : NEXT I : GOTO 50
60 NEXT J
70 RESTORE : GOTO 20
80 DATA 20,10,36,3,38,1,33,10,33,1,
   33,10,34,1,36,3
```

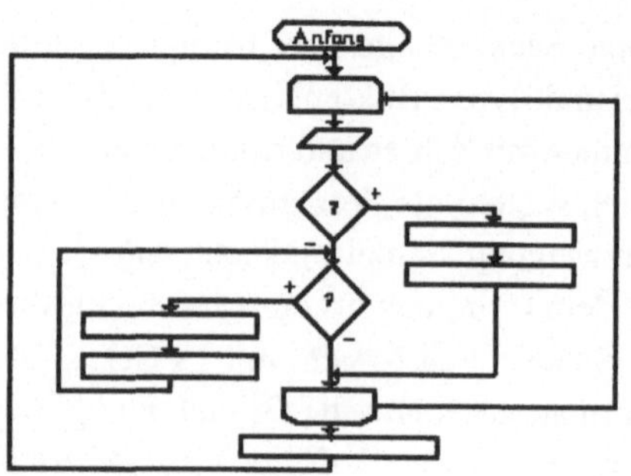

Abbildung 4. Eine BASIC-Lösung für das Ampelproblem

Klassisches BASIC verfügt über wenig Kontrollstrukturen für Verzweigungen und Schleifen. Allzuviel Ablaufstruktur wird mit Sprungbefehlen bewältigt. BASIC-Programme mit Zeilennummern und GOTOs beschreiben vor allem den Ablauf eines algorithmischen Lösungsverfahrens, weniger seine Struktur: ganzheitliche Verfahrensteile, deren Nacheinander, Nebeneinander und Ineinander. BASIC-Programme sind oft unstrukturiert und deshalb unübersichtlich. Flußdiagramme (vgl. Abbildung 4, rechts) eignen sich dann besser als Struktogramme, den Aufbau eines BASIC-Programms zu verdeutlichen, weil sie mit ihren Pfeilen — wie die BASIC-Programme mit ihren GOTOs — den Ablauf des Algorithmus betonen. Klassisches BASIC-Programmieren ist ablauforientiertes Programmieren, ablauforientiertes Codieren.

BASIC-Programme sind oft nicht nur unübersichtlich, sondern auch weitgehend unverständlich: Vielleicht ein erfahrener BASIC-Programmierer, nicht aber ein Computer-Laie bzw. ein durchschnittlicher Schüler wird sich im obigen BASIC-Programm zurechtfinden. Es ist auf den ersten Blick nicht zu erkennen, was in den einzelnen Programmzeilen geschieht. Besondere Gegebenheiten des Computers (Speicheradressen, Verschlüsselung von Bytes als Dezimalen) lenken vom eigentlichen Problem ab: Ampelsteuerung über ein Interface. So erscheint dieses BASIC-Programm überwiegend maschinenorientiert und wenig problemorientiert. Ablauforientiertes Programmieren ist maschinenorientiert, weil der Ablauf, wie ihn der Prozessor zu bewältigen hat, in den Vordergrund gerückt wird. Strukturiertes Programmieren dagegen ist problemorientiert, weil die Gliederung, der Aufbau, die Struktur der Problemlösung in den Vordergrund rückt. Ablauforientiertes bzw. maschinenorientiertes Programmieren entspricht längst nicht mehr dem aktuellen Programmierstandard der Informatik.

BASIC verfügt als Dialogsprache über einen Direktmodus, in dem die für ein Programm ins Auge gefaßten Befehle erprobt werden können, z.B.

```
OUT 925, 20:   Fußgänger: grün   Autos: rot
OUT 925, 38:   Fußgänger: rot    Autos: rotgelb
```

Ebenso kann die Dateneingabe über das Interface im Mensch-Computer-Dialog über Kommandosprache getestet werden:

```
PRINT INP (925):
 Ergebnis: <128, falls Bedarfstaste nicht gedrückt.
           >=128, falls Bedarfstaste gedrückt.
```

Jeder Befehl bzw. jede Befehlskette wird sofort ausgeführt und mit dem Ergebnis bzw. einer Vollzugsmeldung (z.B. READY, OK) vom Computer beantwortet: *Dialog über Kommandosprache*.

Im Direktmodus bewährte Befehle und Befehlsketten werden in das vorgesehene Programm übernommen.

Klassisches BASIC verfügt im Direktmodus über eine Reihe von Kommandos, mit denen die Programmerstellung (NEW, LIST), die Programmausführung (RUN) und die Programmverwaltung (SAVE, LOAD) bewältigt wird. BASIC-Programmieren ist interaktives Programmieren, interaktives ablauforientiertes Codieren.

Nicht als interaktives Programmieren, nicht als Codieren, wohl aber als ablauforientiertes, maschinenorientiertes Programmieren wird klassisches BASIC von seiten der Informatik und ihrer Didaktik bekämpft:

Es kann nicht Sinn eines allgemeinbildenden Unterrichts über Computer, Informationstechnik und Informatik, einer informationstechnischen Bildung sein,

- nicht mehr dem Informatik-Standard entsprechende Programmiermethoden einzuüben;
- die Schüler anzuleiten und daran zu gewöhnen, Programme als unübersichtliche und unverständliche Texte zu akzeptieren, mühsam sich verständlich zu machen sowie zu versuchen, sich in diesen ungewohnten Sprachmöglichkeiten korrekt auszudrücken, während sie in den anderen Schulfächern zur gleichen Zeit angehalten werden, Texte verständlich und übersichtlich zu gestalten;
- Programmtexte für die Maschine Computer zu verfassen, die nur für Computerexperten, nicht aber für gewöhnliche Menschen verständlich sind.

Weil BASIC eine universelle Programmiersprache und damit als Allzweck-Werkzeug verwendet werden kann, besteht die Gefahr, daß klassiches BASIC-Programmieren verfestigt und verabsolutiert wird. So kann BASIC-Programmieren zu einer Sackgasse für das Informatiklernen bzw. für die informationstechnische Bildung werden.

Andererseits: Nicht jeder BASIC-Fünfzeiler, mit dem im Mathematikunterricht der Unterschied zwischen den Rechenwerkzeugen Taschenrechner und Computer verdeutlicht wird, nicht jedes in BASIC codierte Flußdiagramm bzw. jeder in BASIC codierte bekannte Algorithmus gefährdet die informationstechnische Bildung, wohl aber jedes unübersichtliche, unverständliche Programm und jeder Versuch, Mensch-Computer-Interaktion in der Schule auf interaktives, ablauforientiertes Codieren in BASIC oder einer anderen Programmiersprache einzuengen.

Die Antwort auf die *didaktische Software-Krise* der 70er-Jahre, auf *Spaghetti-Code* in BASIC, heißt problemorientiertes Programmieren, strukturiertes Programmieren.

2.4 Strukturiertes Programmieren: Strukturiertes Codieren in PASCAL und anderen Programmiersprachen

Mit dieser Unterrichtsmethode wird algorithmisches Problemlösen, problemorientiertes Programmieren in drei Phasen gegliedert: *Vom Problem zum Algorithmus — Vom Algorith-*

mus zum Programm — Vom Programm zur Problemlösung (vgl. [Harbeck et al. 84] und [Harbeck et al. 87]).

Phase 1: Vom Problem zum Algorithmus: Für das gestellte Problem muß ein geeignetes algorithmisches Lösungsverfahren gefunden werden, das die Problemlösung auf vorhandene *Elementarfähigkeiten des Computers* zurückführt. Der Algorithmus soll übersichtlich gegliedert sein: überschaubare ganzheitliche Teile mit einem übersichtlichen Nacheinander, Nebeneinander und Ineinander der Teile. Oft müssen auch zu verarbeitende Daten zu Ganzheiten zusammengefaßt werden. Zur Darstellung der Algorithmen eignen sich z.B. Struktogramme, aber nicht Flußdiagramme, weil Flußdiagramme mehr den Ablauf als den Aufbau, die Gliederung, die Struktur der algorithmischen Problemlösung widerspiegeln (vgl. Abschnitt 2.3). Vom Problem zum Algorithmus gelangt man durch Strukturieren:

Die Struktogramme in Abbildung 5 stellen einen Algorithmus für die vollautomatische Ampelsteuerung dar:

- beispielhaft zwei von acht Ampelphasen bzw. ein Verfahren zur Zustandsbeschreibung der Bedarfstaste als ganzheitliche Bestandteile der Ampelsteuerung (in der Mitte von Abbildung 5),
- ganzheitliche Lösungsteile, die aus einzelnen Ampelphasen zusammengesetzt sind, sowie deren Nacheinander, Nebeneinander und Ineinander einschließlich der Gesamtlösung (Abbildung 5, links),
- ganzheitliche Lösungsteile, aus denen die einzelnen Ampelphasen zusammengesetzt sind (Abbildung 5, rechts).

Noch elementarere Lösungsteile sind nicht notwendig, da die Gesamtlösung (Abbildung 5, links) und alle ihre ganzheitlichen Bestandteile (Abbildung 5, in der Mitte und rechts) auf *Elementarfähigkeiten* des Computers zurückgeführt sind: EINSCHALTEN einzelner Datenkanäle, AUSSCHALTEN aller Datenkanäle am Interface, den ZUSTAND (ein, aus) eines einzelnen Datenkanals des Interface ermitteln und vorgegebene Zeitspannen WARTEN.

Phase 2: Vom Algorithmus zum Programm: Der fertige, strukturierte Algorithmus wird in Programmiersprache, in Programmcode, übersetzt: Codieren. Eine Programmiersprache mit ausreichend Kontrollstrukturen für das Nacheinander, Nebeneinander und Ineinander sowie mit Prozeduren und Funktionen für die ganzheitlichen Verfahrensteile ist erforderlich. Oft wird PASCAL verwendet. In beliebiger Reihenfolge werden die Teilalgorithmen codiert (vgl. Abbildungen 6, 7 und 8).

Codieren der elementarsten Teilalgorithmen. Die *Standardprozeduren* EINSCHALTEN, HALT und WARTEN gehören zu einer PASCAL-Spracherweiterung. Weil *Standardprozeduren* und neu entstehende Prozeduren selbsterklärend bezeichnet sind, da die zu verarbeitenden Daten (Ampelfarben, Zeit) verständlich beschrieben sind und auch für Datentypen und für Variablen selbsterklärende Bezeichnungen verwendet werden, weil die Kontrollstrukturen von PASCAL verständlich und übersichtlich sind, entstehen verständliche und übersichtliche Programmteile (vgl. Abbildung 6): strukturiertes Programmieren bzw. strukturiertes Codieren.

Codieren der Ampelphasen. Die einzelnen Ampelphasen als die ganzheitlichen Bestandteile der algorithmischen Ampelsteuerung sind als Prozeduren codiert. Prozedurnamen und

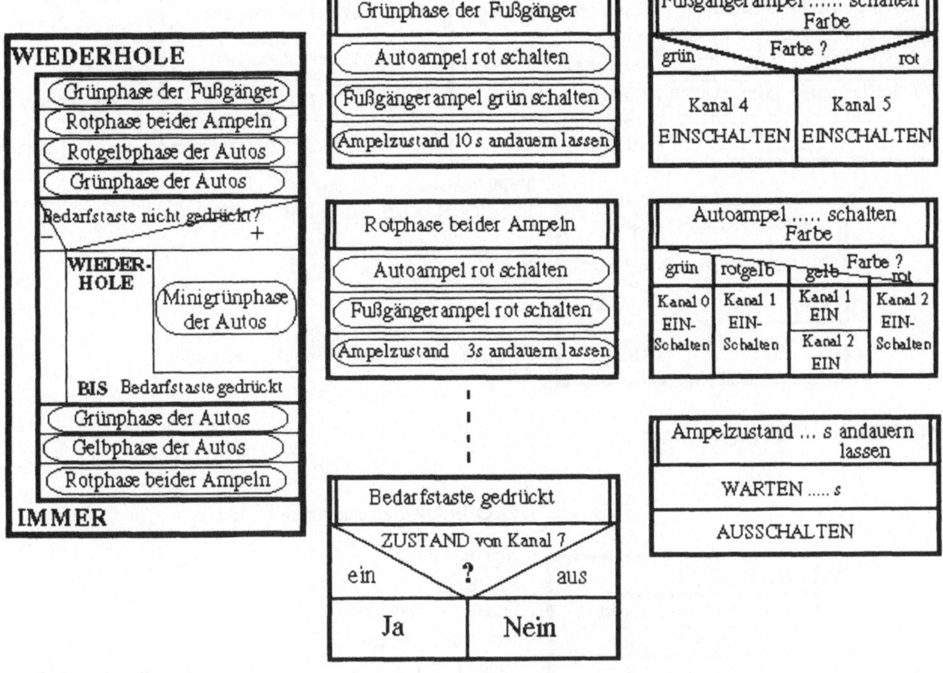

Abbildung 5. Struktogramme zum Ampelproblem

```
TYPE Farben =
    (gruen,gelb,rotgelb,rot);
```

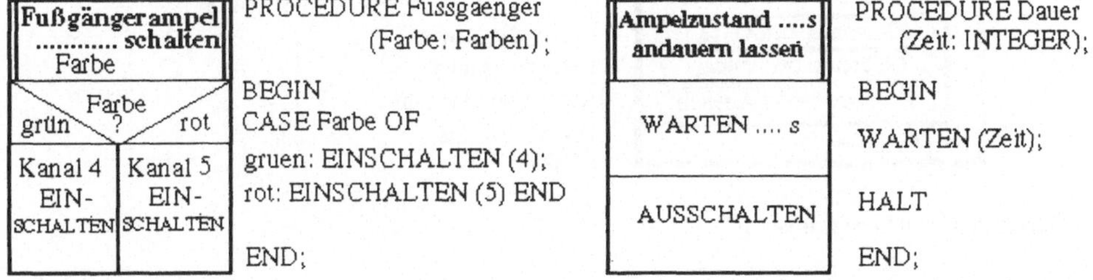

Abbildung 6. Elementaralgorithmen

Funktionsnamen können in PASCAL weitgehend frei gewählt werden. Damit fällt das Codieren leicht. Weil selbsterklärende Bezeichnungen für elementarere und neu entstehende Prozeduren oder Funktionen verwendet werden, weil die Kontrollstrukturen von PASCAL verständlich und übersichtlich sind, entstehen verständliche, übersichtliche Programmteile: strukturiertes Codieren.

Codieren der Gesamtlösung. Weil selbsterklärende Bezeichnungen für elementarere Prozeduren oder Funktionen verwendet werden und die Kontrollstrukturen von PASCAL verständlich und übersichtlich sind, wird der Anweisungsteil des PASCAL-Programms verständlich und übersichtlich: strukturiertes Programmieren bzw. Codieren.

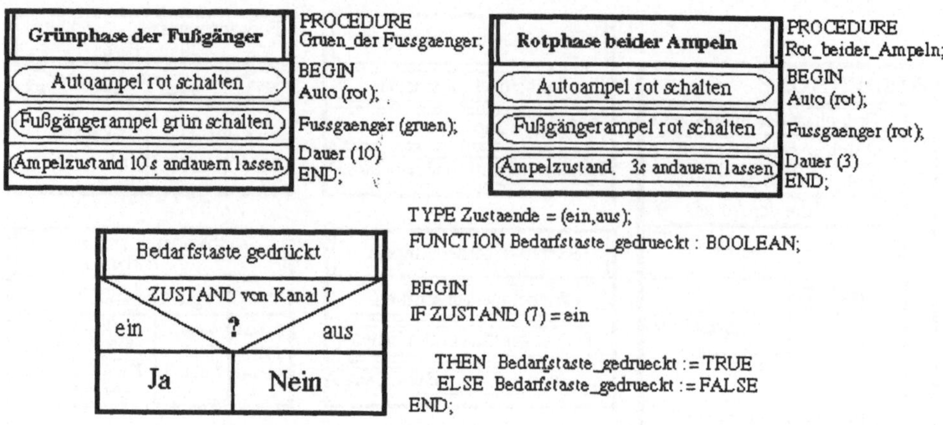

Abbildung 7. Die Ampelphasen

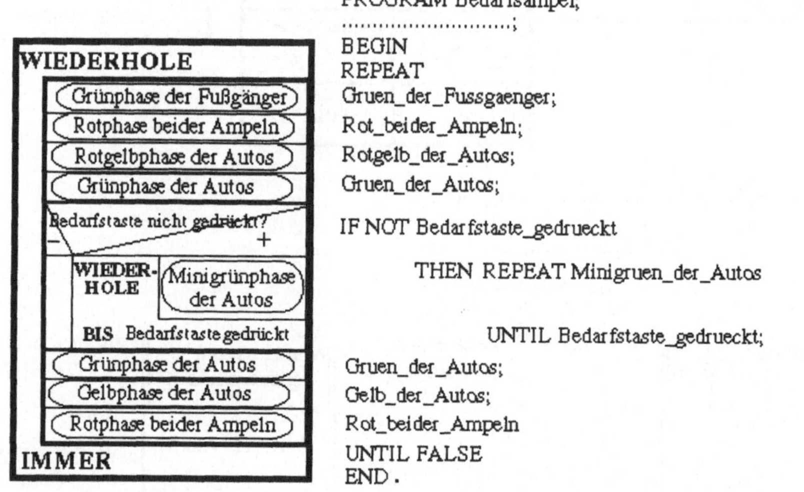

Abbildung 8. Die Gesamtlösung

Bei der Zusammenstellung der Teile zum fertigen PASCAL-Programm müssen elementarere Prozeduren und Funktionen immer vorangehen. Die Auflistung der Prozeduren und Funktionen in der Abfolge der Abbildungen ergibt das fertige PASCAL-Programm für die Ampelsteuerung (vgl. Abbildung 9). Es ist verständlich und übersichtlich, obwohl es bereits eine respektable Länge erreicht hat: strukturiertes Programmieren bzw. strukturiertes Codieren.

Phase 3: Vom Programm zur Problemlösung: Das fertige Programm wird schließlich in den Computer eingegeben, editiert, gespeichert, getestet, ggf. geändert, bis eine zufriedenstellende Lösung der gestellten Programmieraufgabe erreicht ist. Dies alles geschieht

```
PROGRAM Bedarfsampel;
TYPE Farben =
          (gruen, gelb, rotgelb, rot);
     Zustaende = (ein,aus);
PROCEDURE Auto (Farbe: Farben);
BEGIN ...... END;
PROCEDURE  Fussgaenger (Farbe:Farben);
BEGIN .... END;
PROCEDURE  Dauer (Zeit: INTEGER);
BEGIN .... END;
PROCEDURE Gruen_der_Fussgaenger;
BEGIN .... END;
PROCEDURE Rot_beider_Ampeln;
BEGIN ....  END;
PROCEDURE Rotgelb_der_Autos;
BEGIN ..... END;
PROCEDURE Gruen_der_Autos;
BEGIN ......END;
PROCEDURE Minigruen_der_Autos;
BEGIN .......END;
PROCEDURE Gelb_der_Autos;
BEGIN .... END;
FUNCTION Bedarfstaste_gedrueckt: BOOLEAN;
BEGIN  .....END;
```

```
BEGIN
REPEAT
Gruen_der_Fussgaenger;
Rot_beider_Ampeln;
Rotgelb_der_Autos;
Gruen_der_Autos;
IF NOT Bedarfstaste_gedrueckt THEN
   REPEAT Minigruen_der_Autos
   UNTIL Bedarfstaste_gedrueckt;
Gruen_der_Autos;
Gelb_der_Autos;
Rot_beider_Ampeln
UNTIL FALSE
END.
```

Abbildung 9. Die PASCAL-Lösung

interaktiv, je nach PASCAL-Version unterschiedlich, durch Interaktion über Menüs, Formulare bzw. Masken, Kommandosprache oder Funktions- und Steuertasten.

Obwohl der letzte Schritt von der Problemstellung zur Problemlösung über Mensch-Computer-Interaktion bewältigt wird, kann strukturiertes Codieren in PASCAL kaum als interaktives Programmieren, auf keinen Fall aber als interaktives Problemlösen bezeichnet werden: Gerade in der wichtigen, interessanten, aber auch schwierigen ersten Phase, beim Finden, Entwerfen, Entwickeln, Strukturieren des algorithmischen Lösungsverfahrens und auch in der zweiten Phase, beim Codieren, findet keine Mensch-Computer-Interaktion statt.

Ein erster Schritt in Richtung auf mehr Mensch-Computer-Interaktion gelingt, wenn anstatt PASCAL Programmiersprachen wie LOGO, COMAL oder modernisierte BASIC-Dialekte verwendet werden. Sie verfügen wie PASCAL über zahlreiche und leistungsfähige Kontrollstrukturen sowie über Prozeduren und Funktionen und darüber hinaus über einen Direktmodus, in dem neben den Befehlen auch die Prozeduren und Funktionen direkt ausgeführt werden können. Damit ist die Spracherweiterung noch weitgehender als in PASCAL. Aber noch wichtiger ist, daß die Mensch-Computer-Interaktion schon in der zweiten Phase (*Vom Algorithmus zum Programm*) beginnen kann, indem für das Programm vorgesehene Befehle, Prozeduren und Funktionen im Direktmodus erprobt werden. Induktives, heuristisches Arbeiten mit dem Werkzeug Computer wird nun auch in der Codierphase möglich. Und bereits bei der Problemstellung können die *Elementarfähigkeiten des Computers* in Bezug auf das zu lösende Problem leicht demonstriert werden. Strukturiertes Codieren wird zum interaktiven Programmieren.

Strukturiertes Codieren in PASCAL oder einer anderen geeigneten Programmiersprache wird in der Didaktik der Informatik geschätzt, weil damit die Mängel des klassischen BASIC-Programmierens vermieden werden: Durch Strukturieren mit Spracherweiterung, durch Verwenden von Prozeduren und Funktionen entstehen übersichtliche und verständliche Programme. Dies trägt in hohem Maße zu einem allgemeinbildenden Informatikunterricht bei: Komplexe Sachverhalte zu strukturieren, übersichtlich und verständlich darzustellen, Information und Probleme bzw. Lösungsideen zu strukturieren, in der dafür geeigneten Sprache darstellen zu können, gehört zweifellos zu Schlüsselqualifikationen, die Schüler in der allgemeinbildenden Schule erwerben müssen. Strukturiertes Programmieren, d.h. Lösungsideen für Probleme zu algorithmischen Lösungsverfahren entwickeln und strukturieren, Daten strukturieren, algorithmische Lösungsverfahren in Programmiersprache darzustellen und mit dem Computer zu erproben, ist ein unverwechselbarer Beitrag der informationstechnischen Bildung dazu. Kognitionswissenschaft, Denk- und Lernpsychologie betonen die Bedeutung des Strukturierens, vor allem des Umstrukturierens, für menschliches Denken (vgl. [Wertheimer 57]) und Lernen (vgl. [Piaget 48]) schlechthin. Möglicherweise geht vom strukturierten Programmieren ein Transfer-Effekt auf Denken und Lernen aus: informationstechnische Bildung als wesentliches Element der Allgemeinbildung.

Andererseits hat die Überschätzung dieser Unterrichtsmethode vor allem den Informatikunterricht in der Sekundarstufe II in eine erneute Krise geführt:

1. Zahlreiche, wenn nicht die meisten Schüler erleben die entscheidenden ersten beiden Phasen des strukturierten Codierens als „Trockenübungen". Sie sind daran interessiert, was man mit einem Computer machen kann, und durchaus motiviert, notwendiges Grundlagenwissen aus der Informatik zu erwerben. Aber sie dürfen kaum mit dem Computer arbeiten, weil die Mensch-Computer-Interaktion oft ausschließlich auf die dritte Phase beschränkt wird. Die Hauptsache kommt für sie erst am Schluß, wenn schon Strukturieren und Codieren die meiste Unterrichtszeit beansprucht haben.
2. Viele Schüler haben nicht „den langen Atem", über alle drei Phasen hinweg voll konzentriert mitzuarbeiten. So geht oft der Zusammenhang zwischen Problemstellung, Algorithmus, Programm und Problemlösung verloren und damit die Einsicht in den Sinn des Strukturierens und Codierens.
3. Auch in der dritten Phase erleben die Schüler zu selten interessante Mensch-Computer-Interaktion: Weil die geistige Hauptarbeit bereits erledigt ist, bleibt für die Schüler wenig Spielraum für kreatives Arbeiten, d.h. für induktives, heuristisches Vorgehen. Editieren und Testen ist weitgehend Routinetätigkeit. Nicht wenige Lehrer verderben ihren Schülern die letzte Freude am Computer, indem sie die Schüler bei ihrer Arbeit am Computer nicht im persönlichen Gespräch unterstützen, sondern durch eine Vielzahl zentral gegebener Anweisungen kommandieren oder — noch perfekter — über eine einfache Vernetzung von Schüler- und Lehrercomputer kontrollieren und steuern. Was für ein Werkzeug, das plötzlich wie von selbst etwas anderes tut als das, was der Benutzer will!

Strukturiertes Codieren krankt zu häufig an zu wenig echter Mensch-Computer-Interaktion. Die Probleme dieser Unterrichtsform werden nur verschleiert, wenn der Lehrer oder das Schulbuch den Algorithmus und seine strukturierte Darstellung vorgeben.

Andererseits: Bevor echte Programmierprobleme gelöst werden können, müssen die Schüler das dafür notwendige Fachwissen (Programm-Aufbau, Kontrollstrukturen, Prozeduren, Funktionen, Datentypen, Datenstrukturen) erwerben. In dieser Unterrichtsphase wird man von bekannten, klar strukturierten Algorithmen ausgehen, diese codieren und am Computer erproben. Strukturiertes Codieren hat als Unterrichtsmethode durchaus ihren Platz im Informatikunterricht, wenn auch nicht mit Ausschließlichkeitsanspruch.

Strukturiertes Programmieren und interaktives Programmieren besser miteinander zu verbinden, ist Intention der beiden folgenden Unterrichtsmethoden.

2.5 TOP-DOWN-Programmieren: Systematisches Programmieren in PASCAL und anderen Programmiersprachen

Das Problemlösen mit dem Ziel einer algorithmischen Lösung mit dem Computer beginnt mit einem Algorithmenentwurf in einer Programmiersprache (z.B. Ampelsteuerung, vgl. Abbildung 10), möglicherweise gleich am Computer.

```
PROGRAM Bedarfsampel;
BEGIN
REPEAT
Einzelner_Ampeldurchlauf
UNTIL FALSE
END.
```

bzw.

```
PROGRAM Bedarfsampel;
  PROCEDURE Einzelner_Ampeldurchlauf;
  BEGIN .... END;
BEGIN
REPEAT Einzelner_Ampeldurchlauf UNTIL FALSE
END.
```

Abbildung 10. Ein TOP-DOWN-Entwurf

Der Algorithmenentwurf hat die Form eines korrekten PASCAL-Programms, ist kurz, übersichtlich und verständlich, weil die Kontrollstrukturen von PASCAL übersichtlich und verständlich sind und der Kern der Problemlösung hinter einem oder ggf. mehreren Prozedur- bzw. Funktionsaufrufen mit selbsterklärenden Bezeichnungen versteckt ist. Ein Strukturelement der algorithmischen Lösung ist bereits erkannt und realisiert: die Endlosschleife zur dauernden Wiederholung des Ampeldurchlaufs. Als PASCAL-Programm kann der Algorithmenentwurf am Computer sofort editiert, gespeichert und ausgeführt bzw. getestet werden. Dies geschieht durchaus interaktiv, je nach verwendeter PASCAL-Version unterschiedlich, durch Interaktion über *Menüs, Formulare bzw. Masken, Kommandosprache* oder *Funktions- und Steuertasten.*

Im interaktiven Programmtest kennzeichnet der Computer den ersten Prozedur- oder Funktionsaufruf als unbekannte Bezeichnung und bricht zunächst an dieser Stelle des Programms die Ausführung ab. Um auch das Restprogramm zu testen, werden die unbekannten Bezeichnungen im Vereinbarungsteil des Programms vorläufig als „Nichtstun" erklärt (vgl. Abbildung 10, rechts). Damit ist schon der Weg gewiesen, was als nächstes zu tun ist: Das Teilproblem, wie ein einzelner Ampeldurchlauf algorithmisch zu bewältigen ist, ist genauso zu behandeln wie das Gesamtproblem: durch Strukturieren in PASCAL.

Strukturieren in PASCAL: Welche ganzheitlichen Verfahrensteile zeichnen sich ab? In welchen Beziehungen (Nacheinander, Nebeneinander, Ineinander) stehen sie zueinander? Sind solche Verfahrensteile bereits *Elementarfähigkeiten des Computers* (Befehle, Standardprozeduren, Standardfunktionen)? Wenn nicht: Mit welchen Bezeichnungen, die im Vereinbarungsteil zunächst als „Nichtstun" erklärt werden, können diese Bausteine der algorithmischen Lösung selbsterklärend beschrieben, verfeinert werden (vgl. Abbildung 11)?

Dieses Strukturieren und Verfeinern in Programmiersprache, in Interaktion mit dem Computer wird fortgesetzt, bis nichts mehr zu verfeinern ist, weil alle Bausteine der Problemlösung über die Beziehungen des Nacheinander, Nebeneinander und Ineinander auf die

```
PROCEDURE Einzelner_Ampeldurchlauf;
                        Vereinbarungsteil: PROCEDURE Gruenphase_der_Fussgaenger;
BEGIN                                       BEGIN    END;
Gruenphase_der_Fussgaenger;                 PROCEDURE Uebergang_zur_Gruenphase
                                                      _der_Autos;
Uebergang_zur_Gruenphase_der_Autos;         BEGIN    END;
Gruenphase_der_Autos;                       PROCEDURE Gruenphase_der_Autos;
Bedarfsabhaengige_weitere_Gruenphase_       BEGIN    END;
der_Autos;                                  PROCEDURE Bedarfsabhaengige_weitere_
                                                      Gruenphase_der_Autos;
Uebergang_zur_Gruenphase_der_Fussgaenger    BEGIN    END;
END;                                        PROCEDURE Uebergang_zur_Gruenphase
                                                      _der_Fussgaenger;
                                            BEGIN    END;
```

Abbildung 11. Eine Verfeinerung

Elementarfähigkeiten des Computers (*Standardprozeduren* EIN, HALT, WARTEN, *Standardfunktion* ZUSTAND (vgl. Abschnitt 2.4)) zurückgeführt sind.

Das Strukturieren und Verfeinern in Programmiersprache beginnt also beim Problem bzw. beim Algorithmenentwurf und endet beim lauffähigen Computerprogramm. Es verläuft in mehreren Stufen vom Problem ("top") zur algoritmischen Lösung mit dem Computer ("down"): TOP-DOWN-Programmieren.

TOP-DOWN-Programmieren ist strukturiertes Progammieren: Die Programme entstehen durch Strukturieren und sind deshalb übersichtlich und verständlich. Die einzelnen Programm-Module werden in PASCAL durch die Konzepte der lokalen Variablen und der formalen Parameter weitgehend voneinander unabängig: modulares Programmieren. TOP-DOWN-Programmieren in Interaktion am Computer ist interaktives Programmieren: Immer stehen der Computer als Werkzeug zum Problemlösen und die Mensch-Computer-Interaktion im Mittelpunkt. Dabei kann die Interaktion zwischen Mensch und Computer noch intensiviert werden, wenn Dialogsprachen wie LOGO, COMAL oder modernisierte BASIC-Dialekte verwendet werden: Sie verfügen wie PASCAL über geeignete Sprachmittel zum Strukturieren und Verfeinern des Lösungsverfahrens (Kontrollstrukturen, Prozeduren, Funktionen), weniger über leistungsfähige Datenstrukturen, aber dafür über einen Direktmodus: Für die Problemlösung vorgesehene Befehle, aber auch bereits entwickelte Prozeduren und Funktionen können (anders als in PASCAL) direkt ausgeführt werden.

TOP-DOWN-Programmieren verläuft in mehreren gleichartigen Stufen. Auf jeder Stufe werden dieselben Methoden angewandt: Strukturieren, Verfeinern in Programmiersprache bzw. Testen am Computer. Auf jeder Stufe müssen Teilprobleme zerlegt, muß ein komplexer Sachverhalt aufgelöst werden: TOP-DOWN-Programmieren beinhaltet analytisches Vorgehen. Die algorithmische Lösung muß mit Prozeduren und Funktionen, die noch gar nicht existieren, abstrakt beschrieben werden. Jede Stufe erscheint aus der vorhergehenden abgeleitet: TOP-DOWN-Programmieren als deduktives Vorgehen. Methodisches, analytisches, abstraktes, deduktives Vorgehen kennzeichnet systematisches Vorgehen: TOP-DOWN-Programmieren ist systematisches Programmieren.

Systematisches Programmieren verbindet die Anliegen des strukturierten Programmierens und des interaktiven Programmierens. Damit nutzt diese Unterrichtsmethode alle Vorteile des strukturierten Codierens (vgl. Abschnitt 2.4): Es entstehen übersichtliche und verständliche Programme. Das Strukturieren von Lösungsverfahren und Daten (mit Spracherweiterung), aber auch das interaktive Problemlösen mit dem Werkzeug Computer ist ein wesentlicher Beitrag zu Schlüsselqualifikationen der Schüler, der Beitrag der informationstechnischen Bildung zur Allgemeinbildung. Gleichzeitig vermeidet systematisches Programmieren die Aufteilung des Problemlösens mit dem Computer in ein strenges Nacheinander von Strukturieren, Codieren, Mensch-Computer-Interaktion und damit alle Nachteile des strukturierten Codierens: „Trockenübungen", die Durststrecke bis zum Arbeiten am Computer, die nur schwach ausgeprägte Mensch-Computer-Interaktion. Eine „Sinnkrise" wird vermieden, weil der Problemlöseprozeß auf jeder Stufe ganzheitlich bleibt.

Systematisches Programmieren ist eine abwechslungsreiche, durchaus auch anspruchsvolle Unterrichtsmethode: Sie verbindet systematisches (methodisches, analytisches, deduktives, abstraktes) Vorgehen mit heuristischen, induktiven Elementen: Ansätze zum Strukturieren, geeignete selbsterklärende Bezeichnungen finden, experimentelles Erproben am Computer. Dabei sind nicht wenige Schüler hilflos, andere streben rasch auseinander. Weil das Strukturieren und Verfeinern nicht ausschließlich am Computer erfolgen muß, kann die Arbeit am Computer durch Unterrichtsphasen der sinnvollen Loslösung, der Distanz vom Computer, aufgelockert werden: Beim Reflektieren werden gemeinsame Erkenntnisse herausgearbeitet und gefestigt, divergente Schüleraktivitäten gebündelt, Problemlöseprozesse angestoßen bzw. gefördert. Arbeitsgleiche Einzel-, Partner- oder Gruppenarbeit am Computer und Frontalunterricht können mit arbeitsteiliger Gruppenarbeit abwechseln, weil die Gesamtlösung und Teillösungen durch weitgehend unabhängige Programm-Module strukturiert und verfeinert werden können.

2.6 BOTTOM-UP-Programmieren: Interaktives Programmieren in LOGO und anderen Programmiersprachen

Das Problemlösen mit dem Ziel einer algorithmischen Lösung mit dem Computer beginnt hier nicht mit einem Algorithmenentwurf. Ausgangspunkt sind die *Elementarfähigkeiten des Computers* in Hinsicht auf das zu lösende Problem: im Direktmodus einer Dialogsprache wie LOGO sofort vom Computer ausführbare Befehle, Prozeduren bzw. Funktionen. Abbildung 12 zeigt einen ersten benutzergeführten LOGO-Dialog im Hinblick auf die Lösung des Problems der vollautomatischen Ampelsteuerung: Prozeduren zum Ein- und Ausschalten der Datenkanäle am Interface (EIN, AUS, HALT), zum Abfragen des Zustands der Datenkanäle am Interface (ZUSTAND) und zum Warten (WARTE) werden im Direktmodus von LOGO ausprobiert, d.h. aufgerufen und sofort ausgeführt.

Bei diesem experimentierenden Vorgehen am Computer stellt sich heraus, daß geeignete einfache Befehlsketten (wie in Abbildung 13) brauchbare Bausteine für die angestrebte Problemlösung ergeben.

Diese primitiven Algorithmen werden als neue Prozeduren bzw. Funktionen programmiert. In LOGO „lernt" der Computer „neue Wörter" wie in Abbildung 14.

Die Prozeduren oder Funktionen können geeignet parametrisiert werden (vgl. Abbildung 15). Bei weiterem experimentierenden Vorgehen im Direktmodus mit den alten und neuen Bausteinen können neben einfachen Sequenzen (Nacheinander) auch einfache algorithmische Teillösungen mit Verzweigungen (Nebeneinander) und Schleifen (Ineinander) entstehen (vgl. Abbildung 16).

`EIN 5`	Die Fußgängerampel wird auf „Rot" geschaltet.
`EIN 0`	Die Autoampel schaltet auf „Grün"; die Fußgängerampel bleibt auf „Rot".
`HALT`	Alle Ampeln werden ausgeschaltet.
`EIN 1   EIN 2`	Autoampel: „Rot/Gelb"
`AUS 2`	Autoampel: „Gelb"
`HALT`	Die Autoampel wird ausgeschaltet.
`WARTE 5000   EIN 0`	Nach 5 Sekunden schaltet sie auf „Grün",
`WARTE 5000   EIN 1`	nach weiteren 5 Sekunden auf „Gelb/Grün".
`ZUSTAND 7`	Auf dem Bildschirm wird durch durch 1 oder 0 angegeben, ob die Bedarfstaste gedrückt ist oder nicht.

Abbildung 12. Eine LOGO-Lösung im Direktmodus

`HALT  EIN 2  EIN 4  WARTE 10000  HALT`	Grünphase der Fußgänger
`HALT  EIN 0  EIN 5  WARTE 10000  HALT`	Grünphase der Autos
`HALT  EIN 5  EIN 1  EIN 2  WARTE 1000  HALT`	Rotgelbphase der Autos

Abbildung 13. Erste einfache Bausteine

So wachsen durch das konkrete Zusammensetzen vorhandener Bausteine, durch Strukturieren (mit Spracherweiterung) immer leistungsfähigere, aber durchaus kurze, übersichtliche, verständliche und direkt ausführbare Prozeduren und Funktionen als neue Bausteine, zum Schluß die Problemlösung (vgl. Abbildung 17).

Das Strukturieren in LOGO ist ein *Wachsenlassen* der Problemlösung:

Welche im Direktmodus ausführbaren LOGO-Befehle, welche bereits „gelernten" Prozeduren führen in Richtung auf die Problemlösung möglicherweise weiter? Bewähren sie sich? Gibt es ein einfaches, überschaubares Nacheinander, Nebeneinander und Ineinander von Befehlen und bereits vorhandenen Prozeduren, eine algorithmische Struktur, die sich als neue, noch leistungsfähigere Prozedur anbietet? Welche selbsterklärenden Prozedurnamen eignen sich? Bewähren sich die neuen Prozeduren?

Das Strukturieren beginnt bei den *Elementarfähigkeiten des Computers* ("bottom"), setzt sich in mehreren Stufen fort und endet bei der algorithmischen Problemlösung mit dem Computer ("up"): BOTTOM-UP-Programmieren.

BOTTOM-UP-Programmieren hat durchaus „Methode", weil es in mehreren gleichartigen Stufen verläuft. Im Gegensatz zum systematischen Programmieren ist das Vorgehen aber synthetisch, induktiv und konkret: Bereits vorhandene Bausteine werden über experimentelles, probierendes Vorgehen zusammengesetzt.

BOTTOM-UP-Programmieren ist strukturiertes Progammieren: Strukturiertes Wachsenlassen erzeugt übersichtliche und verständliche algorithmische Problemlösungen.

```
LERNE Grün_der_Fußgänger
HALT  EIN 2  EIN 4  WARTE 10000  HALT
ENDE
```

Der Computer meldet auf dem Bildschirm:
`,,Grün_der_Fußgänger GELERNT!''`

```
LERNE Rotgelb_der_Autos
HALT  EIN 5  EIN 1  EIN 2  WARTE 1000  HALT
ENDE
```

bzw.
`,,Rotgelb_der_Autos GELERNT!''`

Abbildung 14. Einfache Prozeduren

```
LERNE Grün_der_Fußgänger :Zeit
HALT  EIN 2  EIN 4  WARTE :Zeit*10000  HALT
ENDE

LERNE Rotgelb_der_Autos :Zeit
HALT  EIN 5  EIN 1  EIN 2  WARTE :Zeit*1000  HALT
ENDE
```

Jetzt können im Direktmodus zeitlich veränderbare Ampelphasen erprobt werden:

```
Grün_der_Fußgänger 10
Grün_der_Fußgänger 20
Rotgelb_der_Autos 1
Rotgelb_der_Autos 1.5
```

Abbildung 15. Einfache, parametrisierte Prozeduren

```
LERNE Einzelner_Durchlauf_ohne_Bedarfstaste
Gruen_der_Fußgänger 10
Rot_beider_Ampeln 3 Rotgelb_der_Autos 1
Grün_der_Autos 20
Gelb_der_Autos 1 Rot_beider_Ampeln 3
ENDE

LERNE Bedarfstaste_nicht_gedrückt
RÜCKGABE ZUSTAND 7 = 0
ENDE
```

```
LERNE Ampel_ohne_Bedarfstaste
WIEDERHOLE 1000
[Einzelner_Durchlauf_ohne_Bedarfstaste]
ENDE
LERNE Bedarfsabhängiges_Grün_der_Autos
Grün_der_Autos 1
WENN Bedarfstaste_nicht_gedrückt DANN
   Bedarfsabhängiges_Grün_der_Autos
ENDE
```

Abbildung 16. Erste (z.T. rekursive) Teillösungen

BOTTOM-UP-Programmieren ist aber vor allem interaktives Programmieren, d.h. Problemlösen mit dem Werkzeug Computer: *benutzergeführter Dialog.*

Die Mensch-Computer-Interaktion besteht im Wechselspiel zwischen Befehlen und Prozeduraufrufen im Direktmodus und den entsprechenden Reaktionen des Computers: Der Mensch agiert, der Computer reagiert. Sie besteht weiterhin im Wechselspiel zwischen Direkt- und Programmiermodus: Der Computer wird im Programmiermodus *verändert*, er *ändert sein Verhalten* gegenüber dem Benutzer, er „lernt". Der Benutzer „bringt dem Computer etwas bei", er „lehrt ihn" (vgl. [Papert 80]). Für interaktives Programmieren selbstverständlich ist die Interaktion beim Editieren der Prozeduren und beim Speichern der Problemlösung über *Kommandosprache, Funktions- und Steuertasten, Menüs* oder *Formulare bzw. Masken.*

Interaktives Programmieren bindet das Anliegen des strukturierten Programmierens ein. Damit nutzt diese Unterrichtsmethode wie systematisches Programmieren alle Vorteile des strukturierten Codierens (vgl. Abschnitte 2.4 und 2.5): Es entstehen übersichtliche und verständliche Programme. Das Strukturieren von Lösungsverfahren und Daten (mit Spracherweiterung), aber auch das interaktive Problemlösen mit dem Werkzeug Computer ist ein wesentlicher Beitrag zu Schlüsselqualifikationen der Schüler, der Beitrag der

```
LERNE Einzelner_Durchlauf_mit_Bedarfstaste
Grün_der_Fußgänger 10
Rot_beider_Ampeln 3 Rotgelb_der_Autos 1
Grün_der_Autos 10
WENN Bedarfstaste_nicht_gedrückt DANN
   Bedarfsabhängiges_Grün_der_Autos
Grün_der_Autos 10
Gelb_der_Autos 1 Rot_beider_Ampeln 3
ENDE
```

```
LERNE Dauerlauf_der_Bedarfsampel
Einzelner_Durchlauf_mit_Bedarfstaste
Dauerlauf_der_Bedarfsampel
ENDE
```

Abbildung 17. Die vollständige (rekursive) LOGO-Lösung

informationstechnischen Bildung zur Allgemeinbildung. Es vermeidet die Aufteilung des Problemlösens mit dem Computer in ein strenges Nacheinander von Strukturieren, Codieren, Mensch-Computer-Interaktion und damit alle Nachteile des strukturierten Codierens: „Trockenübungen", die Durststrecke bis zum Arbeiten am Computer, die nur schwach ausgeprägte Mensch-Computer-Interaktion. Eine „Sinnkrise" wird vermieden, weil der Problemlöseprozeß auf jeder Stufe und während des gesamten Vorgehens ganzheitlich bleibt. Gegenüber systematischem Programmieren erscheint vor allem das synthetische, konkrete, induktive heuristische Vorgehen besonders vorteilhaft. Gerade darin liegen die Tücken dieser Unterrichtsmethode:

Interaktives Programmieren lebt von heuristischen, induktiven Elementen des Problemlösens mit dem Computer: Ansätze zum Strukturieren, geeignete selbsterklärende Bezeichnungen finden, experimentelles Erproben am Computer. In solchen Lernsituationen sind nicht wenige Schüler hilflos, insbesondere wenn sie allein am Computer arbeiten. Andere Schüler haben gute Ideen und streben mit unterschiedlichen Einfällen und Strategien rasch auseinander. Wenn beim Interaktiven Programmieren die Schüler am Computer sich selbst überlassen bleiben, ist der Unterrichtserfolg im höchsten Maße gefährdet. Den schwächeren Schülern fehlen die Impulse, die von den besseren Schülern ausgehen. Den guten Schüler fehlt der Gedankenaustausch und die Zusammenarbeit mit den anderen, weil jeder Schüler einen *anderen* Computer hat: Jeder arbeitet mit anderen Bausteinen, mit anderen Prozeduren und Funktionen, die meist nicht zusammenpassen. Der Unterricht zerfließt in Einzelaktivitäten der Schüler am Computer, die der Lehrer nicht mehr überschauen, erfassen und betreuen kann.

Einzelarbeit muß gerade beim interaktiven Programmieren durch Partner- und Kleingruppenarbeit am Computer ergänzt werden. Die Schüler brauchen für die Arbeit am Computer schriftliche Anleitungen, die ihre Aktivitäten bündeln. Sie brauchen Unterrichtsphasen in *kritischer Distanz* zum Computer, zum Reflektieren, zum Herausarbeiten und Festigen gemeinsamer Erkenntnisse, zum Anstoßen und Fördern des Problemlösungsprozesses.

2.7 Das Komplement zum Programmieren: Interaktives Problemlösen mit Anwendersystemen

Problemlösen mit dem Werkzeug Computer heißt vor allem, Programme anwenden und nicht nur Programme erstellen. Nachdem heutzutage eine Vielzahl von leistungsfähigen Programmen zur Lösung vielfältiger Probleme verfügbar ist, erscheint es unökonomisch, ja völlig unrealistisch, jedes Programm neu zu erstellen: „Das Rad muß nicht immer neu erfunden werden." Diese Erkenntnis setzt sich mehr und mehr in der Didaktik der Informatik durch: Informationstechnische Bildung kann nicht einseitig auf das Programmieren setzen und das Anwenden von Programmen vernachlässigen.

Computernutzung in der Schule ohne Programmieren, *ohne algorithmische Hintergedanken*, erscheint auf den ersten Blick minderwertig, „blinder Aktionismus": ein Programm ablaufen lassen. Das macht der Computer automatisch, weil er mit dem Programm über ein algorithmisches Lösungsverfahren verfügt. Das Problem ist aus der Sicht des Programmierers doch bereits gelöst, wenn das entsprechende Programm fertig ist.

Aus der Sicht des Anwenders von Programmen sieht aber manches anders aus: Es gibt nicht nur die Programme, die nach Eingabe der zu verarbeitenden Daten in einem

Zug vollautomatisch abgearbeitet werden, deren Benutzung zu den Primitivformen der Mensch-Computer-Interaktion (vgl. Abschnitt 2.1) gehört: *computergeführter Dialog*.

Verzweigte, komplexe Programme bieten dem Benutzer die Möglichkeit, an vielen Stellen des Programm-Ablaufs einzugreifen:

1. Über die Eingabe spezieller Daten den Lösungsweg im verzweigten Verfahren festlegen: eine Auswahl treffen z.B. über Kennziffern oder Kennbuchstaben, über Funktions- und Steuertasten oder Tastenkombinationen, über das Eintippen von Kommandos oder das Zeigen auf Kommandos, die auf dem Bildschirm zur Auswahl (als Menü) erscheinen, mit Hilfe der Cursortasten oder mit einem speziellen Zeigeinstrument wie der Maus. Eine entsprechende Auswahl treffen heißt, dem Computer einen speziellen Befehl erteilen.
2. Nach Erteilen des Befehls die damit zu verarbeitenden Daten eingeben, z.B. durch Eintippen von Zahlen oder Texten oder durch Zeigen auf Daten, die auf dem Bildschirm bereits dargestellt sind.

Daraus ergibt sich ein *benutzergeführter Dialog*.

Mit einem Programm zur Tabellenkalkulation soll das Problem der Berechnung der DIN-Papierformate gelöst werden: Länge, Breite und Fläche von DIN A0 bis DIN A5. Der Tabellenentwurf (Abbildung 18, links) entsteht durch Strukturieren:

Welche Daten gehören zusammen? Zeilen und Spalten der Tabelle sind ganzheitliche Bestandteile der Datenstruktur Tabelle: Strukturieren von Daten.

Papier-Formate

	Länge [cm]	Breite [cm]	Fläche [qcm]
A0			10000
A1			
A2			
A3			
A4			
A5			

Papier-Formate

	Länge [cm]	Breite [cm]	Fläche [qcm]
A0	150.0	66.7	10000
A1	66.7	75.0	5000
A2	75.0	33.3	2500
A3	33.3	37.5	1250
A4	37.5	16.7	625
A5	16.7	18.8	313

Abbildung 18. Tabellenkalkulation: Papierformate, 1. Versuch

Die Fläche des A0-Formats ist gegeben. Die anderen Werte in der Spalte „Fläche" entstehen durch Strukturieren:

In welchen Beziehungen stehen die Daten der betreffenden Spalte zueinander? Weil jedes Papierformat durch Falten aus dem nächst größeren hervorgeht, entstehen die Daten in der Spalte „Fläche" durch fortgesetztes Halbieren (vgl. Abbildung 18, rechts): Daten strukturieren.

Die Datenbeziehungen in einer Tabelle werden durch Rechenvorschriften realisiert.

Beim Problemlösen helfen gelegentlich vorläufige Annahmen weiter. Die Länge von DIN A0 kann zunächst geschätzt werden: 150 cm (vgl. Abbildung 18, rechts). Dann ergeben sich alle restlichen Tabellenwerte über Rechenvorschriften aus ihren wechselseitigen Beziehungen: „Breite = Fläche/Länge“, die Länge des nächsten Formats als Breite des Vorgängers und die neue Breite als die Hälfte der alten Länge (aufgrund des Faltens): Daten strukturieren.

Die Ergebnisse in Abbildung 18 belegen, daß die Annahme nicht stimmen kann: Die errechneten Papierformate ergeben ganz unähnliche Rechtecke. In einer neuen Spalte läßt sich der Benutzer die Seitenverhältnisse der Papierformate berechnen (vgl. Abbildung 19 links). Es bestätigt sich, daß sie nicht übereinstimmen. Der Benutzer verändert die Annahme so lange, bis Übereinstimmung eintritt (vgl. Abbildung 19, rechts): Das Problem ist gelöst. Darüber hinaus ergibt sich die Erkenntnis, daß das Seitenverhältnis wohl die Quadratwurzel aus 2 darstellt.

Papier-Formate

	Länge [cm]	Breite [cm]	Fläche [qcm]	L:B
A0	150.0	66.7	10000	2.25
A1	66.7	75.0	5000	0.89
A2	75.0	33.3	2500	2.25
A3	33.3	37.5	1250	0.89
A4	37.5	16.7	625	2.25
A5	16.7	18.8	313	0.89

Papier-Formate

	Länge [cm]	Breite [cm]	Fläche [qcm]	L:B
A0	118.9	84.1	10000	1.41421
A1	84.1	59.5	5000	1.41421
A2	59.5	42.0	2500	1.41421
A3	42.0	29.7	1250	1.41421
A4	29.7	21.0	625	1.41421
A5	21.0	14.9	313	1.41421

Abbildung 19. Tabellenkalkulation: Papierformate und ihre Seitenverhältnisse

Eine Tabelle mit Daten füllen heißt, Beziehungen zwischen den einzelnen Daten erkennen und als Rechenvorschriften formulieren: Strukturieren. Tabellenkalkulation mit dem Computer bedeutet für den Benutzer: Daten strukturieren. Bei der Festlegung der Rechenvorschriften muß in einfacher Weise auch das algoritmische Berechnungsverfahren strukturiert werden. Tabellenkalkulation mit dem Computer bedeutet Strukturieren und interaktives Problemlösen mit dem Werkzeug Computer.

Auch bei anderen leistungsfähigen Programmen für Standardanwendungen des Computers geht es um das interaktive Problemlösen und das Strukturieren, vor allem von Daten:

- Textverarbeitung: Strukturieren von Texten,
- Datenverwaltung in Datenbanken: Strukturieren gleichartiger Daten zu Datensätzen,
- Grafikanwendungen: Strukturieren von Diagrammen, Strukturieren von Zeichnungen in Objekte beim technischen, geometrischen oder gestalterischen Zeichnen.

Die Interaktionstechniken sind weitgehend dieselben wie beim Programmieren: Interaktion durch Befehle über *Menüs, Funktions-* und *Steuertasten* oder *Formulare* bzw. *Masken.* Neuere Anwendersysteme arbeiten mit *direkter Manipulation* und *Fenstertechnik.*

Problemlösen durch Interaktion über Befehle treffen wir auch beim Programmieren an: In Dialogsprachen werden Befehle im Direktmodus sofort ausgeführt, in anderen Programmiersprachen geschieht die Programmerstellung, -verwaltung und -ausführung über

Befehle. Befehle sind hier wie dort *Elementarfähigkeiten des Computers*, die auch in Programmiersprache durch Programme realisiert werden. Worin besteht eigentlich noch der Unterschied zwischen dem interaktiven Problemlösen mit Anwendersystemen und dem interaktiven Programmieren?

Programmieren zielt auf algorithmische Problemlösungen: Algorithmen ausführen bzw. finden, neue Programme erstellen. Computernutzung mit Anwendersystemen begnügt sich mit heuristischen Problemlösungen:

- konkrete Lösungen finden, z.B. durch Versuch und Irrtum, nicht planlos, aber durch kurzes Vorausdenken ohne große Strategie, durch induktives Probieren, durch Experimentieren;
- konkrete Lösungen nicht noch zum Gegenstand abstrakter Betrachtung machen: nicht noch systematisieren, nicht noch synthetisieren oder analysieren, nicht noch verallgemeinern. Oft bedeutet Programmieren abstrakte Lösungen finden: z.B. Lösungen mit Variablen (siehe oben!).

Universelle Programmiersprachen (wie BASIC, PASCAL, LOGO, COMAL etc.) benötigen einen Satz von Befehlen, der für alle algorithmisch lösbaren Probleme ausreicht.

Weil dieser Befehlssatz überschaubar bleiben muß, ist der Weg zur Problemlösung oft weiter als in eingeschränkten Programmiersprachen (vgl. Abschnitt 2.2), insbesondere weiter als in Anwendersystemen, deren Befehlssatz auf eine spezielle Problemklasse zugeschnitten ist.

Interaktives Problemlösen mit Anwendersystemen ist als Unterrichtsmethode das notwendige Komplement zum Programmieren: kürzere Wege zur Lösung auch wirklichkeitsnaher Probleme, heuristisches und nicht weitgehend nur algorithmisches Problemlösen, Strukturieren von Daten und nicht nur von algorithmischen Lösungsverfahren. Das Strukturieren von Daten, das interaktive Problemlösen mit dem Werkzeug Computer ist ein wesentlicher Beitrag zu Schlüsselqualifikationen der Schüler, ein Beitrag der informationstechnischen Bildung zur Allgemeinbildung.

Diese Unterrichtsmethode weist einige Gemeinsamkeiten und Beziehungen mit dem interaktiven Programmieren auf. Folglich ist es nicht verwunderlich, daß sie entsprechende Chancen, aber auch Tücken in sich birgt, insbesondere die problembehaftete Individualisierung des Unterrichts (vgl. Abschnitt 2.6). Die Probleme sind nicht so groß wie beim interaktiven Programmieren, weil die Schüler jeweils nur über andere Daten und Datenstrukturen, aber über die gleichen Befehle, den gleichen Computer verfügen. Deshalb können die davon ausgehenden Gefahren für den Unterricht entsprechend, aber leichter bekämpft werden: nicht immer nur Einzelarbeit, sondern gelegentlich auch Partnerarbeit am Computer, schriftliche Anleitungen zur Bündelung der Schüleraktivitäten, Unterrichtsphasen in *kritischer Distanz* zum Computer. Auch in dieser Beziehung ist diese Unterrichtsmethode die notwendige Ergänzung, das Komplement zum Programmieren.

3 Zusammenfassung

Mensch-Computer-Interaktion in der Schule bedeutet Problemlösen mit dem Werkzeug Computer: heuristisches und algorithmisches Problemlösen, Programme erstellen und anwenden durch Strukturieren von Lösungsverfahren und Daten. Es gibt verschiedene Formen der Mensch-Computer-Interaktion in der Schule. Sie werden im Hinblick auf eine informationstechnische Bildung, auf einen allgemeinbildenden Informatik-Unterricht didaktisch unterschiedlich bewertet. Das entscheidende Kriterium für die Bewertung sind nicht die eingesetzten Interaktionstechniken: Didaktisch ganz verschieden bewertete Formen weisen immer wieder dieselben Interaktionstechniken auf. Vielmehr entscheidet, welches Denken die Mensch-Computer-Interaktion begleitet bzw. welches Denken durch die entsprechende Form der Mensch-Computer-Interaktion unterstützt, gefördert oder behindert wird: maschinen- oder problemorientiertes Denken, struktur- oder ablauforientiertes Denken, analytisches oder synthetisches Denken, Codieren oder Entwerfen, Entwickeln bzw. Wachsenlassen, heuristisches oder algorithmisches Denken, konkretes oder abstraktes Denken. Ohne oder mit nur schwach ausgeprägter Mensch-Computer-Interaktion (vgl. Abschnitt 2.4) kann informationstechnische Bildung, allgemeinbildender Informatik-Unterricht nicht gelingen.

Teil II

Prototypen

Vorbemerkungen

Nachdem neue Methoden und Werkzeuge gereift sind, müssen sie im Labor in prototypische Systeme umgesetzt werden. Bei dieser Umsetzung wird auf experimentelle Herangehensweisen zurückgegriffen, die die prinzipielle Anwendbarkeit der Methoden und Werkzeuge bestätigen sollen. Solche werden im folgenden behandelt.

Eine der grundlegenden Dialogformen der MCI ist die natürliche Sprache. Seit nun über 30 Jahren wird daran gearbeitet, sie in umfassender Weise einzusetzen. Dietmar Rösner beschreibt in seinem Beitrag einen fortschrittlichen Prototypen zur automatischen Generierung technischer Dokumentationen, der den aktuellen Stand dieses Bereichs der Generierung widerspiegelt. Bei steigender Komplexität und sinkenden Lebenszeiten von technischen Produkten wird eine solche Generierung immer wichtiger, um die Anforderungen von Anbietern an Aktualität, Erweiterbarkeit und Mehrsprachigkeit von Dokumentationen zu erfüllen. Dabei legt Rösner besonderen Wert auf die Trennung von Wissen über das technische Produkt und von rhetorischen Strukturen der natürlichsprachlichen Dokumentation.

Neben der natürlichen Sprache bilden Diagramme ein weiteres grundlegendes Ausdrucksmittel in technischen Materialien. Während die Generierung natürlicher Sprache realistisch erscheint, begründet Heinz Ulrich Hoppe in seiner Arbeit, daß gut gestaltete Diagramme am sinnvollsten aus einem Dialog zwischen Rechner und Benutzer entstehen. Dazu stellt er ein neues Verfahren zur Implementierung von speziellen Kritikersystemen vor. Sein Verfahren stützt sich auf die Repräsentation des Designwissens in Form von Logikprogrammen, die gegenüber herkömmlichen, flachen Regelsystemen erhebliche Vorteile aufweisen.

Viele Anwendungen benötigen heute eine Integration verschiedener Medien wie Bilder, Texte und Geräusche. Gerhard Peter greift das Thema Multimedia auf und gibt eine globale Übersicht im Kontext medizinischer Anwendungen. Er betrachtet Patientenakten, deren Inhalte er nach ihrer Medieneignung klassifiziert. Schließlich befaßt er sich mit einem von ihm entwickelten Prototypen einer verteilten multimedialen Patientenakte, wobei er die Speicherung, Präsentation und Übertragung der Medien besonders beleuchtet.

Knut M. Wittkowski bleibt in seinem Kapitel bei medizinischen Anwendungen und beschäftigt sich mit statistischen Auswertungssystemen. Mit solchen Systemen arbeiten heute in der Praxis immer häufiger beispielsweise Ärzte und Sozialwissenschaftler, deren Qualifikation nicht auf dem Gebiet der Statistik liegt. Während der Rechner Unterstützung zur syntaktisch korrekten Eingabe von Anfragen bieten kann, liegen die Schwierigkeiten heute vor allem auf der semantischen Ebene. Wittkowski entwickelt als Lösung eine wissensbasierte Schnittstelle, die auf einem Schichtenmodell des erforderlichen statistischen Wissens aufbaut.

Nicht alle Benutzer sind in der glücklichen Lage, von allen Aspekten multimedialer Systeme Gebrauch machen zu können: Blinde Benutzer haben besondere Schwierigkeiten mit neueren Visualisierungsmethoden. Waltraud Schweikhardt berichtet über den Beitrag der Informatik zur Integration Blinder in Schule und Beruf. Sie schildert die Pionierzeit (1975-85) der Benutzung von Computern durch Blinde, in der ihnen insbesondere der Umgang mit Texten erschlossen wurde. Schweikhardt behandelt anschließend aktuelle

Probleme bei der Aufbereitung gedruckter Dokumente für Blinde. Hierzu entwickelt sie Techniken zur Zerlegung von Seiten in Bereiche und zur Verarbeitung von Bildmaterialien, die deutlich über heutige OCR-Software hinausgehen.

Die Arbeit Blinder mit interaktiven Systemen erfordert auch den Umgang mit Visualisierungen von Objekten, die einem Sehenden ständig sichtbar gemacht werden und die dieser mittels Maus direkt manipulieren kann. Gerhard Weber diskutiert diese grundlegende Problematik und stellt neue Hard- und Software vor, die Blinden den Zugang zu graphischen Benutzungsoberflächen ermöglicht. Seine Verfahren sind theoretisch untermauert durch eine von ihm entwickelte formale Sprache zur Modellierung der Interaktion.

Anwendungsorientierte Sprachverarbeitung: zwischen Utopie und Praxis

Dietmar Rösner

Schon kurz nach der Entwicklung der ersten Computer — damals oft noch „Elektronengehirne“ genannt — gab es in den fünfziger Jahren Vorschläge, mit diesen neuen Instrumenten auch natürliche Sprachen zu bearbeiten und so z.B. das Übersetzungsproblem zu lösen. Eine anfängliche Euphorie wich allerdings bald der Erkenntnis, daß man die Schwierigkeiten erheblich unterschätzt hatte.

Auch spätere Phasen (so Ende der siebziger Jahre die Bemühungen der „Yale-Schule“ von Schank und seinen Mitarbeitern und Doktoranden [Schank/Abelson 77]) und Großprojekte wie LILOG [Herzog/Rollinger 92] brachten nicht den Durchbruch zur sprachverstehenden Maschine; es wurde aber erneut deutlich, worin die zentrale Schwierigkeit liegt: Sprachverstehen in einem realistischen Anwendungskontext ist nur dann möglich, wenn das System über eine enorme Fülle von Wissen aus den unterschiedlichsten Bereichen verfügt und zusätzlich in der Lage ist, dieses Wissen aufgrund seiner sprachlichen Interaktionen laufend zu aktualisieren und fortzuschreiben.

Bei einer etwas groben Unterteilung sind hier eher linguistische und eher inhaltsbezogene Wissensquellen zu unterscheiden. Zur ersten Kategorie gehören insbesondere lexikalisches Wissen und grammatisches Wissen; die zweite Kategorie ist in voller Allgemeinheit mit dem gleichzusetzen, was Menschen als Erfahrungsschatz besitzen, d.h. diese Wissensquellen umfassen nicht nur z.B. Problemlösungsstrategien, Schlußregeln und Wissen über Begriffsbeziehungen, sondern das gesamte Spektrum dessen, was mangels besserer Begrifflichkeit oft „Weltwissen“ genannt wird. Hierzu gehören dann Wissen über physikalische, chemische, biologische und andere Gesetzmäßigkeiten der uns umgebenden Welt ebenso wie Wissen über soziale Beziehungen, über Konventionen des Umgangs miteinander, über die Funktionen der Sprachverwendung u.v.a.m.

Zwar wird nicht für jede sprachliche Interaktion das volle Arsenal des Wissens benötigt; es ist auf der anderen Seite aber sehr schwierig, Anwendungsfelder aufzuspüren, in denen natürliche Sprache in eingeschränktem Umfang eingesetzt werden kann und die gleichzeitig so reichhaltig sind, daß die mit der verkürzten natürlichen Sprache möglichen Interaktionen nicht auch durch eine vorab formalisierte Sprache erreicht werden können.

Die Forschungen im Bereich Sprachverarbeitung haben nicht nur die Erkenntnis verbreitet über die zentrale Rolle des Wissens, sondern haben auch zu Formalismen und Techniken der Wissensrepräsentation geführt. In der folgenden Fallstudie soll nun aufgezeigt werden, wie in einem aktuellen Forschungsprojekt versucht wird, Techniken der Wissensrepräsentation für die Lösung von Anwendungsproblemen mit Bezug zur natürlichen Sprache nutzbar zu machen.

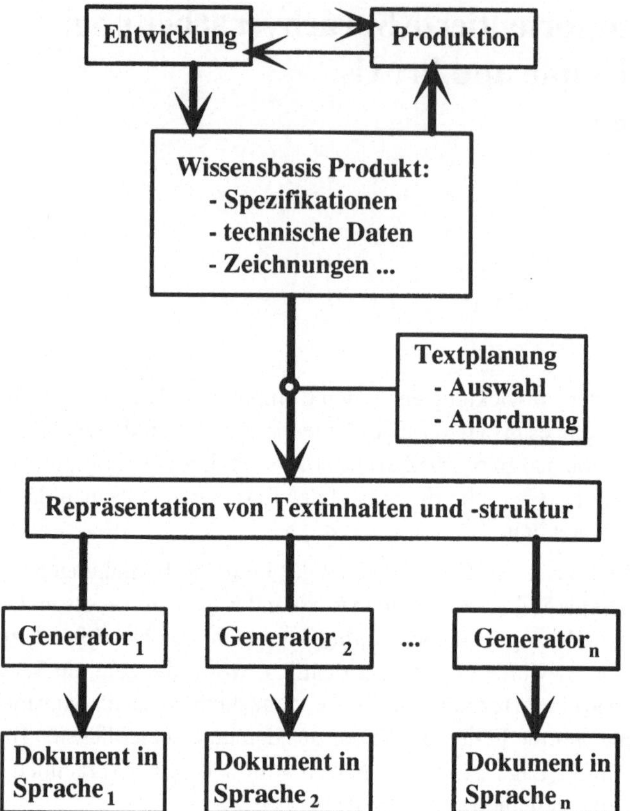

Abbildung 1. Szenario: multilinguale Generierung technischer Dokumente

1 Fallstudie: Automatische Generierung mehrsprachiger technischer Dokumente

Technische Dokumentationen sind nicht nur eine eher untergeordnete Ergänzung eines technischen Produkts, sondern wichtiger Bestandteil, der in vielen Fällen seine Verwendung erst ermöglicht. Im europäischen Binnenmarkt wird die Bedeutung technischer Dokumentationen noch zunehmen, da hier Produkthaftungsvorschriften das Vorliegen aller technischen Unterlagen in der Muttersprache des Konsumenten fordern werden.

Wir meinen, daß Hilfen für die immer noch zeit- und kostenintensive Erstellung technischer Dokumente geschaffen werden können. Grundgedanke ist dabei, daß Informationen über das betrachtete Produkt und seine Handhabung in einer Wissensbasis vorliegen und so als Ausgangspunkt für die automatische Generierung (zumindest von Rohversionen) der Dokumente dienen können.

Solche Wissensrepräsentationsstrukturen liegen in Teilen heute bereits vor, wenn der Prozeß der Produktentwicklung rechnergestützt erfolgt; aber selbst wenn diese Strukturen mit geeigneten Werkzeugen (z.B. graphische Unterstützung, automatische Klassifikation u.ä.) kreiert werden müßten, würden sich immer noch erhebliche Vorteile ergeben. Ändert sich ein Produkt — wie es typischerweise der Fall ist — nur in einigen Details, so müßten nur diese Änderungen in der Wissensrepräsentationsstruktur nachgeführt werden, und eine dem aktuellen Stand des Produkts entsprechende neue Dokumentation ließe sich sofort (und bei Vorliegen von Generatoren in mehreren Sprachen auch sofort mehrsprachig) realisieren (vgl. Abbildung 1).

Weitere Vorteile einer solchen Vorgehensweise:

- Dokumentationstexte können für die jeweilige Aufgabe und den jeweiligen Adressaten maßgeschneidert werden. Ein Wartungstechniker sollte z.B. andere Informationen zur Verfügung gestellt bekommen als ein Endkunde.
- Die Dokumentation braucht nicht als Ganzes gedruckt vorliegen. In einer Recherchesituation würde es reichen, die relevanten Teile aktuell zu generieren.
- Attraktiv erscheint auch die Verbindung mit dem HyperMedia-Ansatz (siehe z.B. [Levine et al. 91]).
- Die Wissensbasis kann auch für andere Zwecke als die Dokument-Erstellung genutzt werden.

5. MAINTENANCE SERVICE

SPARK PLUGS

Recommended spark plugs:
European and Australian types: BPR6EY-11 (NGK), W20EXR-U11 (ND)
Other types: BP6EY-11 (NGK), W20EX-U11 (ND)

CAUTION: Never use spark plugs with an improper heat range; they will adversely affect engine performance and durability.

Replace plugs one at a time, so you don't get the wires mixed up.
1. Clean any dirt from around the spark plug base.
2. Disconnect the spark plug wire, then remove and discard the old plug.
3. Thread the new spark plug in by hand to prevent crossthreading.
4. After the plug seats against the cylinder head, tighten 1/2 turn with a spark plug wrench to compress the washer.

CAUTION: The spark plugs must be securely tightened, but not over-tightened. A plug that's too loose can get very hot and possibly damage the engine; one that's too tight could damage the threads in the cylinder head. ① Plug Wrench ② Plug Wrench Handle ③ Plug Cap ④ Tighten

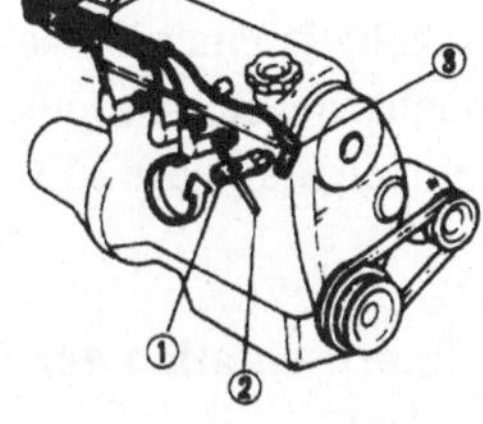

6. PFLEGE UND WARTUNG

ZÜNDKERZEN

Empfohlene Zündkerzen:
Europäische und australische Ausführung: BPR6EY-11 (NGK), W20EXR-U11 (ND)
Andere Ausführung: BP6EY-11 (NGK), W20EX-U11 (ND)

VORSICHT: Niemals Zündkerzen mit einem falschen Wärmewert verwenden; sie beeinträchtigen Motorleistung und Haltbarkeit.

Die Zündkerzen eine nach der anderen auswechseln, damit die Zündkabel nicht durcheinandergebracht werden.
1. Die Zündkerzenbasis von jeglichem Schmutz befreien.
2. Das Zündkabel abziehen, dann die alte Zündkerze herausschrauben und wegwerfen.
3. Die neue Zündkerze von Hand einschrauben, um Gewindeüberschneiden zu vermeiden.
4. Nachdem die Zündkerze am Zylinderkopf aufsitzt, mit einem Zündkerzenschlüssel um 1/2 Umdrehung anziehen, um den Dichtungsring zusammenzupressen.

VORSICHT: Die Zündkerzen müssen fest angezogen, jedoch nicht zu fest eingeschraubt werden. Eine lose Zündkerze kann sehr heiß werden und möglicherweise den Motor beschädigen. Eine zu fest angezogene Zündkerze kann das Zylinderkopfgewinde beschädigen.

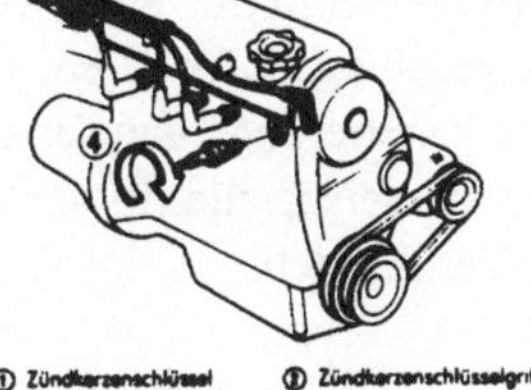

① Zündkerzenschlüssel ② Zündkerzenschlüsselgriff
③ Zündkerzenstecker ④ Anziehen

Abbildung 2. Seite aus einem mehrsprachigen KFZ-Handbuch

1.1 Material und Vorgehensweise

Im Rahmen des Projekts TECHDOC haben wir u.a. einige Passagen eines Handbuchs für den Honda Civic einer detaillierten Analyse unterzogen [Rösner/Stede 91]. Dieses

Handbuch ist ein typisches multilinguales Dokument (s. Abbildung 2). Es ist für den europäischen und australischen Markt geschrieben und enthält in der einen Hälfte parallel englische und deutsche Texte zu jeweils demselben Gegenstandsbereich und in der anderen eine entsprechende Version mit französischen und niederländischen Texten. Bei unseren Analysen haben wir zunächst den englisch-deutschen Teil betrachtet; eine Ausweitung auf zumindest die französischen Texte hat begonnen.

Die einzelnen Arbeitsschritte:

- Es wurde versucht, die Struktur der Texte so zu beschreiben, daß die Funktionen der einzelnen textuellen Elemente deutlich werden. Diese Darstellung soll von den einzelsprachlichen Ausprägungen abstrahieren.
- Kontrastiv wurde dann herausgearbeitet, wie die verschiedenen Textfunktionen jeweils in Englisch und Deutsch realisiert sind.
- Dem schloß sich der Versuch an, Prinzipien herauszuarbeiten, nach denen aus einer Wissensbasis mit Informationen über ein technisches Gerät die funktionale Struktur des zugehörigen Dokumentationstextes abgeleitet werden kann.

Ergänzt wurde dieses Vorgehen durch Experimente mit einer erstellten Wissensbasis sowie Textgeneratoren für Deutsch und Englisch, mit denen ein Fragment des Honda-Handbuchs in diesen beiden Sprachen reproduziert wird.

Im folgenden diskutieren wir Fragen der Repräsentation der funktionalen Struktur der bearbeiteten Texte. Dem folgt die Behandlung von Fragen der Repräsentation der Textinhalte in einer Wissensbasis. Schließlich stellen wir eine System-Architektur für die automatische Text-Produktion aus einer solchen Wissensquelle vor und skizzieren den derzeitigen Stand des TECHDOC-Prototypen.

1.2 Repräsentation der Textstrukturen

Die *Rhetorical Structure Theory* (RST) ist ursprünglich als rein analytisches Werkzeug für die Untersuchung von Texten entwickelt worden, genauer: zur Beschreibung der rhetorischen Struktur eines vorliegenden Textes [Mann/Thompson 87]. Später wurde dann vorgeschlagen [Hovy 88, Hovy 90], die RST-Struktur auch für den umgekehrten Weg der Textgenerierung einzusetzen: Sie dient dann als textrepräsentierende Ebene, die zwischen der Wissensquelle (in der repräsentiert ist, *was* gesagt werden soll) und der sprachlichen Äußerung steht.

1.2.1 Exkurs: Die Rhetorical Structure Theory

Die am Information Sciences Institute (ISI) zunächst von Mann und Thompson entwickelte Rhetorical Structure Theory (RST) dürfte der am weitesten gediehene Versuch sein, Textstrukturen formal zu beschreiben [Mann/Thompson 87].[1] Die treibende Frage bei einer RST-inspirierten Textanalyse ist stets: welche Funktion oder welche Aufgabe erfüllt ein bestimmter Textabschnitt in seinem umgebenden Kontext?

[1] Wie bei vielen amerikanischen Arbeiten muß die Verwendung der Bezeichung „Theory“ mit Vorsicht betrachtet werden; einer streng wissenschaftstheoretischen Definition von „Theorie“ wird RST wohl nicht genügen.

Hauptbestandteile einer RST-basierten Textbeschreibung sind rhetorische Relationen wie z.B. ELABORATION, MOTIVATION oder CONDITION, die zwischen benachbarten Textsegmenten bestehen. Solche Segmente können entweder Basiseinheiten des Textes (meist Sätze oder vollständige Teilsätze) sein oder aber komplexere Strukturen, die ihrerseits durch Relationen gebildet werden. Durch diese rekursive Form der Textbeschreibung entsteht eine Baumstruktur (RST-Baum), deren Knoten Relationen sind und an deren Blättern die Basiseinheiten des Textes stehen (vgl. Abbildung 6)

Relationsname: CONDITION
Bedingungen an N: keine
Bedingungen an S: S präsentiert eine hypothetische, zukünftige oder anderweitig unrealisierte Situation (relativ zum situationellen Kontext von S)
Bedingungen an die Kombination von N + S:

Realisierung der in N präsentierten Situation hängt von der Realisierung der in S präsentierten Situation ab.

Effekt: R erkennt, wie die Realisierung der in N präsentierten Situation von der Realisierung der in S präsentierten Situation abhängt.
Ort des Effekts: N + S

Abbildung 3. Definition der RST-Relation CONDITION (N: Nukleus, S: Satellit, R: Leser)

Relationsname: MOTIVATION
Bedingungen an N: Präsentiert eine Aktion, in der R der Aktor ist (inklusive Annehmen eines Angebots), die in Bezug auf den Kontext von N unrealisiert ist.
Bedingungen an S: keine
Bedingungen an die Kombination von N + S: Wenn R S versteht, so erhöht dies R's Wunsch, die in N präsentierte Aktion auszuführen.
Effekt: R's Wunsch, die in N präsentierte Aktion auszuführen, wird erhöht.
Ort des Effekts: N

Abbildung 4. Definition der RST-Relation MOTIVATION

Des weiteren wird für die Mehrzahl der Relationen postuliert, daß sie binär sind und daß jeweils eines der Elemente, der *Nukleus*, einen ausgezeichneten Status besitzt und die Hauptrolle spielt, während das andere, der *Satellit*, weniger wichtig und somit in vielen Fällen austauschbar bzw. verzichtbar ist. Die Unterscheidung läßt sich folgendermaßen überprüfen: Wenn in einem analysierten Text die Satelliten an den Blättern des RST-Baums gestrichen werden, sollte der verbleibende Text immer noch verständlich sein, weil der Kern des Inhalts bestehen bleibt. Demgegenüber ist es nicht möglich, Nuklei zu streichen; die Satelliten allein ergeben keinen kohärenten Text, die Absicht des Verfassers ist nicht mehr erkennbar.

Mann und Thompson haben auch die graphische Darstellung von RST-Bäumen eingeführt. Bei der Darstellung einer Relation werden die Textsegmente durch waagrechte Linien überspannt und durch einen Bogen verbunden, der vom Satelliten ausgeht, den Relationsnamen als Bezeichner trägt und dessen Spitze auf der Nukleuslinie dort endet, wo ein senkrechter Strich zur nächsthöheren Linie aufsteigt, die das durch die Relationsanwendung entstandene Textsegment überspannt.

1.2.2 RST-Relationen in Handbuchtexten

Sobald von einer Textgenerierung komplexe Sachverhalte beschrieben werden sollen, die über Einzelsätze hinausgehen, ist eine derartige Repräsentationsebene unumgänglich, damit ein kohärenter Diskurs produziert werden kann (geeignete Verteilung der Informationen auf Sätze, kohäsive Verbindungen zwischen diesen Sätzen etc.). Es stellt sich jedoch die Frage, ob diese Ebene in der Tat durch RST bestimmt sein sollte, d.h., ob die *rhetorischen* Verhältnisse im Text das entscheidende Strukturierungsmerkmal sind.

In den von uns untersuchten Texten mit Wartungsinformationen geht es darum, den Leser anzuleiten, bestimmte Aktionen in der richtigen Art und Weise auszuführen. Der Leser soll überzeugt werden, bestimmte Dinge zu tun, und das Handbuch gibt ggf. Begründungen für Anweisungen, damit die Überzeugung gelingen möge. Das sind Phänomene von genau der Art, wie sie in den Relationsdefinitionen der RST angesprochen werden [Mann/Thompson 87].

Hinzu kommt, daß die RST-Repräsentation als sprachunabhängig betrachtet werden kann, weil rhetorische Vorgehensweisen zumindest in verwandten Sprachen sehr ähnlich, wenn nicht gar identisch sein dürften. Unsere manuellen Analysen der behandelten Handbuchtexte ergaben keine relevanten Unterschiede zwischen den RST-Bäumen der deutschen und der englischen Version, wohl aber — wie zu erwarten — Unterschiede bei der Auswahl sprachlicher Konstrukte, mit denen RST-Relationen realisiert werden [Rösner/Stede 92a] (s. Abbildung 6 mit einer RST-Analyse der Handbuchseite über Zündkerzen).

Aus diesen Gründen setzen wir für die automatische Handbuchgenerierung die RST-Repräsentation als Zwischenebene an, die, gesteuert von Wissen über die rhetorische Umsetzung von Plänen, aus der Wissensbasis heraus konstruiert wird und dann in einem nächsten Schritt in eine Sequenz von Einzelsatz-Plänen transformiert wird. Allerdings reicht der „pure“ RST-Baum — wo ein Knoten lediglich aus Relationsname, Nukleus (bzw. Nuklei) und Satellit(en) besteht — nicht aus, um all die Informationen zu repräsentieren, die für die Textgenerierung benötigt werden. Wir erweitern daher die einer RST-Relation entsprechenden Knoten des Baums um ein zusätzliches Feld 'Annotationen', das eine Liste von weitergehenden Angaben enthält.

Ein Beispiel für die Notwendigkeit solcher Annotationen: In der Wissensbasis ist 'Hinweis' ein LOOM-Konzept, dessen Inhalt bei der RST-Konstruktion im allgemeinen als ELABORATION realisiert wird. Die pragmatische Funktion eines Hinweises kann jedoch variieren — es kann sich um eine Randbemerkung handeln, um eine besonders betonte Handlungsanweisung (z.B. beim Öl-Nachfüllen der angefügte Satz „Nicht überfüllen“), um eine Vorsichtsmaßregel oder um einen Hinweis auf eine ernsthafte Gefahr (wie herausspritzendes heißes Kühlmittel). Im Handbuch sind diese verschiedenen Hinweis-Typen unterschiedlich realisiert, durch Großbuchstaben oder Fettdruck oder durch vorangestelltes „Vorsicht:“ bzw. „WARNUNG:“ Die jeweils vorliegende Hinweis-Klasse wird als eine An-

6. PFLEGE UND WARTUNG

ZÜNDKERZEN

[Empfohlene Zündkerzen]$_{1}$:

[Europäische und australische Ausführung: BPR6EY-11 (NGK), W20EXR-U11 (ND)]$_{1a}$

[Andere Ausführung: BP6EY-11 (NGK), W20EX-U11 (ND)]$_{1b}$

VORSICHT: [Niemals Zündkerzen mit einem falschen Wärmewert verwenden]$_{2a}$; [sie beeinträchtigen Motorleistung und Haltbarkeit]$_{2b}$.

[Die Zündkerzen eine nach der anderen auswechseln]$_{3a}$, damit [die Zündkabel nicht durcheinandergebracht werden]$_{3b}$.

1. [Die Zündkerzenbasis von jeglichem Schmutz befreien]$_{4}$.
2. [Das Zündkabel abziehen]$_{5a}$, dann [die alte Zündkerze herausschrauben]$_{5b}$ und [wegwerfen]$_{5b'}$.
3. [Die neue Zündkerze von Hand einschrauben]$_{6a}$, um [Gewindeüberschneiden zu vermeiden]$_{6b}$.
4. [Nachdem die Zündkerze am Zylinderkopf aufsitzt]$_{7a}$, [mit einem Zündkerzenschlüssel um 1/2 Umdrehung anziehen]$_{7b}$, um [den Dichtungsring zusammenzupressen]$_{7c}$.

VORSICHT: [Die Zündkerzen müssen fest angezogen]$_{8a}$, [jedoch nicht zu fest eingeschraubt werden]$_{8b}$. [Eine lose Zündkerze]$_{9a}$ [kann sehr heiß werden]$_{9b}$ und [möglicherweise den Motor beschädigen]$_{9b'}$. [Eine zu fest angezogene Zündkerze]$_{10a}$ [kann das Zylinderkopfgewinde beschädigen]$_{10b}$.

Abbildung 5. Elementare Einheiten im Text „Zündkerzen“

notation behandelt, d.h., die zugehörige ELABORATION-Relation im RST-Baum besitzt in ihrer Annotationsliste ein entsprechendes Merkmal/Wert-Paar, so daß die Textgenerierung später eine adäquate Ausgestaltung des Hinweises vornehmen kann.

1.3 Repräsentation der Textinhalte

Eine grundlegende Entscheidung bei der Repräsentation des Fachwissens, aus dem die Texte rekonstruiert werden sollen, ist die Wahl der Abstraktionsebene, auf der modelliert wird. Diese muß einerseits der Forderung gerecht werden, *einzelsprachunabhängig* zu sein; andererseits liegt es nahe, das technische Wissen dergestalt zu repräsentieren, daß es neben der hier angestrebten Textgenerierung *auch für andere Zwecke nutzbar* gemacht werden kann (z.B. Diagnose- oder Tutor-Systeme).

1.3.1 Ein Beispiel

Für die Anweisung *„Zündkerze fest anziehen“* ließe sich eine 'logische Form' der Art „anziehen(Zündkerze,fest)“ annehmen; diese hat den Vorteil, daß sie nach sehr einfachen Regeln wieder in einen deutschen Satz transformiert werden kann, sie ist jedoch vom Standpunkt der Wissensmodellierung aus betrachtet zu wenig aussagekräftig.

RST-Analyse von Zündkerzen-Text

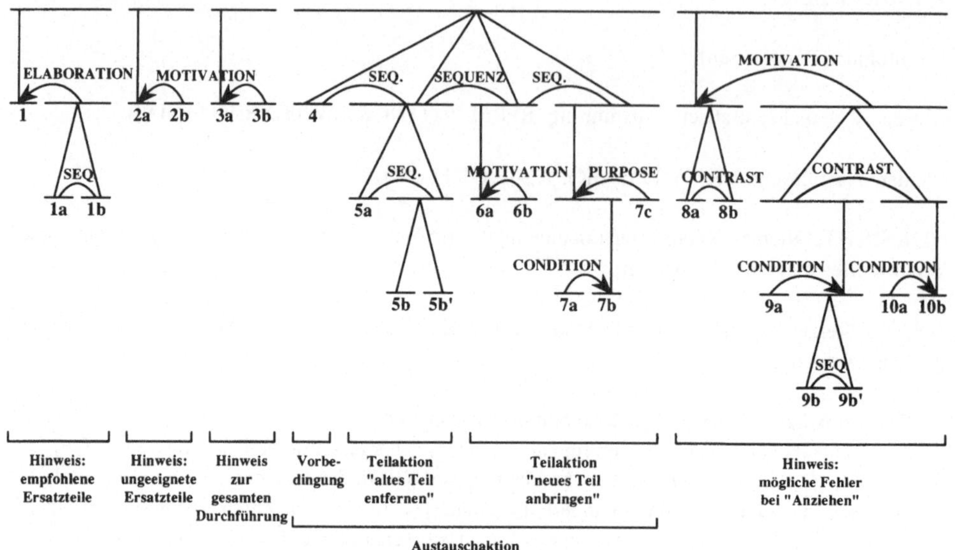

Abbildung 6. Textstruktur der Handbuchseite „Zündkerzen"

Demgegenüber möchten wir folgendes repräsentieren: Zündkerzen sind (unter anderem) dadurch charakterisiert, daß sie mittels einer Schraubverbindung am Zylinder befestigt werden. Wie bei jeder anderen Schraubverbindung kann der „Grad der Verbundenheit" sich frei zwischen 'unverbunden' und 'fest verbunden' bewegen; für unsere Zwecke können wir dieses Spektrum auf einige wenige diskrete Zustände reduzieren. Das „Festziehen" der Zündkerze besteht dann auf abstrakter Ebene darin, daß eine Schraubverbindung vom Zustand „locker verbunden" in den Zustand „fest verbunden" überführt wird. Hinzu kommt, daß diese Aktion mit dem Instrument Zündkerzenschlüssel ausgeführt wird, während die Zündkerze zu Beginn von Hand eingesetzt und eingeschraubt wird: Der Übergang der Schraubverbindung von 'getrennt' nach 'locker verbunden' kann sich ohne Werkzeug vollziehen.

In der Wissensbasis sind Zündkerzen und die mit ihnen verbundenen Tätigkeiten somit keine isolierten Objekte, sondern Ausprägungen der abstrakteren Klasse *'Schraubverbindung'*, die ihrerseits zu der Klasse *'Verbindung'* gehört und somit einige ihrer Eigenschaften mit anderen Verbindungen, wie z.B. Steckverbindungen, Klebeverbindungen, Schweißverbindungen usw. teilt. Verbindungen können sich in bestimmten Zuständen befinden, gewisse abstrakte Operationen wechseln zwischen diesen Zuständen. Abhängig von der Verbindungsart können die Operationen bestimmte Instrumente voraussetzen.

1.3.2 Modellierungsfragen am Beispiel Motoröl

Für die Modellierung unter objektorientierten Prinzipien sind Abstraktion und Spezialisierung zentral. An folgendem Beispiel wird dies noch einmal deutlich: Im KFZ sind eine ganze

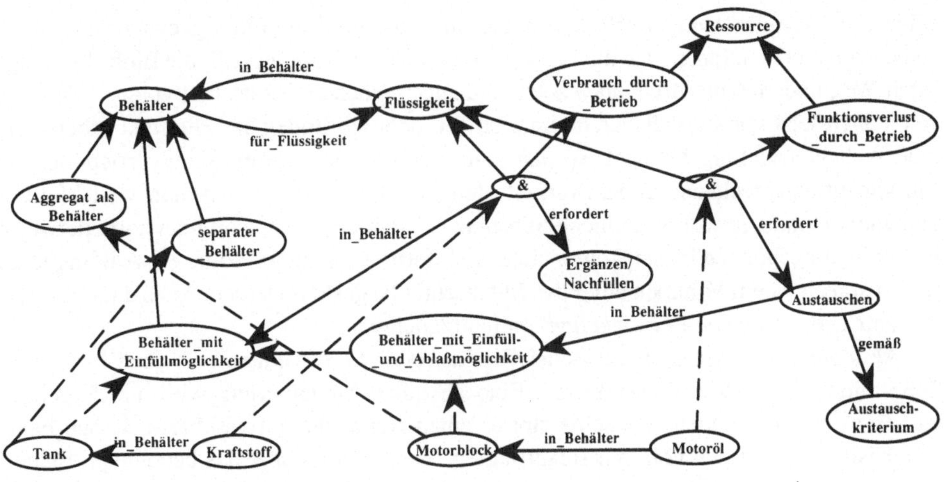

Abbildung 7. Ausschnitt aus der Gebietswissensbasis

Reihe von Behältern für unterschiedliche *Flüssigkeiten* (z.B. Motoröl, Kühlflüssigkeit, Getriebeöl, aber auch Scheibenwaschmittel und — nicht zu vergessen — Treibstoff). Damit haben wir zumindest zwei Objektklassen, nämlich die *Flüssigkeiten* und ihre *Behältnisse*, zu modellieren (s. Abbildung 7). Für alle Behältnisse gilt, daß sie eine bestimmte Flüssigkeit in einer bestimmten Menge aufnehmen können. Dafür ist dann eine Einfüllmöglichkeit vorhanden. Für die Flüssigkeiten gilt, daß sie eine bestimmte Funktion zu erfüllen haben.

Es gilt natürlich auch, die Unterschiede zu modellieren. Einige der Flüssigkeiten sind, wenn man so will, „*Verbrauchsstoffe*" in dem Sinne, daß sie durch den Betrieb kontinuierlich schwinden (z.B. Kraftstoff oder Waschanlagenflüssigkeit). Andere Substanzen nehmen im Normalfall (d.h. wenn keine undichten Behältnisse oder Leitungen vorliegen) zwar nicht an Menge ab, verlieren aber durch den Betrieb bestimmte Eigenschaften, die sie zur Aufrechterhaltung ihrer Funktion benötigen (z.B. Getriebeöl, Bremsflüssigkeit u.ä.). Schließlich gibt es auch Mischformen aus beiden, wo sowohl ein (meist geringer) Volumenverlust wie auch ein Verlust an Funktionsfähigkeit der Substanz eintritt (z.B. Motoröl).

Diese drei Ausprägungen (Verbrauchstyp, Verschleißtyp und gemischter Typ) sollten in der Modellierung berücksichtigt werden, da sich daraus Konsequenzen für die mit den Flüssigkeiten und ihren Behältnissen möglichen und nötigen Aktionen ergeben. Für Flüssigkeiten vom *Verbrauchstyp* sind lediglich die Aktionen des Prüfens des Flüssigkeitsstands und des Ergänzens sinnvoll. Für die vom *Verschleißtyp* sind in bestimmten Zeitabständen Austauschaktionen durchzuführen und für die *gemischten* sowohl Prüfen, Ergänzen wie (gelegentlich) Austauschen. Für die Behältnisse ergeben sich entsprechende Konsequenzen. Wann immer der Flüssigkeitsstand kontrolliert werden muß, sind entsprechende Möglichkeiten vorzusehen. Das kann entweder durch einen Klarsichtbehälter mit einfachen Strichmarkierungen für minimale oder maximale Werte geschehen oder durch Meßstäbe oder Anzeigevorrichtungen.

Wenn ein Austausch vorgesehen ist, muß die verbrauchte Flüssigkeit entfernt werden: *Ablassen* einer Flüssigkeit ist eine Möglichkeit, sie aus Behältern zu entfernen. Andere Möglichkeiten wären etwa *Abpumpen* oder *Ausgießen*. Für diese müssen jeweils unterschiedliche Voraussetzungen erfüllt sein. Für *Ausgießen* muß der Flüssigkeitsbehälter selbst so bewegt werden können, daß die Flüssigkeit durch eine Öffnung (z.B. die Einfüllöffnung) ihren Weg finden kann. *Abpumpen* setzt eine entsprechende Gerätschaft voraus. *Ablassen* schließlich setzt voraus, daß sich im unteren Teil oder am Boden des Flüssigkeitsbehälters eine Ablaßvorrichtung befindet, so daß dann nach Öffnen dieser Ablaßvorrichtung die Flüssigkeit entsprechend der Schwerkraft den Behälter verläßt. Nicht nur, weil Motoröl eine nicht gerade umweltfreundliche Substanz ist, sondern auch, weil man normalerweise in Arbeitsumgebungen Flüssigkeiten nicht leichtfertig verschüttet, sollte ein Auffanggefäß mit entsprechendem Volumen unter die Ablaßschraube gestellt werden. Auch dies ist in das Konzept *„Ablassen von Flüssigkeiten"* mit aufzunehmen.

Aktionen vom Typ *Austausch* oder *Wechsel* oder *Ersatz* finden sich auch für andere Teile, nicht nur für die Flüssigkeiten. Eine abstrakte Modellierung wird u.a. folgendes zu berücksichtigen haben: Zunächst gibt es einen Handelnden, typischerweise den Fahrzeugbesitzer oder einen von ihm Beauftragten. Wichtiger ist aber das betrachtete Bauteil beziehungsweise die zu betrachtende Substanz. Für diese gilt normalerweise eine Vorbedingung: es liegt ein Defekt vor oder eine Funktionsminderung (z.B. aufgrund von Verschleiß), oder der Austausch erfolgt vorbeugend. Der Zweck des Austauschs ist dann die Wiederherstellung einer defekten oder beeinträchtigten Funktion. Schließlich kann der Zweck des Austauschs auch darin bestehen, ein Teil bzw. eine Substanz durch eines zu ersetzen, das für geänderte Einsatzbedingungen besser geeignet ist (z.B. der Wechsel von Sommer- auf Winterreifen und umgekehrt oder der Austausch von Motoröl gegen ein für den aktuellen Temperaturbereich besser geeignetes).

Zusammengefaßt: Wir verfolgen eine Trennung zwischen der Modellierung von abstraktem technischen Wissen über Verbindungen und ihre Zustände, Behälter und ihre Füllungen etc. und der konkreten Beschreibung des technischen Systems (z.B. Motor), zu dem eine Dokumentation erstellt werden soll. Diese Modularität ermöglicht eine Verwendung des abstrakten Wissens in unterschiedlichen technischen Domänen — ein Konzept, das der Trennung zwischen "upper model" und "domain model" in dem von uns verwendeten Satzgenerator PENMAN verwandt ist [Bateman 90].

1.4 Implementierung der Wissensbasis

Für die Repräsentation der für Handbücher relevanten, sehr unterschiedlichen Arten von Wissen über Objekte, Zusammenhänge zwischen Objekten und auch der Abläufe, bei denen diese Objekte verwendet werden, sollte eine Sprache verwendet werden, die möglichst verschiedene Repräsentationsformalismen integriert. Ein geeigneter Kandidat ist die in der Tradition von KL-ONE [Brachman/Schmolze 85] stehende Sprache LOOM [The LOOM Project 91], das für unsere Zwecke auch deshalb zu favorisieren ist, weil sich der verwendete Satzgenerator PENMAN [ISI 89] besonders einfach an LOOM anbinden läßt.

Die generelle Struktur eines Handbuchabschnitts wird mit dem LOOM-Konzept 'Wartungsinfo' direkt in der Wissensbasis abgebildet, so daß die Verbindungen zwischen Textstruktur- und Gebietswissen elegant hergestellt werden können. Die Rollen von 'Wartungsinfo' enthalten für jeden Abschnitt des Handbuchs die folgenden Informationen:

- Aggregat: das Objekt, das in diesem Abschnitt diskutiert wird
- Lokalisation: ein Hinweis, wo sich das Aggregat befindet

Spark plugs

CAUTION: Never use spark plugs with improper heat range, because they will adversely affect engine performance and durability. Replace plugs one at a time, so that you do not mix up the wires.

1. Clean any dirt off the spark plug base.
2. Disconnect the spark plug wire, then remove the old plug, and discard it.
3. Thread in the new spark plug by hand, in order to prevent crossthreading.
4. After the plug seats against the cylinder head, tighten with a spark plug wrench, in order to compress the washer.

CAUTION: The spark plugs must be tightened securely, but they shouldn't be over-tightened. A plug that is too loose can be very hot, and it can possibly damage the engine, but a too tight plug could damage the threads in the cylinder head.

Zuendkerzen

VORSICHT: Zuendkerzen mit falschem Waermewert niemals verwenden, denn sie werden Motorleistung und Haltbarkeit unguenstig beeintraechtigen. Zuendkerzen eine nach der anderen anbringen, damit Sie die Zuendkabel nicht durcheinanderbringen.

1. Jeglichen Schmutz von der Zuendkerzenbasis entfernen.
2. Das Zuendkabel abziehen, dann die alte Zuendkerze entfernen, und sie wegwerfen.
3. Die neue Zuendkerze von Hand einschrauben, um Gewindeueberschneiden zu vermeiden.
4. Nachdem die Zuendkerze den Zylinderkopf aufsitzt, mit einem Zuendkerzenschluessel anziehen, um den Dichtungsring zusammenzupressen.

VORSICHT: Die Zuendkerzen muessen fest angezogen werden, aber sie sollten nicht ueberdreht werden. Eine Zuendkerze, die zu lose ist, kann sehr heiss sein, und sie kann den Motor moeglicherweise beschaedigen, aber eine zu feste Zuendkerze koennte die Gewinde in dem Zylinderkopf beschaedigen.

Abbildung 8. Eine vom TECHDOC-System reproduzierte Handbuchseite

- Empfohlene Ersatzteile/Substanzen
- Ungeeignete Ersatzteile/Substanzen
- Prüfaktion
- Ergänzaktion
- Austauschaktion

Die Füller der drei letztgenannten Rollen sind jeweils vom Typ 'Plan', dessen Rollen die Vor- und Nachbedingungen, die einzelnen Schritte der Aktion, sowie Hinweise beinhalten. In gleicher Weise werden Konzepte für 'Planschritt' und 'Planhinweis' definiert. Das Wissen über die Struktur eines Handbuchabschnitts ist somit vollständig in demselben Formalismus (LOOM) angegeben wie auch das Fachwissen über die Domäne: Der Füller der Rolle 'Aktion' in einem Objekt vom Typ 'Planschritt' ist ein Konzept aus dem Domänenwissen (etwa „Öl in den Motor einfüllen").

Planschritte können einfache, „atomare" Aktionen sein oder aber komplexere Abläufe, die ihrerseits wieder durch Teilpläne beschrieben werden können. Ob es erforderlich ist, eine solche Verfeinerung eines Planschritts in den zu erstellenden Text aufzunehmen, oder ob man einfach die Bezeichnung der komplexen Tätigkeit angibt, hängt vom *Lesermodell* ab: Ein technisch versierter Leser kommt mit „Makro"-Anweisungen aus, ein Laie benötigt möglichst detaillierte Anweisungen.

In einer interaktiven Ausprägung des Systems (TECHDOC-I, [Peter 92]) wird ein solches Lesermodell mit Wissen über den Kenntnisstand eines Benutzers kombiniert mit Wissen über den Schwierigkeitsgrad von Aktionen, um den Detaillierungsgrad der vom System ausgegebenen Informationen zu steuern.

1.5 System-Architektur des TECHDOC-Prototypen

Die Zusammenführung der in Abschnitt 1.2 diskutierten Repräsentation eines Handbuchtexts auf RST-Ebene mit der im letzten Abschnitt umrissenen Wissensquelle ergibt die Voraussetzung für ein System zur automatischen Generierung der Texte. Ergänzt werden die beiden Komponenten durch sprachspezifische Satzgeneratoren und durch Schnittstellen zwischen diesen Einheiten [Rösner/Stede 92b]. Für die englische Sprache benutzen wir den Satzgenerator PENMAN [ISI 89], für die deutsche Version ist einerseits eine Anbindung des SEMTEX-Generators [Rösner 88] erfolgt, zum anderen wurde von uns zwischenzeitlich eine (noch rudimentäre) deutsche PENMAN-Version implementiert. Weitere Satzgeneratoren für andere Sprachen sollten ohne größere Probleme anschließbar sein, wenn die Anpassung an die jeweils benötigten Eingabe-Strukturen (d.h. die Spezifikation von Einzelsätzen) vorgenommen wird.

2 Zusammenfassung

In dieser Fallstudie haben wir ein aktuelles Forschungsprojekt vorgestellt, bei dem Probleme der Praxis den Anstoß für die Arbeiten gegeben haben. Wir haben herauszuarbeiten versucht, welche zentrale Rolle Techniken der Wissensrepräsentation für den untersuchten Lösungsansatz spielen. Ein weiterer wichtiger Aspekt, der allerdings in diesem Beitrag nicht ins Zentrum gerückt wurde, ist, daß das angestrebte wissensbasierte System in alltägliche Arbeitsumgebungen (hier: des Ingenieurs bzw. des technischen Redakteurs) integriert werden muß. Beides — Wissensbasierung und Integration — halten wir für zentrale Anforderungen an eine anwendungsorientierte Sprachverarbeitung.

Ein lernfähiges Kritikersystem für den Entwurf von Diagrammen

Heinz Ulrich Hoppe

Das grafische Layout von Übersichtsdiagrammen ist eine typische Gestaltungsaufgabe, die häufig und in unterschiedlichen Zusammenhängen vorkommt (z.B. bei der Visualisierung von Informationsflüssen oder -abhängigkeiten, Entity-Relationship-Diagrammen etc.). Es ist in der Regel eine Routineaufgabe, die dem Zweck untergeordnet ist, Konzepte und Ideen aus verschiedensten Problembereichen anschaulich darzustellen. Dabei ist der jeweilige Problembereich von primärem Interesse und bestimmt die spezifische Semantik der Diagramme. Demgemäß ist auch die semantische bzw. pragmatische Angemessenheit oder Qualität eines Diagramms letztlich nur unter Verwendung von Bereichswissen zu entscheiden. Trotzdem gibt es aber auch eine Art allgemeingültigen syntaktischen Wissens darüber, was „gutes Layout" ausmacht. Der hier vorgestellte Ansatz zur Analyse und Kritik des Layouts von Diagrammen beruht auf einer Operationalisierung dieses syntaktischen Gestaltungswissens. Prinzipiell ist es jedoch leicht möglich, die Wissensbasis um bereichsspezifisches semantisches Wissen zu erweitern.

Bei der Operationalisierung des syntaktischen Layout-Wissens stößt man auf die für Gestaltungsaufgaben (*design problems*) typischen Schwierigkeiten: Offene Gestaltungsaufgaben sind *unterspezifiziert* in dem Sinne, daß man höchstens eine negative Entscheidungsprozedur angeben kann, welche schlechte Lösungen zurückweist. Es ist aber generell nicht möglich, den angestrebten Zielzustand so zu spezifizieren, daß aus der Spezifikation eine vollständige Lösung generiert werden kann. Dieses Charakteristikum bedingt, daß Gestaltungsaufgaben i.d.R. nicht durch allgemeine „schwach wissensbasierte" Problemlöseverfahren (*weak methods* — vgl. [Simon 73]) automatisiert werden können. Zwar sind die verfügbaren Objekte und Operatoren häufig wohldefiniert (z.B. primitive grafische Objekte und Transformationen), aber eine exakte Zielspezifikation käme bereits einer Lösung gleich. Automatische Programmgenerierung aus Ein-/Ausgabespezifikationen oder Beispielen ist wohl diejenige Teilklasse von Gestaltungsaufgaben, für die bisher die signifikantesten „qualitativen Sprünge" zwischen Vorgaben und Resultaten erreicht wurden (vgl. [Biermann 87]). In weniger formalisierten Gebieten sind wir jedoch weit davon entfernt, derartige Ergebnisse zu erzielen.

Wenn es schon keine automatischen Verfahren zur Generierung vollständiger Lösungen gibt, so lassen sich doch häufig partielle Lösungen konstruieren oder früher erzeugte Teillösungen wiederverwenden. Dabei stellt sich das Problem, eine Wissensbasis von Beispielen oder Fragmenten aufzubauen (Wissensakquisition), geeignete Beispiele auszuwählen und diese auf die speziellen Anforderungen hin zu modifizieren. Dies entspricht einem fallbasierten Ansatz im Sinne des *case-based reasoning* [Hammond 91]. Als Alternative zum fallbasierten Vorgehen kann bereits bei der Wissensakquisition durch Verallgemeinerung regelhaftes oder schematisches Wissen erzeugt werden, welches später situationsbezogen instantiiert werden kann. Ein derartiger Ansatz des maschinellen Lernens im

Bereich von Gestaltungsaufgaben wurde z.B. von [Guéna/Zreik 89]beschrieben. Auch wir werden im weiteren einen solchen Ansatz verfolgen.

Es gibt eine Vielzahl von Prozeßmodellen für Gestaltungsaufgaben, die meist phänomenologisch-deskriptiv, aber nicht operational sind. Trotzdem können solche Modelle bei der Operationalisierung von Gestaltungswissen helfen, indem sie bestimmte Charakteristika des Gestaltungsprozesses beschreiben. Chandrasekaran [Chandrasekaran 90] führt ein solches Prozeßmodell ein, welches der Offenheit und Unterdeterminiertheit von Gestaltungsaufgaben Rechnung trägt[1]. Das Grundmodell ist der Zyklus Vorschlag-Kritik-Modifikation (VKM-Zyklus, im Original: *propose-critique-modify*). Die erste Phase (Vorschlag) entspricht der Konstruktion einer ersten approximativen oder heuristischen Lösung. Eine Verifikationsprozedur entscheidet dann, ob dieser Vorschlag akzeptabel ist oder nicht. Aus unserer Sicht beruht dieser Test im wesentlichen auf negativen Kriterien. Typischerweise ist der erste Vorschlag nicht akzeptabel, so daß eine Modifikation und ein weiterer Durchgang durch das Verfahren (bzw. Iteration) erforderlich sind. Zur Unterstützung der Lösungsmodifikation ist es wichtig, gezielte und aussagekräftige Information aus der Kritikphase zu erhalten. Im günstigsten Fall sind die Mängel des vorgeschlagenen Designs exakt lokalisiert und bereits mögliche Abhilfen beschrieben.

Als erster Schritt zur Unterstützung (und nicht Automatisierung) von Gestaltungsprozessen müssen die verschiedenen Rollen oder Funktionen des menschlichen Designers und des maschinellen Unterstützungssystems definiert werden. Dabei sind zunächst global zwei Verwendungsweisen des Systems zu unterscheiden: (1) Es dient dem Menschen als Medium zur Externalisierung (oder „Reifizierung") seiner Ideen, sowie (2) es übernimmt Teilfunktionen im eigentlichen Designprozeß. Wir gehen davon aus, daß kreative, synthetische Aufgaben im Gestaltungsprozeß grundsätzlich vom Menschen wahrgenommen werden und daß sich die maschinelle Unterstützung auf analytische Funktionen beschränkt. Im VKM-Modell bedeutet dies, daß der Designer Vorschläge generiert und modifiziert und das System diese Vorschläge verifiziert und kritisiert. Diese Art der Arbeitsteilung ist kreativen Aufgabenstellungen angemessen. Dies gilt insbesondere dann, wenn der Raum der möglichen Lösungen quasi unbegrenzt ist und es einfacher ist, eine konkrete, wenn auch unvollkommene Lösung vorzulegen als präzise zu beschreiben, was intendiert ist. Beide Bedingungen, Unbegrenztheit des Lösungsraumes und Schwierigkeit der exakten Spezifikation, gelten auch für das grafische Layout von Diagrammen. Demgemäß wollen wir an diesem Beispiel aufzeigen, wie Gestaltungswissen für analytische Zwecke repräsentiert und genutzt werden kann.

1 Kritikersysteme für Gestaltungsaufgaben

Fischer et al. [Fischer et al. 90a] geben eine allgemeine Charakterisierung von Kritikersystemen (*critic systems* oder kurz: *critics*) und beschreiben dabei verschiedene Beispiele, unter denen auch einige Design-Unterstützungssysteme sind. Nach Fischer et al. bestehen Kritikersysteme aus zwei aktiven Komponenten oder „Agenten", Mensch und Computersystem. Die Arbeitsteilung zwischen beiden Agenten entspricht unseren Annahmen, d.h., der Mensch generiert und modifiziert Vorschläge, welche der Computer verifiziert bzw.

[1] Allerdings scheinen Chandrasekarans Annahmen über den Grad der Operationalisierbarkeit von Gestaltungsprozessen von den unsrigen abzuweichen.

kritisiert. Um die Kommunikation zwischen beiden Agenten zu erleichtern, soll dabei das technische System soweit als möglich an die menschliche Sichtweise des Problembereichs angepaßt werden (Prinzip der *human problem-domain communication*). Wir werden im folgenden nur die Struktur und Funktionsweise des technischen Unterstützungssystems betrachten und den Begriff *Kritikersystem* dementsprechend eingeschränkt verwenden. Einen allgemeinen Überblick über Kritikersysteme aus aktueller Sicht gibt [Silverman 92].

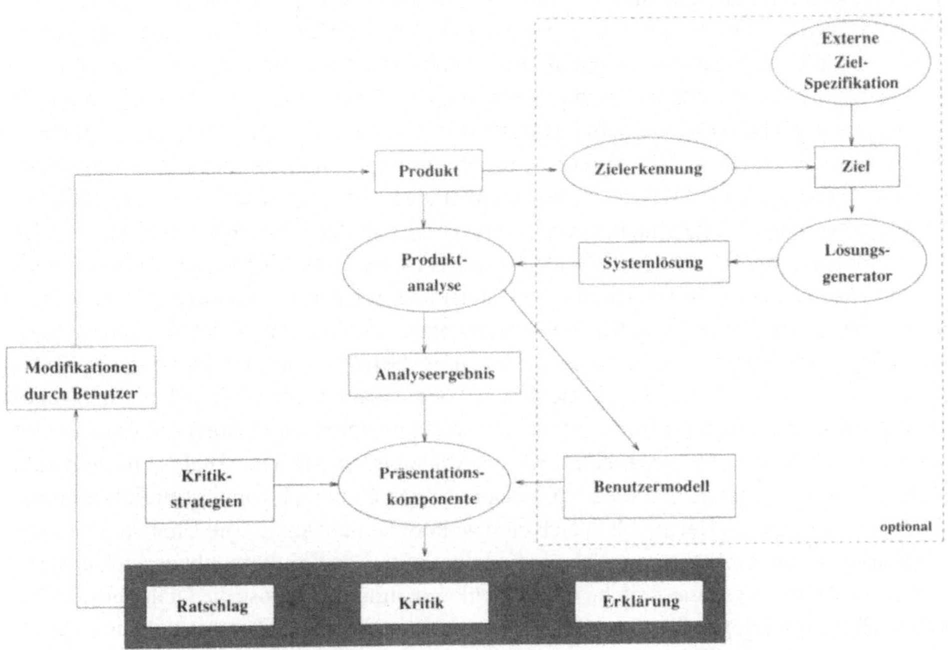

Abbildung 1. Ein Modell des VKM-Zyklus

Abbildung 1 (nach [Fischer et al. 90a]) veranschaulicht den VKM-Zyklus unter spezieller Berücksichtigung der Kritik- und Verifikationskomponente. Von zentraler Bedeutung ist das Modul *Produktanalyse*, dessen Resultate verwandt werden, um Mängel zu erklären oder Modifikationshilfen zu geben. Zielerkennung, Lösungsgenerierung wie auch ein Benutzermodell sind optionale Teile dieser Architektur. Fischer et al. [Fischer et al. 90a] unterscheiden zwischen *aktiven* und *passiven* Kritikersystemen. Aktive Kritiker werden ggf. „ungefragt" initiativ, während bei passiven Systemen die Kritik explizit vom Benutzer angefordert werden muß. Diese Begriffsbildung entspricht der bei intelligenten Hilfesystemen [Bauer/Schwab 88]. Aus pädagogischen Gründen ist es sinnvoll, nicht nur negative Rückmeldungen zu geben, sondern auch gelungene Lösungen oder Teillösungen (d.h. solche ohne augenscheinliche Mängel) ausdrücklich zu loben. Positive wie negative Rückmeldungen sollten jeweils unter Bezug auf das verwandte Gestaltungswissen begründet werden.

Die Funktion von Kritikersystemen ähnelt sehr stark der der Diagnosekomponente in intelligenten Tutorsystemen (siehe z.B. [Wenger 87, speziell Kap. 17]). In beiden Fällen geht es darum, daß das System Mängel oder Fehler in Benutzerlösungen ermittelt, diese möglichst genau lokalisiert und entsprechend aussagekräftige Rückkmeldungen gibt. Im tutoriellen Kontext werden die Diagnoseergebnisse nicht nur zur Generierung unmittelbarer Rückmeldungen herangezogen, sondern dienen auch dem Aufbau eines längerfristigen, aber dennoch dynamischen Schülermodells. Dabei erweist es sich häufig als sinnvoll, den Fehler zugleich als Indikator für eine „Wissenslücke" zu interpretieren, um so nicht nur typische Schülerfehler, sondern auch den aktuellen Wissenszustand zu modellieren. Schülermodell oder Benutzermodell sind als Wissensbasen zunächst passive Systemkomponenten. Im Konzept des *user agent* (vgl. [Gunzenhäuser/Knopik 85]) bilden sie jedoch einen wesentlichen Bestandteil einer aktiven, intelligenten Schnittstelle zum Benutzer.

Ein häufig beschriebenes Verfahren der diagnostischen Analyse ist die *differentielle Modellierung*. Dabei wird die Schülerlösung direkt mit einer Expertenlösung verglichen. Dieser Ansatz verbietet sich bei offenen Gestaltungsaufgaben, da ja eine solche vollständige Expertenlösung i.d.R. nicht generiert werden kann. Im Gegensatz zum differentiellen Ansatz gehen *analytische* Diagnoseverfahren direkt von der vorgegebenen Schüler- oder Benutzerlösung aus. Das JANUS-System (vgl. [Fischer et al. 89]) ist ein Beispiel eines solchen analytischen Kritikersystems zur Unterstützung einer Designaufgabe. Der Aufgabenbereich ist der Entwurf von Kücheneinrichtungen. JANUS verwendet als Wissensbasis eine Menge von Regeln, die bestimmte *constraints* bezogen auf die relative Position von Elementen wie Spüle, Kühlschrank, Herd oder Tür zueinander ausdrücken. Für einen gegebenen Entwurf werden die einzelnen Regeln unabhängig voneinander überprüft (d.h., es gibt keine hierarchischen oder sonstigen direkten Abhängigkeiten). Die Analyse bezieht sich allein auf das vorliegende „Produkt" und macht keinen Gebrauch von dessen Entstehungsgeschichte. An diesem Beispiel läßt sich eine weitere Dimension für die Charakterisierung von Kritikersystemen aufzeigen: Neben *produktorientierten* Kritikern gibt es auch *prozeßorientierte* Analysesysteme, welche für die Fehlererkennungdiagnose die Dialoggeschichte heranziehen (vgl. [Hoppe/Plötzner 89]). Letztere stehen in engem Zusammenhang zu plan- oder zielerkennenden Hilfesystemen.

Der hier vorgestellte Ansatz ist, wie JANUS, analytisch und produktorientiert. Er beruht jedoch auf einem gänzlich anderen Analyseverfahren, welches von einer als Logikprogramm formulierten Wissensbasis ausgeht. Dadurch wird es möglich, hierarchische Regelsysteme zu verwenden und wesentlich komplexere Abhängigkeiten auszudrücken. Dieses neue deduktive Analyseverfahren soll im folgenden genauer erläutert werden. Auch bei der Beispielimplementierung wurde daher auf andere Aspekte, wie Benutzermodellierung oder Kritikformulierung und -darbietung, kein besonderer Wert gelegt. Außerdem gehen wir der Einfachheit halber davon aus, daß der Benutzer selbst die Kritik anfordert (passives System). Wir sind der Überzeugung, daß ausdrucksmächtige und zuverlässige Diagnoseverfahren die schwierigste methodische Herausforderung bei der Konstruktion von Kritikersystemen und intelligenten Tutoren darstellen, und halten es daher für sinnvoll, sich zunächst einmal darauf zu konzentrieren.

2 Ein deduktiver Ansatz für die Fehleranalyse in Kritikersystemen

Systeme wie JANUS führen lediglich eine „flache" Analyse der vorgegebenen Entwürfe durch. Da die einzelnen Regeln separat überprüft werden, muß im Bedingungsteil jeder Regel die vollständige Kontextinformation spezifiziert sein. Häufig ist das Gestaltungswissen jedoch hierarchisch strukturiert: Anforderungen an gutes Design lassen sich *top down* verfeinern, wobei insbesondere auf den unteren Ebenen eine Vielzahl von Gestaltungsalternativen entstehen, die in einem flachen Ansatz sozusagen kombinatorisch „ausmultipliziert" werden müßten. Dies ist nicht nur ineffizient und unübersichtlich, sondern führt auch zu prinzipiellen Problemen bei der Generierung gezielter Erklärungen und Hilfen, da nicht klar ist, welche Bedingungen jeweils die wesentlichen sind.

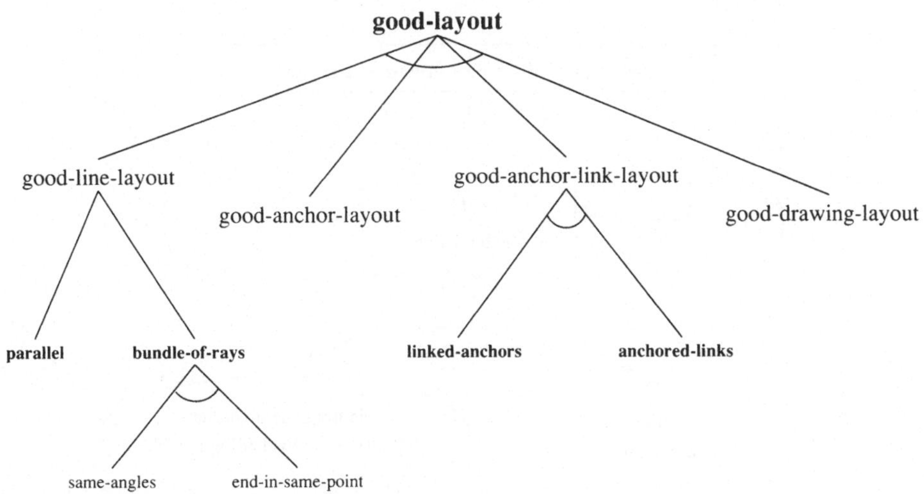

Abbildung 2. Und-Oder-Baum für das Konzept „good-layout"

Als Alternative zu einer flachen Analyse bietet sich die Traversierung eines Und-Oder-Baumes verschachtelter Bedingungen an. Abbildung 2 stellt einen Ausschnitt aus einem solchen Entscheidungsbaum für das Layout von Diagrammen dar. An den einzelnen Knoten stehen jeweils die Namen von Prädikaten, welche bei der Verifikation einer Lösung zu überprüfen sind (zur Bedeutung und Verwendung dieser Prädikate siehe nächstes Unterkapitel). Ein derartiger Entscheidungsbaum kann unmittelbar als Prolog-Programm dargestellt werden. Die zu analysierende Entwurfskonfiguration ist dann ein Eingabeparameter dieses Programms. Ein Standard-Prolog-Interpreter wird zunächst nur feststellen, ob das Prädikat „good-layout" auf die gegebene Konfiguration zutrifft. Im negativen Fall, liefert er die wenig hilfreiche Antwort „no". Unter Verwendung eines Meta-Interpreters kann man jedoch die Beweisführung transparent machen und ggf. gezielte Rückmeldungen über Gründe des Scheiterns geben. Dazu muß die Semantik der Prolog-Interpretation so geändert werden, daß auch für nicht erfüllbare Ziele (d.h. Anfragen) ein Ergebnis geliefert wird. Dies besteht typischerweise aus einer Art „Mitschnitt" (*trace*) des traversierten Beweisbaumes, wobei diejenigen Unterziele, die letztendlich nicht erfüllbar waren, besonders markiert sind.

Es gibt verschiedene Realisierungen solcher Meta-Interpreter, zum Beispiel verwenden [Shapiro 82] sowie [Lloyd 87] einen solchen Ansatz zur automatischen Fehleranalyse in Prolog-Programmen (*automatic debugging*). Dabei wird angenommen, daß das Ziel an sich erfüllbar sein sollte, aber das Programm entweder unvollständig oder inkorrekt ist. Die andere mögliche Interpretation des Scheiterns besteht natürlich darin, daß das Programm korrekt und das Ziel wirklich nicht erfüllbar ist. Auf dieser Interpretation beruht ein Vorschlag von Sterling und Yalçinalp1989 [Sterling/Yalçinalp 89] zur Behandlung von „Warum nicht?"-Fragen an Expertensysteme. Dies ist auch die Interpretation, die wir im folgenden zugrundelegen werden: Für einen vorgelegten Entwurf ist zu ermitteln, wieso er *nicht* das Konzept *good-layout* realisiert. An dem deduktiven Verfahren ist bemerkenswert, daß Fehlerhypothesen ermittelt und lokalisiert werden können, ohne daß dabei spezielle Fehlerbibliotheken notwendig wären.

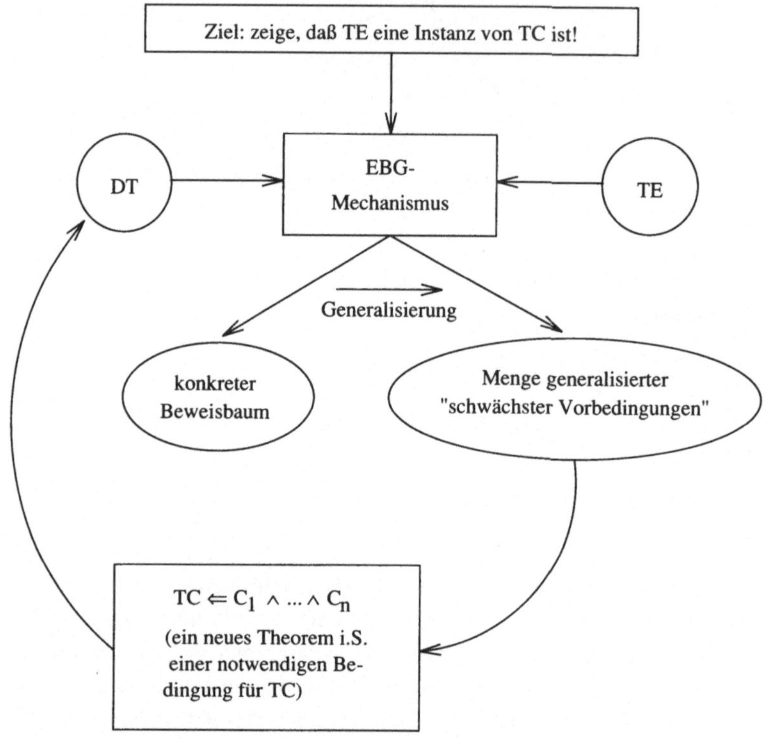

Abbildung 3. Funktionsschema des EBG-Algorithmus

Zu den weiteren bemerkenswerten Anwendungen von Meta-Interpretern gehört neben der Fehleranalyse das „erklärungsbasierte Generalisieren" (*explanation-based generalization, EBG* [Mitchell et al. 86, Flann/Dietterich 89]), dessen prototypische Implementierung auf [Kedar-Cabelli/McCarty 87] zurückgeht. Abbildung 3 (aus [Hoppe 91]) veranschaulicht die Funktionsweise des EBG-Algorithmus. Auch hier wird ein Beweis analysiert. Er geht von dem Ziel aus, nachzuweisen, daß ein gegebenes Beispiel (*training example, TE*) unter das sogenannte Zielkonzept (*target concept, TC*) subsumiert werden kann. Das eigentliche Programm wird hier als „Bereichstheorie" (*domain theory, DT*) bezeichnet und enthält eine vollständige Definition des Zielkonzeptes. Das zu analysierende Beipiel liegt als Kombination von Fakten und bestimmten Instantiierungen in der konkreten Anfrage vor. Der Beweisbaum wird gleichzeitig auf zwei Ebenen aufgebaut: Einerseits wird eine konkrete Erklärung für das vorgegebene Beispiel konstruiert. Aus dieser konkreten Erklärung wird eine minimale Menge von verallgemeinerten Bedingungen extrahiert, welche zusammengenommen gewährleisten, daß das Zielkonzept erfüllt ist. Diese Verallgemeinerung der Erklärung beschreibt also die allgemeinsten Voraussetzungen, unter denen exakt die gleiche Dekomposition des Zielkonzepts in Unterziele wie im Beispielfall durchgeführt werden kann. An sich beliebige im Beispiel auftretende Konstanten werden auf dieser Ebene durch Variablen ersetzt. Man erhält so eine neue Makro-Regel, die eine unmittelbare Ableitung des Zielkonzepts aus der Konjunktion der verallgemeinerten terminalen Bedingungen erlaubt. Sie ist hinreichend, aber nicht notwendig und stellt insofern eine Spezialisierung der Bereichstheorie dar.

Der EBG-Algorithmus in seiner ursprünglichen Form führt nur dann zu einem Ergebnis, wenn wirklich ein vollständiger Beweis existiert. Eine Erweiterung des Verfahrens, welche die Behandlung des Scheiterns analog zu den oben beschriebenen Methoden der automatischen Fehleranalyse ermöglicht, ist in [Hoppe 91] beschrieben. Durch diese Erweiterung wird es möglich, auch aus unvollständigen oder inkorrekten Beispielen neue Regeln abzuleiten. Es läßt sich zeigen, daß diese abgeleiteten Regeln selbst immer korrekte Spezialisierungen der Bereichstheorie sind. Im Fall eines inkorrekten Beispiels beschreibt eine solche abgleitete Regel allgemeine Bedingungen, die den vollständigen Beweis unter den gegebenen oder ähnlichen Voraussetzungen sicherstellen würden (obwohl diese natürlich im konkreten Beispiel nicht alle erfüllt waren).

Die Erklärung von Beispielen ist i.d.R. nicht eindeutig. Erklärungsalternativen können bereits bei korrekten Beispielen auftreten, bei inkorrekten sind sie jedoch nahezu unvermeidlich, gesetzt den Fall, daß in der Definition des Zielkonzeptes überhaupt disjunktive Bedingungen auftreten. Das Verfahren stellt jedoch sicher, daß auf dem Wege des Backtracking alle möglichen Erklärungen, inklusive der jeweiligen Fehlerhypothesen, enumeriert werden. Unter praktischen Gesichtspunkten ist es natürlich wünschenswert, daß zunächst die plausibelsten Erklärungen/Fehlerhypothesen generiert werden. Der erweiterte EBG-Algorithmus bevorzugt implizit Erklärungen mit einer geringen Zahl von nicht erfüllten Unterzielen. Dies ist an sich schon ein vernünftiges Prinzip, reicht jedoch nicht immer aus, um unplausible Erklärungen zu vermeiden. Der erweiterte Algorithmus bietet darüber hinaus die Möglichkeit, bestimmte Prädikate unter Angabe zusätzlicher Bedingungen als Fehlerhypothesen auszuschließen. Diese geschieht über eine Deklaration mittels eines Metaprädikates *impossible*. Außerdem können bereits in der ursprünglichen Version des EBG-Algorithmus bestimmte Ziele oder Prädikate als *operational* definiert werden. Dies bedeutet, daß sie unter Ausschaltung des Meta-Interpreters direkt evaluiert werden. Dieser Mechanismus ist notwendig, um Systemprädikate zu verarbeiten. Er kann jedoch auch verwandt werden, um benutzerdefinierte Prädikate als „black boxes“ zu behandeln und effizienter zu verarbeiten.

Zusammenfassend bleibt festzuhalten, daß mittels des um die Behandlung von unvollständigen Erklärungen erweiterten EBG-Algorithmus nicht nur Fehlerhypothesen generiert, sondern auch Erfolgsbedingungen bezogen auf das Beispiel generalisiert werden können. Einzige Voraussetzung ist eine als Logikprogramm formulierte Bereichstheorie, welche die Anforderungen an akzeptable Beispiele vollständig spezifiziert. Aufgrund der erwähnten Charakteristika von Gestaltungsaufgaben könnte man meinen, daß eine solche vollständige Spezifikation kaum möglich sei. Dieser Einwand ist jedoch praktisch nicht gerechtfertigt, wie die folgende Konstruktion zeigt: Angenommen, wir besäßen eine Menge von Kriterien $(krit_1, \ldots, krit_n)$, welche jeweils notwendige Bedingungen dafür darstellten, daß ein Entwurf akzeptabel sei. Wir können dann als obersten Knoten des Entscheidungsbaums folgende Bedingung formulieren:

akzeptabel(Beispiel) **wenn** $krit_1$*(Beispiel)* **und** . . . **und** $krit_n$*(Beispiel)*.

Diese Regel läßt sich unmittelbar als Prolog-Klausel schreiben. Die einzelnen Kriterien können wiederum auf weitere Bedingungen zurückgeführt werden.[2] Beispielsweise werden in dem in Abbildung 2 ausschnitthaft dargestellten Entscheidungsbaum für das Diagramm-layout auf oberster Ebene vier solche Kriterien formuliert: (i) gutes Linien-Layout, (ii) gutes Layout der Ankerobjekte (Kreise, Rechtecke) für sich genommen, (iii) gutes Layout der Kombinationen von Ankern und Verbindungen sowie (iv) gutes Layout von Subdiagrammen als rekursives Kriterium. Gutes Linien-Layout wird wiederum auf Parallelität oder „regelmäßige Strahlenbündel" zurückgeführt. Weiterhin mag man vertikale bzw. horizontale Linien zulassen. Ein Diagramm, welches diese vier Bedingungen (i)-(iv) erfüllt, wird akzeptiert, unabhängig davon, ob es nicht weiteren, bisher noch unberücksichtigten Kriterien widerspricht. Falls Abweichungen vorliegen, werden diese automatisch auf die verletzten Subkriterien zurückgeführt. Während konjunktiv verknüpfte notwendige Bedingungen also durchaus unvollständig sein können, müssen allerdings Disjunktionen von alternativen hinreichenden Bedingungen so formuliert sein, daß sie die zu erwartenden akzeptablen Fälle abdecken, wenn „falscher Alarm" vermieden werden soll.

Im Vergleich zu Systemen mit „flachen" Regelsätzen à la JANUS ist folgendes festzustellen: Prinzipiell läßt sich jede solche unverbundene Regelmenge als eine einzige Konjunktion notwendiger Bedingungen darstellen. Daher ist die Ausdrucksmächtigkeit des logikbasierten Ansatzes auch im ungünstigsten Fall nicht schlechter, i.d.R. aber höher als bei derartigen Systemen.

3 Beschreibung des Systems *Layout-by-Example*

Das System *Layout-by-Example* [Schmitt 91] verwendet den erweiterten EBG-Algorithmus von [Hoppe 91] als Methode der Verifikation bzw. Fehleranalyse im Rahmen eines Kritikersystems für das Layout von Diagrammen. Dazu war zunächst eine geeignete Bereichstheorie zu entwickeln. Um zu einem realistischen Anwendungsszenario zu gelangen, wurde das Prolog-basierte Analyseverfahren an einen Grafik-Editor angebunden. Die Rückmeldung von Fehlerhypothesen erfolgt ebenfalls in grafischer Form.

3.1 Die Bereichstheorie für „gutes Layout"

Die Bereichstheorie für gutes Layout von Diagrammen ist als Verfeinerung des Prädikates good-layout formuliert. Sie beschränkt sich auf eine Auswahl von Anforderungen, welche im Sinne der obigen Ausführungen als Konjunktion notwendiger Bedingungen formuliert ist. Abbildung 2 gibt einen Überblick über die Struktur des dadurch definierten Entscheidungsbaumes. Abgesehen von der Rekursion über Subdiagramme und rekursiven Regeln für bestimmte Objektlisten ist die vom Meta-Interpreter kontrollierte Zieldekomposition maximal vierstufig. An den terminalen Knoten des Entscheidungsbaumes befinden

[2] Es ist allerdings anzumerken, daß negative Bedingungen aus prinzipiellen Gründen in operationalen Prädikaten (wie z.B. *nicht_parallel*) „versteckt" werden müssen.

sich operationale Prädikate (vom Entwickler definierte Primitive), die z.B. die Winkeldifferenz zwischen zwei Strahlen ermitteln oder die Parallelität von Linien überprüfen. Weitere Primitive beziehen sich auf die relative Lage von Objekten (*right/left-of(O1,O2)*, *between(O1,O2,O3)*, *right/left-aligned(ObjList)* etc.). Insgesamt gibt es über 30 solcher grafischer Primitive. Als Objekte sind zugelassen: Linien oder Pfeile, Rechtecke, abgerundete Rechtecke, Kreise sowie Subdiagramme. Eine Erweiterung auf andere Objektklassen ist problemlos möglich. Die in der Bereichstheorie kodierten Kriterien beziehen sich nur auf die geometrische Gestalt der Objekte ohne Bezug auf deren externe Semantik. Es ist aber ohne weiteres möglich, auch derartige semantikbasierte Regeln einzuführen.

Ein zu analysierendes Diagramm ist als eine Menge von Fakten der Form

object(ObjectIdentifier, ObjectDescription, HierarchyLevel)

repräsentiert. Bei der Eingabespezifikation ist der *ObjectIdentifier* des obersten Objektes in der zu analysierenden Hierarchie anzugeben. Vor der eigentlichen Analyse werden die auf den einzelnen Hierarchieebenen auftretenden Objekte in Kategorien zusammengefaßt. Dabei gibt es drei Kategorien: *Verbindungsobjekte* (hier ausschließlich Linien oder Pfeile), *Ankerobjekte* (im allgemeinen alle geschlossenen Figuren, hier speziell alle Rechtecke und Kreise) sowie *Subdiagramme*. Die Kategorisierung erfolgt durch ein operationales, deterministisches Prädikat und unterliegt nicht der Fehleranalyse. Danach erfolgt die Analyse, bezogen auf die Kategorien, entsprechend Abbildung 2. Beispielsweise wird bei der Analyse der Ankerobjekte einer Hierarchieebene gefordert, daß Objekte gleichen Typs jeweils eine bestimmte regelmäßige Konfiguration bilden (z.B. horizontale oder vertikale Bündigkeit oder zirkuläre Anordnung). Dies setzt allerdings voraus, daß der Benutzer bei komplexeren Diagrammen zusammengehörige Objekte entsprechend sinnvoll gruppiert.

Abbildung 4 zeigt ein Beispieldiagramm, welches die Kriterien erfüllt. Im einzelnen werden folgende Erklärungen generiert:

- Die Ankerobjekte befinden sich in gutem Layout, da die Rechtecke (R_1, R_2, R_3) links- und rechtsbündig ausgerichtet sind und nur ein einzelnes Objekt anderen Typs (K) vorhanden ist.
- Die Verbindungen befinden sich in gutem Layout, da sie ein regelmäßiges Bündel bilden. Dies wird speziell darauf zurückgeführt, daß die Linien (a, b, c) in einem Punkt beginnen und die Winkel zwischen benachbarten Linien (im Rahmen einer gewissen Toleranz) gleich sind.
- Zu jedem Ankerobjekt gibt es mindestens eine Verbindung.
- Alle Verbindungen sind korrekt verankert (z.B. am Mittelpunkt des Kreises bzw. am Seitenmittelpunkt eines Rechtecks).
- Es gibt keine Subdiagramme.

Dieses einfache Beispiel verdeutlicht bereits, daß bestimmte Kriterien im Einzelfall zu redundanten Anforderungen führen können (Gruppierung der Ankerobjekte sowie Anker/Verbindungen). Im allgemeinen ist es jedoch nicht ohne Qualitätsverlust möglich, auf einzelne Kriterien zu verzichten.

3.2 Die Systemumgebung

Zur Eingabe der zu analysierenden Diagramme verwendet der Benutzer des Systems *Layout-by-Example* eine modifizierte Version des interaktiven Grafik-Editors *HyperDraw*.

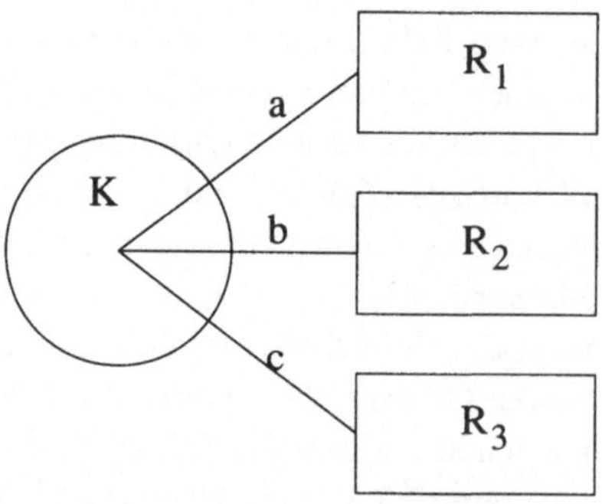

Abbildung 4. Ein Beispieldiagramm mit Anker und Verbindungselementen

HyperDraw ist Bestandteil der Entwicklungsumgebung *HyperNews 1.4* für SUN-Arbeitsplatzrechner[3]. Hyper-Draw verwendet als interne, aber offen zugängliche Repräsentation der grafischen Objekte eine Variante von *PostScript.* Ein in Prolog geschriebener Parser-Übersetzer konvertiert die PostScript-Repräsentation der HyperDraw-Objekte in dreistellige Prolog-Fakten, wie sie von der Bereichstheorie „erwartet" werden (s.o.).

Beim Starten des Systems werden jeweils zwei HyperDraw-Fenster initialisiert, eines für die Benutzereingaben (*LBE Draw*) und ein zweites für die Fehlerrückmeldungen (*LBE Critique Viewer*). Beide sind Modifikationen der Standardversion, wobei *LBE Draw* die Auswahl der möglichen Objekttypen im Sinne der Bereichstheorie beschränkt und der *LBE Critique Viewer* überhaupt keine Grafikeingaben zuläßt.

3.3 Ein Interaktionsbeispiel

Ausgehend von Abbildung 5 soll die Interaktion mit dem LBE-System am Beispiel nachvollzogen werden: Zunächst spezifiziert der Benutzer einen Layout-Vorschlag im Fenster *LBE Draw.* Mittels des *Critique*-Knopfes im *LBE Critique Viewer* wird die Analyse der Zeichnung initiiert, und die grafische Rückmeldung wird im *LBE Critique Viewer* dargestellt. Dabei werden diejenigen Objekte, für die bestimmte Relationen nicht bewiesen werden konnten, hervorgehoben und mit einem Bezeichner versehen (in 5, Rechteck 1). Die anzeigte Mängelhypothese bezieht sich jeweils auf eine Kategorie. Unterschiedliche Hypothesen werden ggf. nacheinander angezeigt.

Der Steuerungsdialog für die Rückmeldungen erfolgt in einem Text-Fenster, in dem auch bestimmte Erklärungen und Vorschläge ausgegeben werden. So wird, bezogen auf das Beispiel, zunächst folgende Ausgabe generiert:
The following property of `good_layout` *could not be proved:*

```
good_anchor_layout([1]).
```

The following properties of `good_layout` *in the category* `good_anchor_layout` *are satisfied:*

[3] Entwickler und Anbieter von HyperNews ist *The Turing Institute*, Glasgow, UK. HyperNews basiert wiederum auf dem Fenstersystem News von SUN Microsystems.

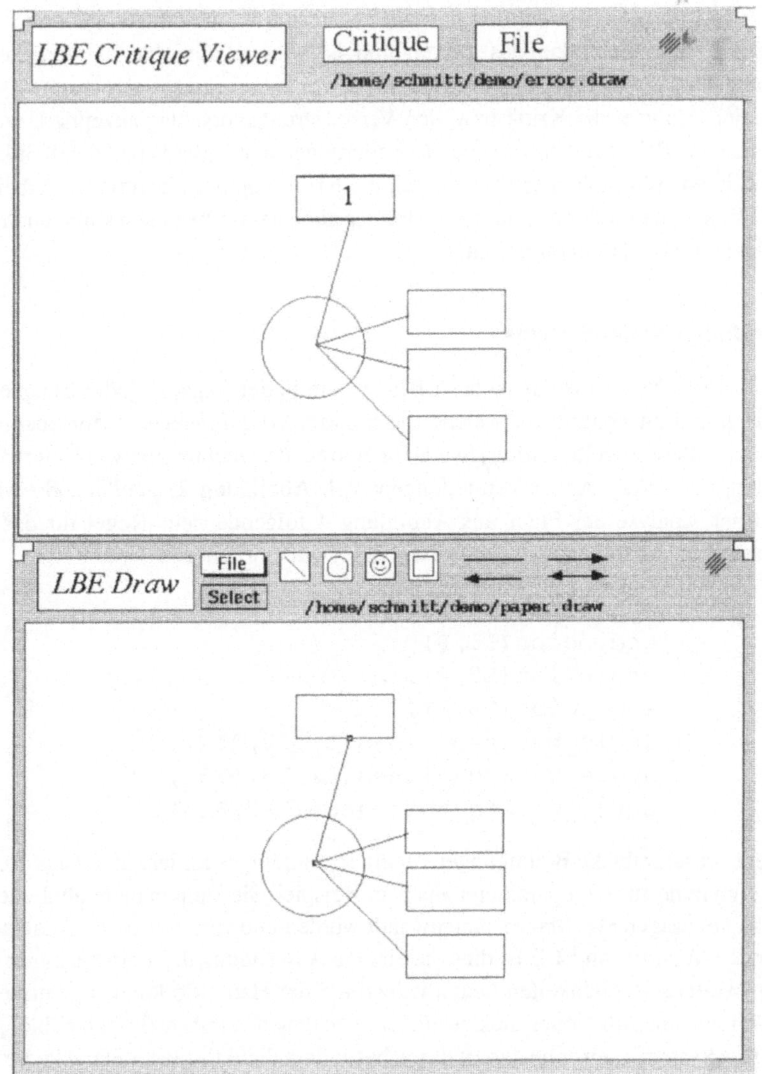

Abbildung 5. *LBE Drawer* und *LBE Critique Viewer*

```
left_aligned([2,3,4]),
only_one_of_a_type([5]).
```

Suggestion:

To achieve `good_anchor_layout` *you should modify the diagram to satisfy*

```
left_aligned([1,2,3,4]).
```

Do you want to see more suggestions? (y/n) . . .

In der Beispielsituation würden nun ggf. weitere Rückmeldungen generiert, die sich etwa auf die Unregelmäßigkeit des „Linienbündels" oder auf die schlechte Verankerung der Verbindungslinie am Rechteck 1 bezögen.

Falls der Benutzer die Kritik bzw. den Verbesserungsvorschlag akzeptiert, wird er im Arbeitsfenster (*LBE Draw*) entsprechende Änderungen durchführen und den Kritikvorgang erneut initiieren. Wir hielten es für sinnvoll, die Kritik von der eigentlichen Arbeitsumgebung zu trennen, damit der Benutzer sich immer noch darauf beziehen kann, auch wenn er bereits Änderungen durchgeführt hat.

3.4 Lernfähigkeit des Systems

Mittels des EBG-Mechanismus ist das LBE-System in der Lage, zu jeder Beispielanalyse eine neue Regel zu generieren, welche die konkret vorgefundenen Erfolgsbedingungen generalisiert. Diese Regeln werden jeweils für eine der drei nichtrekursiven Unterkategorien (Verbindungen, Anker, Anker-Verbindungen; vgl. Abbildung 2) gebildet. So wird etwa aufgrund der Analyse der Figur aus Abbildung 4 folgende neue Regel für das Linien-Layout erzeugt (Variablennamen „mnemotechnisch überarbeitet"):

```
new_good_line_layout([L1,L2,L3]) :-
          end_point(L1,P),
          end_point(L2,P),
          end_point(L3,P),
          angle_between_lines(L1,L2,A12),
          angle_between_lines(L2,L3,A23),
          equal_within_tolerance(A12,A23).
```

Diese Regel beschreibt die Bedingungen für ein regelmäßiges Linienbündel aus drei Linien ohne Bezugnahme auf Lageparameter aus dem Beispiel. Sie kann in einer ähnlichen Situation direkt, sozusagen als „Makro", angewandt werden und verkürzt so die Analyse. In der vorliegenden Version von LBE ist dies die einzige Anwendung des Lernens durch Generalisierung. Weitere Möglichkeiten liegen jedoch auf der Hand: So können gelernte Regeln benutzt werden, um Situationen zu klassifizieren, in denen bereits mehrfach Fehler gemacht wurden. Das System kann dann darauf durch besondere didaktische Hilfen reagieren. Dabei ist jedoch zu bedenken, daß die Regeln immer korrekt im Sinne der Bereichstheorie sind. Eine gelernte Regel spezifiziert also nicht den „Fehler", sondern nur die Situation (aufgrund der zugeordneten Erfolgsbedingungen). Eine Fehlermodellierung im eigentlichen Sinne ist mit rein *deduktiven* Methoden nicht möglich. In [Hoppe 92a] findet sich ein Vorschlag zur *induktiven* Generierung von Fehlerregeln in Verbindung mit einem deduktiven Verfahren zur Fehleranalyse in einem tutoriellen System.

4 Schlußfolgerungen und Ausblick

Das System LBE zeigt das Potential logikbasierter, deduktiver Verfahren für die Implementierung von produktorientierten, analytischen Kritikersystemen. Besonders bemerkenswert ist, daß dieser Ansatz selbst bei offenen, stark unterdeterminierten Gestaltungsaufgaben wie dem Layout von Diagrammen noch vernünftige Ergebnisse erbringt. Die Repräsentation der Wissenbasis als Logikprogramm bietet erhebliche Vorteile gegenüber flachen Regelsystemen, indem sie eine hierarchische Strukturierung inklusive Rekursion ebenso erlaubt wie das „Herausfaktorisieren“ spezieller an verschiedenen Stellen auftretender Teilanforderungen. Der Einsatz von Meta-Interpretern für die Fehleranalyse wurde und wird im Bereich der Logikprogrammierung gründlich untersucht. Damit ist die methodologische und theoretische Basis des Ansatzes gerade auch im Vergleich zum üblichen methodisch-theoretischen Standard von KI-Anwendungen ausgesprochen gut ausgearbeitet.

Kritik an dem dargestellten Verfahren mag bei verschiedenen Unzulänglichkeiten der Bereichstheorie ansetzen. Dabei ist jedoch zunächst zu bedenken, daß die Bereichstheorie im Rahmen des methodischen Ansatzes nur einen Parameter, eine jederzeit veränderbare Wissenbasis, darstellt. Wir hatten allerdings gesehen, daß bei disjunktiv verbundenen hinreichenden Gütekriterien grundsätzliche Probleme hinsichtlich der Vollständigkeit bestehen. Man muß also damit rechnen, daß das System in bestimmten Situationen „unangemessene“ Kritik äußert. Um dies aufzufangen, können zum einen bestimmte zusätzliche heuristische Filter eingesetzt werden. Viel wichtiger aber noch ist, daß dem Benutzer durch geeignete Erklärungen auf der eigentlichen Problemebene die vom System durchgeführte Analyse möglichst transparent gemacht wird. Diese Forderung ist natürlich auch ganz allgemein an Kritikersysteme zu stellen.

Multimedia in der Medizin

Gerhard Peter

Multimedia ist in den letzten Jahren zu einem neuen Schlüsselwort sowohl innerhalb als auch außerhalb der Informatik geworden. Vielfach wird mit diesem Begriff nur versucht, eine Anwendung dadurch zu aktualisieren, daß sie mit dem Begriff *Multimedia* in Verbindung gebracht wird. Eine Präzisierung des Begriffs Multimedia und Eingrenzung auf relevante Anwendungsbereiche ist deshalb notwendig.

Beschreibt man die Aufgaben von Multimedia aus einem pragmatischen Blickwinkel, so handelt es sich um die *Speicherung*, *Präsentation* und *Übertragung* von Texten, Bildern, Sprache und allgemeinen Daten in einer einheitlichen Form.

In einfachen Modellen läßt sich Multimedia auf die Integration von interaktiven Computern mit full-motion Video und Ton in CD-Qualität beschränken. Eher anschaulich formuliert Robinson [Robinson 90, S. 203]:

> "When you combine standard data processing with graphics, animation, speech synthesis, audio, and video, you're part of a phenomenon in computing. Multimedia uses the computer to integrate and control diverse electronic media such as computer screens, videodisk players, CD-ROM disks, and speech and audio synthesizers."

Auf einem UIMS-Workshop in Portugal im Juni 1990 [Duce et al. 91] wurde eine Definition vorgeschlagen, die auf einem Multimedia-Workshop in Schweden im April 1991 [Kjedahl 92] übernommen wurde. Bei dieser Definition spielen die Eingabe- und Ausgabe-Aspekte von Multimedia die Hauptrolle:

1. Multimedia beschäftigt sich mit Ein- und Ausgabe (dies beinhaltet auch ihre Kombination, welche Interaktion genannt wird).
2. Bei der Ausgabe beschäftigt sich Multimedia mit mehreren Strömen, die parallel arbeiten.
3. Bei der Eingabe beschäftigt sich Multimedia mit mehreren gleichzeitigen Eingabeereignissen, die von einem oder mehreren Eingabegeräten erzeugt werden.
4. Bei der Eingabe beschäftigt sich Multimedia mit der Zusammensetzung von Eingabezeichen auf höherer Ebene aus primitiven Eingabeereignissen.

Eine andere Definition [Meyer-Wegener 91] lautet: „Ein Multimediasystem ist ein (Computer-) System, das an seiner Benutzeroberfläche verschiedene Medien zum Austausch von Informationen unterstützt."

Da diese beiden Definitionen einige wichtige Aspekte von Multimedia, wie Speicherung und Verarbeitung, zu wenig berücksichtigen oder ganz übersehen, ist die formale Definition von Steinmetz [Steinmetz et al. 90] zu bevorzugen:

> „Ein Multimedia-System ist durch die rechnergesteuerte, *integrierte* Verarbeitung, Speicherung, Darstellung, Kommunikation, Erzeugung und Manipulation von *unabhängigen* Informationen *mehrerer zeitabhängiger und zeitunabhängiger Medien* gekennzeichnet."

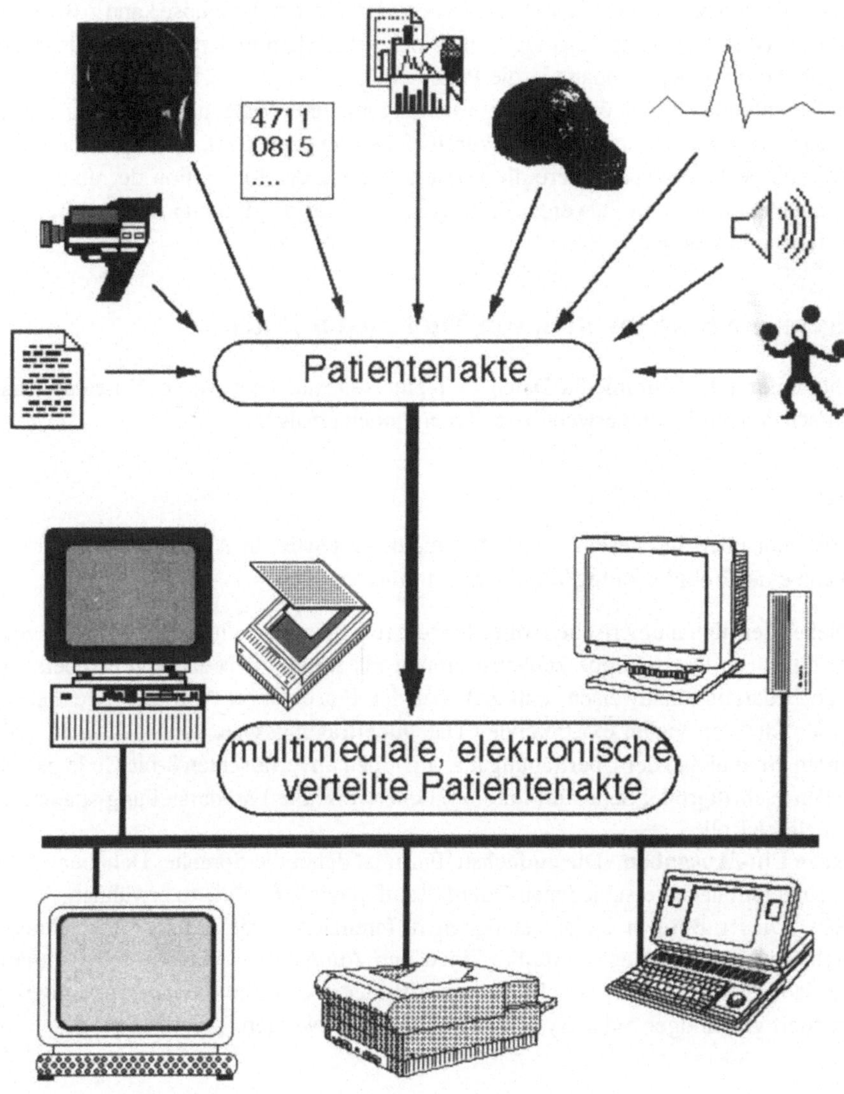

Abbildung 1. Ein multimediales System

In Abbildung 1 sind die unterschiedlichen Bereiche der Multimedia-Anwendung in der Medizin aufgeführt. In die konventionelle Patientenakte fließen heute schon die verschiedensten Medien ein und werden auch auf verschiedenen Datenträgern gehalten. Dargestellt sind dabei die geschriebene Information, die möglicherweise auf Papier vorliegt. Bildsequenzen können als Dokumentation auf einem Videoband abgelegt sein. 2D-Bilder liegen vielleicht in Papierform oder als klassische Röntgenbilder vor. Laborwerte sind als Tabellen abgespeichert. 3D-Rekonstruktionen bedürfen bereits heute des Rechners. Analoge Meßwerte finden in unterschiedlicher Form ihren Eingang in die Patientenakte, möglicherweise als Papierausdruck eines EKG's. Eine vom Arzt diktierte Diagnose kann z.B. in Form einer Audiokassette der Akte beigelegt sein. Noch sehr selten finden Elemente der letzten Rubrik, die Animationen, Eingang in die Patientenakte.

Den Patientendaten steht die Datenverarbeitung mit einer Vielzahl von Geräten zur Ein- und Ausgabe, zur Datenübertragung und zur Speicherung gegenüber. An die multimedialen Systeme muß deshalb insbesondere die Forderung nach der Integration der unterschiedlichen Patientendaten gestellt werden. Die Heterogenität der Rechner stellt dabei einen verschärfenden Faktor dar.

1 Allgemeine Klassifikation von Multimedia-Daten

Eine Unterteilung der Multimedia-Daten kann einerseits nach der Art der Daten und andererseits nach den auf ihnen verwendbaren Operationen erfolgen.

1.1 Arten

Eine Übersicht über die wesentlichen Multimedia-Daten ist in Abbildung 2 dargestellt. Dabei kann eine Grobgliederung Teilbereiche umfassen:

Text. Neben den alphanumerischen sollen hier die rein numerischen Daten erwähnt werden. Obwohl diese Datengruppe zunächst einmal als trivial zu behandeln erscheint, gilt es doch darauf hinzuweisen, daß z.B. bei der Präsentation Anforderungen gestellt werden, die von vielen existierenden Datenübertragungssystemen noch nicht erfüllt werden. So muß bei der Übertragung u.a. auf einen unverfälschten 8-bit-Code geachtet werden. Schriftgröße, Schriftart und möglicherweise die Farbdarstellung spielen eine zusätzliche Rolle.

Akustische Ein-/Ausgaben. Die einfachste Form ist dabei die Sprache. Daneben ist Musik, eingeteilt nach verschiedenen Qualitätsstufen wie z.B. Hifi, zu erwähnen.

Bilddaten. Dieser Bereich ist am stärksten differenziert. Eine gängige Einteilung ist möglich in Bilder (image), Grafik, Video und Animation. Grafiken und Animation sind dabei vom Benutzer erstellt, während Bilder und Video mehr oder weniger unverändert von bildgebenden Systemen übernommen werden.

1.2 Aktionen

Eine andere Unterteilung aller Multimedia-Daten kann für die Beschreibung der Aktionen eingeführt werden. Die Multimedia-Daten können dabei in Rohdaten, Registrierungsdaten und Beschreibungsdaten untergliedert werden [Appelrath/Meyer-Wegener 91]. Rohdaten sind unformatiert, z.B. Pixel, Linien, Buchstaben; Registrierungsdaten dienen der Interpretation der Rohdaten und ihrer Identifikation; Beschreibungsdaten sind optional und stellen die Wiedergabe des Inhalts in einem anderen Medium dar.

Aus dieser Einteilung sind die Aktionen unterscheidbar in: Eingabe, Ausgabe, Auswertung, Modifikation und Suche. Ein-, Ausgabe und Modifikation brauchen nicht erläutert zu werden. Das Auswerten der Daten resultiert im Erzeugen von neuen Daten, den Bewertungsdaten. Beim Suchen kann es sich z.B. um Mustererkennung auf Rohdaten oder um das Finden von Inhalten der Beschreibungsdaten handeln.

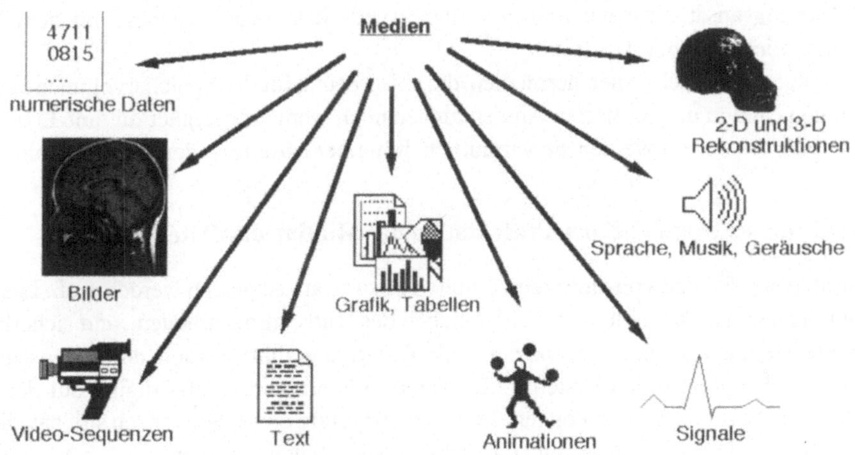

Abbildung 2. Multimedia-Daten im medizinischen Bereich

2 Probleme beim Einsatz der multimedialen Elemente

Die Problemfelder beim Einsatz der Multimedia-Daten lassen sich in die bereits oben vorgestellte Einteilung nach Speicherung, Präsentation und Übertragung untergliedern.

2.1 Probleme bei der Speicherung der Multimedia-Daten

Der Ablage auf einem permanenten Speicher sind heute noch deutliche Grenzen gesetzt, und zwar sowohl im Speichervolumen als auch in der Zugriffszeit. Die Anforderungen an das Speichervolumen werden von Steinmetz und Herrtwich [Steinmetz/Herrtwich 91] an einigen Beispielen deutlich gemacht. Eine Bildschirmseite Text benötigt nach ihrer Berechnung ca. 9,4 KByte. Ein Vektorbild wird unter realistischen Annahmen mit 2,8 KByte berechnet. Dem steht ein Farbpixelbild mit 300 KByte gegenüber.

Bei dieser Betrachtung wird nur auf 2D-Einzelbilder eingegangen. Beachtet man, daß in einer Praxis für eine Vielzahl von Patienten auch deren 3D-Bilddaten gespeichert werden sollen, so ist auch ein leistungsfähiges, konventionelles Plattenspeichersystem schnell von der Datenmenge überfordert.

Nicht nur das Speichervolumen spielt eine wesentliche Rolle, sondern auch die Zugriffszeit. Auch hier können Rechenbeispiele von Steinmetz und Herrtwich herangezogen werden. Für eine Sekunde Sprachspeicherung in Telefonqualität werden von ihnen 8 KByte berechnet. Bei einem Stereo-Tonsignal in CD-Qualität steigt die Datenmenge pro Sekunde auf 172 KBytes an. Abschließend berechnen sie eine Sekunde Video in PAL-Qualität mit 22 MByte.

Selbst wenn man berücksichtigt, daß für die Einzel- [Wallace 91] und die Bewegtbilder [LeGall 91] Kompressionsverfahren angewendet werden können, bleibt ein erhebliches Datenvolumen übrig.

Stellt man konventionelle Speicher den Anforderungen gegenüber, so ist offensichtlich, daß Plattenspeicher mit Zugriffszeiten im Millisekundenbereich die geforderten Antwortzeiten und auch die geforderten Übertragungskapazitäten nicht erfüllen können.

Lösungsansätze für ein besseres Zugriffsverhalten bieten Systeme mit dem Einsatz umfangreicher Platten-Caches.

Magneto-optische Speichermedien, die eine Lösung für das Speichervolumen darstellen könnten, sind in ungepufferten Anwendungen noch weniger geeignet für eine Echtzeitaufbereitung. Trotzdem werden sie vermutlich Teil einer Lösung in den nächsten Jahren sein.

2.2 Unterscheidung bei der Präsentation der Multimedia-Daten

Ansatzpunkt ist, daß von einer rein digitalen Lösung ausgegangen werden muß. Lösungen, die mit analoger Darstellung in Teilbereichen des Bildschirms arbeiten, sind sicherlich nur eine Übergangslösung. Als Stand der Technik darf angeführt werden, daß Videosequenzen von einem bildgebenden System (z.B. Kamera) übernommen und digital auf dem Bildschirm ausgegeben werden können. Die Abspeicherung dieser Sequenzen stößt an die oben aufgeführten Probleme im zeitlichen Verhalten der Speichermedien.

Wie bei konventionellen Systemen handelt es sich dabei um

- unveränderte Ausgabe gespeicherter Daten,

oder

- die Bildaufbereitung muß vor der Präsentation durchgeführt werden, der Benutzer ist interaktiv beteiligt und die Bildausgabe erfolgt in Echtzeit.

Je nachdem welche Alternative gewählt wird, sind z.Zt. noch völlig unterschiedliche Hardwarevoraussetzungen notwendig. Die Vermischung von digitalen und analogen Daten spielt aus Zeitgründen immer noch eine wesentliche Rolle.

2.3 Probleme bei der Übertragung

Technische Voraussetzung für die Übertragung multimedialer Dokumente existieren. Entscheidend sind hier allerdings die entstehenden Kosten. Bei der Beschaffung schneller, glasfasergestützter Systeme sind die Investitionskosten erheblich. Im WAN-Bereich sind zusätzlich die Betriebskosten zu berücksichtigen.

3 Das multimediale Patientendokument als Anwendungsgebiet in der Medizin

3.1 Die konventionelle Patientenakte

Eine konventionelle Patientenakte zeichnet sich insbesondere durch eine Vielzahl unterschiedlicher Elemente aus. Sie umfassen bereits heute alle Ausprägungen, die in einer multimedialen Umgebung auftreten können. Zählt man diese Elemente in der Häufigkeit ihres Auftretens auf, so muß zunächst einmal mit der textuellen Information begonnen werden. Herkömmliche Texte sind dabei die Notizen des Arztes und Arztbriefe als Anamnese und Diagnose. Ebenfalls aufzuzählen sind jede Art der Arztbriefe, aber auch Operationsberichte sind zu erwähnen. Darüber hinaus gibt es noch die Befundungen zum Beispiel von Endoskopien oder von Röntgenaufnahmen.

Neben den Texten sind als nächstes die numerischen Daten aufzulisten. Auch hier gilt es Beispiele zu nennen: Labor- oder sonstige Meßwerte. Häufig liegen sie in tabellarischer Form vor. Eine rein chronologische Reihenfolge kann allerdings auch auftreten.

Die nächste Gruppe sind Bilder unterschiedlicher bildgebender Verfahren. Eine Reihe dieser Systeme umfassen Bilddokumente, die ursprünglich nicht digitalisiert sind. Auch dem laienhaften Patienten sind die Mehrzahl der Aufnahmegeräte bekannt, wie z.B. Röntgenbilder, Szintigramme, Sonographie. Manuell erstellte Endoskopieskizzen gehören aber genauso dazu wie selbstaufgenommene Fotos eines Patienten.

Diesen analogen Bildern können die bereits im bildgebenden System digitalisierten, wie z.B. vom Magnetresonanzverfahren (MR), Computertomographien (CT), nuklearmedizinische Scanner-Untersuchungen, und die digitale Subtraktionsangiographie (DSA) gegenübergestellt werden.

Eine ganze Reihe von anderen Dokumenten wie Videosequenzen, die z.B. bei prä- und postoperativer Funktionsdokumentation oder bei intraoperativen Einsätzen benutzt werden, muß ebenfalls noch zur Vervollständigung der Aufzählung angeführt werden.

Sieht man von den Bildern ab, so sind als nächstes Tonaufnahmen zu nennen. Als Beispiel können gesprochene Aufnahmen eines Patienten vor und nach Kehlkopfoperationen genannt werden. Aber auch die Spracheingabe der Diagnose des Arztes in aufbereiteter oder nicht aufbereiteter Form gilt es zu beachten.

Als letzte Rubrik in der Befundendokumentation muß die ganze Palette von computergestützten Dokumentationsverfahren genannt werden. Aus dem eigenen Anwendungsbereich sei die Dokumentation der Tumorlokalisation und -ausdehnung genannt. Der Arzt gibt dabei in ein dreidimensionales, potentiell transparentes Modell des Kopfes schichtenweise den durch Endoskopie diagnostizierten Tumor ein. Ein späterer Vergleich mit dem operativ entfernten Tumor wird dadurch ermöglicht.

Die Daten können an verschiedenen Orten, die oftmals weit auseinanderliegen, gespeichert sein. Ein Zugriff auf einzelne Komponenten ist nicht zu jeder Zeit möglich, da die Akte insgesamt oder teilweise ausgeliehen ist. Ein gleichzeitiger Zugriff mehrerer Benutzer schließt sich von selbst aus.

3.2 Die nichtintegrierte Lösung der Patientenakte

Alle aufgeführten Dokumente sind Bestandteil einer konventionellen Patientenakte, die sich jedoch im Regelfall noch immer als reine Stand-alone-Lösung darstellt.

So werden 3D-Rekonstruktionen aus einem oder mehreren der oben aufgeführten bildgebenden Systeme erzeugt und auf dem jeweiligen angeschlossenen Rechnersystem abgelegt. Bereits die Übertragung der grundlegenden 2D-Basisdaten kann schon erhebliche Schwierigkeiten bereiten.

Die aufgezeigten Videosequenzen aus dem prä- und postoperativen Bereich sind auf DV-fernen Videogeräten aufgezeichnet und auf Videobändern abgespeichert. Eine Präsentation auf einer DV-Anlage erfolgt meist mit analoger Eingabeschnittstelle.

Grafiken, die z.B. aus Laborergebnissen ermittelt wurden, werden häufig ausgedruckt oder geplottet und immer noch in Papierform der Patientenakte beigefügt.

Die Dokumentation sprachlicher Eingaben wie z.B. die aufgezeichnete Befundung des Arztes wird klassisch auf der Audiokassette gespeichert und im positiven Fall über die Textverarbeitung der Patientenakte zugefügt. Dieses spätere Anfügen von Text an die

Patientenakte kennzeichnet den gesamten Befundungsbereich, unabhängig davon ob sie als Diagnoseergebnis, Anmerkung oder Kommentare zu verstehen sind.

Auf eine Vielzahl weiterer Daten aus dem Krankenhausbereich sei hier noch hingewiesen. So werden neben den medizinischen Daten der Patienten auch Daten aus der Verwaltung und Abrechnung, aus der Apotheke und z.B. der Küche benötigt.

3.3 Die computergestützte, multimediale Patientenakte

Der Einsatz einer computergestützten Patientenakte stellt einige wesentliche Anforderungen. So muß ein Zugriff auf alle Daten eines Patienten zu jeder Zeit und ohne wesentlichen Zeitverlust, von zahlreichen Stellen aus wie OP, Arztzimmer oder Funktionsbereich möglich sein. Der zeitgleiche Zugriff mehrerer Benutzer muß möglich sein.

Von der Anwenderseite wird die Unterstützung der Formularerstellung und -ausfüllung ebenso gefordert wie die patientenbezogene Leistungserfassung und -berechnung. Dabei sind die Daten in einer Patientenakte redundanzfrei gespeichert und durchlaufen bei ihrer Eingabe Plausibilitätskontrollen sowie Fehlerprüfungen

Die Daten sind in ihrer Darstellung an individuelle Anforderungen anpaßbar.

Patientendaten sollen zur *computer-assisted surgery* (CAS) weiterverarbeitet werden können oder sind beispielsweise beim computer-unterstützten Transplantat- und Implantatdesign verwendbar.

Alle Patientendaten müssen zur Entscheidungsunterstützung herangezogen werden können, und durch gezielten Zugriff auf die archivierten Daten müssen zahlreiche Patienten mit ähnlicher oder identischer Problemstellung einander zugeordnet werden.

Über Schnittstellen zu Tumorzentren oder einen vergleichbaren Klinikverbund sind die Daten für klinikübergreifende Fragestellungen verfügbar, selbstverständlich nach adäquater Anonymisierung und unter Berücksichtigung sonstiger Datenschutzaspekte.

Medizinische Forschungsarbeiten werden unterstützt, da die einschlägigen Daten zahlreicher Patienten sowohl für retrospektive Studien als auch zur Definition und Prüfung von Kriterien in der Vorbereitung prospektiver Studien verwendet werden können.

Geeignete Patientendaten können mit Verweisen und entsprechend limitierten Zugriffsmöglichkeiten in die Präsentation hypermedialer Lehrsysteme eingegliedert werden.

Schließlich kann eine Komponente zur klinikinternen oder auch übergreifenden Qualitätssicherung und auch zur Erstellung von Leistungsstatistiken integriert werden.

In Abbildung 3 sind die wesentlichen Elemente einer multimedialen Patientenakte aufgeführt [Arnold/Peter 93].

Der zentrale Punkt ist dabei die Patientenakte selbst. Die allgemeinen Anforderungen an eine solche Patientenakte, wie offene Schnittstelllen, die Zugriffsmöglichkeiten, Flexibilität und Redundanzfreiheit, sind dem übergeordnet. Von Anwenderseite ist die Hilfe in der Forschung, bei der Entscheidungsunterstützung, der Qualitätssicherung und der Präsentationsmöglichkeit aufgeführt.

3.4 Die multimediale, verteilte Patientenakte

Die multimediale, verteilte Patientenakte basiert auf folgenden Elementen:

Der Übergang zur multimedialen, verteilten Patientenakte setzt ein leistungsfähiges, verteiltes Datenbanksystem voraus. Außerdem existieren unterschiedliche Rechner im Verbund. Die Leistungsunterschiede sind dabei sowohl in den Hardwarekomponenten als auch

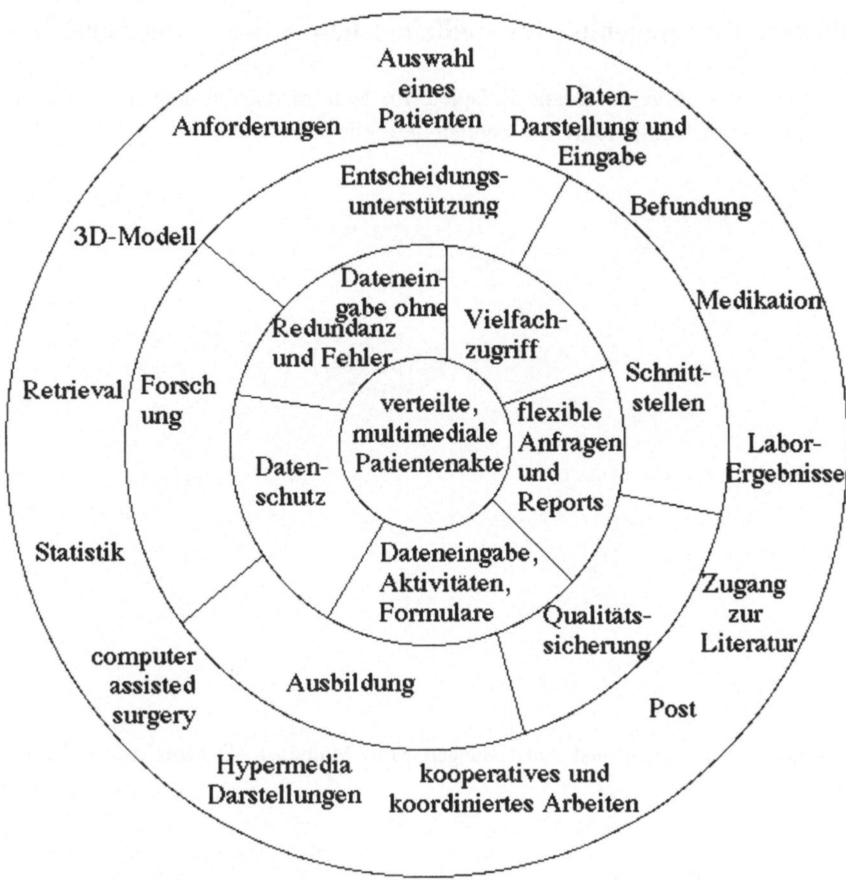

Abbildung 3. Multimediale Patientenakte

in der installierten Software zu sehen. Jeder Arbeitsplatz ist mit dem benötigten Rechner ausgestattet.

Eine Speicherung und gleichartige Präsentation ist aus Kostengründen nicht auf jedem Rechner möglich. So bietet es sich z.B. an, daß auf einem Rechner die 3D-Rekonstruktion durchgeführt wird, auf einem anderen nur die Präsentation in Form von Schnitten oder 2D-Sichten angeboten wird.

Die Patientenakte wird über das gesamte Netz koordiniert und verwaltet. Ortsspezifisch sind unterschiedliche Sichten möglich.

Der Patient kann auf einem eigenen Datenträger einen Auszug seiner Patientenakte erhalten. Dieser Auszug stellt ihm die wesentlichen Multimedia-Daten zur Verfügung und kann von ihm auch bei einem Arztwechsel weiterverwendet werden. Dieser Datenträger muß darüber hinaus auch die Fähigkeit haben, den Verlauf der Krankengeschichte eines Patienten zu rekonstruieren.

4 Weitere Einsatzgebiete im medizinischen Anwendungsbereich

In Abbildung 4 sind verschiedene Beispiele für Multimedia-Systeme im medizinischen Anwendungsbereich aufgeführt. Sie können untergliedert werden in:

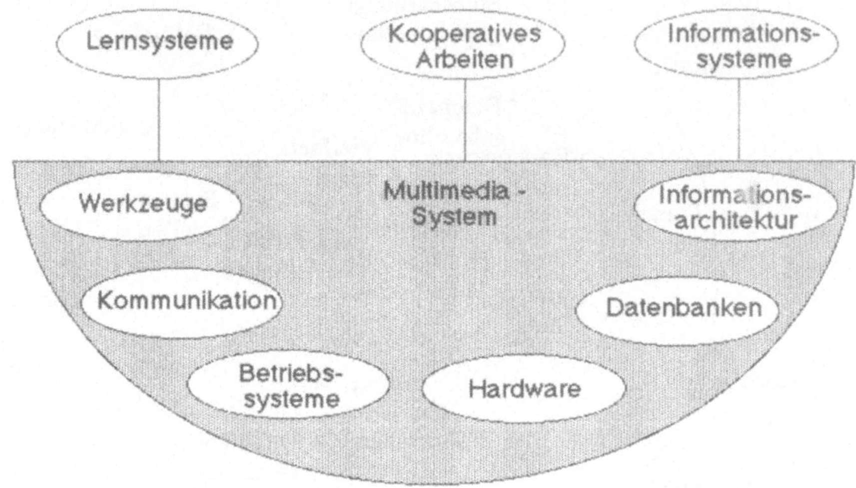

Abbildung 4. Komponenten und Anwendungen eines Multimedia-Systems (nach [Steinmetz et al. 90])

4.1 Aus- und Weiterbildung

Ein wesentlicher Bereich multimedialer Anwendungen in der Medizin ist die Aus- und Weiterbildung. Dabei sind insbesondere zwei unterschiedliche Teilbereiche zu nennen:

- Lehr- und Lernsystem in der Studentenausbildung
- Dokumentation und Verbreitung von Spezialdisziplinen

Bereits heute werden erste Systeme zur Ausbildung angehender Mediziner in Form multimedialer Systeme angeboten. Das Spektrum reicht dabei von einfachen Dokumentationssystemen bis zu interaktiven Simulationen komplexer Abläufe.

Bei der Dokumentation von Spezialdisziplinen sei auf Abschnitt 5.2, die Darstellung einer Anwendungsmöglichkeit, verwiesen.

4.2 Kooperatives Arbeiten

Dabei soll das multimediale System die Mediziner sowohl bei räumlicher oder zeitlicher Trennung als auch bei fachärztlicher Spezialisierung unterstützen [Jensch 90].

Gedacht ist dabei ebenfalls an ein einheitliches, vernetztes System, bei dem der Arzt in der Lage ist, seine Probleme bzw. Lösungen zu beschreiben und dem Kollegen an einem anderen Ort oder zu einem späteren Zeitpunkt zur Verfügung zu stellen. Ebenfalls ist die Aufbereitung des Problems für einen in dieser Disziplin nicht spezialisierten Kollegen möglich.

4.3 Informationssysteme

Zum einen soll patientenbezogen ein Informationssystem aufgebaut werden, z.B. als verlaufsorientierte Dokumentation. Andererseits dient das multimediale System als Basis zur Dokumentation eines neuen Behandlungsverfahrens.

In Abbildung 4 ist aufgelistet, welche Arbeiten von der Informatik noch geleistet werden müssen, um dem Anwender den Einsatz eines multimediales Systems zu ermöglichen. Die Erweiterungen und Normungen bei Hardware, im Kommunikationsbereich und bei den Betriebssystemen sind dabei unverzichtbar. Datenbanken müssen zu einsatzfähigen objektorientierten und für Multimedia offenen Systemen erweitert werden. Informationsarchitekturen müssen dem Benutzer neue Zugriffswege eröffnen, Werkzeuge zur Realisierung der konkreten Lösungen müssen zur Verfügung gestellt werden.

5 Darstellung aktueller Multimedia-Projekte im Studiengang Medizinische Informatik

Mehrere Projekte aus dem Bereich der multimedialen Systeme in der Medizin sind im Studiengang Medizinische Informatik in Bearbeitung bzw. bereits abgeschlossen. Beschrieben werden nur die Aktivitäten unter Leitung des Autors. Zusätzlich arbeiten weitere Kollegen, sowohl in Heidelberg als auch in Heilbronn, auf dem Gebiet Multimedia bzw. benachbarten Gebieten. Allerdings sind dann die Schwerpunkte anders gesetzt.

5.1 Die computerbasierte, verteilte und multimediale Patientenakte

Die konventionelle Patientenakte für sich allein ist ein Gebiet, auf das sich zahlreiche Forschungsgruppen konzentrieren. Bereits die Umsetzung dieser konventionellen Patientenakte in eine computerbasierte Anwendung im Krankenhausumfeld würde die Möglichkeiten eines Teams von der Größe wie in Heilbronn überfordern. Darum wurde die Zielsetzung deutlich eingeschränkt.

Es wurden die folgenden Ausgangsfragestellungen für die Behandlung der computerbasierten, verteilten und multimedialen Patientenakte formuliert:

- Wie muß eine konventionelle Patientenakte erweitert werden, um den zusätzlichen Anforderungen im multimedialen Bereich unter Berücksichtigung von Verteilungsaspekten Rechnung tragen zu können?
- Wie sollte die Benutzungsschnittstelle aussehen, damit sie von einem Arzt in seinem Anwendungsbereich akzepziert werden kann?

Eine zusätzliche Einschränkung ergibt sich dadurch, daß keine Eigenentwicklung im Datenbankbereich vorgenommen wird, sondern die Ansätze für multimediale, verteilte und objektorientierte Datenbanken Berücksichtigung finden.

Als wichtig hat sich die Zusammenarbeit mit der Orthopädie in Heidelberg erwiesen. Die Zielsetzung in Heidelberg ist u.a. die Entwicklung von Datenstrukturen für eine Implementierung der computerbasierten Patientenakte. Heilbronn steht damit ein Gesprächspartner zur Verfügung, der die Praxisrelevanz der gewählten multimedialen Ansätze prüft und die neuen Ergebnisse in die eigenen Arbeiten einarbeitet.

Der vorgestellte Ansatz der verteilten, multimedialen Patientenakte wird z.Zt. in einem Prototyp realisiert [Arnold/Peter 93]. Dabei wird davon ausgegangen, daß die Hard- und Softwareumgebung folgende Randbedingungen erfüllt: vernetzte Multimedia-Rechner mit gestaffelter Leistungsfähigkeit im Client-Server-Prinzip. Die verteilte, multimediale Patientenakte stellt sich dabei als ein Gebilde dar, das im Regelfall nicht auf einem einzelnen Rechner abspeicherbar ist, sondern in möglicherweise redundanten Teilen auf verschiedenen Rechnern lagert. Abhängig vom gewählten Zugangsrechner wird dem Arzt ein unterschiedlicher Leistungsumfang angeboten. Wie bereits erwähnt, müssen z.B. nicht alle Rechner im Netz mit hochleistungsfähigen Grafikprozessoren für 3D-Darstellung ausgestattet sein.

Andererseits müssen dem Arzt relevante Ausschnitte aus einer solchen 3D-Rekonstruktion auf jedem Rechner angeboten werden. Dies kann allerdings durchaus in der Form von 2D-Schnitten erfolgen. Als Zugang verfügt der Anwender über ein dem Bedarf, den örtlichen Gegebenheiten und den Kosten angepaßtes Endgerät. Ebenfalls wird angenommen, daß Unterschiede in der Fähigkeit von E/A-Geräten auf verschiedenen Rechnern zulässig sind. Während der Funktionsumfang für den Arzt somit von dem Endgerät abhängig sein darf, muß die Benutzungsoberfläche weitgehend rechnerunabhängig sein.

In Heilbronn wurden deshalb portable Benutzungsoberflächen prototypisch implementiert und Ärzten zur Stellungnahme angeboten. Die Portabilität wurde dabei bewußt mit unterschiedlichen Tools gewährleistet. Eine Implementierung benutzt auf einem NeXT-Rechner NeXT-STEP unter der Annahme, daß auch nach der Änderung der Firmenstrategie von NeXT das Produkt NeXT-STEP auf größere und kleinere Rechnerkonfigurationen übertragen wird. Die gesamte Anwendung wird damit problemlos portierbar. Es hat sich gezeigt, daß mit NeXT-STEP relativ leicht die für den Arzt geeignete Oberfläche erzeugt werden kann. Der Nachteil ist aber ebenfalls leicht erkennbar: die Übertragung der Anwendung ist von der Verbreitung von NeXT-STEP auf unterschiedlichen Rechnern abhängig.

Der zweite Prototyp geht von einer anderen Gewährleistung der Portierbarkeit aus. Hier wird die Übertragbarkeit auf andere Rechnersysteme dadurch gesichert, daß die Benutzungsschnittstelle unter Verwendung eines *User Interface Management Systems* implementiert wird. Der Prototyp verwendet dabei eine SUN-Workstation. Erste Ergebnisse zeigen, daß die Anpaßbarkeit an die Unix-Systeme auf unterschiedlicher Hardware die Tools sehr schwerfällig macht.

Bei der Zielsetzung war neben der Evaluierung der Anforderungen insbesondere die Berücksichtigung von Anwenderbedürfnissen gefragt, die sich spezifisch aus dem medizinischen Anwendungsbereich ergeben. Dies erfolgt vor allem durch die Überprüfung der implementierten Prototypen durch Ärzte.

Weitere Arbeiten befassen sich mit der Realisierung der Verteilung der Daten, Sicherstellung der Integrität und Synchronisation, mit Datenschutz und Datensicherheit und mit der Speicherung von multimedialen Patientendaten mit objektorientierten Datenbanken. Weiterhin werden einzelne Funktionen des Systems realisiert. In das System integriert ist auch die unter 5.2 vorgestellte Tumordokumentation.

5.2 Tumordokumentation im HNO-Bereich

Das zweite Anwendungsfeld hat sich aus einer Anforderung der medizinischen Praxis ergeben. In der HNO-Klinik des Katharinenhospitals Stuttgart wird eine spezielle Operationstechnik für bestimmte Karzinome eingesetzt. Bei der Operation werden Teile des Dünndarmes zur Erhaltung der Sprachfähigkeit des Patienten übertragen. Zunächst erscheint die Methode sehr aufwendig. Der Nachweis, daß dieser Mehraufwand im operativen Bereich durch Verkürzung der Behandlungsdauer und durch geringere Einschränkung der Sprachfähigkeit des Patienten ausgeglichen wird, mußte nachgewiesen werden. Insbesondere bestand eine Zielsetzung darin, die Tumorklassifikation zu verbessern, um eine bessere Vergleichbarkeit der Schwere der Erkrankung zu ermöglichen.

Das implementierte System erfüllt diese Zielsetzung [Arnold et al. 91, Asprion 91, Nohn 91]. Ebenfalls wird auf den Ansatz des kooperativen Arbeitens zurückgegriffen. Der untersuchende Facharzt kann einen über Endoskopie ermittelten Tumor in ein vorgegebenes 3D-Modell des Kopfes eintragen. Der operierende Arzt kann sich mit dieser Dokumentation vorbereiten. Ein Hinweis auf spezifische Risiken beim Patienten kann mitdokumentiert werden. Dies kann z.B. die besondere Lage von Adern zum Tumor sein. Wird das Geschwulst entfernt, so kann der tatsächlich vorhandene Tumor mit dem vorher diagnostizierten verglichen werden und mögliche Ursachen für eine Abweichung bei späteren Patienten eine Berücksichtigung finden.

Die Dokumentation des Tumors kann vom Arzt unter folgenden Gesichtpunkten modifiziert werden:

- Für Gruppen von Organen oder einzelne Organe kann der Anwender festlegen, ob sie auf einer Abbildung dargestellt werden oder nicht.
- Der Referenzpunkt, der Betrachtungswinkel, die Skalierung, der Clipping-Faktor und die Beleuchtung können vom Anwender verändert werden, um die Erkennbarkeit einzelner Bildteile zu erhöhen.

5.3 Ausbildung von Operationstechniken

Als Folge der Arbeiten an der Tumordokumentation hat sich gezeigt, daß auch ein Darstellungsbedarf für die verwendete Operationsmethode besteht. Die Zielsetzung für diese Folgeanwendung war die Erzeugung eines Videofilms über diese Operationsmethode unter Verwendung von dreidimensionalen Animationen. Im Film sollten sowohl reale Szenen während der Operation dargestellt, als auch Patienten prä- und postoperativ gezeigt werden. Die Abläufe der gewählten Operationsmethode werden schematisiert in mehreren Sequenzen dokumentiert und mit alternativen Techniken verglichen. Dieser Videofilm liegt in der Zwischenzeit vor. Er kann von jedem Facharzt abgerufen werden.

Diese Ergebnisse sollen in einem weiteren Schritt nicht nur als sequentieller Ablauf möglich sein, sondern als interaktive Demonstration am Rechner. Es soll dazu ein hypermediales Präsentationssystem verwendet werden. Auf diese Weise kann medizinisches

Wissen aus einem Teilbereich repräsentiert werden und durch Video- und Audiodarstellungen, Animationen sowie Zugriff auf anonymisierte Patientendaten an Studenten und Ärzte in der Weiterbildung vermittelt werden.

6 Ausblick

Ein Ausblick über die weiteren Entwicklungstendenzen muß in zwei Teilbereiche aufgegliedert werden. Zum einen kann eine Prognose über die Weiterentwicklung von Multimedia im allgemeinen versucht werden, zum anderen soll die Fortsetzung der eigenen Arbeit dargestellt werden.

6.1 Entwicklungsmöglichkeiten im Bereich Multimedia

Das Angebot an Hard- und Software wird in den nächsten Jahren enorm anwachsen. Wie in der Einführung dargestellt, kann auch beim Ausblick die Unterscheidung in Speicherung, Präsentation und Übertragung der Multimedia-Daten vorgenommen werden.

Die Prognose für die Speicherung ist dabei sicherlich am einfachsten zu treffen. Ein Anwachsen der Speicherkapazitäten bei schnellerem Zugriffsverhalten und günstigerem Preis pro gespeichertem Zeichen kann als gesichert angenommen werden. Wie in Abschnitt 2.1 dargelegt, wird der Zuwachs im Volumen und die Verbesserung im Zugriffszeitverhalten von der Anwendungsseite dringend benötigt. Die Weiterentwicklung von Kompressionsverfahren mit geringem Verlust an Bildqualität wird sowohl mit Hardware- als auch Softwarekomponenten weitergehen. Als ausgewählter Bereich zur Beobachtung der Weiterentwicklung kann dabei die Echtzeitpräsentation von digitalisierten Videosequenzen vom Hintergrundspeicher herangezogen werden.

Neben diesen hardwarenahen Betrachtungen muß aber auch die Weiterentwicklung im Bereich der Datenhaltung verfolgt werden. Die Speicherung in Multimedialen Datenbanken steht noch am Anfang. Den Möglichkeiten zur Suche nach Bildinhalten bzw. sprachlichen Konstrukten steht noch eine große Entwicklung bevor.

Bei der Präsentation spielt insbesondere die hardwareunabhängige Benutzungsschnittstelle eine wesentliche Rolle. Die Weiterentwicklung von OSF/MOTIF und OSF/DCE sind dabei ein Ansatzpunkt. Aber auch Neuentwicklungen von Betriebssystemen berücksichtigen bereits im Entwurf die Integration von Multimedia-Daten. Als ein Beispiel soll hier Windows NT genannt werden.

Am schwierigsten sind die Prognosen im Bereich der Übertragung von Multimedia-Daten. Bereits die Frage nach der Notwendigkeit von glasfasergestützten Systemen kann nicht mit einem eindeutigen Ja beantwortet werden. Für eine Vielzahl von Anwendungen scheint auch eine drahtgestützte Datenübertragung denkbar, sofern die Übertragungsstrecke stabil genug gegenüber Störungen gemacht werden kann. Soweit es das Postmonopol zuläßt, sind auch andere Übertragungsverfahren einzuplanen. Nur als Ergänzung sollen hier funk- und infrarotgestützte Verfahren genannt werden. Im WAN-Bereich nimmt das Angebot der Bundespost auch weiterhin eine Schlüsselposition ein.

6.2 Zukünftige Arbeiten im Fachbereich Medizinische Informatik

Die Fortsetzung der Projekte im Fachbereich Medizinische Informatik werden sich an den angesprochenen Weiterentwicklungen orientieren müssen. Gleichzeitig ist immer noch zu berücksichtigen, daß die Routine im Krankenhaus und die konkreten Installationen von Krankenhausinformationssystemen noch weit davon entfernt sind, sich bereits jetzt mit dem Thema Multimedia zu beschäftigen. Die Analyse und der Entwurf der multimedialen Patientenakte muß deshalb einerseits weiter vorangetrieben werden. Die Bewertung eines Prototyps muß aber gleichzeitig die finanziellen Möglichkeiten einer Anwendung im medizinischen Umfeld einschließen.

Innerhalb der multimedialen, verteilten Patientenakte erscheint mir die Berücksichtigung der lebenslangen Datenhaltung beim Patienten besonders nennenswert. Das Spannungsfeld zwischen dem Einsatz von modernen Datenspeichern und der Gewährleistung von langfristiger Zugriffsmöglichkeit ist dabei besonders hervorzuheben. Der Ansatz, daß ein Patient über alle wesentlichen Daten seiner Krankheitsgeschichte selbst verfügen kann, ist faszinierend. Strategien zum Löschen von nicht (mehr) benötigten Multimedia-Daten müssen ebenso entwickelt werden, wie neue Ansätze im Datenschutzbereich vorzusehen sind. Die weiterführende Frage, welche Daten ein Patient einem Arzt zur Verfügung stellen will und wie die Selektion vom mündigen Patienten erfolgen kann, ist noch nicht beantwortbar.

Eine wissensbasierte Schnittstelle zu statistischen Auswertungssystemen

Knut M. Wittkowski

Die kommerziell verfügbaren statistischen Daten- und Methodenbanksysteme (DMBS) wie BMDP [Dixon 88], SAS [SAS 90], SPSS [Norusis 90] etc. wurden als Werkzeuge für Statistiker konzipiert, d.h. für Benutzer, die ein umfangreiches Fachwissen über Methoden der Versuchsplanung und Statistik besitzen. In der Praxis werden die Systeme jedoch zunehmend von Wissenschaftlern angewandt, deren Qualifikation überwiegend im Anwendungsgebiet der Statistik (z.B. Medizin, Sozialwissenschaften) liegt und die nur über geringe Kenntnisse auf dem Gebiet der Statistik verfügen.

Da die DMBS inzwischen meist numerisch korrekte Ergebnisse liefern und auch syntaktische Fehler häufig erkannt werden (bei Tippfehlern wird z.B. eine Liste der möglichen Parameter angegeben), wird die Gefahr semantischer Fehler (d.h. nicht problemadäquater Programmaufrufe) oft übersehen. Je komfortabler die Kommandosprachen werden (z.B. durch den Einsatz von Menü-Schnittstellen), desto größer wird diese Gefahr für Benutzer mit begrenztem Wissen in Statistik. Dieser Effekt wird noch dadurch verstärkt, daß die von den Herstellern gelieferte (Werbe-) Literatur oft suggeriert, die Systeme könnten auch von „statistischen Laien" gefahrlos benutzt werden, und daß diese Literatur vielfach irreführend ist (vgl. [Wittkowski 92c]).

Bei Medizin und Jura sind Beratungstätigkeit und Anwendung entscheidungsunterstützender Systeme auf Anwender mit ausreichender Sachkunde beschränkt. Dies ist auf dem Gebiet der Statistik jedoch (noch) nicht erreichbar. Man sollte daher den statistischen Laien zumindest Hilfsmittel an die Hand geben, die die Auswahl an Operationen und Methoden bei statistischen Auswertungen auf das Sinnvolle beschränken und damit einerseits dem Wunsch der Benutzer nach einem leichteren Zugang Rechnung tragen und andererseits die Wahrscheinlichkeit semantischer Fehler reduzieren. Gleichzeitig erhält der Experte (Statistiker) ein Instrument, mit dem er den Aufwand bei der Auswertung in Standardsituationen reduzieren kann.

In der vorliegenden Arbeit wird dargelegt, wie eine wissensbasierte Schnittstelle zur Lösung dieses Problems beitragen kann. Als zentraler Aspekt wird dabei die in [Wittkowski 86] vorgeschlagene Trennung in *theoretische Beziehungen* (die bereits vor der Erhebung der Daten bekannt sind), *hypothetische Beziehungen* (über die in der Studie Erkenntnisse gewonnen werden sollen) und *beobachtete Beziehungen* (die erst während der Studie bekannt werden) zugrundegelegt. Anschließend wird auf der Grundlage dieser Unterscheidung ein Schichten-Modell für die Darstellung von Wissen innerhalb einer wissensbasierten Schnittstelle entworfen, es werden die Wissensbasis und die Benutzungsschnittstelle des Programms PANOS (<u>Pa</u>rametric and <u>No</u>n-Parametric <u>S</u>tatistics, [Wittkowski 85, Wittkowski 92b]) vorgestellt, die auf diesem Schichtenmodell basieren.

1 Semantische Fehler und Wissensbasen

Die Begriffe *Expertensystem* oder *wissensbasiertes System* sind bisher uneinheitlich verwendet worden (vgl. z.B. [Haux 89]), um Systeme zu beschreiben, die den Benutzer bei der Planung, Durchführung und Auswertung eines Versuchs (bzw. einer Studie) unterstützen. In [Wittkowski 90, Kapitel 1] wurden verschiedene Definitionen gegenübergestellt, und es wurde vorgeschlagen, ein *wissensbasiertes System* (WBS) dadurch zu charakterisieren, daß es eine (redundanzfreie) Basis von Wissen (Meta-Daten, z.B. in Form von Regeln oder sog. Frames) benutzt, um zu entscheiden, welche Operationen auf den Daten notwendig, zweckmäßig oder unzulässig sind.

Viele der heute als „klassisch" bezeichneten Expertensysteme wie zum Beispiel MYCIN [Shortliffe 76] wurden zur Unterstützung menschlicher Experten auf ihrem jeweiligen Fachgebiet bei der Lösung spezieller, engumgrenzter Probleme entwickelt (vgl. [Wittkowski 87, Kapitel 4]). Trotz z.T. zunächst sehr vielversprechender Publikationen sind erst wenige dieser Systeme in der Realität (d.h. von anderen Experten als dem Entwickler) eingesetzt worden (vgl. unten Abschnitt 3.1).

Wenn ein WBS Benutzer mit *geringem Vorwissen* auf dem Gebiet der Statistik bei der Planung und Auswertung von Studien unterstützen soll, ergeben sich durch das umfangreiche Wissen unterschiedlicher Art (über Versuchsplanung, Methoden, Programme etc.) noch weitergehende Anforderungen an die Wissensbasis (vgl. [Wittkowski 90, Kapitel 2]).

Auf der Grundlage der in [Wittkowski 85] eingeführten Strukturierung der Problemlöseprozesse bei der Versuchsplanung und -durchführung, der Auswertung und der Methodenentwicklung wurde in [Wittkowski 87] dargestellt, wie die Auswahl statistischer Methoden anhand von theoretischen und hypothetischen Beziehungen (die die noch unbekannten Zusammenhänge beschreiben) durchgeführt werden kann. Im folgenden wird dieser Ansatz unter Verwendung des in [Elliman/Wittkowski 87, Wittkowski 88a, Wittkowski 88d] aus diesem Konzept schrittweise entwickelten Schichtenmodells (Abbildung 1) konkretisiert.

- Die EXECUTION-Ebene enthält die kommerziell verfügbaren statistischen DMBS.
- Auf der ACCESS-Ebene wird der Zugriff auf die Daten bzw. Programme beschrieben, d.h die Beziehung der Merkmale zu den Daten (DATA-Wissensbasis) und die Syntax der Programmaufrufe (PROGRAMS-Wissensbasis).
- Die DESIGN-Wissensbasis beschreibt die Beziehung der Merkmale zum Versuchsplan. Die METHODS-Wissensbasis enthält Informationen zu den Modellen, die den Programmen zugrundeliegen.
- Die MODEL-Wissensbasis beschreibt, wie die Merkmale in der Realität zu interpretieren sind. Das Wissen der DATA-, DESIGN- und MODEL-Wissensbasis wird durch Regeln der STATISTICS-Wissensbasis verknüpft.

Die vorgeschlagene Trennung des Systems in unabhängige Schichten ermöglicht es, zunächst Erfahrungen in der Anwendung des Systems zu sammeln und aufgrund dieser Erfahrungen die oberen Schichten später in Zusammenarbeit mit Wissenschaftlern dieser Fachgebiete (Psychologie, Medizin) zu ergänzen.

Im folgenden werden zunächst Anforderungen an die Wissensbasen definiert, indem untersucht wird, aufgrund des Wissens welcher Wissensbasen (DATA, DESIGN, MODEL, METHODS, PROGRAMS; vgl. Abbildung 1) welche Arten semantischer Fehler (ggf. durch Anwendung von Regeln der STATISTICS-Wissensbasis) vermieden werden können.

Anschließend wird demonstriert, wie dieses Wissen in den einzelnen Wissensbasen repräsentiert werden kann.

1.1 Wissen der DATA-Wissensbank

Die Konsistenz einer Datenbasis wird i.a. verletzt, wenn Ausprägungen abgeleiteter Merkmale ediert oder Korrekturen in den beobachteten Merkmalen nicht auf alle abgeleiteten Merkmale fortgepflanzt werden. Die Auswertungen werden außerdem fehlerhaft, wenn fehlende Werte nicht danach unterschieden werden, ob ihre Erhebung nicht geplant war oder sie lediglich nicht erhoben werden konnten bzw. verloren gegangen sind. (Dabei soll hier davon ausgegangen werden, daß im zweiten Fall der Grund für das Fehlen von der zu erwartenden Ausprägung unabhängig ist, d.h., daß z.B. große Werte nicht häufiger fehlen als kleine.)

	KB	**LAYER**	KB
USER			
KBS	DIALOG	**INTERACTION**	USER
		DOMAIN	
	MODEL	**STRATEGY**	STATISTICS
	DESIGN	**SEMANTICS**	METHODS
	DATA	**ACCESS**	PROGRAMS
DMBS	*data*	**EXECUTION**	*programs*

Die Wissensbasen (knowledge base, KB) auf der linken Seite enthalten Wissen über die konkrete Auswertung, die Wissensbasen auf der rechten Seite enthalten von der aktuellen Auswertung unabhängiges Wissen.

Abbildung 1. Schichtenmodell für eine wissensbasierte Schnittstelle (knowledge based system, KBS) zu statistischen Daten- und Methodenbank-Systemen (DMBS)

In der DATA-Wissensbasis müssen demnach die Beziehungen zwischen beobachteten und abgeleiteten Merkmalen gespeichert werden. Für jedes fehlende Datum muß unterschieden werden können zwischen der Ausprägung „Erfassung nicht vorgesehen" und der Ausprägung „Datum liegt (noch) nicht vor".

1.2 Wissen der DESIGN-Wissensbank

Semantisch fehlerhafte Datenstrukturen werden erzeugt, wenn der Benutzer bei der Aggregation oder Auswahl von Daten Operationen anwendet, die zu einer mit den Objekten des Versuchsplans unverträglichen Datenstruktur führen, weil

- Korrekturen von Daten nicht (unabhängig von der Auswahl anzuzeigender Objekte und Merkmale) auf alle relevanten Beobachtungseinheiten der abgeleiteten Merkmale fortgepflanzt werden,

- Merkmale anhand ihrer (univariaten) Rangfolge oder laufenden Nummer zusammengeführt werden, so daß Daten verschiedener Beobachtungseinheiten zu einem Objekt zusammenfaßt werden oder
- Replikationen von Merkmalsausprägungen nach der Erzeugung einer universellen (non-3NF) Relation (vgl. [Schlageter/Stucky 77]) nicht mehr von identischen, unabhängigen Meßwiederholungen unterschieden werden können

(vgl. [Wittkowski 88d, Wittkowski 91]). Um diese Fehler zu vermeiden, muß anhand der DESIGN-Wissensbasis ableitbar sein, welche Typen von Beobachtungseinheiten mit dem Versuchsplan verträglich sind und welchem Typ von Beobachtungseinheiten ein Merkmal zugeordnet ist.

1.3 Wissen der MODEL-Wissensbank

Semantische Fehler können entstehen, wenn das Wissen über die in den Merkmalen repräsentierten Konzepte nicht berücksichtigt wird, z.B.

- wenn bei der Datenerfassung Format oder Integritätsbedingungen (Wertebereich des aktuellen oder abgeleiteter Merkmale) verletzt werden,
- wenn bei arithmetischen Operationen SI-Maßeinheiten, Skalen-Niveaus oder Wertebereiche der Merkmale unverträglich sind oder man bei statistischen Auswertungen Skalen-Niveau und Wertebereich der Merkmale nicht berücksichtigt,
- wenn man bei Rangtests nicht zwischen diskreten und diskretisierten Daten unterscheidet [Wittkowski 92c, 4.3] [Wittkowski 89],
- wenn (vor allem bei parametrischen Auswertungen) die Stichprobenstrategie nicht berücksichtigt wird [Wittkowski 92c] oder
- wenn bei statistischen Auswertungen nicht zwischen abhängigen und unabhängigen Merkmalen unterschieden wird.

Um diese Fehler zu vermeiden, muß die MODEL-Wissensbasis Informationen über die theoretischen Beziehungen enthalten.

1.4 Wissen der METHODS-Wissensbank

Statistische Methoden eignen sich meist für eine Vielzahl von Problemen (z.B. hinsichtlich der Datenstruktur, Hierarchie oder Stichprobenstrategie). Programme enthalten oft Spezialfälle mehrerer Methoden gleichzeitig. Anhand der METHODS-Wissensbasis können semantische Fehler aufgrund von Widersprüchen zwischen der Beschreibung und der Funktion eines Programms, schlecht dokumentierten Lücken im Methodenspektrum und numerischen Problemen vermieden werden:

- Bei unvollständigen Datenstrukturen in Plänen mit mehreren Faktoren (Einflußgrößen) werden von einigen Auswertungssystemen die in den Manuals angegebenen Hypothesen nur für saturierte Modelle (d.h. Modelle mit allen denkbaren Wechselwirkungen) getestet [Wittkowski 92c].
- Die für Rangtests angegebenen Überschreitungswahrscheinlichkeiten unter der Hypothese (p-values “with correction for ties”) sind nur für diskrete, nicht jedoch für diskretisierte Daten anwendbar [Wittkowski 92b, Abbildung 2].

- Die SPSS/PC+ Prozedur MANOVA [Norusis 90] unterscheidet nicht zwischen Faktoren mit deterministisch bzw. zufällig ausgewählten Ausprägungen. Bei BMDP lassen sich zufällige Faktoren nur in speziellen Versuchsplänen auswerten ([Dixon 88]).
- Fehler in den Programmpaketen schränken die Anwendbarkeit der Programme z.T. erheblich ein (vgl. [Wittkowski 92c, Wittkowski 92b]).

Zu jedem Programm muß deshalb anhand der METHODS-Wissensbasis ableitbar sein, für welche Probleme es anwendbar ist. Durch Vergleich der Ergebnisse mehrerer Programme erhält man Hinweise auf semantische und numerische Fehler.

1.5 Wissen der PROGRAMS-Wissensbank

Aufgrund der angestrebten Aufwärtskompatibilität der verschiedenen Versionen ist die Syntax der Auswertungssysteme (vor allem derjenigen mit längerer Tradition) oft uneinheitlich (vgl. z.B. die Modellspezifikation in den verschiedenen BMDP-Programmen zur Varianzanalyse) und irreführend (vgl. das RANDOM Kommando in SAS GLM [SAS 90, S. 922-3]).

Die PROGRAMS-Wissensbasis muß deshalb Informationen sowohl darüber enthalten, wie die Programme aufgerufen werden müssen, als auch darüber, wie die Ausgabe der Programme aufzubereiten ist, damit sie einerseits alle relevanten Informationen und andererseits möglichst wenig "overhead" an überflüssigen, irreführenden oder sogar falschen Angaben enthält (vgl. die Anwendung des Vorzeichentests in Abbildungen 2 und 3).

2 Entwurf eines wissensbasierten Systems

Ob der Einsatz eines wissensbasierten Systems überhaupt in Betracht gezogen wird, hängt zunächst einmal davon ab, ob es in der Lage ist, dem Benutzer Arbeit abzunehmen oder zu erleichtern. Die Akzeptanz hängt dann in erster Linie von der Benutzungsoberfläche ab, mittelbar (hinsichtlich Geschwindigkeit und Qualität der Erklärungen) jedoch auch von der Effizienz der Wissensrepräsentation. Im folgenden wird demonstriert, wie sich eine Strukturierung des Wissens auf die Gestaltung der Benutzungsoberfläche und auf die Effizienz des Systems auswirkt.

2.1 Benutzungsoberfläche

Die Strukturierung des Wissens ermöglicht die Entwicklung einer Mensch-Maschine-Schnittstelle, bei der der Dialog strukturiert (unter Verwendung von Bildschirmformularen) geführt wird (vgl. Abbildung 3). Die Daten werden analog zu Tabellenkalkulationsprogrammen (Lotus 1-2-3, Excel, Quattro etc.) als Rechteckstruktur dargestellt, jedoch werden nur solche Operationen auf den Daten zugelassen, die mit dem Wissen der DATA-, DESIGN- und MODEL-Wissensbasen vereinbar sind. Zusätzlich wird anhand der DESIGN-Wissensbasis die Struktur der Daten (durch Hinterlegung mit unterschiedlichen Farben) dargestellt. Oberhalb der Daten wird Wissen der MODEL-Ebene dargestellt, um dem Benutzer die Interpretation der Daten, die Formulierung einer Fragestellung und das Verständnis der Entscheidungen des Systems zu erleichtern. Ergebnisse werden (ggf. nach einer Aufbereitung) in eigenen Fenstern präsentiert.

```
BMDP3D - ONE-SAMPLE AND TWO-SAMPLE T-TESTS                                      (1)
         Copyright 1977, ..., 1988;  BMDP Statistical Software, Inc. ...
Version: 1988 (IBM PC/DOS)                  No Math Coprocessor Required.
Manual : BMDP Manual Vol. 1 and Vol. 2      Digest : BMDP User's Digest.
Updates: State NEWS. in the PRINT paragraph   for summary of new features.
PROGRAM INSTRUCTIONS/ INPUT    TITLE     = 'WITTKOWSKI KM (1989) TheStat 38:93' (2)
                               VARIABLES = 3                     FORMAT = FREE
                / VARIABLE NAMES    = PatID, before, after   LABEL= PatID
                / MATCHED TITLE     = 'The sign test paradox'
                               VARIABLES = before, after         NONPAR.
                / END
PROBLEM TITLE IS                         WITTKOWSKI KM (1989) TheStat 38:93
NUMBER OF VARIABLES TO READ IN. . . . . . . . . . . .                      3  (2)
NUMBER OF VARIABLES ADDED BY TRANSFORMATIONS. . . . .                      0
TOTAL NUMBER OF VARIABLES . . . . . . . . . . . . . .                      3
CASE FREQUENCY VARIABLE . . . . . . . . . . . . . . .
CASE WEIGHT VARIABLE. . . . . . . . . . . . . . . . .
CASE LABELING VARIABLES . . . . . . . . . . . . . . .                  PatID
NUMBER OF CASES TO READ IN. . . . . . . . . . . . . .                 TO END
MISSING VALUES CHECKED BEFORE OR AFTER TRANS. . . . .                NEITHER
BLANKS ARE. . . . . . . . . . . . . . . . . . . . . .                MISSING
VARIABLES TO BE USED                         2 before      3 after
INPUT FORMAT IS                                                         FREE
MAXIMUM LENGTH DATA RECORD IS                                  80 CHARACTERS
TEST TITLE IS                                          The sign test paradox
VARIABLES TO BE ANALYZED. . . . . . . . . . . . . . . . before     after    (2)
NUMBER OF MATCHED PAIRS OF VARIABLES. . . . . . . . .                      1
USE COMPLETE CASES ONLY . . . . . . . . . . . . . . .                     NO
PRINT GROUP CORRELATION MATRICES. . . . . . . . . . .                     NO
COMPUTE HOTELLINGS T SQUARE . . . . . . . . . . . . .                     NO
COMPUTE ROBUST STATISTICS . . . . . . . . . . . . . .                     NO
COMPUTE NONPARAMETRIC STATISTICS. . . . . . . . . . .                    YES
GROUPING VARIABLE . . . . . . . . . . . . . . . . . .                      0
NUMBER OF CASES READ. . . . . . . . . . . . . . . . .                     32  (3)
***        CASE NUMBERS PRINTED BELOW REFER TO THE     32 CASES, ABOVE
before   VS. after      (VAR. NO.   2 VS.   3)          before      after     (1)
*************************************** -----------------------------------   (4)
      before                after           MEAN        0.0000     0.1875
         H                                  STD DEV     0.0000     0.5923
         H                                  S.E.M.      0.0000     0.1047
         H                  X               SAMPLE SIZE    32         32
         H                  X               MAXIMUM     0.0000     1.0000
         H                  X         X     MINIMUM     0.0000    -1.0000
         H         X        X         X     Z MAX       0.00       1.37
M-----------------M  M-----------------M    Z MIN       0.00      -2.00
I  AN H=    6 CASES  A  I  AN X=    6 CASES  A  CASE (MAX)     1          1
N    (N=   32)       X  N    (N=   32)       X  CASE (MIN)     1         10
before   -  after       (VAR. NO.   2  -    3)  TEST STATISTICS   P-VALUE  DF
***************************************------------------------------------
before - after          MEAN       -0.1875  MATCHED  T     -1.79 0.0831  31  (1)
                        STD DEV     0.5923  SIGN TEST*           0.1460      (5)
         H              S.E.M.      0.1047  WILCOXON**      19.5 0.0833
         H              SAMPLE SIZE    32
 H       H              MAXIMUM     1.0000  CORRELATION  0.0000 1.0000   31
 H       H              MINIMUM    -1.0000  SPEARMAN R   0.0000 1.0000   31
 H       H        H     Z MAX       2.00
M-----------------M     Z MIN      -1.37     * before    > after    IN    3
I  AN H=    4 CASES  A  CASE (MAX)      10  CASES OF   12 WITH NONZERO DIFS.
N    (N=   32)       X  CASE (MIN)       1  ** TOTAL OF RANKS WITH LESS
                                               FREQUENT SIGN =       19.5
```

LEGENDE: (1) Mittelwerte, SD, SEM, t-Tests etc. sind bei ordinalen Daten nicht sinnvoll. BMDP 3S kann Paare mit konstantem Referenzwert (before) nicht auswerten. (2) Bei generiertem Code ist eine Überprüfung meist überflüssig. Die Optionen TRAN, GROUP, HOTEL, and ROBUST sind nicht sinnvoll. (3) Redundant. (4) Univariate Statistiken sind nicht sinnvoll. (5) Für diskretisierte Daten ist der p-Wert nicht korrekt. Der WILCOXON (signed rank) Test und SPEARMANS R sind für die hier vorliegende Fragestellung nicht sinnvoll.

Abbildung 2. BMDP 3D Ergebnisausdruck

Während in klassischen Expertensystemen ein unstrukturierter Dialog anhand von Fragen und Antworten geführt wird, erlaubt die Strukturierung des Wissens hier, jedem Feld des Bildschirmformulars die zugehörigen Regeln der STATISTICS-Wissensbasis unmittelbar zuzuordnen (Abbildung 4). Durch *Rückverkettung* wird geschlossen (unter Verwendung

```
F1-Hlp F2-Edt F3-Dat F4-Knw F5-Var F6-Hyp F9-Src    File Run eXit Ret=. Ready
(C) Wittkowski 1992              P A N O S              99-12-31  23-59-59  D/T
CON SignTest          WITTKOWSKI KM (1989) TheStat 38:93 99-12-31  23-59-59  CON
EXT Inexact              Within Tie Order Unknown       99-12-31  23-59-59  EXT
SRC                               ESC         BMDP Results                  PgUp
IND PatID      Exam      C_I
SIU -          -         -                       H
OBS A          -B        AB                      H
N/F  32 N2.0    2 A6.0    64 N2.0         H      H
SCL  oo T ND    2 T ND     3 O OC         H      H
MIN         1  After          -1          H      H        H
MAX        32  Before          1          M-------------------M
DAT         1  Before          0          I  AN H=     4 Cases  A
DAT         1  After          -1          N    (N=    32)       X
DAT         2  Before          0             Before   - After
DAT         2  After           0
DAT         3  Before          0          -1.0000         1.0000
DAT         3  After           1          (    1)  CASE  (    10)
DAT         4  Before          0
DAT         4  After           1          N =     9 +   20 +    3
DAT         5  Before          0
DAT         5  After          -1          SignTest        P=?.????
DAT         6  Before          0          (corr. for continuity)
I/O Block      Tndncy    Test
MSG Press ESC for PANOS Results     C[<]    '?...?': Invalid       C[>] PgDn
```

Abbildung 3. PANOS-Bildschirmformular bei der Formulierung der Fragestellung von Abbildung 2 mit Ergebnisfenster

der Wissensbasen MODEL, DESIGN und DATA, vgl. Abbildung 1), welche der möglichen Optionen zulässig sind.

Änderungen eines Feldes können zu temporären Inkonsistenzen [Wittkowski 85, Wittkowski 90] führen, d.h., der (ehemals zulässige) Inhalt anderer Felder wird unzulässig. Die strukturierte Oberfläche ermöglicht eine neue Form von *Vorwärts-Erklärungen* ("Why?"). Dabei wird angenommen, daß die Felder links/oberhalb des aktuellen Feldes die Voraussetzungen enthalten, anhand derer die Zulässigkeit der Eingabe im aktuellen Feld überprüft wird. Nach jeder Eingabe beginnen alle folgenden Felder zu blinken, deren Inhalt nicht mehr zulässig ist. Durch Ausprobieren der zulässigen Optionen kann der Benutzer sich über die Konsequenzen einer Eingabe informieren und erhält so Informationen über die Wissensbasis, ohne daß spezielle Dialogschritte (z.B. Aufruf von Hilfe-Funktionen) notwendig wären.

Diese Erklärungen werden — wie bei Expertensystemen üblich — von der "Shell" abgewickelt, d.h., die Wissensbasis ist von der Erklärungskomponente getrennt. Im Gegensatz zu konventionellen Expertensystemen wird dem Benutzer jedoch nicht das Wissen, sondern werden ihm die Auswirkungen des Wissens dargestellt. Dadurch erübrigt sich eine spezielle Dialogform für Erklärungnen, die zu bedienen bzw. zu verstehen der Benutzer zusätzlich erlernen müßte. Viel wichtiger ist jedoch, daß die Erklärungen unabhängig davon sind, ob z.B. Inkonsistenzen durch wenige, geschickt gewählte oder durch viele, weniger geschickt gewählte Regeln aufgedeckt werden. Es werden in jedem Fall nur diejenigen Konsequenzen dargestellt, die für das aktuelle Problem relevant sind.

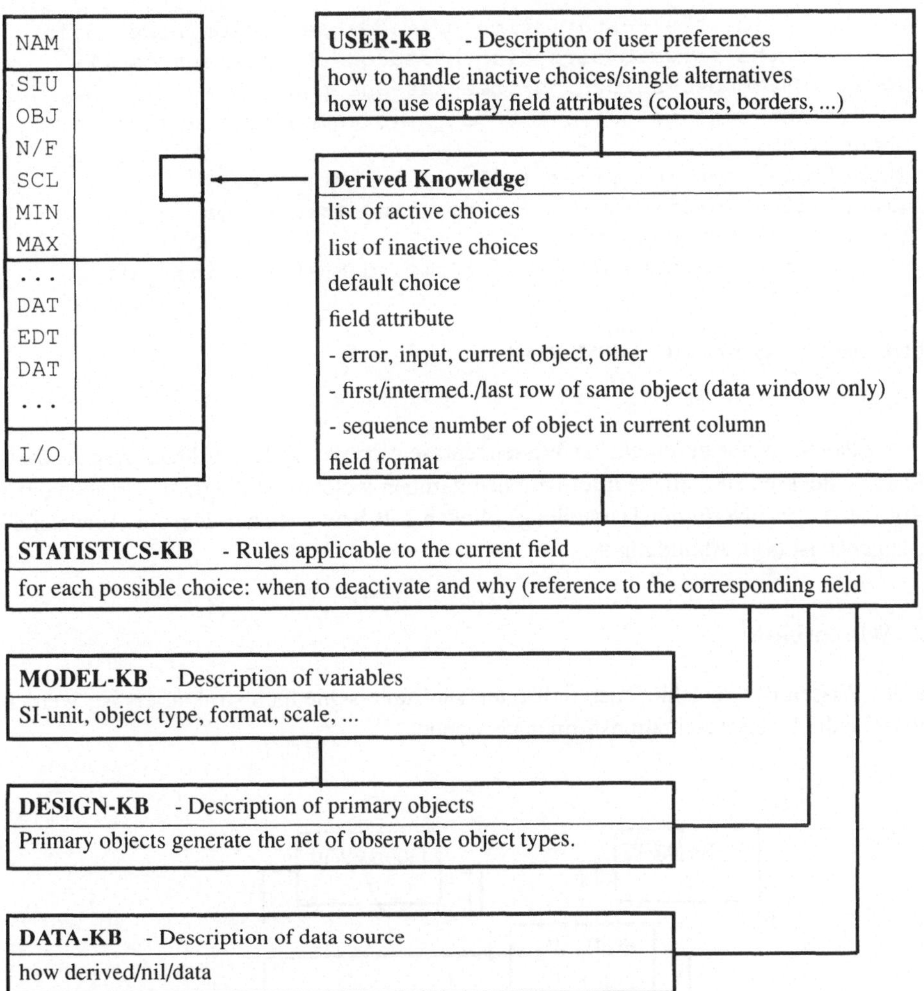

Abbildung 4. Beziehung zwischen einem Feld eines Bildschirmformulars und den Wissensbasen

Wenn der (geübte) Benutzer darauf verzichtet, sich unsinnige bzw. unzulässige Optionen anzeigen zu lassen, können Felder mit einer einzigen zulässigen Option bei der Eingabe übergangen werden. Wenn der Benutzer jedoch alle Optionen angezeigt bekommen möchte (d.h. auch Felder anspringen möchte, in denen nur eine einzige Option zulässig ist), werden *Rückwärts-Erklärungen* ("How?") sinnvoll. Manche Expertensysteme geben dazu auf Nachfrage an, welche Regeln angewandt wurden. Die Regeln werden entweder im Source-Code (Abbildung 5) oder in einer daraus abgeleiteten natürlichsprachlichen Form auf Anfrage ausgegeben (vgl. [Wittkowski 88c, Abbildung 3]; auch in [Haux 89]). Dieses Vorgehen hat den Vorteil, sich automatisieren zu lassen (d.h., auch Rückwärts-Erklärungen sind von der Wissensbasis unabhängig), führt aber zu oft langwierigen und für den Benutzer nur schwer verständlichen Erklärungen. Zudem hängt die sinnvolle Tiefe einer solchen Er-

```
((s-a MS ((find the F-statistics of model selection node _n in
          the forward direction based on the current bmd)))
  (OR ((last-model-selection-tree-has-one-node _n))
      ((last-node-on-current-tree _n)(created-from advice _n)))
  (bmd-established)
  (has-free-terms _n _frees)(NOT empty-list _frees)
  (most-suitable-statistics-for-reducing-free-terms _n
   forward-F-statistics))
  (NOT statistics-already-found formward-F-statistics _n))
```

Abbildung 5. Beispiel einer GLIMPSE-Regel

klärung davon ab, wie geschickt das Wissen repräsentiert wurde. Die PANOS-Wissensbasis enthält stattdessen zusätzliche Informationen darüber, welches Feld ggf. als Ursache einer Inkonsistenz (in invertierter Darstellung) blinken soll bzw. welcher Text im Hinweisfeld auszugeben ist (vgl. Abbildung 9).

2.2 Wissensbasen

Da das Wissen der verschiedenen Schichten sehr unterschiedlich strukturiert ist, werden unterschiedliche Repräsentationsformen verwendet.

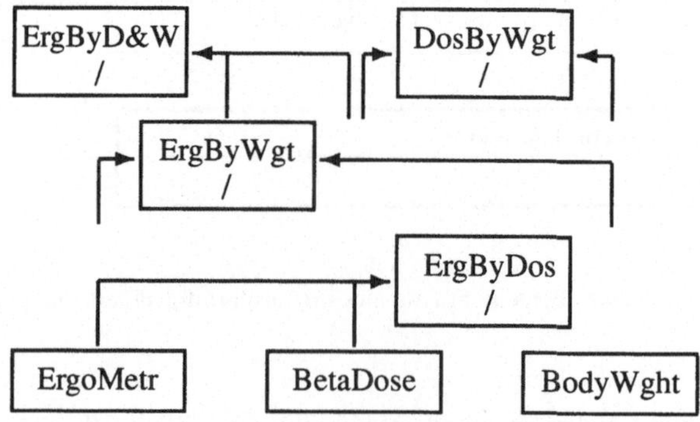

Abbildung 6. Graphische Darstellung eines Netzes von beobachteten (untere Reihe) und abgeleiteten Merkmalen (Name des Merkmals / Formel zur Berechnung)

Die DATA-Wissensbasis beschreibt die Halbordung [Hermes 67] der Merkmale. Wie Abbildung 6 zeigt, ist die Wissensbasis als Verband, nicht jedoch als Baum darstellbar (`ErgByD&W` und `DosByWgt` stehen z.B. in keiner hierarchischen Beziehung). Zu jedem Merkmal gibt es jedoch einen Baum, der bei Bedarf (d.h. zur Generierung abgeleiteter Merkmale, zur Berechnung von Daten und zur Erklärung von Entscheidungen) aufgebaut wird. Die DATA-Wissensbasis enthält die vom Benutzer bei der Generierung der Merkmale gewählte Sicht auf dieses Netz (Abbildung 7).

DosByWgt := BetaDose / BodyWght	
ErgByW&D := ErgByWgt / BetaDose	ErgByW&D :=
ErgByWgt := ErgoMetr / BodyWght	(ErgoMetr/BodyWght)/BetaDose
ErgByDos := ErgoMetr / BetaDose	
ErgoMetr := (nil)	ErgoMetr := (nil)
BodyWght := (existing)	BodyWght :=(existing)
BetaDose := (existing)	BetaDose :=(existing)

(nil)/(existing): Es wurden (noch kein Datum)/(mind. ein Datum) erfaßt.

Abbildung 7. Zwei DATA-Wissensbasen mit identischer Baumstruktur für das Merkmal ErgByW&D

```
A OperID 002
B SqncID 005
C TrtmID 004
```

Fld/Msg: Name des relevanten Feldes bzw. Text in Zeile MSG (bei Rückwärtserklärung)

Abbildung 8. Beispiel einer DESIGN-Wissensbasis

Die DESIGN-Wissensbasis enthält für jedes der Primärschlüsselattribute (PSA; vgl. [Schlageter/Stucky 77]) A, B, C, ..., die benötigt werden, um alle Typen von Beobachtungseinheiten bzw. jede denkbare 3NF-Relation zu erzeugen, ein Objekt (Abbildung 8) mit einem Buchstaben und der Zahl der Ausprägungen (sowie wahlweise einen Namen). Um die in Abschnitt 1.2 beschriebenen Fehler zu vermeiden, können (universelle) Relationen innerhalb von PANOS ausschließlich anhand dieser PSA erzeugt werden.

Ein Beispiel für die in der STATISTICS-Wissensbasis implementierten Regeln einschließlich der für Rückwärts-Erklärungen (vgl. Abschnitt 2.1) notwendigen Erweiterungen ist in Abbildung 9 dargestellt. Aufgrund der Strukturierung des Wissens und der Erklärungen können die Regeln der STATISTICS-Wissensbasis für jedes Feld des Bildschirmformulars sequentiell abgearbeitet werden. Dies ermöglichte eine Implementation in prozeduraler Form (in objektorientiertem Turbo-PASCAL).

Aufgrund der Strukturierung des Wissens lassen sich die Methoden in wenige Klassen einteilen. Daß die kommerziellen Auswertungssysteme bei Rangtests noch keine allgemein verwendbaren Prozeduren enthalten, widerspricht dieser Aussage nicht. Dieses Problem läßt sich dadurch umgehen, daß man bis zu dem Zeitpunkt, wo auch neuere Ergebnisse (vgl. z.B. [Wittkowski 88b, Wittkowski 92a]) in diese Systeme einfließen, entsprechende Spezialprogramme an die WBS anschließt. Da für das z.Zt. gewählte Methodenspektrum (Varianz- und Kovarianzanalysen, Rangtests etc.) die Bildung erweiterter externer Modell-

```
Field Type 'Type'
  AddChoice 'Continuous'
  if not DATA.IsDerived then
    DeactIf MODEL.Level = 'Nominal', 'Fld: Level'
  else
    DeactIf MODEL.DerivedType(DATA.SrcVars) <> 'Continuous',
 'Msg: Derived variable'
  AddChoice 'Discrete'
  if DATA.IsDerived then
    DeactIf MODEL.DerivedType(DATA.SrcVars) <> 'Discrete',
 'Msg: Derived variable'
```

Fld/Msg: Name des relevanten Feldes bzw. Text in Zeile MSG (bei Rückwärtserklärung)

Abbildung 9. Beispiel einer Regel aus der STATISTICS-Wissensbasis

```
if (NrfOfHyp('TNDNCY')>0) then
 ...
 if (NrOfHyp('TNDNCY')>1) then
  Err.Clr('No method for multiple types TNDNCY implemented')
 else if ( NrOfHyp('EXPECT')+NrOfHyp('LINEAR')
          +NrOfHyp('DISTRI')+NrOfHyp('MONTNY') > 0 ) then
  Err.Clr('No method for mixed influence types implemented')
 else
  ...
  if (Hyp='TNDNCY') and HX.SomeIsNested then
    Err.Clr('No method for nested TNDNCY factors implemented');
  if (Hyp='BLOCK') and HX.SomeIsNested then
    Err.Clr('No method for nested BLOCK  factors implemented');
  ...
else
 if (RepPtr = nil) and (TrtPtr^.Sem.AF.Nr = 2) then
   PROGRAMS.BMDP_SignTest;
 PROGRAMS.KMW_RankTest;
```

Abbildung 10. Beispiel von Regeln der METHODS-Wissensbasis zur Auswahl von Rangtests

typen [Wittkowski 85, Kapitel 5.4.2.2.] noch nicht notwendig ist, wurde in der aktuellen Version das Wissen der METHODS WB in konventioneller Weise implementiert (vgl. Abbildung 10). Auch der bei numerischen Problemen sinnvolle Vergleich der Ergebnisse verschiedener Programme soll zunächst noch konventionell realisiert werden.

Die PROGRAMS-Wissensbasis enthält das Wissen darüber, wie ein Programm aufgerufen werden muß, um eine bestimmte Methode anzuwenden, wie die Ergebnisse aus der Programmausgabe extrahiert und aufbereitet werden können. Wenn das Programm (-paket) identifiziert ist, müssen in der jeweiligen Sprache die notwendigen Kommandos bzw. Parameter generiert und eine Datenstruktur entsprechend den Anforderungen des Auswertungsprogramms erstellt werden (vgl. [Wittkowski 92b, Fig. 3,4]). Da für die Programmpakete noch keine geeignete formale Beschreibung der Syntax vorliegt, enthält PANOS z.Zt. für jede Kombination von Methode und Programm das Wissen über den Aufruf in Form eines "Link"-Moduls, in dem eine entsprechende Batch-Datei konventionell (prozedural) erzeugt und anschließend die relevanten Ergebnisse extrahiert werden.

3 Diskussion

3.1 Vergleich mit anderen Ansätzen

RX [Blum 82] und REX/STUDENT [Gale/Pregibon 84, Pregibon/Gale 84] waren die ersten Versuche einer Entwicklung statistischer Expertensysteme. Beide Systeme sind sowohl aufgrund der Diskrepanz zwischen einem (zu) hohen Anspruch und den technischen Möglichkeiten als auch aufgrund ungeeigneter theoretischer Grundlagen gescheitert. CADEMO [Rasch/Jansch 89] soll Benutzer mit Kenntnissen im Umfang eines einwöchigen Statistik-Kurses bei der Planung eines Versuchs beraten. Wegen der fehlenden Wissensbasis (vgl. [Wittkowski 90] wird es hier nicht als wissensbasiert bezeichnet. STATCONS sollte Studenten der Psychologie bei der Planung der Datenerfassung und -auswertung unterstützen. Nach der Entwicklung zweier Prototypen lautete das Resumee: "*Users were not able to work with the system*" [deGreef 91, S. 176]. STATCON sollte Ingenieuren für einfachste Varianzanalysen (Modelle mit einem Einfluß- sowie entweder einem Block- oder einem Wiederholungsfaktor) eine Auswertungsprozedur (aus MINITAB oder SAS) vorschlagen. Das System hat sich jedoch bereits für das sehr begrenzte Methodenspektrum als ungeeignet erwiesen: "*Limitations of the shell make widespread use of such a system difficult and problematic.*" [Tung/Schuenemeyer 91, 43]). GLIMPSE [Wolstenholm/Nelder 86] soll den Benutzer von GLIM bei der Anpassung eines Modells an einen Datensatz unterstützen. Es schlägt vor, welche Haupteffekte und Wechselwirkungen in die Modellgleichung aufgenommen und welche Transformationen bzw. Link-Funktionen gewählt werden sollten. GLIMPSE ist insofern ein klassisches Expertensystem (engbegrenztes Anwendungsgebiet, Experten als Benutzer). KENS beantwortet Fragen zur nichtparametrischen Statistik mit Definitionen, Beispielen und Literaturstellen. Der Autor selbst bezeichnet es nicht als Expertensystem, sondern als "*halfway between a question answering system and an information retrieval system*" [Hand 87].

Wissensbasis und eine Benutzungsschnittstelle von PANOS sind so konzipiert, daß dem Benutzer neben tabellarischen und graphischen Darstellungen der Daten sowohl parametrische Methoden (uni- und multivariate Varianz-, Kovarianz- und Hauptkomponentenanalysen) als auch Rangtests für balanciert oder unbalanciert geplante Versuchspläne bei exakten, gerundeten oder (intervall-) zensierten, uni- oder multivariaten (halb-geordneten) Daten zur Verfügung gestellt werden können. Wie Abbildung 3 zeigt (vgl. auch [Wittkowski 91, Abbildung 4]), umfaßt dieser Ansatz einerseits erheblich mehr als die in STATCON berücksichtigten Versuchspläne und enthält für diesen Anwendungsbereich auch allgemeinere Lösungen als CADEMO oder GLIMPSE. Andererseits reduziert die Strukturierung Akzeptanzprobleme dadurch, daß für die verschiedenen Dialogebenen (z.B. Wissensakquisition, Problembeschreibung, Datenerfassung, Ergebnisdarstellung, Hilfen) unterschiedliche Fenster bzw. Bereiche der Bildschirmformulare reserviert werden. Im Normalfall können so strukturierte Dialogformen verwendet werden, die für den hier diskutierten Anwendungsbereich hinsichtlich Platzbedarfs, Geschwindigkeit und Übersichtlichkeit überlegen sind. Natürlichsprachlicher Dialog wird lediglich im Einzelfall für Erläuterungen und Hilfen angewandt. Graphische Darstellungen bleiben der Präsentation von Ergebnissen (vor allem bei bivariaten Daten) vorbehalten.

3.2 Schlußfolgerungen

PANOS unterstützt nicht nur den Aufruf von Methoden, sondern auch die Interpretation von Ergebnissen. Aus dem oft erheblichen Anteil irrelevanter bzw. unsinniger Informationen (vgl. Abbildung 2) werden die relevanten Informationen herausgefiltert (vgl. Abbildung 3). Da das Wissen über die technischen Details der Auswertungssysteme in den Wissensbasen enthalten ist, erlaubt dieser Ansatz eine Verlagerung der Lehrinhalte von technischen Details (Welche Prozedur ist für welche Probleme geeignet? Wie ist die Bedeutung der möglichen Parameter bei dieser Prozedur? Wo stehen die relevanten Ergebnisse in der Ausgabe des Programms?) auf inhaltliche Aspekte des Gegenstandsbereichs, in dem und über den mit Hilfe statistischer Methoden Aussagen gemacht werden sollen. (In welchem Zusammenhang stehen die Merkmale untereinander? Welche Inhalte werden durch die Merkmale beschrieben? Welche Art von Hypothesen soll getestet werden?) Diese Fragen haben den Vorteil, daß sie von den jeweiligen Methoden unabhängig und für den Anwender z.B. aus dem Bereich der Medizin besser zu verstehen sind als die oft sehr kryptischen Parameter der (für Statistiker entworfenen) Auswertungssysteme. Falls der Benutzer diese Fragen beantworten kann, steigt die Wahrscheinlichkeit, daß eine problemadäquate Prozedur ausgewählt und die Daten und Parameter geeignet übergeben werden. Da der Benutzer eine konkrete Frage formuliert hat, kann er die ausgegebenen Signifikanzen eher richtig, d.h. als Aussage über eine konkrete Nullhypothese interpretieren. Ein Benutzer, der sein Problem nicht hinreichend exakt beschreiben kann, bekommt so eine semantische Fehlermeldung. Er wird mit der Notwendigkeit konfrontiert, vor einer statistischen Auswertung das a-priori-Wissen und eine Fragestellung zu formulieren, und erhält so eine Motivation, über eine Mensch-Mensch-Schnittstelle ein entsprechendes Lehr- oder Beratungsangebot wahrzunehmen.

Beiträge der Informatik zur Integration Blinder

Waltraud Schweikhardt

Die Informatik hat in den letzten 20 Jahren erhebliche Auswirkungen auf Industrie, Verwaltung sowie Aus- und Weiterbildung gehabt. Dies führte dazu, daß sich Berufsbilder veränderten und Rechner heute zur Arbeitsplatzausstattung im Büro gehören. In den Schulen wurde der Rechner zum Lerngegenstand und teilweise zum Lehrwerkzeug. Diese Entwicklung führte auch dazu, Sinnesgeschädigten, insbesondere Blinden, die Integration in Schule und Beruf zu ermöglichen.

Die Informatik kann mit ihren Mitteln sensorisch Behinderten in verschiedenen Lebensbereichen helfen. Ihre Mittel sind Rechner mit unterschiedlichen Peripheriegeräten und Rechnerprogramme mit einer geeigneten Benutzungsoberfläche zur Erledigung unterschiedlicher Aufgaben.

Blinde können einen Rechner oder ein Datenendgerät benützen, wenn geeignete Ein- und Ausgabegeräte angeschlossen sind und das für normal Sehende Wiedergegebene auch von ihnen erfaßt werden kann.

1977 sahen wir unsere Aufgabe darin, Blinden den Zugang zum Unterricht im Klassenverbund mit normal Sehenden zu ermöglichen [Schweikhardt 81b]. Programme zum rechnerunterstützten Lernen können das Lernen erleichtern und beispielsweise die Geometrie zugänglich oder grafische Darstellungen von Funktionen fühlbar machen [Schweikhardt 80a, Schweikhardt 85b]. Textverarbeitungsprogramme, die von Blinden und nicht Behinderten benutzt werden, öffnen die schriftliche Kommunikation zwischen ihnen. Sie ermöglichen dies insbesondere in der Schule einem blinden Schüler und seinem nicht blinden Lehrer [Schweikhardt 81a].

In einem anderen Forschungsprojekt erschlossen wir Blinden den Zugang zu einem öffentlichen Kommunikationsmittel, zu Bildschirmtext (Btx) [Klöpfer/Schweikhardt 83, Schweikhardt 84, Schweikhardt 85a]. Dies erforderte auch, auf Rechnerbildschirmen dargestellte mehrfarbige Grafiken tastbar wiederzugeben.

Für Blinde besteht in Ausbildung, Beruf und im täglichen Leben die Notwendigkeit, gedruckte Dokumente, die Text und Grafik enthalten können, in tastbarer Form zu erhalten. Geräte zum optischen Abtasten von Dokumenten, die in den 80er Jahren entwickelt wurden, waren die Voraussetzung dafür, daß wir Verfahren entwickeln und als Rechnerprogramm implementieren konnten, so daß auch Blinde allgemein verfügbare Drucksachen, Zeitungen und Bücher nach verhältnismäßig kurzer Aufbereitungszeit lesen können.

1 Rechnerprogramme für Blinde, die auch von Sehenden benutzt werden können

In der ersten Phase unserer Arbeit war ein Ausgabegerät für einen Rechner zu entwickeln, das Blinden den Bildschirm ersetzt. Das erste derartige Gerät war das BD 64 und entstand in Zusammenarbeit mit der Firma K. P. Schönherr im Jahr 1979.

Charakteristika des BD 64 waren:

- Auf der Anzeige konnte man eine Bildschirmzeile tastbar in Blindenschrift wiedergeben. Für jedes Zeichen stand ein Punktschriftelement mit 8 einzeln heb- und senkbaren Metallstiften zur Verfügung. Diese sind, wie in der Blindenschrift üblich, als 4x2-Matrix angeordnet.
- Das Gerät hatte einen Speicher, der den Inhalt des Bildschirms enthielt. Es bestand die Möglichkeit, alle Zeilen vor- und rückwärts „durchzublättern" oder gezielt eine Zeile anzeigen zu lassen. Dies konnte durch den Benutzer per Tastendruck oder programmgesteuert erfolgen.

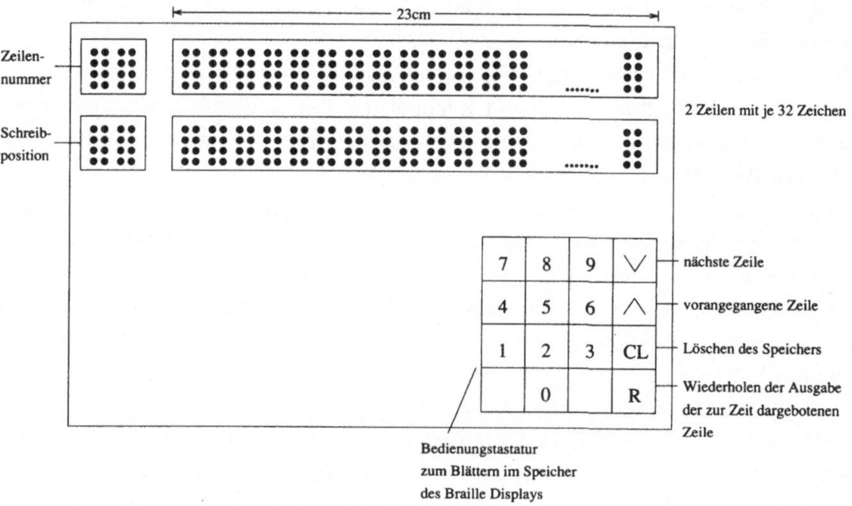

Abbildung 1. Blindenschrift-Ausgabegerät BD 64

Die Jahre 1975 bis 1985 kann man als Pionierzeit für die Benutzung elektronischer Rechner durch Blinde bezeichnen. Damals wurden auch die Möglichkeiten entdeckt, die sich Blinden fortan boten:

- Arbeitsplätze im Schreibdienst und als Programmierer
- neue Studiengänge wie z.B. Informatik und Kybernetik
- In Studiengängen, die Blinde schon früher erfolgreich besuchten, wurden die Arbeitsbedingungen erleichtert.

Diese Zeit ist aus der Sicht der Forschung durch die Entwicklung geeigneter Benutzungsoberflächen für Blinde gekennzeichnet [Schweikhardt 80b, Dürre et al. 84, Schmidt-Lademann 85]. Bei ihrem Entwurf sind folgende Merkmale zu beachten:

- Die Lesegeschwindigkeit guter Punktschriftleser ist etwa so hoch wie eine durchschnittliche Vorlesegeschwindigkeit.
  Dies bedeutet, daß es nicht unerheblich ist, in welcher Reihenfolge ein Sachverhalt erklärt wird. Im Gelesenen sollte möglichst nicht zurückgegangen werden müssen.

Insbesondere in der Mathematik und in der Physik ist es bei Aufgabenstellungen häufig zu finden, daß zuerst die gegebenen Größen angegeben werden und dann gesagt wird, was aus ihnen zu berechnen ist. Für Blinde sollte man diese Reihenfolge vertauschen.

- Eine „ übersichtliche“ Darstellung aus der „Sicht“ tastender Finger enthält keine überflüssigen, den Inhalt trennenden Leerzeichen oder Leerräume und keine unnötigen Leerzeilen. Zur Trennung zweier Abschnitte ist es besser, die erste Zeile des neuen Abschnitts einzurücken.
- Es ist wichtig, bei der Darstellung die geeignete Blindenschriftart zu wählen.
  Dies bedeutet, daß Fließtext in Blindenkurzschrift [Freud 73], eine Art Stenographie, übersetzt [Slaby et al. 85, Herrmann 80, Mott 83] sein muß. Die Kürzungsregeln sind freilich sprachabhängig. Zur Wiedergabe von mathematischen Formeln gibt es verschiedene Mathematikschriften für Blinde [Scheid et al. 30].

Einige Beispiele mögen die Blindenschrift erläutern:
Ein Blindenschriftzeichen der sogenannten 6-Punktschrift besteht aus erhaben geprägten oder andersartig fühlbar dargestellten Punkten, die Teilmenge einer 3x2-Matrix sind.

```
                                                   oo
Die Grundform eines Zeichens der 6-Punktschrift ist: oo
                                                   oo
```

```
                                  o   oo   o
                                  o         oo
Beispiele für Buchstaben seien    o              ,
                                  s   c    h
```

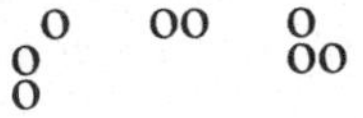

Großbuchstaben müssen in 6-Punktschrift durch ein Ankündigungszeichen gekennzeichnet sein, Ziffern werden durch die ersten Buchstaben des Alphabets ersetzt, Zahlen werden durch ein Zahlzeichen eingeleitet:

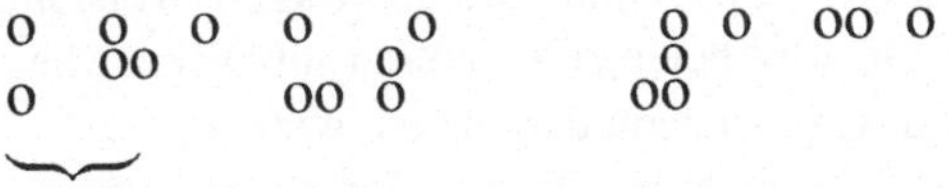

```
o  o  o  o  o          o o  oo o
   oo       o          o
o        oo o          oo
\__/
   H  a  u  s          #  a  c  a,     was 131 bedeutet.
```

Allerdings würde „au“ in der deutschen Vollschrift durch ein „au“-Zeichen dargestellt. Ebenso gibt es für andere Doppellaute, für Umlaute oder Zeichen wie „ch“ oder „sch“ Einzelzeichen.

Möchte man den verschiedenen Adressaten gerecht werden, müssen bei den Darstellungen auf der Blindenschriftausgabe und auf dem Bildschirm die jeweiligen Schriften berücksichtigt werden. Soll die tastbare Ausgabe auf dem Bildschirm kontrollierbar oder verfolgbar sein, ist eine eineindeutige Zuordnung der fühlbaren und der sichtbaren Zeichen notwendig.

In den 70er Jahren kamen erste Gedanken zu einer 8-Punktschrift auf [Lorenz 76, Hahn 77], die einen Vorrat von 256 Zeichen hat, während der 6-Punktschrift lediglich 64 Zeichen zur Verfügung stehen. Das Leerzeichen ist jeweils mitgezählt. Eine 8-Punktschrift wurde auf den ersten Ausgabegeräten von K.-P. Schönherr darstellbar und fand ihren Einsatz in der Stuttgarter Lern- und Arbeitsumgebung für Blinde [Schweikhardt 81a]. Dort entstand auch die Stuttgarter Mathematikschrift für Blinde *SMSB* [Schweikhardt 83], die erste Mathematikschrift, die auf einer 8-Punktschrift basiert.

In 8-Punktschrift ist es auch möglich, Blinden die korrekte Schreibweise eines Wortes in der Art der Schreibweise der Sehenden zu zeigen. Jedes Zeichen wird durch genau ein Punktschriftzeichen dargestellt.

2 Wiedergabe gedruckter Dokumente

Bücher, Zeitschriften, Arbeitsmaterialien und die tägliche Post sind Blinden allein meist verschlossen. Hilfe beim Erfassen des Inhalts leisten Familienangehörige, Freunde oder Kollegen, die das Gedruckte vorlesen oder beschreiben. Sie stellen dafür Hilfsbereitschaft und Zeit zur Verfügung. Das Vorlesen und Beschreiben erfordert oftmals das Verstehen des Inhalts, ohne das eine sinnvolle Wiedergabe nicht möglich ist.

Seit vielen Jahren werden Bücher in Blindenhörbüchereien auf Tonband gelesen; es gibt auch Verlage und andere Einrichtungen, in denen tastbare Versionen von Büchern erstellt werden. Dies ist sehr zeitaufwendig und teuer. Oft würde dem Leser ein Ausschnitt aus einem Werk genügen.

Schon in der 70er Jahren entstanden die ersten sogenannten Vorlesemaschinen für Blinde. Das von einer Kamera erfaßte Schriftgut wird in synthetischer Sprache vorgelesen. Diese synthetischen Sprachen simulierten anfänglich Englisch und waren deshalb für andere Sprachen nicht gut geeignet, wurden aber mangels besserer Produkte auch für deutsche Texte verwendet.

Die Weiterentwicklung der Sprachausgabegeräte, das Simulieren weiterer Sprachen, auch des Deutschen, und die Verbesserung der Programme zur optischen Zeichenerkennung und Interpretation führten dazu, daß heute Geräte zur optischen Erfassung von Dokumenten (Scanner) und die erforderlichen Rechnerprogramme zu kaufen sind. Die im Rechner vorhandenen Texte können auch auf einem Blindenschriftausgabegerät wiedergegeben werden, so daß man sie anhören oder lesen kann. Die übertragene Version kann ebenso in Blindenschrift geprägt werden. Oft wird heute eine Version auf Diskette begrüßt. Ihr Inhalt kann dann auf einem geeigneten Ausgabegerät dargeboten werden.

Gedruckte Dokumente enthalten allerdings nicht nur Text in Form von Überschriften und Fließtext, sondern auch Bildunterschriften oder Legenden. Sie enthalten Tabellen, geometrische Darstellungen, die sehr oft beschriftet sind, und Bilder in Form von Grafiken oder Fotografien. Schließlich können mathematische Formeln enthalten sein. Solche Teile eines Dokuments werden bislang von den interpretierenden Programmen übergangen.

Am Institut für Informatik geben wir das optisch abgetastete Dokument vollständig in tastbarer Form wieder [Gunzenhäuser/Schweikhardt 90, Kreissl 91]. Wir beschränken uns bislang auf schwarzweiße Dokumente. Unser Programm verfügt über eine Dialogschnittstelle, die es Sehenden wie Blinden ermöglicht, bei der Bearbeitung mitzuwirken [Schmid 91].

2.1 Zerlegen eines Dokuments

Ein optisch abgetastetes Dokument D liegt als verschlüsselte 0-1-Matrix vor. Das Ausgangsprodukt für die Bearbeitung mit einem Rechnerprogramm ist dann die entschlüsselte Matrix A = (a_{ij}) (i=1,2, ...,m; j=1,2, ...,n).

Es gilt $a_{ij} = \begin{cases} 0 \; \textit{für einen weißen Bildpunkt} \\ 1 \; \textit{für einen schwarzen Bildpunkt} \end{cases}$

2.1.1 Aufteilen in Bereiche

Am Beispiel einer Spielkarte sei die Aufteilung in Bereiche gezeigt (s. Abbildung 2).

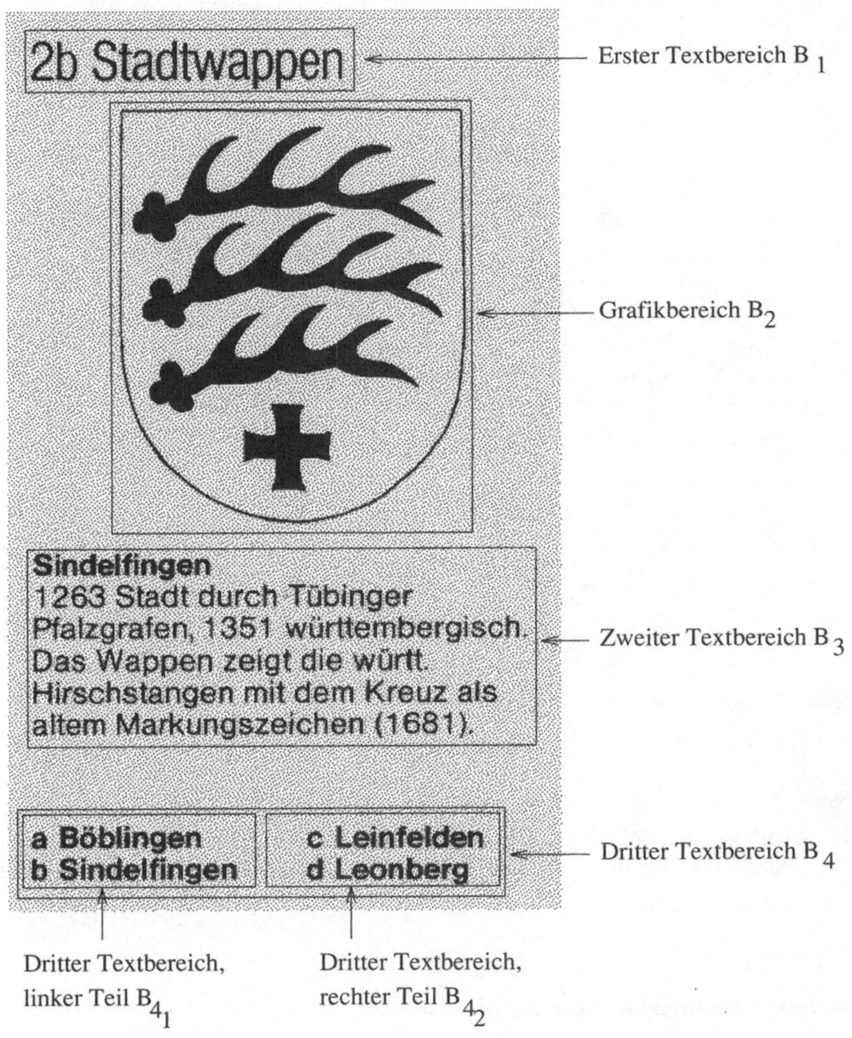

Abbildung 2. Unterschiedliche Bereiche eines Dokumentes

D wird in rechteckige Bereiche B_i zerlegt. Diese sind durch waagrechte und senkrechte weiße Streifen einer jeweils vorgebbaren Breite getrennt. Die Breite wird durch die Anzahl der sie bestimmenden Bildpunkte angegeben.

Jedem Bildbereich B_i entspricht eine Matrix, die in A enthalten ist. Sie wird mit A_i bezeichnet. Die so erhaltenen Bereiche werden von links oben nach rechts unten durchnumeriert. Als weitere interne Kennzeichnung erhalten die Bereiche Koordinatenpaare, die ihre Lage im Dokument angeben. Jeder Bereich B_i kann wieder in gleicher Weise zerlegt werden. So erhält das Dokument eine Baumstruktur. Die Wurzel des Baums ist das Dokument D. Jeder Bereich des Dokuments wird durch einen Knoten des Baums repräsentiert. Die Blätter sind schließlich die Elemente, die in tastbare Form umgesetzt werden.

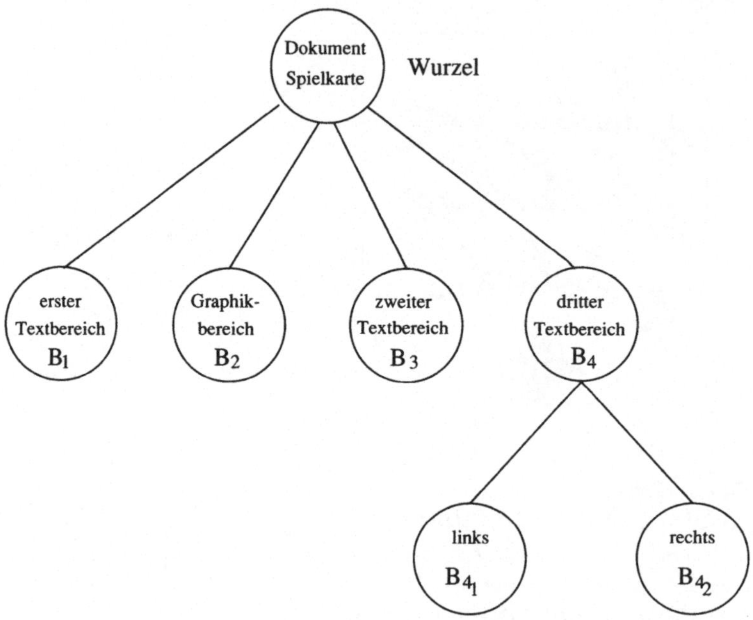

Abbildung 3. Strukturbaum

Jedes Blatt des Baumes erhält ein Attribut, das die Art der Umsetzung bestimmt. Solche Attribute sind: Fließtext, Tabelle, grafische Darstellung, Beschriftung, Legende oder mathematische Formel.

2.1.2 Erfassen zusammenhängender Bildelemente

Zur weiteren Auftrennung von Bereichen haben wir eine Funktion zur Verfügung gestellt, die von einem Punkt ausgehend eine zusammenhängende Menge von schwarzen Bildpunkten erfaßt und vom betrachteten Bereich separiert. So kann zum Beispiel ein Text von einem ihn umgebenden Rahmen getrennt werden. Eingerahmte Texte werden von den texterkennenden Programmen häufig als nicht interpretierbare Grafik verworfen. Der entnommene Text wird nun wieder verschlüsselt und einer Interpretation unterzogen. In der tastbaren Version wird er wieder eingerahmt dargestellt. Der Rahmen muß der endgültigen Größe des Texts in Punktschrift angepaßt werden.

Ein anderes Beispiel für ein solches Vorgehen ist die Trennung von Grenzen, Flußläufen oder ähnlichen Linien und Beschriftungen in einer Landkarte.

2.1.3 Ersetzen in Bereichen und Hinzufügen von Bereichen

Es gibt Fälle, in denen ein Bereich geändert werden muß, bevor er in die tastbare Form übergeführt werden kann. Solche Veränderungen können vom Leser erwünscht oder aber notwendig sein. Buchstaben können durch eine Grafik wiedergegeben werden, die bei der automatischen Interpretation nicht als Buchstaben erkannt werden. Wir stellen solche Buchstaben zunächst als Grafik dar, d.h. als fühlbares Punktmuster, das die Form der gedruckten Buchstaben beibehält. Häufig wird ein Text aus ästhetischen Gründen grafisch dargestellt, manchmal hat dies aber auch eine inhaltliche Bedeutung. Entsteht das tastbare Dokument im Dialog, können solche grafischen Bereiche auf Wunsch durch eine Buchstabenfolge in Punktschrift ersetzt werden. Wichtig ist dies insbesondere dann, wenn eine Formel tastbar wiederzugeben ist.

2.2 Tastbare Wiedergabe des Dokuments

Wir arbeiten mit einer Gerätekonfiguration, wie in Abbildung 4 dargestellt. Der verwendete Rechner ist ein Arbeitsplatzrechner vom Typ IBM PS/2 Modell 70. Die Dokumente werden mit einem Schwarzweißscanner erfaßt. Die Ausgaben für Blinde erscheinen auf einer Blindenschriftzeile und einer Stiftplatte. Geprägte Dokumente werden über einen Prägedrucker ausgegeben.

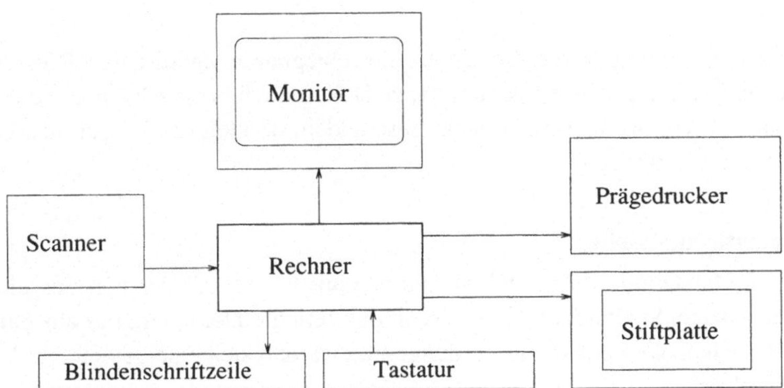

Abbildung 4. Gerätekonfiguration zur Wiedergabe gedruckter Dokumente in tastbarer Form

Die Ansteuerung des Scanners übernimmt ein handelsübliches Programm, das auch in der Lage ist, Fließtext zu erkennen und in eine Zeichenfolge zu übertragen. Das optisch erfaßte Dokument steht dann im TIFF-Format [Tif88] zur Verfügung. Unsere Rechnerprogramme wurden in APL2 und in Assembler geschrieben.

Das in Blätter zerlegte Dokument wird in der Regel in geprägter Form auf Blindenschriftpapier, einem dünnen Karton, wiedergegeben. Üblicherweise wird das tastbare Dokument aus mehreren Seiten bestehen. Eine Textzeile in Blindenschrift ist nicht länger als

40 Zeichen. Deshalb ist es meistens erforderlich, Fließtext neu zu formatieren. Bereiche, die auf der Originalseite nebeneinander stehen, werden häufig untereinander geprägt. Bereiche, die eine Tabelle oder eine Grafik enthalten, werden oftmals sinnvollerweise im Querformat gedruckt.

Für ein erstes Hineinsehen in ein Dokument, aber auch beim interaktiven Erstellen des tastbaren Produkts, wird die Stuttgarter Stiftplatte verwendet (siehe Abbildung 5).

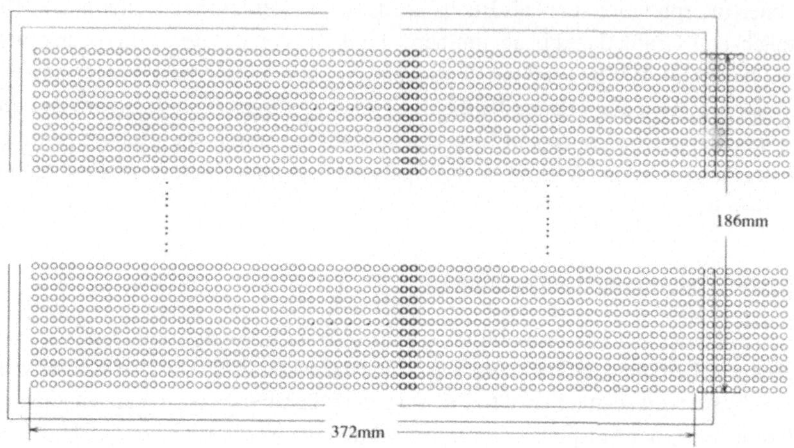

Abbildung 5. Stuttgarter Stiftplatte

Sie ist ein Anzeigegerät mit 60x120 einzeln bewegbaren Metallstiften. Diese Stiftmatrix wirkt wie ein Fenster, das man über das ganze Dokument bewegen kann, um einzelne Teile genauer anzusehen. So kann man auch entscheiden, ob sich das Prägen des Dokuments oder eines Bereichs lohnt.

2.2.1 Orientierungsseite

Die tastbare Darstellung eines Dokuments beginnt häufig mit der von uns eingeführten Orientierungsseite. Sie kann entfallen, wenn das zerlegte Dokument nur aus einer Wurzel besteht oder das Dokument so zusammengesetzt ist, daß sich eine gegliederte Darstellung der Seite erübrigt.

Die Orientierungsseite zeigt die Bereiche nach einer Zerlegung gemäß einer voreingestellten Breite weißer Streifen. Sie besteht aus Rechtecken, in deren linken oberen Ecke in Punktschrift B_1,B_2 ... bzw. B_n steht. Auf diese Bereiche kann man dann im Dialog zugreifen. Man kann sie anzeigen lassen oder sie wie oben beschrieben bearbeiten bzw. ihren Inhalt erkunden.

2.2.2 Darstellung des Dokuments in tastbarer Form

Jedes Blatt des Strukturbaums, der bei der Bearbeitung des Dokuments erstellt wird, erhält wie oben beschrieben ein Attribut. Ein Bereich vom Typ „Fließtext" wird in die Blindenschriftzeichen übertragen, die den interpretierten Zeichen des Dokuments entsprechen.

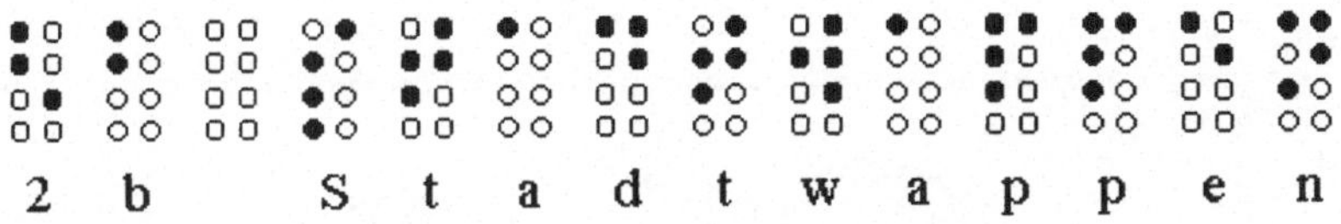

2 b S t a d t w a p p e n

Abbildung 6. Erster Textbereich in Punktschrift. (Jeder ausgefüllte Punkt steht für einen fühlbaren Punkt.)

Fließtext kann mit unserem eigenen Programm oder mit Programmen, die an der Universität Münster enstanden sind, in Blindenkurzschrift übertragen werden. Die Form von Tabellen bleibt erhalten. Leerspalten und Leerzeichen, die nur optische Sehhilfen sind, werden entfernt. Dadurch wird die Lesbarkeit für tastende Finger erhöht und die Seitenzahl in Punktschrift erniedrigt. Die Tabelle wird gegebenenfalls im Querformat geprägt und geeignet unterteilt.

Die 0-1-Matrix einer grafischen Darstellung wird gemäß eines vorgebbaren Verkleinerungsfaktors reduziert. Dieser Faktor ist nicht für alle Grafiken gleich. Einerseits hängt eine sinnvolle Größe von der Art der Grafik ab, andererseits kann es erwünscht sein, eine Grafik innerhalb des Dokuments zu belassen oder aber sie in größerem Format als Anhang beizufügen.

Bei eder Reduzierung ist es wichtig, schwarze Punkte zu erhalten. Wenn also in einer Gruppe von Bildpunkten ein schwarzer Punkt enthalten ist, so muß er zunächst als später fühlbarer Punkt notiert werden. Die Gefahr, Information bei der Reduzierung zu verlieren, ist größer, als zu viele fühlbare Punkte zu erhalten. Ist ein Bereich eines Dokuments allerdings vorwiegend geschwärzt und die eigentliche Information hell, ist vor Bearbeitung eine Invertierung des Bereichs vorzunehmen. Sind Beschriftungen oder Legenden von der zugehörigen Grafik separiert, können sie wie Fließtext oder Tabellen behandelt werden. Sind sie in die Grafik integriert, ist es bereits beim Aufteilen des Dokuments möglich, Text und Bild zu trennen und wie oben beschrieben fortzufahren. Es können auch weitere Bereiche, die entnommene Beschriftungen enthalten, ergänzt werden. Ihnen entspricht kein Bereich des Orginals, sie können aber Teile eines Orginalbereichs enthalten.

Die in Punktschrift und tastbare Grafik übertragene Version des Dokuments erscheint in der Reihenfolge der Blätter des Strukturbaums auf den Seiten des geprägten Dokuments.

3 Zusammenfassung und Ausblick

Beim heutigen Stand unserer Arbeit ist es möglich, von einem gedruckten Dokument im Dialog mit unserem Rechnerprogramm eine geprägte Version zu erstellen. Dieser Dialog ist im Prinzip blinden und sehenden Benutzern möglich.

Wir haben die Wiedergabe von Seiten aus einem Mathematikbuch der Sekundarstufe 1 erprobt. Die geprägten Seiten wurden an einem Gymnasium geprüft, in dem blinde Schüler am Unterricht teilnehmen. Bei diesen Darstellungen wurde ausschließlich ein Drucker verwendet, der Linien als Folge von geprägten Punkten ausgibt. Diese Art der Wiedergabe ist aus Abbildung 7 ersichtlich. Diese Darstellungsart ist zwar meist gut verständlich, es sollten aber auch geschlossene Linien tastbar dargestellt werden können. Dies gilt z.B. für

Abbildung 7. Grafikbereich (Jedes o steht für einen fühlbaren Punkt.)

Schnittstellen von Kurven und zum besseren Erfassen von Winkeln. Solche Darstellungen sind in anderen Techniken und Materialien möglich.

Wir sind der Überzeugung, daß gedruckte Materialien nur dann geeignet tastbar wiederzugeben sind, wenn die Aufbereitung im Dialog mit einem Rechnerprogramm erfolgt. Damit Blinde so unabhängig wie möglich von ihrer Umgebung sein können, wird dieser Dialog auch über Blindenschriftgeräte und Geräte zur tastbaren Darstellung von Grafik und Schrift angeboten. Freilich soll er so einfach wie möglich geführt werden können. Eine automatisch erstellte Version des Dokuments wird auch angeboten. Sie kann aber nur für „einfach" strukturierte Dokumente ein befriedigendes Produkt liefern.

Die Ergebnisse werden besser, je genauer sich gedruckte Dokumente beschreiben lassen. Ihre Inhalte müssen dazu aufgrund optischer Eigenschaften, die als Matrizen verschlüsselt sind, klassifiziert werden können. Um hier Fortschritte zu erzielen, ist noch einiges an Erfahrung zu sammeln, sowohl bei einer immer mehr automatisierten Umsetzung wie auch beim Erproben mit und durch Betroffene.

Die ersten Ergebnisse geben uns Mut, auf dem begonnenen Weg weiterzugehen, und Hoffnung, blinden Menschen eine wichtige Hilfe zu bieten.

Danksagung

Wissenschaftliche Arbeit entsteht im Bereich der Informatik stets in Zusammenarbeit mehrerer. So möchte ich mich hier bei allen Studenten, Mitarbeitern und Kollegen bedanken, die zum Gelingen beigetragen haben. Zum Entwurf der erforderlichen Algorithmen und zur Implementierung der Programme für die tastbare Wiedergabe gedruckter Dokumente trugen W. Kreissl, P. Schmid und A. Werner wesentlich bei.

Nichtvisuelle Interaktionsformen für blinde Rechnerbenutzer

Gerhard Weber

Die visuelle Darstellung von Texten und graphischen Symbolen am Bildschirm ist die derzeit gängigste Ausgabeform interaktiver Systeme. Für Benutzer mit einer Sehbehinderung bedeutet dies jedoch eine Behinderung der Kommunikation mit dem Rechner. Auch Benutzer ohne Sehbehinderung sind an einer anderen Ausgabeform interessiert, wenn die visuelle Darstellung zu komplex wird oder eine visuelle Darstellung aus technischen Gründen nicht realisiert ist (z.B. telefonische Zeitansage).

Auf der Suche nach Alternativen zum visuellen Kanal sind für blinde Benutzer vor allem akustische und taktile Ausgabegeräte entwickelt worden. Sowohl Brailleanzeigen[1] als auch Sprachausgabegeräte, die auf der Basis von Sprachsynthese arbeiten, erlauben die Umsetzung textbasierter Interaktionsmethoden in eine nichtvisuelle Darstellung und damit den Zugang zu textbasierten Benutzungsoberflächen einer großen Zahl von Anwendungsprogrammen, die für Sehende entwickelt wurden.

Ein rechnerunterstützter Arbeitsplatz oder Unterrichtsplatz für Blinde ist sehr oft nur durch die zusätzlichen Ausgabegeräte von einem normalen PC verschieden.[2] Da die meisten Blinden an einer Schreibmaschine ausgebildet wurden, ziehen nur wenige blinde Benutzer der QWERTZ-Tastatur spezielle für die Eingabe von eigenen Notizen in Braille geeignete Eingabetastaturen vor. Eine Beschleunigung der Interaktion ist darüber hinaus (wie für fast alle Benutzer) auch durch verbesserte Eingabemöglichkeiten möglich, wie z.B. Spracheingabe (z.B. gleichzeitig zum Lesen von Braille mit den Fingern) oder gestenbasierte Eingabe (z.B. als Teil der Handbewegung von der Tastatur zur Brailleanzeige). In der Abteilung Dialogsysteme des Instituts für Informatik der Universität Stuttgart ist in diesem Zusammenhang eines der ersten Gestenerkennungssyteme für Blinde entstanden (siehe [Weber 90]).

Die Akzeptanz von Braille und synthetischer Sprache als Ausgabeform ist dabei recht unterschiedlich — in Nordamerika ist Sprachsynthese für Englisch der De-facto-Standard, während in der Bundesrepublik vor allem Brailleanzeigen am Arbeitsplatz eingesetzt werden. Späterblindete und Diabetiker können jedoch nur schwer ausreichend schnell Braille lesen, da das Training zu gering ist bzw. weil die Fingerspitzen ihre Tastempfindlichkeit verlieren. Sprachausgabe ist dann die einzige Alternative — auch wenn der eventuelle Einsatz von Kopfhörern eine Einschränkung des akustischen Kanals und damit eine zusätzliche Behinderung mit sich bringt. Da gesprochene Sprache jedoch z.B. bei Eigennamen, oder bei Ausdrücken einer Programmiersprache die Schreibweise nur durch Buchstabieren wiedergeben kann, können Brailleleser oft schneller eine fehlerfreie Eingabe erzeugen.

Braille und synthetisch erzeugte Sprache haben je nach Dialogform ihre jeweils spezifischen Vor- und Nachteile, die nur zum Teil für Blinde empirisch belegt sind. Dabei

[1] In Abbildung 4 zeigt als Beispiel eine Brailleanzeige das Wort „Braille“ an.

[2] Direkter Zugang zu Workstations ist Blinden bisher nicht möglich.

muß zusätzlich unterschieden werden, ob eine eigene Dialogform verwendet wird oder ob eine visuelle Dialogform angepaßt wird. Ist der Dialog nicht mehr hauptsächlich an Texte gebunden — wie bei graphischen Benutzungsoberflächen —, dann sind eigene, nichtvisuelle Interaktionsformen auf der Basis von Braille oder von Sprache bzw. einer Kombination von beiden sinnvoll. Verallgemeinert muß eine *nichtvisuelle Mensch-Computer-Interaktion* Interaktionsformen für Benutzer mit einer Sehbehinderung ermöglichen und verbessern.

1 Multimediale vs. nichtvisuelle Mensch-Computer-Interaktion

Multimediale Benutzungsoberflächen erlauben eine Erweiterung bzw. Verfeinerung der visuellen Darstellung durch zusätzliche Ein- und vor allem Ausgabemedien. Der derzeitige Industriestandard für einen „Multimedia PC" erlaubt, bewegte Bilder, Grafiken und Text mit Sprache, Geräuschen und Musik zu verknüpften. Als Eingabegeräte können ein Zeigeinstrument (Maus oder berührempfindlicher Bildschirm) und die Tastatur verwendet werden, d.h., Schreiben, Zeigen, Ziehen, Gestikulieren usw. ist möglich. *Multimediale Mensch-Computer-Interaktion* bezeichnet alle Interaktionsformen zwischen dem Benutzer und Anwendungsprogrammen mit multimedialen Benutzungsoberflächen.

Ohne visuellen Rückmeldungskanal wird eine multimediale Benutzungsoberfläche zur nichtvisuellen Benutzungsoberfläche. Derzeit werden vor allem akustische Rückmeldungen von allen Benutzern akzeptiert (z.B. ein telefonbasiertes Abfragesystem für die gespeicherten Nachrichten eines Anrufbeantworters). In der Entwicklung wird jedoch auch intensiv an Möglichkeiten der Kraftrückmeldung gearbeitet (einige Beispiele sind in [Weber 91] beschrieben), wobei reflektorische oder passive Kraftrückmeldung einer aktiven Kraftrückmeldung aus Sicherheitsgründen vorgezogen wird. Solche Benutzungsoberflächen werden in ferngeleiteten Handhabungssystemen (z.B. zur Durchführung einer medizinischen Operation mit sehr kleinen Geräten oder für Gesellschaftsspiele) akzeptiert.

Nichtvisuelle Mensch-Computer-Interaktion für blinde Benutzer hat andere Schwerpunkte, da durch taktile, kinästhetische (die Empfindung von aktiven Bewegungen) und akustische Wahrnehmung sowohl eine Kommunikation mit dem Rechner als auch durch den Rechner eine Kommunikation mit Sehenden ermöglicht werden soll:

- Spezielle Anwendungsprogramme (z.B. Blindenkurzschriftübersetzer) müssen entwickelt werden und verwenden eigene nichtvisuelle Benutzungsoberfächen.
- Die Kooperation mit Sehenden erfordert eine Visualisierung von blindenspezifischen Interaktionsformen.
- Benutzungsoberflächen für Blinde arbeiten ohne visuelle Darstellungen und entstehen entweder durch Anpassung einer visuellen Benutzungsoberfläche oder im Zusammenhang mit einer blindenspezifischen Anwendung.
- Zukünftige Benutzungsoberflächen sollten so entworfen werden, daß auch eine nichtvisuelle Benutzungsoberfläche bereits integriert ist oder integriert werden kann.

Die technischen Voraussetzungen einer multimedialen Benutzungsoberfläche umfassen z.B. die Hardware zur akustischen Präsentation. Eine Integration von nichtvisuellen Benutzungsoberflächen mit multimedialen Benutzungsoberflächen kann dadurch erleichtert werden. Häufig wissen die Designer von multimedialen Benutzungsoberflächen aber nicht, ob und wie dies erfolgen kann. Dies hat bereits dazu geführt, daß in den USA legislative Mittel angewendet werden, um Behinderten im allgemeinen einen Zugang zu Rechnern zu garantieren (der *Americans with Disabilities Act*, kurz ADA genannt, wird weiter ausgebaut). Darüber hinaus muß auch die Standardisierung von Benutzungsoberflächen nichtvisuelle Benutzungsoberflächen einschließen.

Eine vollständige Diskussion der derzeitig verwirklichten nichtvisuellen Interaktionsformen für blinde Benutzer würde den Rahmen dieses Beitrags sprengen. Auch wird auf die Darstellung blindenspezifischer Anwendungen verzichtet. Trotzdem wird es aber auch in Zukunft noch notwendig sein, z.B. für das Vorlesen von elektronisch gespeicherten Büchern Anwendungsprogramme mit einer nichtvisuellen Benutzungsoberfläche zu entwickeln. Im folgenden werden die einzelnen Möglichkeiten zur Integration von geeigneten Interaktionsmethoden in bestehende visuelle Interaktionsformen diskutiert und an Beispielen — auch aus dem Bereich der graphischen Beutzungsoberflächen — erläutert. Auf der Basis dieser Techniken können zukünftige Dialogsysteme bereits beim Entwurf die Anpassung an blinde Benutzer vorsehen.

2 Nichtvisuelle Benutzungsoberflächen

Die Integration einer nichtvisuellen Benutzungsoberfläche in eine bereits bestehende visuelle Benutzungsoberfläche ist eine Aufgabe, bei der sowohl die internen Abläufe der bestehenden Benutzungsoberfläche, als auch die Möglichkeiten der zusätzlichen Ausgabegeräte und ihre Benutzung berücksichtigt werden müssen. Im folgenden werden drei Integrationsmethoden beschrieben; nur die erste Methode wird in fast allen kommerziellen Anlagen angewendet.

1. In der Hardware oder im Betriebssystem werden Veränderungen vorgenommen, die den Zugang zu textbasierten Darstellungen ermöglichen. Wenn ein einfaches Betriebssytem (wie z.B. DOS) mit einem einzigen Prozeß z.B. verschiedene Treiber für unterschiedliche Bildschirme verwendet, können neue Gerätetreiber entwickelt werden, die die bestehenden Gerätetreiber ersetzen und sowohl den Bildschirm ansteuern als auch z.B. eine Brailleanzeige.[3] Eine Vielzahl von Produkten erreicht den Zugang zum Bildschirmwiederholspeicher durch spezielle Hardware. Ein Produkt ist bekannt, das Verfahren der Mustererkennung auf das Videosignal anwendet, um so hardwareunabhängig die Anpassung vornehmen zu können. Die Anwendungsprogramme beinhalten jedoch die eigentliche Benutzungsoberfläche, die auf diese Weise kaum angepaßt werden kann.
2. Ein Mehrprozeßbetriebssystem (wie z.B. UNIX) trennt die Anwendungsprogramme von den Gerätetreibern, um die vorhanden Ressourcen für konkurrierende Prozesse besser zu verwalten. Auch wenn der Treiber keinen eigenen Prozeß darstellt, stellt immer UNIX den Treiber bereit, und kaum ein Anwendungsprogramm hat seine eigene Schnittstelle zur Hardware. In einer solchen Umgebung können eigene Gerätetreiber für die nichtvisuellen Ausgabegeräte entwickelt werden, die gleichberechtigt mit anderen Gerätetreibern einsetzbar sind. Wenn das Betriebssystem dem Anwendungsprogramm mit visueller Benutzungsoberfläche einen dieser speziellen Treiber zuordnet, kann die

[3] Fast alle kommerziellen Anwendnungsprogramme unter DOS haben aus Effizienzgründen ihre eigenen Treiber und verwenden die Treiber von DOS nicht.

nichtvisuelle Benutzungsoberfläche auf die dem Treiber übergebenen Ausgabedaten aufbauen. Nicht zuletzt kann dadurch auch die nichtvisuelle Benutzungsoberfläche für eine Vielzahl von verschiedenen Geräten durch Treiber angepaßt werden.

3. Ein verteiltes Mehrprozeßbetriebssytem verwirklicht eine noch weitergehende Trennung zwischen Anwendung und Ausgabegeräten. Beispielsweise das X Windows System kann auf Rechnern mit unterschiedlicher Architektur arbeiten. Die Rechner sind dabei über ein Netz verbunden. X Windows übernimmt den Transport der paketierten Ein- und Ausgabedaten zum bzw. vom Anwendungsprogramm (*client*). Um X Windows anzupassen, kann ein besonderer Rechner mit den nichtvisuellen Ausgabegeräten ausgestattet sein. Dieser Rechner nimmt dann die Ansteuerung der Geräte vor (siehe [Stephanidis/Weber 91, Schwerdtfeger 91, Mynatt/Edwards 92]). Bisher ist noch keine Anpassung von X Windows-basierten Anwendungsprogrammen ermöglicht worden, aktuelle Forschungsarbeiten in der Abteilung Dialogsysteme befassen sich unter anderem mit diesem Problem.

Der Rechenaufwand zur Umsetzung der Daten, die für die visuelle Darstellung bestimmt sind, kann sehr umfangreich werden. In X Windows kann der blindengerecht ausgestattete Rechner diese Aufgabe übernehmen und belastet somit keinen anderen Rechner. In X Windows kann jedoch diese Aufgabe auch von einem anderen eventuell leistungsfähigeren Rechner übernommen werden. Für das Arbeiten zusammen mit sehenden Kollegen an einer gemeinsamen Aufgabe bietet damit X Windows die beste Voraussetzung.

Allen Methoden gemeinsam ist der Zugang zu einer virtuellen Kopie des Bildschirminhalts. In einem PC ist dies der Bildschirmwiederholspeicher. Die anderen Methoden interpretieren die Ausgabedaten und erzeugen eine virtuelle Bildschirmkopie daraus (wird auch als *off-screen model*, OSM, bezeichnet, siehe [Schwerdtfeger 91]). Vor allem Text mit seinen Attributen, wie er in der lexikalischen Schicht einer Benutzungsoberfläche bearbeitet wird, ist im OSM gespeichert.

Alle in Abbildung 1 vorgestellten Methoden zum Anbinden nichtvisueller Ausgabegeräte arbeiten nur auf der untersten, der lexikalischen Ebene einer Benutzungsoberfläche (siehe [Bullinger/Gunzenhäuser 86]). Auf der lexikalischen Ebene wird ein Filter installiert, der die dort bekannten Daten kopiert und einer weiteren Verarbeitung im nichtvisuellen Teil der Benutzungsoberfläche zuführt bzw. daraus Interaktionsobjekte ableitet. Auch die nichtvisuelle Benutzungsoberfläche kann wiederum mit dem Modell der lexikalischen, syntaktischen und semantischen Komponenten beschrieben werden. Abbildung 2 gibt dieses Modell sowohl für die taktile Darstellung mittels Brailleanzeige als auch für die gesprochene Ausgabe wieder. Im Englischen wird die nichtvisuelle Benutzungsoberfläche zusammenfassend mit *screen reader* bezeichnet, analog dazu wird der Begriff *Brailleanzeige* nicht nur für das Ausgabegerät verwendet.

Während alle oben vorgestellten Methoden nur auf der lexikalischen Ebene Zugriff auf die bestehende visuelle Benutzungsoberfläche erhalten, ist es besser, Zugriff auf der syntaktischen Ebene zu erhalten (siehe [McMillan 92]). Gerade in graphischen Benutzungsoberflächen kann dann eine bessere Anpassung des Dialogs an den blinden Benutzer erfolgen.

In Abbildung 2 ist dafür eine eigene Repräsentationsschicht eingeführt worden, die sowohl die statischen als auch die dynamischen Eigenschaften aller instantiierten Interaktionsobjekte modellieren kann.

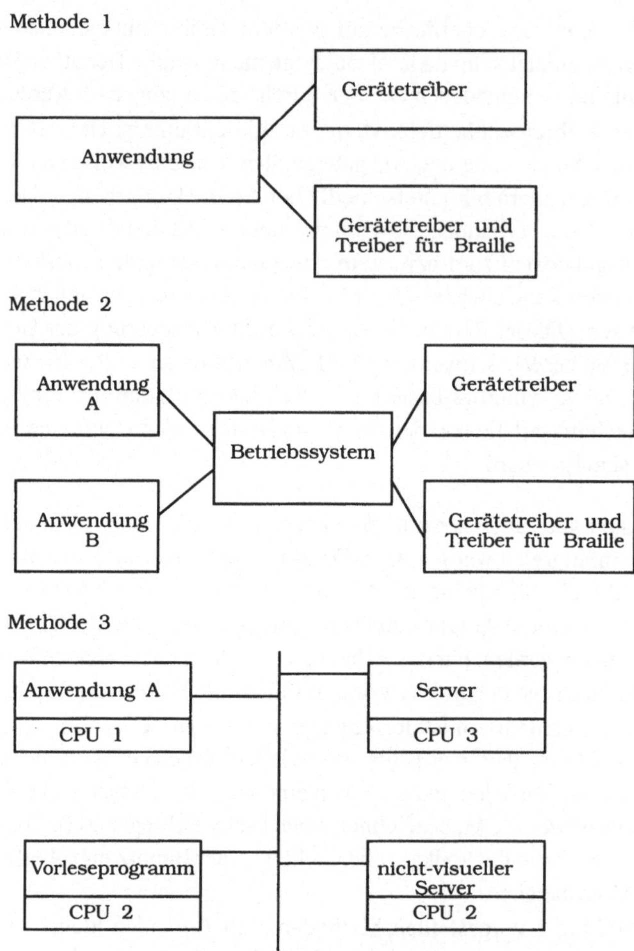

Abbildung 1. Verschiedene Architekturen nichtvisueller Benutzungsoberflächen

Die semantische Ebene nichtvisueller Benutzungsoberflächen für blinde Benutzer

Gerade die englische Bezeichnung *screen reader* macht deutlich, daß die Anpassung an eine bestehende Benutzungsoberfläche ein eigenes Programm zum Vorlesen des Bildschirminhalts erfordert. Vorlesen schließt dabei Buchstabieren, wortweises Lesen, oder zeilenweises Lesen ein (eine Zeile kann den Bildschirm oder nur einen rechteckigen Ausschnitt betreffen). Dieses Vorleseprogamm wird bei den meisten kommerziellen Systemen über die Standardtastatur bedient. Der Dialog dient dazu, den Bildschirminhalt unabhängig von den Dialogmöglichkeiten des Anwendungsprogramms zu erkunden. Bisher ist wenig darüber bekannt, wie der nichttext-basierte Bildschirminhalt einer graphischen Benutzungsoberfläche vorgelesen werden soll. Ähnliche Probleme werden jedoch auch bei Hilfesystemen bearbeitet, so daß mit den Methoden eines passiven Hilfesystems eine Verbalisierung des Bildschirminhalts erzeugt werden kann.

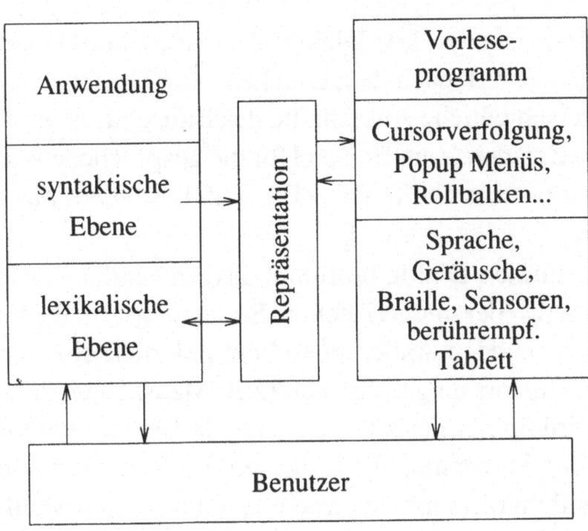

Abbildung 2. Modell einer in eine visuelle integrierten, nichtvisuellen Benutzungsoberfläche

Das Erkunden des Bildschirms mit einer Brailleanzeige geschieht entweder mit der Standardtastatur oder mit zusätzlichen Tasten, die nahe zu den Braillemodulen angebracht sind, um die Zeit für den Wechsel der Hände zwischen Tastatur und Brailleanzeige zu verringern und damit die Interaktion zu beschleunigen. Sehr viele Brailleanzeigen haben einen eigenen Prozessor, um diesen Dialog zu führen. Es ist jedoch (wie bei einem *screen reader*) möglich, nur mit einem Prozessor zu arbeiten und im Betriebssystem einen zweiten Prozeß zum Erkunden des Bildschirms zu integrieren.

Ein weiteres Anwendungsprogramm mit einer eigenen Benutzungsoberfläche dient dazu, die Art der Anpassung abzuändern, wie z.B. die Schriftart für eine Brailleanzeige oder die zu verwendende Sprache bei der Sprachausgabe. Die möglichen Anpassungen sind je nach Hersteller sehr unterschiedlich.

Die Dialogformen zur Adaptierung einer nichtvisuellen Benutzungsoberfläche basieren je nach Hersteller entweder auf einer Kommandosprache (`/B:6` stellt z.B. eine 6-Punktschrift ein), einem Menüsystem oder auf Funktionstasten. Der Benutzer hat damit die Möglichkeit, die Einstellungen zur Anpassung eines bestimmten Anwendungsprogrammes vorzunehmen, abzuspeichern und beim Start des Anwendungsprogrammes erneut zu laden.

Die syntaktische Ebene nichtvisueller Benutzungsoberflächen

Auf der syntaktischen Ebene einer nichtvisuellen Benutzungsoberfläche werden die Interaktionsmethoden nachgebildet, die visuell dargestellt werden. Zum Beispiel kann beim Löschen eines Zeichens dieses Zeichen noch einmal gesprochen werden oder das nun einstehende Wort ausgesprochen werden. Es soll hier nicht weiter darauf eingegangen werden, wie die einzelnen textbasierten Interaktionsformen umgesetzt werden. So wie visuelle Benutzungsoberflächen je nach Hersteller in der Darstellung von edierbarem Text, Menüs, Formularen, Tabellen usw. variieren, gibt es unterschiedliche kommerzielle *screen reader* bzw. Brailleanzeigen.

Allen Ansätzen gemeinsam ist, daß der *Dialogfokus* bestimmt werden muß, d.h. die Stelle des Bildschirms, die wahrgenommen werden muß, um die Interaktion mit dem Anwendungsprogramm fortzusetzen. Der Dialogfokus ist nicht definiert, wenn keine Rückmeldung erfolgen muß, wie z.B. nach dem Drücken einer Umschalttaste. Er umfaßt je nach Interaktionsschritt unterschiedliche Ausschnitte des Bildschirms. Beim Eingeben von Text ist dies nur ein einziges Zeichen. Zum Beispiel für die gesprochene Wiedergabe der Eingabe T, E, S, T ist die Aussprache nicht T, TE, TES, TEST, sondern nur eine Wiedergabe der einzelnen Buchstaben.

In einem rechnergeführten Dialog bestimmt das Anwendungsprogramm den nächsten Dialogfokus. Die Aufgabe der nichtvisuellen Benutzungsoberfläche ist es, den ganzen Bildschirm nach entsprechenden Änderungen kontinuierlich abzusuchen (z.B. nach dem Cursor). Falls mehrere Cursors eingeführt sind (z.B. Mauszeiger, Schreibmarke oder Option in einem Menü), wird immer der zuletzt geänderte Cursor zum Dialogfokus. In einem benutzergeführten Dialog bestimmen die Eingaben des Benutzers den nächsten Dialogfokus. Die Eingaben des Benutzers müssen also ebenfalls gefiltert werden und entsprechend umgesetzt werden.

Cursorverfolgung ist eine textbasierte Interaktionsform, die den Dialogfokus sucht, seine Größe bestimmt und diesen Teil des Bildschirms nichtvisuell wiedergibt. Eine Braillezeile soll z.B. immer gerade die Zeile darstellen, die den Cursor enthält. Der Begriff *Softcursorverfolgung* wird verwendet, wenn die Eigenschaften des Cursors häufig wechseln, wie z.B. Farbe, Schriftart oder Hintergrund. Ein Spezialfall ist das Selektieren einer Textpassage. Dabei wird der *Softcursor* dynamisch verändert und kann maximal die Größe des Bildschirms annehmen. Der Dialogfokus ist in diesem Fall nach erfolgter Eingabe durch die Änderung der vom Cursor bedeckten Bildschirmfläche bestimmt. Abbildung 3 zeigt diese Situation. Eine Brailleanzeige soll in diesem Fall die Zeile darstellen, die durch die Selektion geändert wird, eine Sprachausgabe soll z.B. den Buchstaben vorlesen, der zusätzlich selektiert wurde.

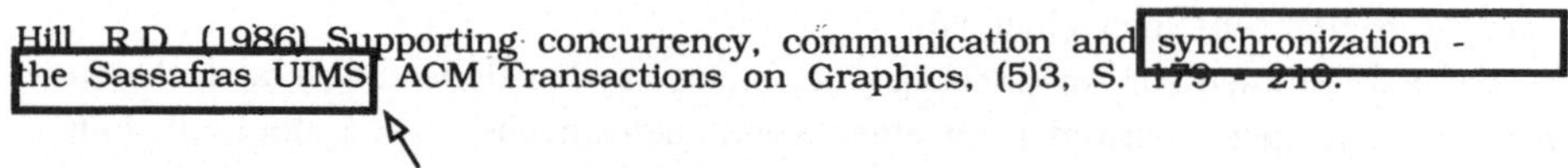

Abbildung 3. Dynamischer Dialogfokus beim Selektieren

Beim Erkunden des Bildschirms wird der Dialogfokus nur durch den Benutzer bestimmt. Die ursprüngliche Stelle des Bildschirms wird verlassen und eine andere Zeile bzw. ein anderes Wort dargestellt. Nach Beendigung des Erkundens gibt es die Möglichkeit,

- zum Dialogfokus des Anwendungsprogrammes zurückzukehren oder
- für das Anwendungsprogramm künstliche Eingaben zu erzeugen, um dessen Dialogfokus zu dem beim Erkunden festgelegten Dialogfokus zu bewegen.

Diese besondere Interaktionsform wird *Ziehen* genannt (engl. *routing*) und kann sich sowohl auf den Mauszeiger (Mausziehen, engl. *mouse routing*) als auch auf den Cursor beziehen (Cursorziehen, engl. *cursor routing*). Sie ist vergleichbar mit dem Positionieren des Textcursors durch den Mauszeiger innerhalb einer Textpassage.

Zum Ziehen sind Brailleanzeigen mit einem absoluten Zeigeinstrument versehen. Beispielsweise sind neben den Braillemodulen Sensoren oder Taster angebracht, die zum Ziehen gedrückt werden. Die Brailleanzeige 2D SCREEN (Fa. Papenmeier, Schwerte) ist zudem sowohl mit einer horizontalen als auch mit einer vertikalen Brailleanzeige mit Tastern versehen. Brailleanzeigen mit dem System TASO (Fa. Frank Audiodata, Oberhausen-Rheinhausen) sehen als Zeigeinstrument Schieber vor, wobei der Schiebeknopf mit einem Taster versehen ist, der zum Ziehen gedrückt werden kann.

Die lexikalische Ebene nichtvisueller Benutzungsoberflächen

Brailleanzeigen werden derzeit fast ausschließlich für 8-Punktschrift (siehe das Beispiel in Abbildung 4) eingesetzt. Es gibt bisher keine Untersuchungen, welche Größe eine Brailleanzeige aufweisen soll. In der Praxis werden entsprechend den 80 Zeichen eines Bildschirms Brailleanzeigen ebenfalls mit 80 Braillemodulen oder Bruchteilen (40, 27, 20) davon ausgestattet.

Ein besondere Form von Brailleanzeigen sind virtuelle Brailleanzeigen. Diese Anzeigen basieren auf einem Zeigeinstrument, in das ein oder zwei Braillemodule integriert sind. Die BRAILLE MOUSE (NASA) ist beispielweise mit einem Braillemodul versehen. Die Maus kann wie gewohnt verschoben werden, jedoch wird das Schriftzeichen entsprechend der Stellung der Maus dargestellt. Ebenso sind verschiedene virtuelle Brailleanzeigen mit einem absoluten Zeigeinstrument in der Literatur beschrieben. Die Entwicklung virtueller Brailleanzeigen ist noch nicht abgeschlossen; für einen aktuellen Überblick siehe [Weber 93]. Allen bisher entwickelten virtuellen Brailleanzeigen gemeinsam ist, daß es sich um passives Lesen handelt, d.h., nur die haptische Wahrnehmung, nicht aber die kinästhetische Wahrnehmung von Braille ist möglich. Dies ist vergleichbar mit dem Lesen einzelner Buchstaben, ohne den Zusammenhang im Wort erfassen zu können.

Gesprochene Sprache ist im Vergleich zu Brailleanzeigen die bessere Anpassung für rechnergeführte Interaktionsformen, da der Benutzer von sich aus passiv bleiben kann und der Rechner aktiv wird. Die synthetische Erzeugung gesprochener Sprache ist für sehr viele Sprachen in ausreichender Qualität möglich. Dabei wird Fließtext wortweise gemäß einem Ausnahmelexikon und anhand von Regeln in Phoneme übersetzt. Diese Phoneme werden zumeist von Hardware (Phonemgenerator, Signalprozessor) über einen Lautsprecher oder (offene) Kopfhörer zur Wiedergabe gebracht. Da diese Technologie nicht nur durch Blinde genutzt wird, ist ein Sprachsynthesizer im Vergleich mit Brailleanzeigen sehr viel wirtschaftlicher.

Die Gestaltung von gesprochener Ausgabe ist im Vergleich zur Brailleausgabe derzeit nicht zufriedenstellend gelöst, wenn beispielsweise verschiedene Sprachen gemischt werden (z.B. die Muttersprache mit englischen Fachausdrücken) oder wenn mathematische Darstellungen verbalisiert werden. Neuere Forschungsarbeiten haben darüber hinaus zum Ziel, Sprache mit Geräuschen zu kombinieren, Sprache innerhalb eines Hörraums wiederzugeben (d.h., der Hörer kann scheinbar den Ursprungsort des akustische Signals erkennen) oder den „Sprecher“ sich bewegen zu lassen.

Eine Integration von Brailleanzeige mit Sprachausgabe erlaubt, beim Design nichtvisueller Interaktionsobjekte die jeweiligen Vorteile auszunutzen. Derartige Geräte und Benutzungsoberflächen sind jedoch nicht kommerziell verfügbar.

3 Anpassung graphischer Benutzungsoberflächen

Die obige Darstellung der Anpassung von visuellen Interaktionsmethoden an nichtvisuelle Benutzungsoberflächen für Blinde ist vor allem an textbasierten Anwendungsprogrammen orientiert.

Graphische Benutzungsoberflächen werden erst seit kurzen daraufhin untersucht, wie sie angepaßt werden können (siehe [Vanderheiden 89, Stephanidis/Weber 91]). Dies geschieht auch unter dem Eindruck der Forderung an die Benutzbarkeit von Bürogeräten durch Behinderte und weil graphische Benutzungsoberflächen immer weiter verbreitet sind (MS Windows ist nach Herstellerangaben ca. 11 Millionen mal verkauft worden).

Tatsächlich arbeiten bereits sehr viele kommerzielle Anwendung unter DOS in einer textbasierten Umgebung mit graphischen Interaktionsobjekten (siehe [Weber 92]). Blinde haben teilweise bereits gelernt, in dieser Umgebung mit Fensterrahmen, Rollbalken usw. umzugehen, da eine Interaktion durch Eingaben mit der Tastatur möglich ist. Trotzdem fehlen derzeit sowohl geeignete nichtvisuelle Benutzungsoberflächen, die z.B. auf X Windows aufbauen, als auch die allgemeine Akzeptanz graphischer Benutzungsoberflächen durch Blinde.

Im folgenden werden einige Ergebnisse der Arbeiten innerhalb des Projekts GUIB der Europäischen Gemeinschaft dargestellt (ein Pilotprojekt innerhalb von TIDE – *Technology for Integration of Disabled and Elderly*). GUIB hat zum Ziel, nichtvisuelle Benutzungsoberflächen für Blinde zu entwickeln, die entweder durch Anpassung existierender Benutzungsoberflächen (insbesondere X Windows und MS Windows) entstehen oder die bereits beim Entwurf visueller graphischer Benutzungsoberflächen integriert werden.

Um bestehende Anwendungsprogramme mit graphischen Benutzungsoberflächen anzupassen, sind wie in textbasierten Umgebungen Filter auf der lexikalischen Ebene der Benutzungsoberfläche zu installieren und ein OSM aufzubauen. Gelingt die nichtvisuelle Darstellung des OSM, dann ist eine Interaktion auf der Basis von Eingaben durch die Tastatur möglich.

Interaktion auf der Basis von Zeigeinstrumenten ist damit aber nicht möglich, d.h., Verfahren wie *drag and drop*, das Ziehen von Rollbalken, das Drücken von allein maussensitiven Schaltflächen usw. sind nicht möglich. Zwar fordert ein Firmenstandard die vollständige Bedienung aller Anwendungen auch durch die Tastatur, in der Praxis sind jedoch z.B. Hypertextsysteme oft ohne Tastaturalternative realisiert.

Um direkte Manipulation blinden Benutzern zu ermöglichen, ist ein alternatives Zeigeinstrument zur Maus notwendig (siehe [Buxton 90] zu einem allgemeinen Modell von Zeigeinstrumenten für visuelle Interaktionsformen). In der Abteilung Dialogsysteme sind hierzu einige grundlegende Arbeiten auf der Basis der tastsensitiven Stiftplatte entstanden (siehe [Weber 89]). Die Stiftplatte ist vergleichbar einem Rasterbildschirm mit einer Auflösung von 60 Zeilen mit je 120 Stiften, wobei jeder Stift einzeln gesetzt oder zurückgesetzt werden kann. Die Stiftplatte ist tastsensitiv, d.h., sie kann zudem die Position der beiden Zeigefinger feststellen.

Die geringe Auflösung der Stiftplatte und ihre geringe Verbreitung machen es jedoch notwendig, nach einer Lösung zu suchen, die auf den bestehenden Ein- und Ausgabegeräten aufbaut, die blinde Benutzer schon kennen.

Im Projekt GUIB hat dazu einer der Partner in eine kommerzielle Brailleanzeige folgende Komponenten integriert:

- zwei horizontale Brailleanzeigen mit je 80 Braillemodulen, jedes mit Sensoren zum Ziehen,
- eine vertikale Brailleanzeige mit Sensoren zum Ziehen,
- mehrsprachiges Sprachausgabegerät,
- Geräuschwiedergabe über eingebaute Lautsprecher oder drahtlos verbundenen Kopfhörer,
- verschiedene Tasten zum Erkunden des Bildschirms,
- zwei Mausersatztasten, um die Schalter einer Zweiknopf-Maus nachzubilden,
- mehrere berührempfindliche Sensoren mit Sensoren zum Ziehen und
- ein tast- und druckempfindliches Tablett.

Abbildund 4 zeigt eine schematische Darstellung dieses Ein- und Ausgabegeräts, das GUIDE genannt wird. Es würde den Rahmen dieses Beitrags sprengen, die akustischen Module im einzelnen zu besprechen; eine Darstellung der Möglichkeiten von Geräuschwiedergabe findet sich in [Gaver 89], eine Darstellung der Erzeugung eines Hörraums in [Blauert 83].

Als Ersatzgerät zur Maus sind zwei absolute Zeigeinstrumente integriert worden. Die eigentliche Bewegung mit der Maus entfällt für den blinden Benutzer, da die unmittelbare Rückmeldung nicht einfach erreicht werden kann. Stattdessen kann der Benutzer den Bildschirminhalt mit einem Finger durch Berühren des Tabletts oder auf der Braillezeile erkunden. Durch Berühren des Tabletts werden gesprochene Ausgaben erzeugt, z.B. der Name des so bezeichneten Fensters. Die Braillezeile stellt darüber hinaus alle Details dar (außer allen Texten auch z.B. Fensterrahmen).

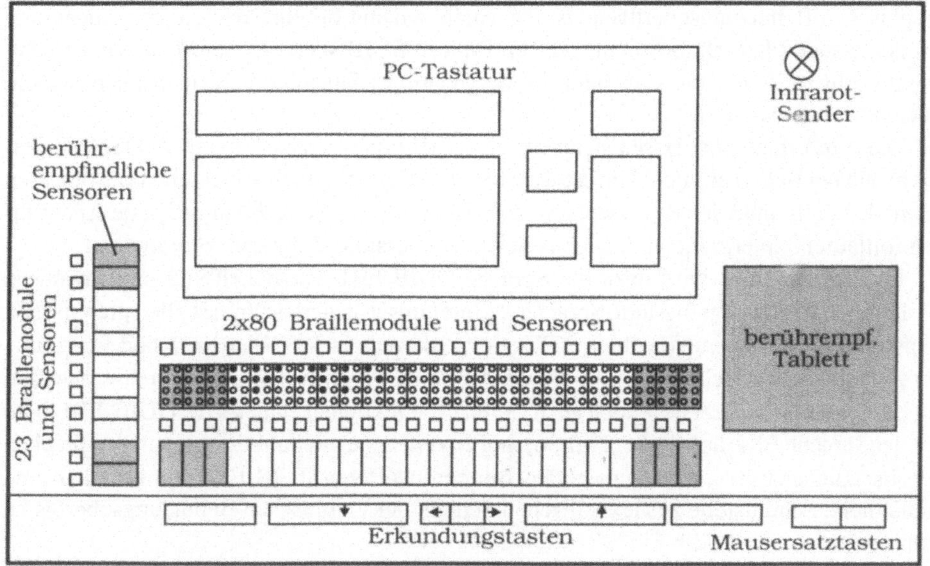

Abbildung 4. Ein- und Ausgabegerät GUIDE

Soll der Mauszeiger an eine mit dem Finger bezeichnete Stelle geführt werden, drückt der Benutzer entweder einen der Sensoren neben einem Braillemodul oder drückt auf das Tablett. Erst dann wird der Mauszeiger gezogen, d.h. durch künstliche Eingaben neu positioniert. Als Ersatz zu Maustasten sind Tasten auf GUIDE vorgesehen. Die Selektion einer mausempfindlichen Schaltfläche kann dann durch Betätigen der Mausersatztasten erfolgen.

Mit den Mausersatztasten ist auch das Ziehen von z.B. einem Fensterrand möglich: Der Benutzer bewegt den Mauszeiger auf den Fensterrand[4] wie oben beschrieben. Er drückt die Mausersatztaste mit der einen Hand. Mit der anderen Hand kann er Braille lesen und die neue Lage des Fensterrands erkunden. Drückt der Benutzer dann auf einen der Sensoren, wird der Mauszeiger erneut gezogen. Da die Mausersatztaste jedoch gleichzeitig gedrückt bleibt, wird auch der Fensterrahmen „bewegt" und so die Größe eines Fensters neu festgelegt.

Keines der beiden Zeigeinstrumente ist dazu geeignet, mit der Auflösung eines Rasterbildschirms zu arbeiten. Das berührempfindliche Tablett hat für den Benutzer die geringste Auflösung: es werden Fenster, Piktogramme und ähnliche, „große" Darstellungen ausgewählt. Mit der Brailleanzeige kann zeichengenau positioniert werden. Eine feinere Rückmeldung kann nicht erreicht werden, d.h., es ist die Aufgabe des Vorleseprogramms, bei bestimmten Interaktionsschritten eine weitere Verbesserung zu erreichen und aktiv die Positionierung zu beeinflussen.

4 Das OSM in graphischen Benutzungsoberflächen

Eine virtuelle Bildschirmkopie für graphische Benutzungsoberflächen kann die statischen Eigenschaften der Interaktionsobjekte speichern.

Der Zugang zur lexikalischen Schicht — insbesondere zu Text — einer bestehenden graphischen Benutzungsoberfläche ist die Voraussetzung für eine erfolgreiche Anpassung an nichtvisuelle Interaktionsmethoden. Im Projekt GUIB wird darüber hinaus untersucht, wie sowohl in X Windows als auch in MS Windows Zugang zur lexikalischen Schicht erreicht werden kann.

Diese Informationen lassen sich aber nicht mehr quasi statisch in einem OSM abspeichern und bei Bedarf abrufen. Um die dynamischen Eigenschaften von Interaktionsobjekten zu modellieren, muß der Repräsentationsmechanismus (siehe Abbildung 2) alle Änderungen fortlaufend interpretieren und den einzelnen Interaktionsobjekten zuordnen.

Im Projekt GUIB wird dazu die Sprache GUIB-ERL entwickelt und implementiert. GUIB-ERL ist eine regelbasierte Sprache, die ereignisgesteuert ist. In fast allen graphischen Benutzungsoberflächen (sowohl in X Windows als auch in MS Windows) sind Ereignisse der grundlegende Mechanismus zur Steuerung des Kontrollflusses (in X Windows werden auf der syntakischen Ebene jedoch auch Callback-Funktionen eingesetzt). GUIB-ERL baut auf der Sprache ERL auf (siehe [Hill 86] und erweitert sie um Funktionen zum Ansprechen der zusätzlichen Ein- und Ausgabegeräte. Beim Entwurf von GUIB-ERL wurde zudem eine einheitliche Schnittstelle zur lexikalischen Schicht der graphischen Benutzungsoberfläche realisiert.

GUIB-ERL ist auch eine Sprache zum Erstellen eines Vorleseprogramms. Derzeit wird ein Vorleseprogramm entwickelt, das alle Module von GUIDE einsetzt und berücksich-

[4] Die Änderung der Form des Mauszeigers wird außerdem verbalisiert.

tigt, um so aus den Erfahrungen der ersten Benutzer von GUIDE mehr über die Gestaltungsmöglichkeiten nichtvisueller Interaktionsformen in graphischen Benutzungsoberflächen zu erfahren. Da blinde Benutzer sich derzeit kaum am Design des Vorleseprogramms beteiligen können, weil ihnen jeglicher Zugang zu X Windows und MS Windows fehlt, kann auf der Basis dieser Anpassung an Verbesserungen gearbeitet werden.

Die Abbildungen 5 und 6 zeigen beispielhaft, wie ein Bildschirminhalt aus MS Windows umgesetzt wird.

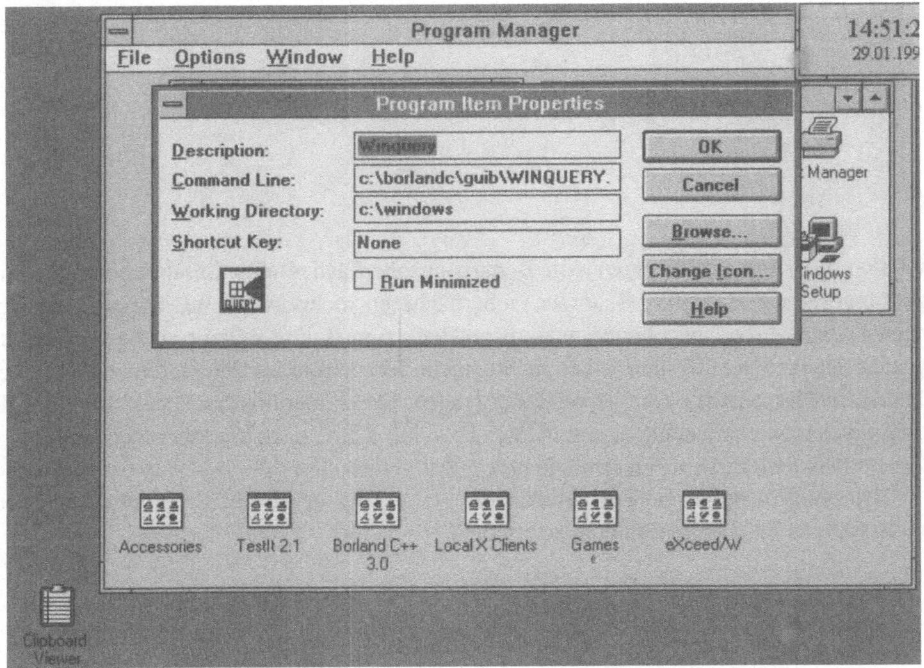

Abbildung 5. Bildschirmausschnitt aus MS Windows

Abbildung 6 enthält dazu die Visualisierung der Umsetzung. Diese Visualisierung ist notwendig, um auch sehenden Kollegen oder dem Ausbilder bzw. Lehrer darzustellen, was der blinde Benutzer vom Bildschirminhalt erfahren kann.

Erste Erfahrungen mit blinden Benutzern zeigen, daß ein Zugang zu den untersuchten graphischen Benutzungsoberflächen am Arbeitsplatz benötigt wird. Die nichtvisuellen Interaktionsobjekte werden akzeptiert, wenn der Benutzer bereits mit Brailleanzeigen vertraut ist. Blinde, die häufiger mit Sprachausgabegeräten umgehen, bevorzugen einen stärkeren Einsatz der Sprachausgabe. Darüber hinaus fehlen vor allem Handbücher und Lernmaterial für graphische Benutzungsoberflächen, um die Eigenschaften von z.B. MS Windows zu erlernen.

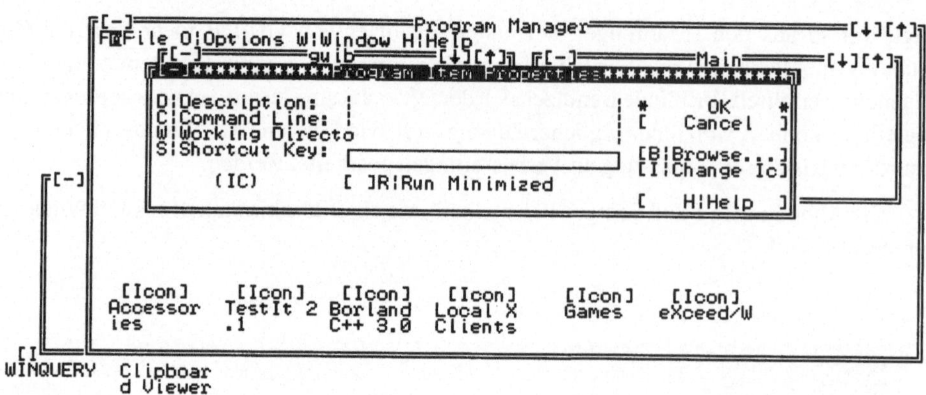

Abbildung 6. Die Umsetzung für blinde Benutzer

5 Ausblick

GUIB-ERL kann für Designer von Benutzungsoberflächen eine Beschreibung der Anpassung einer graphischen Benutzungsoberfläche an nichtvisuelle Interaktionsmethoden sein. Darauf aufbauend können zukünftige Benutzungsschnittstellenbaukästen (User Interface Management Systems) eine nichtvisuelle Interaktion als Alternative zur visuellen Interaktion für blinde Benutzer bereits vorsehen. Die Änderung der Präsentation der Interaktionsobjekte ist auch Gegenstand der Forschung an Benutzungsoberflächen, die eine Zusammenarbeit in Gruppen ermöglichen.

Trotzdem ist der Zugang zu graphischen Benutzungsoberflächen erst der Anfang, um vollständigen Zugang zu Grafiken zu erhalten.

Teil III

Systeme in der industriellen Praxis

Vorbemerkungen

Die technische Entwicklung ändert wirtschaftliche Prozesse tiefgreifend auf verschiedenen Ebenen: gesamtwirtschaftlich, innerbetrieblich und am individuellen Arbeitsplatz. Nicht jede technische Entwicklung trägt in der Praxis zur Steigerung von Effektivität und Effizienz bei. Der Erfolg des Einsatzes von neuen Methoden und Techniken hängt entscheidend ab von der richtigen Einschätzung ihres Potentials und der Art und Weise, wie die betroffenen Mitarbeiter damit umgehen können und umgehen. Wichtige Parameter bei der Einführung neuer Technologien und Methoden sind:

- Qualifikation und Akzeptanz der Mitarbeiter sowie
- organisatorische und finanzielle Voraussetzungen.

Die Beiträge in diesem Abschnitt zeigen, daß mit der Einführung von neuen Techniken zur Wissensverarbeitung wichtige Wettbewerbsvorteile zu erzielen sind, falls diese Fragestellungen angemessen berücksicht werden. Ob es sich nun um die Einführung einer objektorientierten Schnittstelle für einen Kassenarbeitsplatz, um die Wahl von durchzuführenden Expertensystemprojekten, den Entwurf eines interaktiven Diagnosesystems oder um die Einführung avancierter Datenbanksysteme handelt: Das erfolgreiche Unternehmen ist dadurch gekennzeichnet, daß es die Möglichkeit der neuen Techniken für die eigenen strategischen Ziele operationalisiert, ohne in das Extrem der Übertechnisierung zu verfallen.

Für den Mitarbeiter bedeuten die Veränderungen im Umgang mit der Computerumgebung eine einschneidende Modifikation seiner gewohnten Tätigkeit. In seinem Beitrag „Wandel der Benutzungsschnittstellen in kommerziellen Anwendungssystemen" beschreibt Heinz Kreibohm den Unterschied zwischen anwendungsorientierter Vorgehensweise, wie sie üblicherweise am Hostterminal stattfindet, und der objektorientierten Vorgehensweise, die eng verbunden ist mit dem Aufkommen des Arbeitsplatzrechners. Das Design solcher neuen Anwendungsumgebungen erfordert die Erstellung eines Unternehmensmodells, das ein Datenmodell, ein Prozeßmodell, ein Vorgangsmodell und ein Arbeitsplatzmodell umfaßt. Der Kontrast wird anhand der Benutzungsschnittstelle eines Kassenarbeitsplatzes veranschaulicht, wie sie im Hause IBM realisiert ist. Die Vorteile der neuen Vorgehensweise liegen auf der Hand: Einheitliche Oberfläche mit einheitlichem Zugriff auf heterogene Objekte und Prozesse in verteilten Systemen. Trotzdem wird der Übergang in die Welt der objektorientierten Schnittstellen in der Anwendung nur allmählich stattfinden. Die Kosten der Anbindung an die vorhandenen Architekturen sind hoch. Die Mitarbeiter müssen neue Verhaltensformen entwickeln, und die tayloristische Zergliederung der Arbeitsabläufe muß überwunden werden. Am Arbeitsplatz des Mitarbeiters werden Arbeitsabläufe integriert und führen so zu neuer, erweiterter Verantwortung und Entscheidungsfreiheit.

Ein zweites Beispiel für die Einführung einer neuen Technik wird im Beitrag von Feodora Herrmann gegeben. Die Autorin beschreibt die sorgfältige Vorgehensweise, die für eine sinnvolle Auswahl und Durchführung von Expertensystemprojekten notwendig ist, damit diese mit Erfolg in die kommerzielle Praxis überführt werden können. Anhand einer Liste von Auswahlkriterien hat man sich bei Hewlett-Packard für die Durchführung der Projekte

OCEX und LICEX entschieden. OCEX unterstützt bei der Konfiguration von medizinisch-elektronischen Geräten und Computersystemen. LICEX hilft den Sachbearbeitern bei der Vergabe von Lizenzen. Die Vorteile, die sich durch den Einsatz dieser Expertensysteme ergeben, sind zum einen in der relativen Leichtigkeit und Geschwindigkeit zu sehen, mit denen das erforderliche Wissen im Expertensystem abgelegt und modifiziert werden kann, zum anderen in der erhöhten Transparenz bei der Kontrolle von Entscheidungen und nicht zuletzt in der einheitlichen und konsistenten unternehmensweiten Verfügbarkeit des Wissens. Diese Vorteile haben zu erheblichen Einsparungen geführt.

Ein wichtiger Einsatzbereich für Expertensysteme ist die Diagnose komplexer technischer Systeme. Durch Sicherheits- und Zeitvorgaben werden hohe Anforderungen nicht nur an die Problemlösungsfähigkeiten gestellt, sondern auch an die Fähigkeit, mit dem Benutzer zu kommunizieren. Michael Herczeg unterteilt die Expertensysteme zur Diagnose von technischen Systemen in heuristische und modellbasierte Diagnosesysteme. Die modellbasierten Diagnosesysteme unterscheiden sich von den heuristischen hauptsächlich durch das Vorhandensein vertieften Wissens auf der Basis eines Systemmodells, während die heuristischen Systeme eher die menschliche Fähigkeit, Erfahrungswerte und allgemeine Lösungsstrategien einzusetzen, nachbilden. Beide Formen haben ihre Vor- und Nachteile, weshalb sich die Mischform der kooperativen Diagnosesysteme anbietet. Als Beispiel eines solchen Systems beschreibt Herczeg das System REPLEX/DFS aus dem Hause ALCATEL-SEL. REPLEX/DFS dient hauptsächlich zur Diagnose von Fehlern im Empfänger-Verstärker-Sender des deutschen Fernmeldesatellitensystems Kopernikus. In drei möglichen Diagnosemodi interagiert das System mehr oder weniger intensiv mit dem menschlichen Operator, in dieser Weise Fähigkeiten von Mensch und Computer miteinander verbindend. Auch hier stellt sich als besonderer Vorteil der Expertensystemtechnologie deren schnelle Anpassungsfähigkeit heraus, die bei REPLEX/DFS durch die Realisierung einer objektorientierten Shell mit graphisch interaktiver Benutzungsschnittstelle gegeben ist.

Information wird als der „vierte Produktionsfaktor“ verstanden. Die Daten der Information werden in Datenbanken gespeichert und verwaltet. In seinem Beitrag „Datenbanken gestern und heute“ geht Theo Lutz auf die Entwicklung der Datenbanken im unternehmerischen Einsatz, bis zur Etablierung der relationalen Datenbasen mit der Abfragesprache SQL ein. In einem kurzen Ausblick beschreibt Lutz die Herausforderungen an den Bereich Datenbanken, die durch die rasch wachsende Integration der Unternehmenskommunikation mittels offener und verteilter Systeme gestellt werden.

Wandel der Benutzungsschnittstellen kommerzieller Anwendungssysteme

Heinz Kreibohm

1 Übergang von Alter Welt zu Neuer Welt

Der Benutzer von kommerziellen Anwendungssystemen hat in den vergangenen zwanzig Jahren zwei wesentliche Umwälzungen im Umgang mit den Systemen erfahren:

- In den siebziger Jahren rückte der Rechenzentrumsbetrieb durch die Verbreitung von Bildschirmen dem Arbeitsplatz des Sachbearbeiters immer näher. Vorher hatte er seinen Arbeitsablauf noch selbst gesteuert und sich allenfalls durch das Rechenzentrum unterstützen lassen, das seine Aufträge mit Bergen von Papier beantwortete. Nun schrieb der Bildschirm auf seinem Schreibtisch, über den er mit „seiner" Anwendung kommunizierte, Arbeitsweise und Ablauf bis ins kleinste genau vor. Diese Vorgehensweise orientierte sich an der Durchführung dieser speziellen Anwendung: wir sprechen deshalb von einer anwendungsorientierten Vorgehensweise.
- Durch das Aufkommen der Arbeitsplatzrechner wurde eine Neue Welt eingeleitet. Der Anwender bekommt nun einige seiner Freiheiten wieder: er bestimmt den Arbeitsablauf selbst, die Darstellung auf dem Ein-/Ausgabemedium ist für alle Anwendungen gleichartig (Common User Access, vgl. [IBM 91b] und entspricht logisch und optisch den Arbeitsobjekten, mit denen er umzugehen hat: eine (arbeits-)objektorientierte Vorgehensweise.

Das Anwendungssystem kennt die Arbeitsvorgänge und die zugehörige Abfolge von Arbeitsschritten, mit denen die Aufgaben des Sachbearbeiters erledigt werden; es schlägt eine Reihenfolge der Arbeitsschritte vor und überwacht deren Ablauf. Diese Arbeitsweise orientiert sich an den Geschäftsvorgängen, im folgenden sprechen wir von einer vorgangsorientierten Arbeitsweise.

Der Arbeitsplatzrechner unterstützt sämtliche Aufgaben des Sachbearbeiters und grenzt unnötige aus. Der Sachbearbeiter braucht nicht von Anwendung zu Anwendung zu springen, er bearbeitet die Objekte ausschließlich auf seinem Arbeitsplatzrechner, die Unterstützung, die er dabei von anderen Rechnern, z.B. vom Hostrechner bekommt, ist meist nicht sichtbar.

Arbeitsplatzrechner und Hostrechner teilen sich dabei die zu bearbeitenden Aufgaben, sie arbeiten kooperativ miteinander. Der zentrale Rechner ist für globale Anwendungslogik, Datenverwaltung, Datenzugriffe und Netzwerkaufgaben zuständig, der lokale Rechner für Präsentation und lokale Anwendungslogik. Basis für diese Neue Welt der Anwendungssysteme sind Anwendungsarchitekturen und Standards für Benutzeroberfläche, Programmschnittstellen und Kommunikationsprotokolle.

Die Arbeits- und Denkweise beim Benutzen und Entwickeln von herkömmlichen Anwendungen ist für die Neue Welt wenig brauchbar. Vor dem Design der neuen Anwendungssysteme ist die Bildung eines Unternehmensmodells, das neben einem Datenmodell und Prozeßmodell ein Vorgangsmodell und ein Arbeitsplatzmodell umfaßt, nötig. Durch die Einbindung bereits bestehender Anwendungen der Alten Welt in neue Arbeitsplatzumgebungen gewinnt der Einsatz dieser Anwendungen weiter an Qualität und Produktivität.

Am Beispiel des Kassenarbeitsplatzes in einer Niederlassungsverwaltung soll am Ende des Beitrags gezeigt werden, wie sich die Neue Welt am Sachbearbeiterarbeitsplatz auswirkt.

2 Benutzungsschnittstellen

Eine Benutzungsschnittstelle ist eine Menge von Techniken und Mechanismen, die eine Person benutzt, um mit einem Objekt zu interagieren. Jede Art von Objekt hat eine Benutzungsschnittstelle; in der Regel ist diese Schnittstelle entwickelt worden, um den Bedürfnissen des Benutzers und den Funktionen, die das Objekt hat, zu genügen. Eine Benutzungsschnittstelle kann aus einer Menge von Knöpfen bestehen, wie die an einem Tastentelefon oder einem Videorecorder. Im Falle eines Computers kann die Benutzungsschnittstelle eine Tastatur, eine Maus und die Dinge, die auf einem Bildschirm erscheinen, umfassen. Die Benutzungsschnittstelle ist das Mittel, mit dem ein Benutzer mit einem Computer und dieser mit ihm kommuniziert. Der Entwurf zum ISO-Standard 9241 [ISO 91] unterscheidet folgende Typen von Benutzungsschnittstellen für Computer:

- kommando-getrieben: Schnittstellen, bei denen sich der Benutzer Befehle für das betreffende System merken muß und sie nach Bedarf über die Tastatur eintippt,
- menü-getrieben: Schnittstellen, bei denen dem Benutzer eine Hierarchie von Optionen zur Auswahl geboten wird,
- formular-getrieben: Schnittstellen, bei denen der Benutzer Felder eines Formulars auf einem Bildschirm über das Eingabemedium eingibt oder verändert,
- direkte Manipulation: Schnittstellen, bei denen der Benutzer zum Beispiel über eine Maus auf grafische Elemente deutet, sie bewegt und/oder ihre physische Charakteristik über das Eingabemedium verändert und so mit ihnen interagiert,
- Frage-Antwort: Schnittstellen, bei denen der Benutzer auf Fragen des Computers antwortet, die von der vorherigen Antwort des Benutzers abhängen können, und
- natürlichsprachlich: Schnittstellen, bei denen der Benutzer mit dem Computer in einer Sprache kommuniziert, die normalerweise in der Kommunikation zwischen Menschen benutzt wird.

Herkömmliche, anwendungsorientierte Benutzungsschnittstellen besitzen meist die Merkmale der ersten drei genannten Typen. Innerhalb der System Application Architecture (SAA) der IBM (1987, 1989, 1991) sind, insbesondere in der Version 1991, mit der Schnittstellen-Definition Common User Access (CUA) Regeln für grafische Benutzungsschnittstellen beschrieben, die neben kommando-, menü- und formular-getriebener Interaktion auch eine direkte Manipulation erlauben. Diese CUA-Regeln eignen sich bestens für den Entwurf von objektorientierten Benutzungsschnittstellen.

2.1 Anwendungsorientierte Benutzungsschnittstellen

Herkömmliche kommerzielle Anwendungen haben meist anwendungsorientierte Benutzungsschnittstellen. Sie orientieren sich im wesentlichen an den Aufgaben der speziellen

Anwendung. Ein Sachbearbeiter, der mehr als eine Anwendung zu bedienen hat (neben seiner „eigentlichen“ Anwendung gehört meist die Bürokommunikation als zweite Anwendung zu seinem Arbeitsplatz), muß sich daher in der Regel beim Übergang von einer Anwendung zur nächsten in der Art, die Benutzungsschnittstelle der einzelnen Anwendung zu bedienen, umstellen.

Multitaskingfähige Betriebssysteme für Arbeitsplatzrechner geben dem Sachbearbeiter die Möglichkeit, auf einem Bildschirm mehrere parallele Anwendungen zu starten und zu betreiben.

Das Navigieren von Anwendung zu Anwendung hat der Sachbearbeiter selbst zu steuern und ist dadurch, falls kein Geschäftsvorgangsprozessor vorhanden ist (vgl. [Doblaski 91]), von der Entscheidung des Sachbearbeiters abhängig. Falls die Anwendungen nicht auf einem unternehmensweiten Prozeßmodell basieren, müssen unter Umständen Einzelaktivitäten in nacheinanderfolgenden Anwendungen wiederholt (und nicht unbedingt gleichartig) durchgeführt werden, d.h., Anwendungen können sich überlappen. Dies kann zu Inkonsistenzen in der Bearbeitung und zu nicht vorhersagbaren Ergebnissen führen.

Innerhalb der Anwendung werden einzelne Aktionen durch den Sachbearbeiter über Aktionsmenüs, Funktionstasten oder Kommandos initiiert. Die Abfolge der einzelnen Anwendungsschritte ist meist vom Rechner vorgegeben, kann jedoch über Funktionstasten, Kommandos oder Eingabedaten beeinflußt werden. Herkömmliche Anwendungen wurden nicht unbedingt für jeden Arbeitsplatz, auf dem sie verwendet werden, entworfen. Unter Umständen muß der Sachbearbeiter Eingaben tätigen, die für seine eigentliche Aufgabe überflüssig sind, und bekommt möglicherweise Informationen in unübersichtlicher Form dargeboten.

2.2 Objektorientierte Benutzungsschnittstellen

Grafische Benutzungsschnittstellen, z.B. eine nach CUA-Regeln aufgebaute Schnittstelle, werden mehr und mehr objektorientiert realisiert. Objektorientierte Benutzungsschnittstellen erlauben die Entwicklung von zusammenhängenden Arbeitsplatzumgebungen, in denen jedes Element, hier *Objekt* genannt, mit jedem anderen Element interagieren kann. Die Objekte, die ein Anwender benötigt, um seine Aufgaben zu erledigen, und die Objekte, die von der Systemumgebung benutzt werden, arbeiten nahtlos miteinander zusammen. Das bedeutet, daß die Grenzen, die bisher Anwendungen und Betriebssystem trennten, nicht länger für den Anwender sichtbar sind.

Die wesentlichen Merkmale einer objektorientierten Benutzungsschnittstelle ähneln den Objekteigenschaften, wie man sie aus der objektorientierten Programmierung kennt (Objektklassen, Objekthierarchien und Vererbung). Eine CUA-Schnittstelle beinhaltet drei Klassen von Objekten:

- Behälterobjekte, die andere Objekte beinhalten, um auf für den Anwender zusammengehörende Objekte gemeinsam zugreifen zu können (wie z.B. eine Akte, eine Kasse),
- Datenobjekte, die zur Übermittlung von Daten in Text-, Grafik-, Audio- oder Videoform dienen (wie z.B. ein Brief, ein Konto) und
- Geräteobjekte, die meist ein physisches Objekt der realen Welt repräsentieren (wie z.B. eine Maus, ein Drucker, ein Postausgangskorb, ein Papierkorb) und eine Kommunikation zwischen dem Computer und anderen physischen Objekten ermöglichen.

Die Anwendungen der Alten Welt verbergen sich hinter einer Folge von Funktionen, den Methoden, die man mit den Objekten ausführt, z.B. das Editieren und anschließende Drucken eines Datenobjektes.

Vererbung und Hierarchie basieren bei einer objektorientierten Benutzungsschnittstelle eher auf Ähnlichkeit im Erscheinungsbild und im Verhalten von Objekten als auf den Super- und Subklassen der objektorientierten Programmierung. Die ausgiebige Verwendung von Behälterobjekten ist ein besonders typisches Merkmal objektorientierter Benutzungsschnittstellen.

Anwender werden oft durch die technischen Aspekte des Betriebssystems vom Umgang mit rechnergestützten Anwendungen abgeschreckt. Eine objektorientierte Benutzungsschnittstelle schützt den Anwender vor dem direkten Umgang mit dem Betriebssystem und vor der direkten Verwendung separater Anwendungen, die meist untereinander inkompatibel sind. Dadurch kann er sich mehr auf seine eigentlichen Aufgaben konzentrieren, ohne sich um die zu verwendenden Werkzeuge zu kümmern. Die Objektorientierung entspricht einer Vorgehensweise, wie sie der Anwender in der realen Welt durchführen würde.

Eine objektorientierte Benutzungsschnittstelle bietet dem Anwender eine nahtlose Umgebung, in der er mit allen Objekten auf ein und dieselbe Weise über alle Aufgaben hinweg umgeht. So werden z.B. alle Objekte gleichartig kopiert, bewegt, gelöscht, eröffnet, unabhängig davon, welche Aufgabe der Anwender gerade zu erledigen hat oder welche Objekte zu dem Vorgang verwendet werden: der Anwender kopiert eine Grafik, bewegt sie in eine Zelle eines Spreadsheets, plaziert das Spreadsheet in einem Dokument, ordnet ihm durch Plazierung eines Personenobjekts auf dem Dokument einen Empfänger zu und versendet das erhaltene Objekt durch Plazierung des Dokuments auf dem elektronischen Postausgangskorb. Jedes Objekt ist kompatibel mit jedem anderen, es kann völlig frei mit anderen kombiniert werden.

3 Arbeitsteilung von Arbeitsplatz- und Hostrechner

Um sich strategische Wettbewerbsvorteile zu sichern, ist es für jedes erfolgreiche Unternehmen von größter Wichtigkeit, Mitarbeiter zu haben, die

- nicht nur reagieren,
- nicht nur Vorschriften befolgen und
- sich nicht nur auf einen einzigen, engen Anwendungsausschnitt konzentrieren (der Sachbearbeiter verkümmert zum „Fachidioten“),

sondern vielmehr Mitarbeiter zu haben, die

- agieren,
- sich z.B. um einen ganzen Kundenkreis kümmern und
- alle dazu benötigten Anwendungen zu Hilfe ziehen können (der Sachbearbeiter entwickelt sich zum *Entrepreneur*).

Man kann sich diese Fähigkeiten nicht über Nacht aneignen. Will man die Mitarbeiter jedoch mit derartigen unternehmerischen Funktionen ausstatten, so ist es zwingend notwendig, ihnen diese Funktionen und die dazugehörenden Daten (Objekte) über eine nahtlose, leicht zu bedienende Schnittstelle zur Verfügung zu stellen, ohne daß sie sich über das Netzwerk mühsam zu den einzelnen Anwendungsteilen „hinnavigieren" müssen.

Dies erfordert eine Schnittstelle, die sich nicht nur an den Daten und Funktionen des einzelnen Sachbearbeiters orientiert (objektorientiert), sondern die ihm auch den Zugriff zu allen benötigten Anwendungen über eine nahtlose Interaktion zwischen Arbeitsplatzrechner und einem oder mehreren Hostrechnern ermöglicht, ohne daß er bemerkt, daß sich mehrere Rechner die Arbeit für ihn teilen. Der Arbeitsplatzrechner stellt die objektorientierte Benutzungsschnittstelle zur Verfügung, die Hostrechner sind für die Unternehmensdaten und generelle Geschäftslogik zuständig.

Wir unterscheiden hier die Begriffe verteilte Verarbeitung und kooperative Verarbeitung:

- verteilte Verarbeitung: Verarbeitung, die Ressourcen oder Funktionen beinhaltet, die über zwei oder mehrere verbundene Prozessoren verteilt sind,
- kooperative Verarbeitung: verteilte Verarbeitung, bei der sich die Prozessoren die Arbeit von Anwendungen teilen. Die beteiligten Prozessoren sind typischerweise ein Arbeitsplatzrechner und ein Hostrechner, die sich die Arbeit durch koordinierte Ausführung von Funktionen teilen und sich dabei ihre Ressourcen gegenseitig zur Verfügung stellen.

Der wesentliche Unterschied zwischen beiden Verarbeitungsweisen ist der äußere Eindruck für den Anwender. Bei der kooperativen Verarbeitung scheint für ihn alles auf einem Rechner abzulaufen. Die Programmlogik einer Dialoganwendung aus dem kommerziellen Bereich besteht im wesentlichen aus drei Anwendungsbausteinen:

- die Präsentationslogik umfaßt die Benutzer-Ein- und Ausgaben samt Bildschirmaufbau und Dialogsteuerung,
- die Anwendungslogik beinhaltet die eigentliche Programmlogik der Anwendung,
- die Datenlogik beschreibt den Zugriff auf programmexterne Daten.

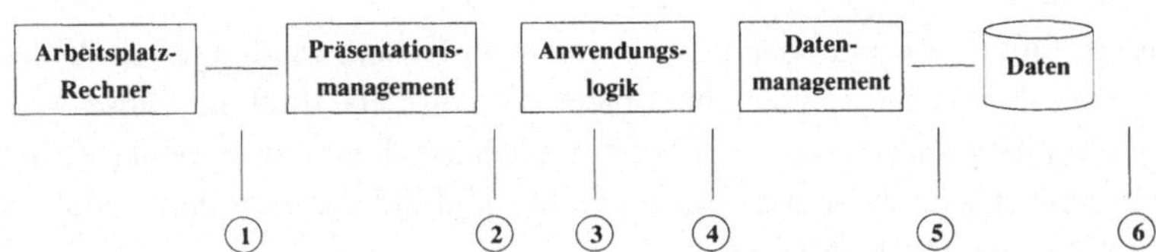

Abbildung 1. Kooperative Verarbeitung, Möglichkeiten der Verteilung

Die Programmlogik kann auf sechs Arten zwischen Arbeitsplatzrechner und Host aufgeteilt werden (s. Abbildung 1, vgl. [Engelke 89, Scherr 88]).

1. lokale Anzeige: Die gängigen, traditionellen kommerziellen Dialoganwendungen sind unter Verwendung dieser Verteiltechnik programmiert (Alte Welt). Das Host-Programm umfaßt die gesamte Logik. Der Arbeitsplatzrechner (hier: einfacher Bildschirm) verfügt über keinerlei Intelligenz, der Bildschirmaufbau wird im Anwendungsprogramm auf

dem Host aufbereitet und z.B. als IBM/3270-Datenstrom an den Bildschirm weitergegeben. Jede Benutzerinteraktion wird über den gleichen Weg an den Host zurückgegeben. Diese Art der Arbeitsteilung bezeichnen wir nicht als kooperativ.

2. verteilte Präsentation: Die Anwendung wird in einen Frontend- und einen Backend-Teil aufgeteilt. Der Frontend-Teil führt das Präsentationsmanagement auf dem Arbeitsplatzrechner durch und kommuniziert mit dem Backend auf dem Host, auf dem die Anwendungslogik und das Datenmanagement residieren. Dieser Frontend-Teil enthält keinerlei Anwendungslogik, sondern baut die grafische Oberfläche auf und steuert ihre Bedienung, erledigt die trivialen Eingabeprüfungen und leitet die Eingaben an die Anwendung auf dem Host weiter. Bei dieser Art der Aufteilung geht man davon aus, daß das Frontend nur mit einer Backend-Anwendung kommunizieren kann. Um mit mehreren Backend-Anwendungen zu kommunizieren, muß das Frontend zusätzlich Anwendungslogik beinhalten, um die Informationen der unterschiedlichen Partneranwendungen miteinander zu verknüpfen. Dies wird unter Punkt 3 beschrieben.

   Bei entsprechendem Design des Präsentations-Managements erlaubt diese Art der Verteilung den gleichzeitigen Einsatz von Arbeitsplatzrechnern und nichtprogrammierbaren Bildschirmen unter Beibehaltung der gleichen Anwendungslogik auf dem Host. Dies ist besonders interessant für die Integration bestehender Dialoganwendungen (Alte Welt) in typische Anwendungssysteme auf Arbeitsplatzrechnern, wie zum Beispiel elektronische Post, Tabellenkalkulation, Berichtssysteme und so weiter. Auf diese Weise kann mit verhältnismäßig geringem Aufwand ein Umstieg auf die Neue Welt begonnen werden.

3. verteilte Anwendungslogik: Arbeitsplatzrechner und Host teilen sich die Anwendungslogik: neben dem Präsentations-Management übernimmt der Arbeitsplatzrechner auch lokale Funktionen der Anwendungslogik. Die Gründe für eine solche Aufteilung können folgende sein:
   - die Anwendung greift außer auf Host-Daten auch auf lokale Daten zu,
   - die Anwendung hat eine komplexe Präsentationslogik (z.B. Grafik und/oder WYSIWYG) und benötigt Host-Daten,
   - die Frontend-Anwendung benötigt Daten von zwei oder mehr Backend-Anwendungen.

   Die unter Punkt 2 beschriebene Integration von Hostanwendungen in Anwendungssysteme auf dem Arbeitsplatzrechner bietet sich hier ebenfalls an. Diese Art der Aufteilung empfiehlt sich dann, wenn bei einer solchen Integration mehrere Hostanwendungen genutzt werden sollen oder (etwa bei Einbindung alter Anwendungen) keine verteilte Präsentation möglich ist.

4. verteiltes Datenmanagement: bei dieser Art der Verteilung erledigt der Arbeitsplatzrechner die gesamte Anwendungslogik und die Präsentation. Die Daten sind verteilt auf mehrere Rechner. Der Datenzugriff wird vom Arbeitsplatzrechner aus requestiert, das Datenbank-Management-System ermittelt, wo sich die Daten befinden und greift auf sie zu.

5. physischer Datenserver: Anwendung und Datenzugriffslogik liegen auf dem Arbeitsplatzrechner, die Daten auf einem Datenserver, der die physischen Datenzugriffe erledigt.

6. lokale Verarbeitung: Die Anwendung greift ausschließlich auf lokale Daten zu und hat keine Anforderungen an den Hostrechner.

Da wir uns im Rahmen dieser Betrachtung auf die Benutzungsschnittstelle konzentrieren wollen, interessieren im folgenden nur die Verteilungspunkte 1, 2 und 3.

4 Auswirkungen auf Entwickler und Anwender

Herkömmliche Anwendungen erfordern eine konsistente Sicht auf integere Daten und eine überschneidungsfreie Aufgliederung der Unternehmensprozesse in Subprozesse, aus denen die Anwendungen entstehen. Idealerweise wird dies durch Entwicklung eines Unternehmensmodells, das ein unternehmensweites Daten- und Prozeßmodell umfaßt, erreicht. Die Neue Welt der Arbeitsplatzrechner erfordert ein Unternehmensmodell, das außerdem ein Modell der Arbeitsplätze des Unternehmens und ein Modell der die Prozesse steuernden Geschäftsvorgänge umfaßt (s. Abbildung 2, vgl. [Doblaski 91]).

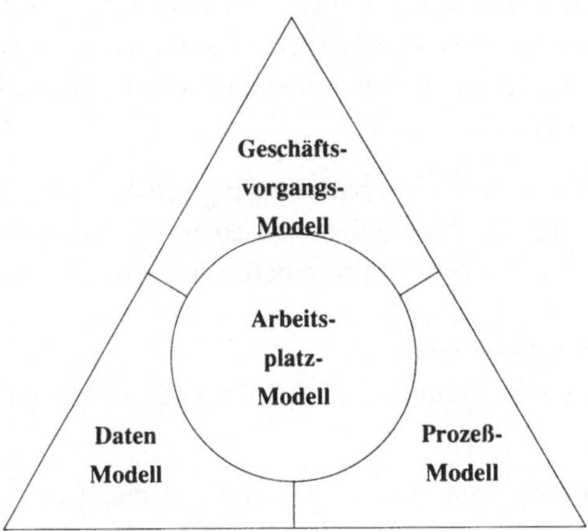

Abbildung 2. Das Unternehmensmodell

4.1 Arbeitsplatzmodellierung

Der radikale Wandel der Benutzungsschnittstelle von der Anwendungsorientierung hin zur Objektorientierung hat zur Folge, daß der Anwender auf dem Schirm seines Arbeitsplatzrechners alle Objekte vorfinden muß, die er zur Bewältigung seiner Aufgaben für das Unternehmen benötigt. Das bedeutet, daß anstelle einer funktionalen oder prozeßorientierten Sicht die Benutzungsschnittstelle aus der Unternehmenssicht betrachtet werden muß. Die herkömmliche Vorgehensweise der Prozeßmodellierung hilft nur, die Schnittstellen der Anwendungen untereinander genau zu definieren. Eine darauf folgende anwendungsorientierte Implementierung kann nur eine anwendungsorientierte Sicht der Benutzungsschnittstelle liefern, d.h., Objekte, die zu der betreffenden Anwendung gehören, müssen nicht notwendigerweise vollständig implementiert sein. Teile ihrer Implementierung liegen außerhalb, in anderen Anwendungen. Da ein Anwender in einem Unternehmen normalerweise nicht nur eine Anwendung bedient, sondern mehrere, z.B. neben seiner „normalen" Anwendung auch

Unternehmenskommunikation, besteht die Gefahr, daß an seinem Arbeitsplatz Inkompatibilitäten zwischen den Teilen eines Objektes, die zu verschiedenen Anwendungen gehören, sichtbar werden. Deshalb ist es zwingend notwendig, neben einem unternehmensweiten Daten- und Prozeßmodell auch ein Modell aller Anwenderarbeitsplätze des Unternehmens zu erstellen. Zur Erstellung eines solchen Arbeitsplatzmodells wird die Art, wie ein Anwender arbeitet oder arbeiten sollte, analysiert. Dies führt zur Identifikation der Objekte, die an einem spezifischen Arbeitsplatz benötigt werden, und läßt erkennen, wie dort das Interaktionsverhalten der betreffenden Objekte untereinander ist.

4.2 Geschäftsvorgangsmodellierung

Die Benutzungsschnittstelle soll erlauben, daß der Anwender die Interaktionen zwischen den Geschäftsobjekten auf seinem Arbeitsplatz selbst kontrolliert. Dies steht im Widerspruch zu der Forderung, daß es in jedem Unternehmen Regeln gibt, wie Geschäftsvorgänge zu prozessieren sind, d.h., in welcher Reihenfolge die Interaktionen zwischen den einzelnen Geschäftsobjekten ablaufen können oder müssen. Eine mögliche Lösung, die eine Steuerung der Aktionen durch den Anwender selbst erlaubt, ist die Definition eines Geschäftsvorgangs-Objekts. Es

- zeigt dem Anwender, welche Geschäftsvorgänge als nächste zu erledigen sind,
- dient als Ratgeber bei der Navigation von einem Prozeßschritt zum nächsten (etwa durch visuelle Anzeige, welche Schritte bereits erledigt sind und welche noch ausstehen),
- verhindert unerlaubte Schrittfolgen,
- kreiert Folge-Geschäftsvorgänge (eventuell für andere Anwender)
- und so weiter.

Um diese Geschäftsvorgänge überschneidungsfrei den Unternehmensdaten und den Unternehmensprozessen zuzuordnen und den Kontrollfluß zwischen den elementaren Geschäftsprozessen zu beschreiben, ist eine Modellierung der Geschäftsvorgänge in Elementargeschäftsvorgänge nötig (vgl. [Doblaski 91]). Hierbei wird definiert, welche Geschäftsvorgänge (die nicht mehr teilbar sind) es in einem Unternehmen gibt, und analysiert, welche Geschäftsprozesse und welche Geschäftsobjekte (Daten) zu einem Geschäftsvorgang gehören. Doblaski beschreibt einen Geschäftsvorgangsprozessor, der auf der Basis von Elementargeschäftsvorgängen die Steuerung der für eine Versicherung notwendigen elementaren Verarbeitungsfunktionen ermöglicht.

4.3 Einbindung bestehender Anwendungen

Eine totale Neuentwicklung der Unternehmensanwendungen nach obigen Gesichtspunkten ist wegen der dadurch entstehenden immensen Kosten sicher nicht denkbar. Vielmehr kann man durch schrittweises Vorgehen unter maximaler Wiederverwendung alter Anwendungen allmählich in die Neue Welt hineinwachsen:

- 1. Schritt: Unternehmensmodellierung, d.h. neben Daten- und Prozeßmodellierung auch Geschäftsvorgangs- und Arbeitsplatzmodellierung. Diese Modellierung kann auch in kleineren Teilschritten (z.B. Aufteilung eines Versicherungsmodells in Versicherungssparten) geschehen.

- 2. Schritt: Emulation der bestehenden Benutzungsschnittstelle alter Anwendungen unter einer neuen grafischen Oberfläche. Hier können bestehende Emulationswerkzeuge helfen (z.B. EASEL).
- 3. Schritt: Realisierung der Neuen Welt für ausgewählte Gruppen von Arbeitsplätzen. Die Benutzungsschnittstelle bestehender Anwendungen wird dabei entweder von der Anwendungslogik isoliert und neu gestaltet oder wie in Schritt 2 emuliert. Hierbei kommt es darauf an, daß sämtliche für einen Arbeitsplatz relevanten Anwendungen eingebunden werden.
- 4. Schritt: Aufbrechen bestehender Anwendungen in Elementarfunktionen, die durch Elementargeschäftsvorgänge gesteuert werden. Den individuellen Arbeitsplätzen werden nur die benötigten Elementarfunktionen der Geschäftsobjekte zur Verfügung gestellt.

Dies Schritte müssen nicht notwendigerweise nacheinander, sondern können größtenteils auch parallel ablaufen.

5 Kassenarbeitsplatz einer Niederlassungsverwaltung

Mitte 1992 wurde der in den siebziger Jahren entstandene Kassenarbeitsplatz in der Niederlassungsverwaltung der IBM Deutschland GmbH durch einen Arbeitsplatz mit objektorientierter Benutzungsschnittstelle ersetzt. Unter dieser Benutzungsschnittstelle werden alle den Arbeitsplatz betreffenden Arbeiten, inklusive Anwendungs- und Datenzugriffe auf unterschiedliche Host-Systeme, integriert (vgl. [Wittlinger/Zillig 91]).

5.1 Die Aufgaben des Sachbearbeiters am Kassenarbeitsplatz

Die Aufgaben eines Sachbearbeiters am Kassenarbeitsplatz einer Niederlassungsverwaltung umfassen Geschäftsvorgänge wie z.B.

- die Aus- und Rückzahlung von Mitarbeitervorschüssen in DM und Fremdwährungen,
- Kostenerstattungen an Mitarbeiter,
- Einzahlungen,
- Sortentausch,
- Führung eines Travellercheque-Depots,
- Eingabe und Überweisung von Lieferantenrechnungen und -gutschriften,
- Erstellen der Disketten für den Datenträgeraustausch mit Banken,
- Prüfung der eingegebenen Sachkonten,
- Prüfung der Zeichnungsberechtigung,
- Buchung je Beleg und Übergabe an zentrales Hauptbuch,
- täglicher Kassenabschluß
- und so weiter.

Dabei müssen am dezentralen Kassenarbeitsplatz Daten von Belegen erfaßt werden, die dann in zentralen Host-Anwendungen weiterverarbeitet werden. Viele Entscheidungen des Sachbearbeiters basieren auf Daten aus verschiedenen Host-Anwendungen, er benötigt also direkten Zugriff auf diese zentralen Anwendungen.

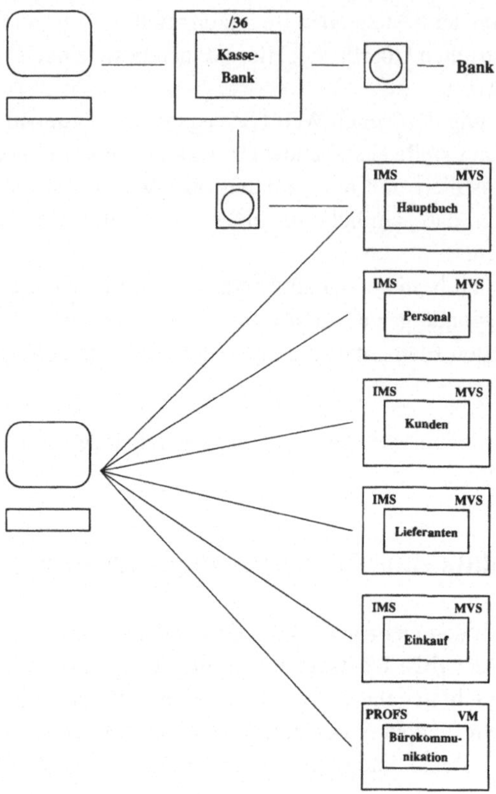

Abbildung 3. Kassen- / Bankarbeitsplatz, Alte Welt

5.2 Der alte Arbeitsplatz

Die einzelnen Anwendungen des Kassenarbeitsplatzes im bisherigen System stellten sich dem Sachbearbeiter, wie in Abbildung 3 skizziert, dar. Auf die IBM /36 wurde über einen separaten Bildschirm zugegriffen, die Datenübertragung geschah über Diskettenaustausch. Ein zweiter Bildschirm diente für die Zugriffe auf die zentralen Anwendungen, die jeweils auf separaten Systemen lagen und über eigene LOGON-Prozeduren aufgerufen wurden. Nur die Kasse- / Bankanwendung auf dem System /36 war für diesen Arbeitsplatz entworfen worden, d.h., von den übrigen Anwendungen wurde jeweils nur ein kleiner Ausschnitt der möglichen Funktionen genutzt. Die am Kassenarbeitsplatz genutzten Anwendungen hatten keine einheitliche Benutzungsschnittstelle, d.h., Funktionstasten oder Kommandos waren nicht einheitlich. Die Anwendungen überlappten sich, so wurde z.B. die Kontonummer in der Kasse- / Bankanwendung nur auf Plausibilität geprüft, in der Hauptbuch-Anwendung aber auch auf Gültigkeit, was Korrekturvorgänge nötig machte. Die Kontrolle, ob sämtliche Arbeitsschritte am Kassenarbeitsplatz in der richtigen Reihenfolge, korrekt und vollständig ausgeführt wurden, lag in der Hand des Sachbearbeiters. Die Anwendungsoberflächen stellten sich im wesentlichen wie in Abbildung 4 (Menüsteuerung) und Abbildung 5 (Funktionstastensteuerung, Formulareingabe und Eingabecodes für spezielle Datenfelder) dar.

BEFEHL MENU BKMENÜ S6

KASSE- / BANK-
ANWENDUNGEN

1 Eingabe Kasse- / Bankdaten
2 Drucken Kasse- / Bankabstimmung
3 Kasse / Bank mit Saldenanzeige
4 Eingabe von Pauschaländerungen
5 Kassen- / Bank-History
6 Einstellen Kasse- / Bank-Diskette
7 Duplikat der Versand-Diskette erstellen
8 Tägliche Datensicherung Kasse / Bank
9 Monatsstatistik Kasse / Bank

10 Prüfen Personalnummer
11 Kassenprüfung / Übergabe
12 Eingeben / Ändern Kassenführung

13 Eingabe Überweisungen
14 Erstellung Überweisungsdiskette
15 Verbuchen Überweisungen
16 Eing. Lieferanten f. Überweisungen
17 Drucken Rechnungs-Eingangs-Buch
18 Drucken offene Überweisungen
19 Erstellen Duplikat der Bank-Diskette
20 Drucken Disketten-Kontroll-Liste

21 BKMEX2 Kassen-Menü 2. Kasse
22 Aufrufen VAMP für PROFS etc.
23 Zurück zum Auswahlmenü
24 Bildschirm abschalten

Nummer der Auswahl oder Befehl eingeben

Abbildung 4. Menüsteuerung am Kassenarbeitsplatz

5.3 Der neue Arbeitsplatz

Für Sachbearbeiter, die bisher nur die aktionsorientierte Vorgehensweise der Alten Welt kannten, ist eine objektorientierte Benutzeroberfläche eine einschneidende Änderung. Auf dem Bildschirm (s. Abbildung 6) wird mit Hilfe von Symbolen die natürliche Umgebung des Sachbearbeiters nachgebildet: sein Schreibtisch mit den Dingen, die mit der täglichen Arbeit zusammenhängen, wie Formulare, Belegstapel, Kasse und so weiter. Hinter diesen Symbolen (Objekten) verstecken sich Werkzeuge, die dem Sachbearbeiter helfen, die Objekte seiner Arbeitswelt gemäß seiner Aufgabe zu manipulieren. Statt Aktionen von Anwendungen auszuwählen, wählt der Sachbearbeiter Objekte aus. Das sind hier Belege, Rechnungen, Schecks, Lieferanten oder Notizzettel (vgl. Abbildung 7, Bankfenster). Sie sind durch Symbole und in detaillierterer Form als Fenster auf dem Bildschirm dargestellt. Zu jedem dieser Objekte sind Tätigkeiten definiert, die er mit dem ausgewählten Objekt durchführen kann: zum Beispiel kann ein Beleg erfaßt, geändert, gedruckt oder zugeordnet werden.

Die Maus ersetzt hierbei viele Tastaturfunktionen der Alten Welt. Statt über Funktionstasten selektiert der Sachbearbeiter die Objekte durch „Mausklick" und die zugehörigen Tätigkeiten mit einem „Mausklick" auf Schaltflächen oder einer Menüleiste. Anstelle der stark fehleranfälligen Eingabe von Codes, Texten oder Ziffern über die Tastatur, wählt er in Auswahlleisten mit der Maus aus oder ordnet vorgegebene Werte zu (vgl. Abbildung 8, Vorschußformular). Mehrere Objekte können in unterschiedlichen Fenstern gleichzeitig bearbeitet werden. Vorgänge können an beliebiger Stelle unter- oder abgebrochen wer-

```
EINGABE KASSE / BANK          DATEI: BKDAT1          20.02.89          14.10.55

LETZTE BELEG-NR. KASSE: 002                LETZTE BELEG-NR. BANK: 510

LFD NR.         25396                                  * * * * * * * * * * * *
LÖSCH-STERN                                            * MWST-Schlüssel    *
SATZ-ART        31                                     *   0  % = 0        *
DATUM           200289                                 *   6,5 % = 6       *
KASSEN-NR       24                                     *   7  % = 7        *
BELEG-NR        003                                    *   7,6 % = 5       *
BETRAG          123,45                                 *   8  % = 8        *
MWST            4                                      *   9,2 % = 9       *
KONTO           408867                                 *  11,4 % = 1       *
                                                       *  13  % = 3        *
K-STELLE        1418                                   *  14  % = 4        *
TEXT                                                   *                   *
PERSONAL-NR     194384                                 * * * * * * * * * * * *
PROJEKT-NR      1795

Neueingabe:     F1 - Normalbuchungen     F2 - Sonderbuchungen     F3 - Vorschüsse
                F5 - Vorheriger Satz     F7 - Ende der Arbeit     F11 - Änderungen
```

Abbildung 5. Funktionstastensteuerung, Formulareingabe und Eingabecodes für spezielle Datenfelder am Kassenarbeitsplatz

den. Daten können von einem Fenster zu einem anderen transferiert werden. Neben den Objekten der Geschäftsprozesse werden auch individuelle Objekte, wie Telefonbuch, Benutzerhandbuch, Merkzettel und Taschenrechner zur Verfügung gestellt. Auf die bestehenden Host-Anwendungen, wie Hauptbuch, Einkauf, Personal, Lieferanten, wird, für den Sachbearbeiter unsichtbar, im Hintergrund zugegriffen. Die Kassen-/Bank-Anwendung des Arbeitsplatzrechners arbeitet kooperativ mit den Host-Anwendungen und Host-Daten: der Sachbearbeiter hat den Eindruck, daß er allein vom Arbeitsplatzrechner bedient wird.

6 Ausblick

Der Übergang in die Neue Welt wird sich sicher allmählich in kleinen Schritten vollziehen. Die Gründe hierfür sind:

- die Architektur der bestehenden Anwendungen ist in der Regel nicht auf die Neue Welt ausgerichtet (z.B. die mangelnde Granularität der Anwendungen vom Arbeitsplatz aus betrachtet),
- die neuen Fähigkeiten für das Bedienen und das Entwickeln der Neuen Welt kann man sich nicht von heute auf morgen aneignen,
- die Verbreitung von Arbeitsplatzrechnern auf die Schreibtische hat gerade erst begonnen.

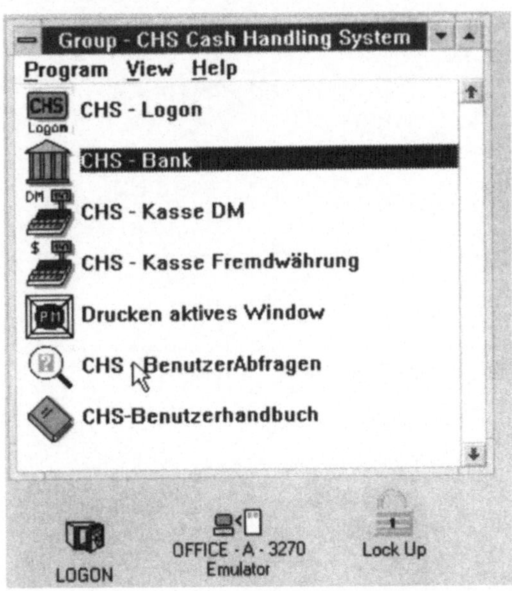

Abbildung 6. Kassen- / Bankarbeitsplatz, Neue Welt (Ausschnitt)

Abbildung 7. Fenster für das Objekt Bank

Die Investitionen in Anwendungsarchitektur, in die Fähigkeiten der Anwender und Entwickler und in Hardware sind jedoch die Voraussetzung, um dem Sachbearbeiter Werkzeuge zur Verfügung zu stellen, die ihm erlauben,

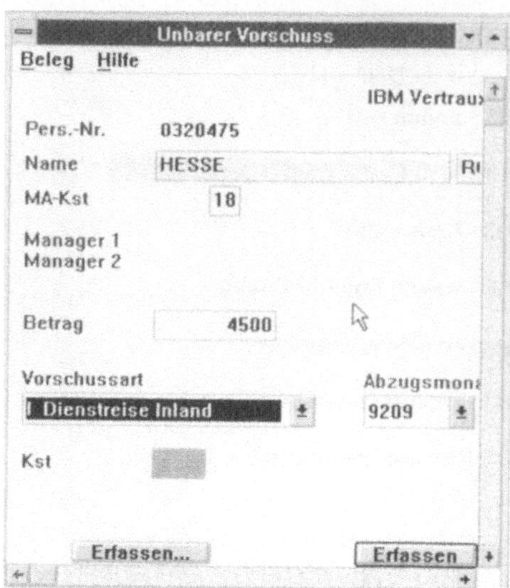

Abbildung 8. Fenster für das Vorschußformular (Ausschnitt)

- in seinem Tätigkeitsgebiet flexibel zu agieren, statt auf Anforderungen von außen zu reagieren,
- sich auf seine eigentlichen Aufgaben zu konzentrieren, ohne durch hierfür unwichtige Tätigkeiten beim Bedienen von Anwendungen abgelenkt zu werden.

Auch wenn der Übergang in die Neue Welt nicht sofort geschehen kann, ist es für Anwender und Entwickler äußerst wichtig, sich frühzeitig mit der Praxis der Neuen Welt auseinanderzusetzen, um Erfahrungen zu sammeln und um die Zeit des Übergangs auf ein Minimum zu reduzieren.

Erfahrungen bei der Einführung von Expertensystemen in der Praxis

Feodora Herrmann

Expertensysteme haben ihren Weg in die Praxis gefunden. Liefen solche Systeme vor 10 Jahren nur auf spezieller Hardware, so sind sie heute integrierter Bestandteil von kommerziellen und technischen Komplettlösungen.

Das Forschungs- und Technologiezentrum der Hewlett-Packard GmbH (HP) hat die Aufgabe, neue Software-Technologien wie beispielsweise die Expertensystem-Technologie in andere HP-Abteilungen zu transferieren. Wir sehen uns als Bindeglied zwischen Wissenschaft und Praxis, zwischen Grundlagenforschung und Produktentwicklung.

Der folgende Beitrag beschreibt unser Vorgehen sowie Erfahrungen bei der Einführung von Expertensystemen in der industriellen Praxis.

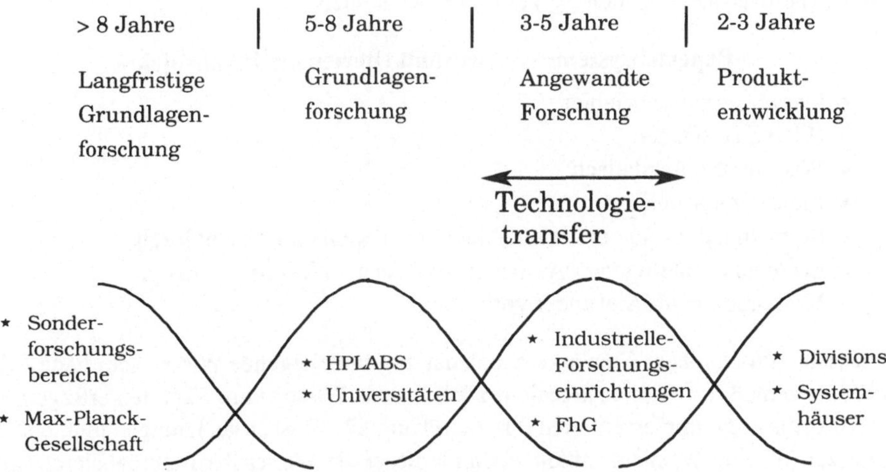

Abbildung 1. Phasen der Erforschung und Entwicklung neuer Softwaretechnologien

1 Einführen einer neuen Software-Technologie

Die Entwicklung und Einführung neuer Software-Technologien durchlaufen mehrere Phasen (vgl. Abbildung 1). Im akademischen Umfeld entsteht eine Idee, die dann von der Grundlagenforschung aufgegriffen und weiterentwickelt wird. In industriellen Forschungseinrichtungen werden erste Prototypen entwickelt, die sich zunächst unter eingeschränkten

Bedingungen im Vorwettbewerbsbereich bewähren müssen. Bewährte und genügend ausgereifte Technologien werden dann integraler Bestandteil von Produkten für den Routineeinsatz in der Praxis.

Unsere Abteilung — das Forschungs- und Technologiezentrum — sucht nach Software-Technologien, die bereits grundlagenmäßig erforscht wurden, um sie dann für einen Einsatz im industriellen Umfeld aufzubereiten und weiterzuentwickeln [Gamm 92]. Um nun den Reifegrad einer neuen Technologie festzustellen, beantworten wir Fragen wie „Gibt es bereits kommerziell erhältliche Werkzeuge zu dieser neuen Technologie?“ oder „Existieren bereits kommerzielle Anwendungen oder nur Prototypen?“

Nachdem entschieden wurde, Expertensysteme zu bauen, wurde zur Einführung dieser neuen Technologie ein "Top-Down"-Ansatz gewählt. Das heißt, zunächst wurden dem Management bei Hewlett-Packard die Vorteile und der potentielle Nutzen verkauft und danach in enger Zusammenarbeit mit diesen Entscheidungsträgern nach Pilotprojekten Ausschau gehalten.

Vom Management wurden Probleme vorgeschlagen, für die bereits Projekte definiert wurden, die aber nicht erfolgreich abgeschlossen werden konnten; oder das Problem konnte manuell nicht oder nur teilweise gelöst werden; oder die Anforderungen waren so komplex oder unspezifisch, so daß das zugrundeliegende Problem nicht vollständig definiert werden konnte. Deshalb erarbeiteten wir einen Anforderungskatalog für unsere ersten Pilotprojekte, die mit Expertensystemtechnologie gelöst werden sollten:

Expertensysteme — Auswahlkriterien für Pilotprojekte

- klar abgegrenztes Gebiet
- Wissen vorhanden
- Wissensstruktur statisch
- Projekt zahlt sich aus
- Problem läßt sich konventionell nicht oder weniger effizient lösen
- Lösung ist „intelligenter Assistent“ und ersetzt nicht den Experten
- Motivation beim Anwender vorhanden

In vielen Problembereichen ändert sich das zugrundeliegende Wissen sehr häufig. Typischerweise muß der Wissensingenieur zunächst das Wissen vom Experten erfragen, um die Wissensbasis zu implementieren [Harmon/King 87]. Wissensänderungen muß der Benutzer dem Wissensingenieur mitteilen, damit dieser die Wissensbasis aktualisieren kann. Für unsere Expertensysteme fordern wir, daß die Wissensstruktur statisch ist, der Wissensinhalt ist selbstverständlich dynamisch. Dann kann das Wissen jeweils in einer speziell für das Wissensgebiet angepaßten formalen Sprache repräsentiert und vom Experten selbst formuliert werden. Mit Hilfe eines Wissensbasis-Editors kann dieser nun selbst die Wissensbasis aufbauen und modifizieren. Damit wird eine sehr effiziente Pflege der Wissensbasis ermöglicht.

Ein weiteres wichtiges Kriterium für Pilotprojekte ist die Auswahl eines Problems, das entweder nur mit dieser neuen Technologie oder sonst nur sehr umständlich und ineffizient mit konventionellen Software-Technologien gelöst werden kann. Da zur Einführung von neuen Technologien beträchtliche Investitionen wie beispielsweise Schulungen oder Prozeßänderungen notwendig sind, muß diese Technologie Vorteile und Ersparnisse für die potentiellen Benutzer bieten können.

Ausgewählte Expertensystem-Projekte wurden dann unter dem Motto „Technologietransfer" in Kooperation mit internen Abteilungen durchgeführt. Unser Ziel war dabei, unsere Partner während des Projekts auszubilden, so daß nach Einführung des Expertensystems dieser Partner selbständig zusätzliche Benutzeranforderungen implementieren kann. Die Projekte liefen typischerweise nach folgendem Phasenkonzept ab:

Expertensysteme — Ablauf von Pilotprojekten

- Machbarkeitsstudie: Implementierung eines Prototyps
- Ausbildung von Mitarbeitern des Projektpartners
- Systemdesign
- Implementierung
- Testphase und Dokumentation
- Training der Benutzer; Aufsetzen des Wissens
- Einführung des Expertensystems; Übergabe an Projektpartner

Im nächsten Kapitel werden nun zwei Expertensysteme aus dem kommerziellen Bereich beschrieben. Der Entwurf und die Implementierung dieser Systeme waren jeweils ein Kooperationsprojekt zwischen dem Forschungs- und Technologiezentrum und unserer firmeninternen Softwareabteilung.

2 Zwei Expertensysteme in der Praxis

OCEX (Order Clearing Expert System) und LICEX (Licensing Expert System) sind Beispiele für Expertensysteme, die sich im täglichen Routineeinsatz bewährt haben.

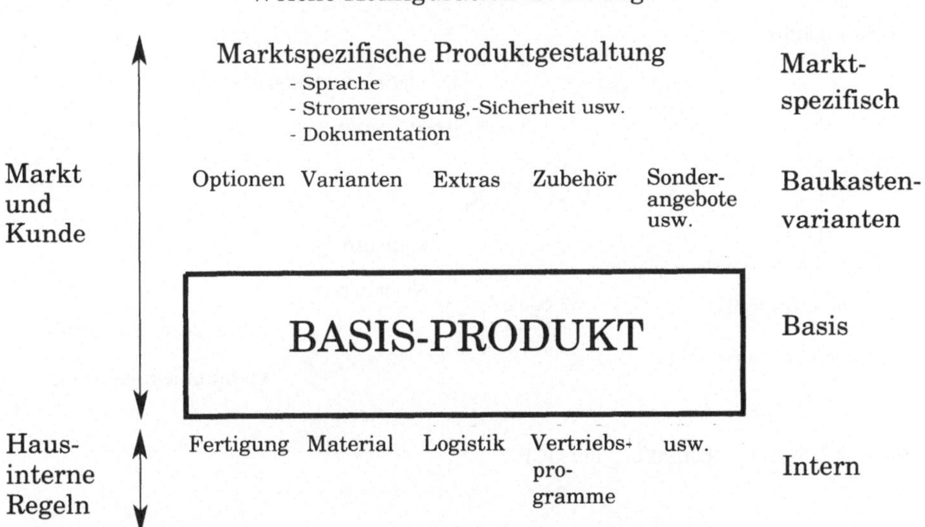

Abbildung 2. Einflußfaktoren bei der Produktkonfiguration

2.1 OCEX

Auf dem Markt für die Maschinen- und Elektronikindustrie herrscht ein immenser Kostendruck durch den internationalen Wettbewerb. Gleichzeitig müssen abnehmende Losgrößen und erhöhte Flexibilitätsanforderungen zur Herstellung von kundenspezifischen Produkten berücksichtigt werden. Aus Abbildung 2 wird ersichtlich, daß ausgehend von einem Basisprodukt markt- und kundenspezifische Varianten angeboten werden, um eine sehr flexible Produktkonfiguration zu ermöglichen [Herrmann 90].

Die Konfiguration von Computern und medizin-elektronischen Geräten von HP wird durch Optionen beschrieben. Die große Anzahl und die komplexen Abhängigkeiten dieser Optionen sind die Hauptursache für falsche Konfigurationen und dadurch notwendige Auftragsänderungen. Ein weiterer Grund ist das sich laufend ändernde Konfigurationswissen, weil regelmäßig neue Produkte auf den Markt kommen und Marketingprogramme definiert werden.

Vor dem Einsatz von OCEX wurde jeder Auftrag manuell auf Korrektheit überprüft, bevor er zur Produktion freigegeben werden konnte. Nun überprüft das Expertensystem alle Aufträge, korrigiert diese oder erzeugt einen Diagnosebericht mit Anweisungen zur Korrektur, wenn Rückfragen nötig sind. In Abbildung 3 sind die Prozesse zur automatisierten Auftragsüberprüfung dargestellt.

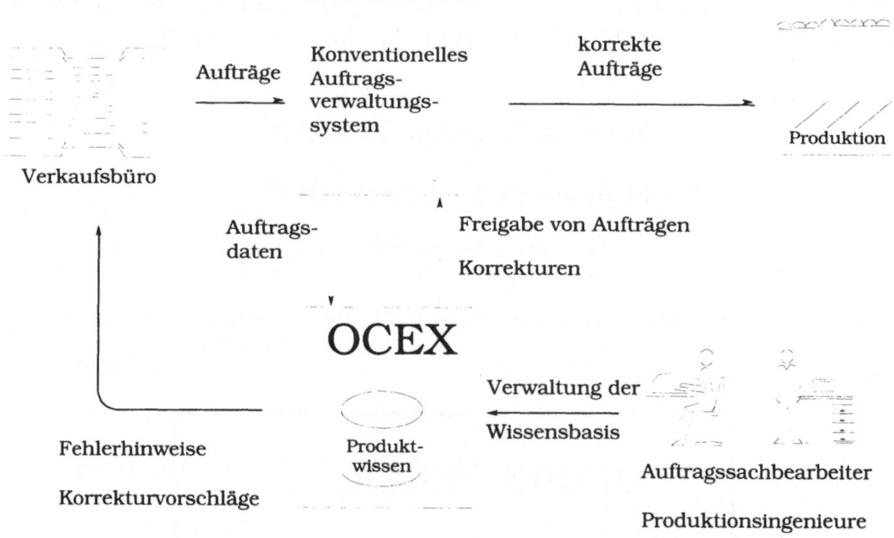

Abbildung 3. Auftragsüberprüfung mit OCEX

Das Wissen zur Auftragsüberprüfung wird von Sachbearbeitern in der Auftragsbearbeitung aufgesetzt und modifiziert. Ein Expertensystem ist nur so gut wie seine Wissensbasis. Wegen der notwendigen häufigen Wissensänderungen wurden mit dem praktischen Einsatz von OCEX zusätzliche Prozesse definiert, um die Aktualität des Wissens zu garantieren.

Jeder Produktionsingenieur erhält regelmäßig einen „Wissensbasis-Report“ für Produkte, für die er verantwortlich ist. Kein neues Produkt und keine neue Option dürfen durch das Marketing freigegeben werden bzw. keine bereits definierte Option kann verändert werden, solange die zugrundeliegende Änderung nicht in der Wissensbasis im Expertensystem aufgesetzt und vom verantwortlichen Produktionsingenieur freigegeben wird.

Beschreibungen für Bestellfehler sowie Instruktionen für die Produktionssteuerung sind mit Hilfe von WENN-DANN-Regeln formuliert. Der WENN-Teil der Regel definiert die Bedingung für die Aktionen im DANN-Teil. Eine Bedingung beschreibt entweder einen Bestellfehler oder das Fehlen von internen Optionen, die für die Produktionssteuerung notwendig sind. Die Aktionen im DANN-Teil sind Korrekturanweisungen für die Auftragsdatenbank oder erscheinen im Diagnosebericht als Anweisungen für den Sachbearbeiter.

OCEX - Regel

"Pro Gerät muß genau eine Blutdruckmanschette bestellt werden."

WENN die Summe der Blutdruckmanschetten nicht gleich der Anzahl der bestellten Geräte ist,

DANN muß eine korrigierte Bestellung angefordert werden.

IF SUM (CUFFS) QTY-MAIN

THEN CHORDER> "PLEASE ADJUST NUMBER OF CUFF-OPTIONS."

Mit dem Praxiseinsatz dieses Expertensystems wurde 1988 begonnen. Es hat zu hohen Einsparungen bei der Auftragsbearbeitung und Produktionsvorbereitung geführt. OCEX wurde zunächst nur zur Auftragsüberprüfung von medizin-elektronischen Produkten entworfen und eingesetzt. Nach einjährigem, sehr erfolgreichem Einsatz wurde das Expertensystem für Computerprodukte erweitert. Es hat sich gezeigt, daß die Sprache zur Formulierung der Regeln für die Medizinprodukte fast unverändert auch für die Computerprodukte übernommen werden konnte. Eine Sachbearbeiterin in der Auftragsbearbeitung hat das gesamte Wissen zur Auftragsüberprüfung der in Böblingen gefertigten HP 3000 und HP 9000 Rechnerfamilie innerhalb weniger Wochen aufgesetzt.

OCEX — Ergebnisse

- Einsparungen/Investitionen: Faktor > 10
- höhere Qualität durch reduzierte Fehlerrate
- Auftragsüberprüfung mit konventioneller Software-Technologie nicht effizient
- Sachbearbeiter werden von Routinetätigkeiten entlastet
- Einstieg ins „papierlose Büro“ bei der Auftragsbearbeitung

Direkte Kosteneinsparungen wurden durch den geringeren Zeitaufwand bei der Auftragsbearbeitung erzielt. Verglichen mit der manuellen Auftragskorrektur konnte die Fehlerrate durch den Einsatz des Expertensystems signifikant reduziert werden. Dies führte beispielsweise zu einer verbesserten Materialplanung in der Produktion.

OCEX zeigt deutlich, wie Expertensysteme als Ergänzung zur konventionellen EDV eingesetzt werden können. Da die Sachbearbeiter von langweiligen Routinetätigkeiten entlastet wurden, hatten wir keine Akzeptanzprobleme. Sie können sich nun auf die wenigen, wirklich komplexen Aufträge (unter 1%) konzentrieren, die einen direkten Kontakt zum Kunden oder Verkaufsbüro erfordern.

2.2 LICEX

Prozesse in administrativ-orientierten Organisationen können mit Hilfe einer Entscheidungspyramide (vgl. Abbildung 4) veranschaulicht werden: die Exekutive an der Spitze entscheidet über Gesetze und Vorschriften, der „Mittelbau" leitet daraus die firmeninternen Verordnungen ab und kontrolliert deren Einhaltung, während die Sachbearbeiter an der Basis die Verordnungen ausführen. Diese Entscheidungspyramide findet man typischerweise in Banken, Versicherungen, Behörden sowie den Verwaltungen. Ein Beispiel für eine solche administrative Tätigkeit bei Hewlett-Packard ist die Vergabe von Ausfuhrlizenzen.

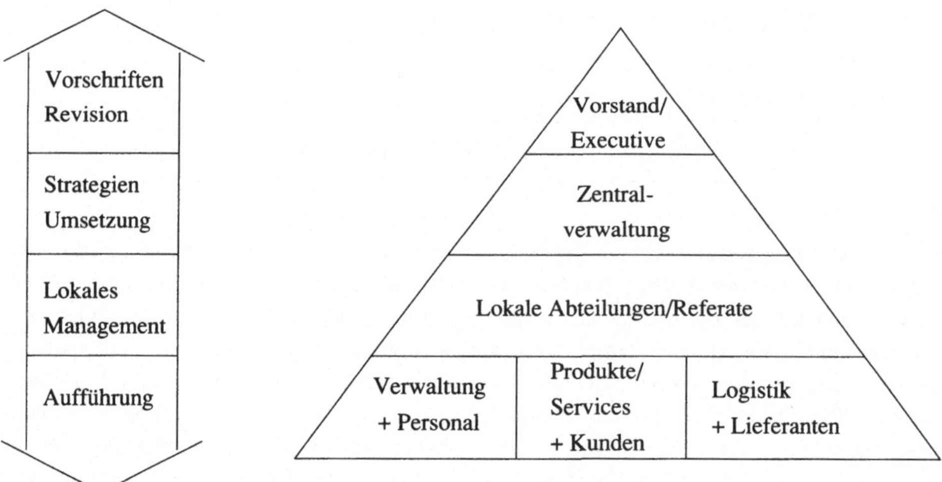

Abbildung 4. Organisationen und ihre aufgabenorientierten Prozesse

Die europäische Lizenzabteilung in Böblingen ist für die Einhaltung der US-Exportvorschriften für Europa verantwortlich. Sie definiert aus den US-Exportgesetzen die HP-internen Exportvorschriften und bildet die sog. Lizenzsachbearbeiter aus. Diese Lizenzspezialisten bearbeiten in den Verkaufsbüros alle Exportaufträge. Da die Lizenzvergabe teilweise sehr kompliziert ist und die Lizenzspezialisten nicht alle Ausnahmen und Sonderfälle kennen, fragen sie oft in der Lizenzzentrale nach.

Lizenzspezialisten sowie Auftragssachbearbeiter verwenden heute LICEX, um Exportlizenzen für die Produkte in Kundenanfragen, Angeboten und Aufträgen zu bestimmen. Das Expertensystem holt die dafür notwendigen Daten aus dem zentralen Auftrags- und Angebotsverwaltungssystem sowie aus der Kunden- und Produktdatenbank, vgl. dazu Abbildung 5.

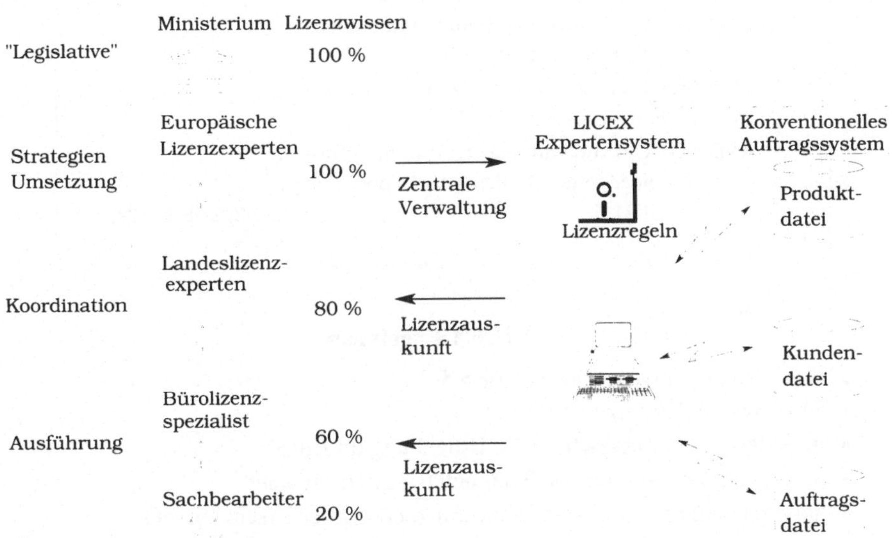

Abbildung 5. Support der Vergabe für Ausfuhrlizenzen – durch LICEX –

Üblicherweise erfragt LICEX weitere Informationen über den geplanten Export, zum Beispiel ob die zu exportierenden Produkte für Nuklearzwecke eingesetzt werden. Für jedes Produkt bzw. jede Option wird dann die notwendige Exportlizenz vorgeschlagen. Ist eine Einzellizenz notwendig, werden auch die Dokumente empfohlen, die für eine Genehmigung vom Sachbearbeiter auszufüllen sind.

LICEX bietet eine Schnittstelle für Sachbearbeiter, damit diese die Lizenzregeln selbst aufsetzen und modifizieren können. Die Sprache zur Formulierung des Wissens wurde in Kooperation mit den Lizenzexperten entworfen. Neben dem Modul zur Verwaltung der Wissensbasis bietet LICEX dem Lizenzexperten Werkzeuge zum systematischen und vollständigen Testen von Wissensbasisänderungen.

Lizenzentscheidungen konnten durch den Einsatz von LICEX erheblich verbessert werden. Da die Lizenzexperten in der Zentrale in Böblingen direkt die Pflege der Wissensbasis übernehmen und Wissensänderungen automatisch sofort an die Verkaufsbüros verschickt werden, hat der Endanwender immer Zugriff auf den aktuellen Stand der Wissensbasis. Eine weitere Qualitätsverbesserung ergab sich durch eine transparente Kontrolle des Lizenzentscheidungsprozesses für HP und die US-Regierung.

Lizenzregeln in LICEX

```
xxxxGx:                                      DEFAULT: LICENSE = G-DEST
  IF END USER-WCC IN DESTAB-2
     AND Is the end user a military or police entity?
         (QU-5)                                    -> LICENSE = IVL

  IF NOT END USER-WCC IN DESTAB-SUPPL2
     AND Is the end user a company with sensitive
         nuclear end uses? (QU-6)
     AND Are all products to be used in the sensitive
         nuclear process? (QU-7)
     AND NOT Did the end user receive an approved
             license for G-DEST items previously?
             (QU-8)                                -> LICENSE = IVL
```

LICEX Ergebnisse

- Einsparungen/Investition: Faktor > 5
- europaweiter Einsatz seit 1990
- integriert in kommerzielle EDV-Umgebung im Büro
- Sachbearbeiter werden von Routinetätigkeiten entlastet
- höhere Qualität durch konsistente Anwendung des Lizenzwissens

LICEX wird heute in allen europäischen Verkaufsbüros, die auch Exportaufträge bearbeiten, im täglichen Routineeinsatz verwendet. Direkte Kosteneinsparungen durch den Einsatz des Expertensystems ergeben sich durch eine deutlich reduzierte Bearbeitungszeit pro Exportauftrag. Indirekte Kosteneinsparungen werden durch geringeren Einarbeitungsaufwand für neue Exportsachbearbeiter erzielt sowie durch Qualitätsverbesserungen bei der Lizenzvergabe und durch einen geringeren Kommunikationsaufwand zwischen den Verkaufsbüros und der Lizenzzentrale in Böblingen.

3 Unsere Erfahrungen

Einführung von Expertensystemen — Ergebnisse

- realistische Einschätzung einer neuen Software-Technologie
- erfolgreiche Umsetzung von Forschungsergebnissen in die Praxis
- hybrider Ansatz — Expertensysteme als integraler Bestandteil einer Gesamtlösung
- enorme Einsparung an Kosten möglich
- Wartung der Wissensbasis durch Endbenutzer

Wir haben beobachtet, daß mit einer neuen Technologie sehr oft zu hohe und unrealistische Erwartungen verknüpft sind. Mit kleinen und daher schnell machbaren Projekten konnten wir in kurzer Zeit sowohl die Vorteile als auch die Grenzen einer neuen Software-Technologie am konkreten Beispiel demonstrieren.

Für uns spielten Wirtschaftlichkeitsüberlegungen eine Hauptrolle in der Auswahl unserer Expertensystem-Projekte. Werbeeffekte von „Neue-Technologie-Projekten“ sind im Anfangsstadium zwar nach außen hin wichtig, firmenintern muß aber nicht nur der qualitative, sondern vor allem der quantitative Nutzen gezeigt werden [Bullinger/Kornwachs 90].

Expertensystem-Entwicklungen unterscheiden sich unserer Einschätzung nach nicht prinzipiell von anderen Software-Projekten. Grob geschätzt besteht ein Expertensystem zu ca. zwei Dritteln aus Modulen, die auf konventionellen Methoden beruhen [Waterman 86]. Arbeitet nun in einem solchen Projekt ein gemischtes Team aus „konventionellen EDV-lern“ und Expertensystem-Spezialisten zusammen, besteht vor allem unter Zeitdruck die Gefahr, daß das Ziel des Technologietransfers zugunsten eines schnellen Projekterfolgs vernachlässigt wird.

Bei beiden hier beschriebenen Expertensystemen war die Möglichkeit der Wartung der Wissensbasis durch Endbenutzer für die Praxis am wichtigsten. Wissensänderungen konnten sofort implementiert, geänderte Wissensbasen dann automatisch — sogar weltweit — ausgetauscht werden. Dadurch ist eine konsistente Handhabung von Wissen möglich. Bei allen nachfolgenden Expertensystem-Projekten unserer Abteilung wie beispielsweise Fehlerdiagnose von technischen Geräten oder Signalinterpretation wird die Möglichkeit der Wissensbasispflege durch Endanwender angeboten.

4 Perspektive

Expertensysteme werden inzwischen von unseren Projektpartnern selbst entwickelt. Das Forschungs- und Technologiezentrum beschäftigt sich heute mit hybriden Expertensystemen und untersucht neue, andere Software-Technologien wie Neuronale Netze oder Fuzzy Logic. Die Erfahrungen aus den beschriebenen Expertensystem-Projekten fließen nun in gemeinsame Projekte, die auf diese neuen Technologien aufbauen.

Interaktive Expertensysteme zur technischen Diagnose

Michael Herczeg

Durch die rapide zunehmende technologische Entwicklung geraten wir in eine immer größere Abhängigkeit von technischen Systemen. Dies gilt für einzelne Geräte, Werkzeuge und Transportmittel, aber vor allem für komplexe verteilte Systeme wie Rechnernetze, Telekommunikationsnetze und die Energieversorgung.

Neben einer starken Automatisierung beobachten wir auch eine Verbreitung von arbeitsteiligen Mensch-Computer-Systemen, die zur Überwachung von Geräten und Anlagen benötigt werden. Diese Überwachungsaufgaben müssen oft unter schwierigen sicherheitstechnischen und zeitlichen Randbedingungen durchgeführt werden.

Um der Komplexität auf der einen Seite und den Sicherheits- und Zeitanforderungen auf der anderen Seite weiterhin gerecht werden zu können, bedarf es verbesserter Problemlösungs- und Kommunikationsfähigkeit der unterstützenden Computersysteme. Diese Zielsetzung wird mit der Entwicklung interaktiver Expertensysteme zur technischen Diagnose und Fehlerbehebung verfolgt [Barr et al. 89, Puppe 88, Puppe 90].

1 Anforderungen an Diagnosesysteme

Diagnoseanwendungen finden in einem weiten Anwendungsfeld statt. Anwendungsbereiche der technischen Diagnose werden sich vor allem in den folgenden Aspekten unterscheiden:

- Größe des zu diagnostizierenden Systems (Zielsystem)
- Homogenität der Komponenten des Zielsystems
- Komplexität der Struktur des Zielsystems
- Funktionalität des Zielsystems
- Änderungshäufigkeit beim Zielsystem
- zeitliche Anforderungen für die Diagnose
- Sicherheit der Diagnose

Die *Größe* des Zielsystems hat wesentlichen Einfluß auf ein Diagnosesystem. Während manche Geräte aus vielleicht einigen hundert oder tausend Elementen bestehen, bestehen andere Systeme aus vielen zehntausend oder hunderttausend Elementen. Allein aus diesem Volumenaspekt entsteht oft schon der Bedarf für ein rechnergestütztes Diagnosesystem. So bestehen beispielsweise Energieversorgungsnetze für große Städte oft aus mehreren zehntausend zu überwachenden Elementen. Bei Telekommunikationsnetzen kann dies in die Größenordnung von mehreren Hundertausend oder Millionen überwachter Netzelemente reichen.

Der Grad der *Homogenität* in der Zusammensetzung des Zielsystems aus Subsystemen bestimmt ganz erheblich die Schwierigkeit der Diagnose. Während selbst große Systeme, die aus vielen einheitlichen Einzelkomponenten zusammengesetzt sind, relativ einfach diagnostiziert werden können, erfordern inhomogene Systeme einen hohen Aufwand, da jedes Subsystem einzeln betrachtet werden muß. Aufgrund des nötigen Aufwands für die Repräsentation der vielen verschiedenen Komponenten im Diagnosesystem entziehen sich inhomogene Systeme automatisierten Lösungen am stärksten.

Während Systeme einfacher *Struktur* noch bis zu einer beträchtlichen Größe „manuell" überwacht werden können, können schon kleine Systeme mit einer komplexen Struktur Unterstützungssysteme notwendig erscheinen lassen. Hierbei ist es wichtig, dem Diagnosesystem Wissen über die Struktur des zu diagnostizierenden Systems bereitzustellen. Eine hohe Komplexität liegt beispielsweise bei gewachsenen Systemen wie einer Fertigungsstraße vor. Aber selbst kleinere Systeme wie beispielsweise ein PKW besitzen eine relative hohe Komplexität, die in der Praxis bislang nur deshalb ohne Unterstützungssysteme abgehandelt werden kann, weil einerseits eine gewisse Standardisierung der Kraftfahrzeuge und andererseits eine über mehrere Jahre reichende Ausbildung von Fachkräften an speziell diesem technischen System praktiziert wird.

Viele Systeme erreichen durch ihre hohe *Funktionalität* einen für Menschen kaum mehr zu bewältigenden Komplexitätsgrad. Dieser resultiert vor allem aus dem komplexen Verhalten der einzelnen Systemkomponenten. Treten Fehler auf, benötigen wir vor allem Unterstützung bei der Unterscheidung wichtiger von unwichtigen Meldungen (Symptomen), zur Trennung von primären Fehlern von Folgefehlern sowie zur kontextabhängigen Filterung der Informationsquellen bei der Fehlerbeseitigung. Beispiele für Systeme, die sich durch komplexes Verhalten auszeichnen, sind vernetzte Computersysteme, da jeder einzelne Computer über eine extrem hohe Funktionalität verfügt.

Durch die sich *ständig ändernden Strukturen und Eigenschaften* der zu überwachenden Systeme und Prozesse ist von Anfang an das Problem der Wissensakquisition zu betrachten. Zum einen ist eine inkrementelle Erweiterbarkeit vorhandener Systeme im Sinne eines evolutionären Entwicklungsprozesses vorzusehen, zum anderen ist zu bedenken, daß die Anpassung und Weiterentwicklung der Systeme vom Anwender selbst zu leisten sein sollte. Der Software-Entwickler sollte in diesem Weiterentwicklungsprozeß nur eine Nebenrolle spielen. So ist beispielsweise bei nahezu allen über Jahre gewachsenen vernetzten Systemen zu erwarten, daß sich die Systemstruktur und das Verhalten der eingebundenen Subsysteme im Laufe der Zeit ändern werden.

Bei den *zeitlichen Anforderungen* bezüglich einer Fehleridentifikation und Fehlerbehebung gibt es eine beträchtliche Bandbreite von nahezu zeitunkritischen bis hin zu extrem zeitkritischen Vorgängen. So kann die Diagnose für ein einzelnes Telekommunikationsendgerät (z.B. Telefon) zeitunkritisch sein, während die Diagnose in einer Vermittlungsstelle oder einem Fernmeldesatelliten für einen großen geographischen Bereich unter erheblichem Zeitdruck zu leisten ist.

Meist eng verbunden mit den zeitlichen Aspekten finden sich oft erhebliche *Sicherheitsanforderungen*, die vor allem eine korrekte Diagnose notwendig machen. So ist es äußerst wichtig, eine zuverlässige Diagnose zu erhalten, wenn die daraufhin eingeleiteten Fehlerbehebungsaktivitäten eine hohe Tragweite haben. So ist es beispielsweise notwendig, in einem Flugzeug einen Triebwerksfehler so genau wie möglich zu lokalisieren, um entscheiden zu können, ob eine Notlandung notwendig ist oder ob der nächste Flughafen noch sicher zu erreichen ist. Noch dramatischere Auswirkungen kann eine fehlerhafte Diagnose in einem Kernkraftwerk verursachen.

2 Arten von Diagnosesystemen

In den letzten 10 Jahren war die Diagnose im Bereich der Expertensystementwicklung ein wichtiger, vielleicht sogar der wichtigste Anwendungsbereich. Wenn zu Beginn der Arbeiten die medizinische Diagnose im Brennpunkt der Betrachtungen lag, so drängt sich heute die technische Diagnose in den Vordergrund. Im Rahmen der technische Diagnose haben sich in den letzten Jahren vor allem zwei bedeutende Entwicklungslinien herauskristallisiert:

- stark dialogorientierte Beratungssysteme, die einem Benutzer das Eingrenzen und Auffinden von Fehlern erleichtern sollen; diese Systeme haben im allgemeinen allenfalls oberflächliches strukturelles Wissen über das zu diagnostizierende System; sie werden im folgenden als *heuristische Diagnosesysteme* bezeichnet.
- (teil-)autonome Diagnosesysteme, die mittels System- und Fehlermodellen Fehler zu lokalisieren und gegebenenfalls zu beheben versuchen; diese Systeme besitzen tiefes Wissen über das zu diagnostizierende System; sie werden im folgenden unter der Bezeichnung *modellbasierte Diagnosesysteme* diskutiert

2.1 Heuristische Diagnosesysteme

Die einfachste Unterstützung diagnostischer Aufgaben besteht in der Bereitstellung einer Art Prüfliste (Checkliste). Diese Prüfliste kann Tests und von deren Resultaten abhängige Verzweigungen besitzen. Prüflisten dieser Art erhalten durch diese Verzweigungen oft die Gestalt von Bäumen oder Graphen, die nicht zwangsläufig die Struktur oder Funktion des zu diagnostizierenden Systems widerspiegeln. Solche heuristischen Diagnosesysteme sind gewissermaßen On-Line-Varianten der Fehlerbehebungsgraphen, wie wir sie oft in Bedienungsanleitungen von PKWs finden, die uns im Falle einer Panne helfen sollen, einen Fehler einzugrenzen und zu beheben.

Heuristische Diagnosesysteme werden meist aus dem diagnostischen Wissen menschlicher Experten abgeleitet. Diese haben in ihrem Fachgebiet meist eine effiziente Methode zur Eingrenzung und Differenzierung von Fehlern entwickelt. Hierbei wird oft fallbezogenes, komplexes Erfahrungswissen in eine einfache Entscheidungsstruktur „kompiliert". Dieses menschliche Diagnosewissen liegt daher oft in Form von Regelmengen, Entscheidungsbäumen oder Entscheidungsgraphen vor.

2.1.1 Vorteile heuristischer Diagnosesysteme

- einfach zu realisieren, da sie im wesentlichen aus einem Baumtraversierprogramm bestehen, das an Entscheidungspunkten den Benutzer einen Test durchführen oder eine Frage beantworten läßt
- einfach in der Nutzung, da sie an eine für den Menschen vertraute Vorgehensweise angelehnt sind
- im Verhalten leicht nachvollziehbar, da üblicherweise eine einfache Baumstruktur durchsucht wird, die textuell oder graphisch visualisiert werden kann
- auch komplexe Fehlersituationen können oft mit ausreichend hoher Sicherheit durch einfache heuristische Diagnoseregeln erkannt werden

2.1.2 Nachteile heuristischer Diagnosesysteme

- nicht für größere oder komplexe Systeme adäquat, da die zugrunde liegende Baumstruktur zu umfangreich wird oder die Systemstruktur sich nicht problemgerecht widerspiegelt
- bei jeder Änderung des technischen Systems muß der Diagnosebaum manuell korrigiert werden, was unter Umständen schwierig und zeitraubend sein kann
- die Wissensakquisition ist schwierig, da sich menschliche Experten in der Vorgehensweise und der Einschätzung von Symptomen oft uneinig sind
- Varianten des technischen Systems müssen mühsam manuell in Varianten des Diagnosebaums übersetzt werden
- das Diagnosesystem kann keine kausalen Erklärungen erzeugen, da nur heuristisches Diagnosewissen in Form des Diagnosebaums im System verfügbar ist

In Abbildung 1 findet sich die prinzipielle Vorgehensweise bei heuristischen Diagnosesystemen.

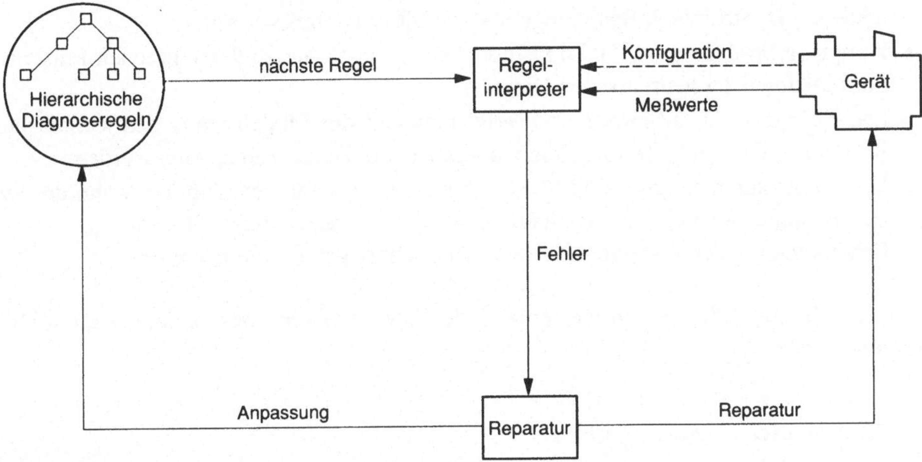

Abbildung 1. Heuristische Diagnose und Reparatur

2.2 Modellbasierte Diagnosesysteme

Die bedeutendste Linie bei der Entwicklung von Diagnosesystemen ist sicherlich das Konzept der modellbasierten Diagnose.

Bei der modellbasierten Diagnose wird das technische System durch ein Modell im Rechner repräsentiert. In diesem Modell wird durch Simulationsmodelle oder durch Abhängigkeitsbeziehungen die Wirkungsweise des Systems nachgebildet. So entsteht ein *kausales Modell*, das es erlaubt, Fehler im realen System durch strukturelle Analyse aufzufinden oder durch funktionale Simulation nachzubilden [Davis et al. 82]. Aus dieser prinzipiellen Vorgehensweise leiten sich verschiedene methodische Ansätze ab [Genesereth 84, DeKleer 84, DeKleer 87, Reiter 87].

Durch die meist tiefe Modellierung des zu diagnostizierenden Systems sind kausale Schlußfolgerungen und Erklärungen möglich. Ansätze dieser Art werden deshalb oft als *wissensbasierte Diagnose* bezeichnet.

2.2.1 Vorteile modellbasierter Diagnosesysteme

- kausale Schlußfolgerungen und daraus ableitbare Erklärungen sind möglich
- transparente Implementierung durch die Verwendung objektorientierter Strukturmodelle sowie prozeduraler, regel- oder constraintbasierter Funktionsmodelle
- teilautomatisierbare Wissensakquisition durch die Verwendung der ohnehin meist vorhandenen formalen Strukturmodelle (z.B. Blockschaltbilder, Stromlaufpläne)

2.2.2 Nachteile modellbasierter Diagnosesysteme

- oft ineffiziente Inferenzvorgänge durch aufwendige Wertpropagationen durch Constraintnetze, die durch die Gerätestruktur und die Abhängigkeiten zwischen Komponenten (z.B. Stromfluß, Spannungen, Materialfluß) definiert werden
- komplexe Struktur- und Funktionsmodelle im Gegensatz zu den einfachen Entscheidungsbäumen der heuristischen Diagnose
- hoher Grad an Detaillierung und Vollständigkeit der Modellierung des technischen Systems erforderlich, da sonst leicht unbrauchbare Diagnosen erzeugt werden
- kausale Zusammenhänge sind für die Benutzer nur dann verständlich, wenn die Systemmodelle den mentalen Systemmodellen der Benutzer angepaßt sind
- Einschränkung der Systeme auf einen meist sehr engen Problembereich

In Abbildung 2 findet sich die prinzipielle Vorgehensweise bei modellbasierten Diagnosesystemen.

2.3 Kooperative Diagnosesysteme

Die beschriebenen Grundvarianten computergestützter Diagnosesysteme haben jeweils beträchtliche Vor- und Nachteile. Auf dem Weg zu Unterstützungssystemen, die den heutigen und zukünftigen Anforderungen Rechnung tragen, scheint eine pragmatische Kombination der beiden Varianten geboten. Hierbei wird insbesondere der Aspekt der Integration menschlicher und maschineller Fähigkeiten eine tragende Rolle spielen [Loeffler 91]. Zunächst einmal sollen deshalb abrißhaft die unterschiedlichen Fähigkeiten von Mensch und Computer, bezogen auf diagnostische Problemstellungen, sondiert werden.

2.3.1 Fähigkeiten des Menschen

Der Mensch ist in der Lage, umfangreiches Allgemeinwissen und spezielles Erfahrungswissen einzusetzen. Er kann dabei Wissen aus verschiedenen Bereichen integrieren und Probleme durch Analogieschlüsse aufbereiten oder lösen. Er kann Teilprobleme identifizieren, ihre Beziehungen zueinander herstellen und die entwickelten Teillösungen wieder

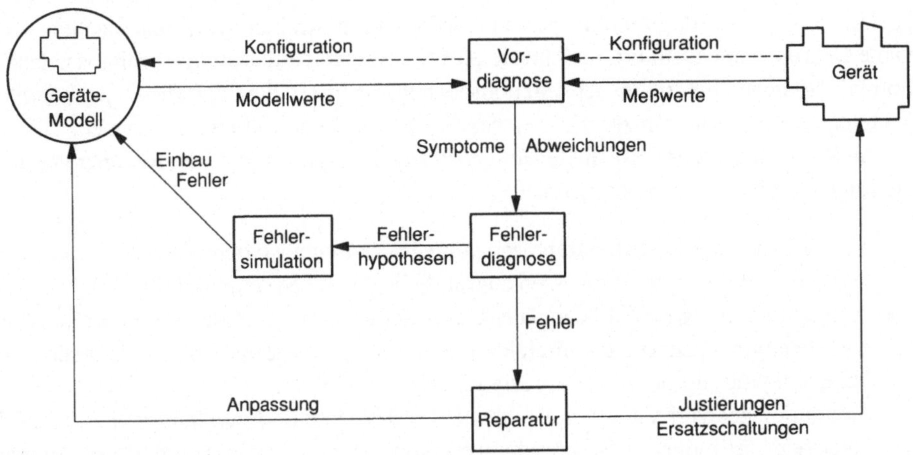

Abbildung 2. Modellbasierte Diagnose und Reparatur

zu einer Gesamtlösung zusammensetzen. Mit seinen sensorischen Fähigkeiten kann der Mensch komplexe Signale erfassen und als Symptome bewerten.

All diese Fähigkeiten erlauben dem menschlichen Problemlöser im Zusammenhang mit diagnostischen Problemstellungen wichtige Funktionen wahrzunehmen:

- Er legt den Kontext eines diagnostischen Problemlösungsvorgangs fest (z.B. in welchem Systembereich ein Fehler aufgetreten ist und ob von einem Einfach- oder Mehrfachfehler ausgegangen werden soll).
- Er liefert die Zielsetzung eines diagnostischen Problemlösungsvorgangs (z.B. ob nur eine Diagnose oder auch eine Fehlerbehebung durchgeführt werden soll).
- Er definiert die Randbedingungen und Ressourcen eines diagnostischen Problemlösungsvorgangs, die über die Diagnosestrategien entscheiden (z.B. ob sehr effizient (heuristisch) oder sehr sorgfältig (kausal) diagnostiziert werden soll).
- Er liefert durch visuelle oder andere sensorische Beobachtungen Symptome für die Diagnose und aggregiert physikalische, oft verrauschte Symptome zu höherwertigen, abstrakteren Symptomen.
- Er bewertet Diagnoseergebnisse nach ihrer Plausibilität aufgrund seiner Erfahrungen und Beobachtungen.
- Er entscheidet über Vorgehensweisen bei der Fehlerbehebung und über ihre Wirksamkeit nach der Durchführung.

2.3.2 Fähigkeiten des Computers

Der Computer hat eine Reihe von Fähigkeiten, die die menschlichen Fähigkeiten ergänzen. Er kann umfangreiche Informationsmengen speichern und auf vielfältige und zuverlässige Weise wieder darauf zugreifen. Er übernimmt dadurch die Funktion einer externen Gedächtnishilfe. Er ist in der Lage, mittels statischer Beschreibungen dynamisches Verhalten zu erzeugen, Inkonsistenzen zu vermeiden, die Auswirkungen von Veränderungen zu kontrollieren und uns die Konsequenzen unserer Annahmen vor Augen zu führen. Durch geeignete Visualisierungstechniken kann er Informationsstrukturen sichtbar machen, irrelevante Details dabei ausfiltern und unsere Aufmerksamkeit auf wichtige Ereignisse lenken. Formale Sprachen liefern uns Abstraktionsebenen, die uns in die Lage versetzen, komplexe Sachverhalte systematisch zergliedern, beschreiben und kontrollieren zu können.

Im Rahmen der hier betrachteten diagnostischen Aufgaben kann der Rechner vor allem die folgenden Funktionen übernehmen:

- Verwaltung einer formalen Repräsentation des zu diagnostizierenden Systems in Form des den diagnostischen Prozessen zugrunde liegenden Systemmodells
- Aufrechterhaltung modellbezogener Constraints durch Propagieren von Werten durch ein Abhängigkeitsnetz oder durch Interpretation regelbasierter Abhängigkeitsbeschreibungen (symbolische Inferenzprozesse)
- Simulation des Verhaltens von Komponenten des Modells durch Interpretation funktionaler oder prozeduraler Beschreibungen (approximative, meist numerische Inferenzprozesse)
- fallbasierte Klassifikation von Symptomen durch die Verwaltung sich weiterentwikkelnder Fallbibliotheken und spezialisierter Suchprozeduren (fallbasierte Inferenzprozesse)
- Klassifikation von Symptommengen in eine Auswahl von Diagnosen durch Mustererkennung (musterbasierte Inferenzprozesse)
- Klassifikation von Symptommengen in eine Auswahl von Diagnosen durch optimierte, bedingungsgesteuerte Suchprozesse (heuristische Inferenzprozesse)
- Ableitung kausaler Erklärungen aus durchgeführten Inferenzschritten
- Visualisierung des Systemmodells und der Inferenzprozesse zur Erhöhung der Systemtransparenz

Aus der Aufzählung der unterschiedlichen Fähigkeiten von Mensch und Computer läßt sich bereits das Potential erahnen, das eine problemgerechte und pragmatische Verzahnung der Fähigkeiten mit sich bringen kann. Das Grundinteresse an einer solchen Verzahnung ist nicht neu und steckt letztlich hinter jeder Anstrengung, interaktive Computersysteme zu realisieren. Auch im Bereich der Kontrolle und Steuerung komplexer Systeme ist man seit längerer Zeit um eine Koppelung der unterschiedlichen Fähigkeiten bemüht. Hier wurden unter der Bezeichnung *Supervisory Control* bereits vor Jahren wichtige methodische Grundsteine gelegt [Sheridan 87]. Dabei war der Schwerpunkt vor allem in der Verteilung der Aufgaben Datenerfassung, Datenaufbereitung, Zustandserkennung, Regelung und Überwachung der Regelung im Zusammenhang mit komplexen oder sensiblen Prozessen zu sehen. Bei der technischen Diagnose haben wir es mit einem ähnlichen Aufgabenspektrum zu tun, wobei die „Regelung“ durch „Fehlerbehebung“ zu ersetzen wäre.

3 Realisierung eines Diagnosesystems

Im folgenden sollen einige Eigenschaften eines interaktiven Diagnosesystems exemplarisch anhand eines realisierten Expertensystems diskutiert werden. Das im folgenden beschriebene System REPLEX [Herczeg et al. 91, Herczeg et al. 92] wurde bei der ANT Nachrichtentechnik GmbH realisiert.

REPLEX ist keine auf einen Anwendungsfall spezialisierte Realisierung, sondern eine Software-Entwicklungsschale zum Bau interaktiver Expertensysteme für den Betrieb nachrichtentechnischer Systeme. Diese Expertensysteme dienen zur Diagnose von Fehlern, zum Abgleich von Geräten sowie zum Schalten von Redundanzen. Der Abgleich und die Redundanzschaltung dienen zur Fehlerbehebung. Das betreffende nachrichtentechnische Gerät kann auf diese Weise, ausgehend von einer Fehlersituation, wieder in den regulären Betrieb gebracht werden. Diagnose und Reparatur können entweder als Simulation oder in einem operationalen Modus durchgeführt werden. Der operationale Modus dient zur direkten Fehlerbehebung am Gerät. Der Simulationsmodus dient zur Abschätzung der Vorgehensweise und des Aufwands einer bevorstehenden Fehlerbehebung oder auch zur Schulung im Vorfeld des Gerätebetriebes. REPLEX wird am Beispiel des Expertensystems REPLEX/DFS zum Betrieb der nachrichtentechnischen Nutzlast des *Deutschen Fernmeldesatellitensystems DFS-Kopernikus* beschrieben. Beschreibungen von Systemen für ähnliche Anwendungsbereiche finden sich in [Goyal et al. 85, Wright et al. 88].

3.1 Übersicht über das REPLEX-System

Als erster Prototyp wurde unter der Bezeichung REPLEX/DFS ein Expertensystem für den Repeater (Empfänger-Umsetzer-Verstärker-Sender) des DFS-Kopernikus realisiert. Eine weitere prototypische Anwendung, ein Diagnose- und Reparatursystem für einen anderen, weitaus komplexeren Satelliten wurde während der Konzeptionsphase des Satelliten innerhalb weniger Stunden realisiert.

REPLEX/DFS dient in der Hauptsache zur Diagnose von Fehlern im Repeater, zum Abgleichen von Komponenten sowie zum Schalten der Redundanzen des Repeaters. Des weiteren informiert es als interaktives, graphisch orientiertes Visualisierungssystem über den aktuellen Betriebszustand des Repeaters. Der Satellitenrepeater kann unter Verwendung des Expertensystems, ausgehend von einer Fehlersituation, in wenigen Minuten wieder in den regulären Betrieb gebracht werden. Bei einer üblichen, im Satellitenbetrieb praktizierten Rekonfiguration mittels Handbuch ist mit Ausfallzeiten von mehreren Stunden zu rechnen.

3.2 Diagnose

Wenn ein Repeaterfehler auftritt, kann der Operateur in der Bodenstation die betroffenen Kanäle in der Kanalzustandstafel von REPLEX/DFS mittels eines einfachen Zeigevorgangs markieren (siehe Abbildung 5). Dies entspricht der Eingabe der primären Symptome für die Diagnose. Das System selbst ist nicht in der Lage, die Symptome zu erkennen, da es über keine entsprechende Sensorik verfügt und diese auch nicht einfach realisierbar wäre. Für den Operateur ist dies jedoch einfach, da er beispielsweise an Fernsehmonitoren die Qualität der übertragenen Kanäle leicht beurteilen kann. Hier ist das menschliche sensorische System, in diesem Fall das Sehsystem mit seinen musterverarbeitenden Funktionen sehr effizient.

Im ersten Diagnosemodus (*Standard-Diagnose*) analysiert REPLEX/DFS die Schaltungsstruktur zum Zeitpunkt der Fehlersituation, um herauszufinden, welche Baugruppen oder Einzelbauteile für das Fehlerbild in Frage kommen. Diese Liste hypothetisch fehlerhafter Bauteile kann als Menge potentieller sekundärer (höherwertiger) Symptome angesehen werden, deren Auftreten durch weitere sensorische, jetzt vom System durchzuführende

Vorgänge zu überprüfen sind. Die Diagnose wird auf diese Weise zielgerichtet und weitgehend optimiert durchgeführt, indem in REPLEX verschiedenste, generell anwendbare Randbedingungen und Strategien Berücksichtigung finden:

- Bauteile oder Baugruppen, die gleichzeitig für andere, momentan störungsfrei betriebene Kanäle benötigt werden, werden als Fehlerquelle ausgeschlossen (hierbei hätte ein Mensch aufgrund der hohen Komplexität Schwierigkeiten).
- Es werden nur Bauteile oder Baugruppen getestet, die in einem funktionalen Zusammenhang mit einem oder mit allen gleichzeitig gestörten Kanälen stehen (ein Mensch hätte ebenfalls aufgrund der hohen Komplexität Schwierigkeiten).
- Tests, die mit geringem Aufwand durchgeführt werden können (z.B. Messungen), werden vor aufwendigeren Tests (z.B. Redundanzschaltungen) durchgeführt (dies entspricht dem typischen Verhalten von Menschen bei der Diagnose).
- Tests, die sichere Diagnosen erlauben, werden vor Tests mit weniger sicheren Resultaten durchgeführt (dies ist eine wichtige Sicherheitsanforderung).
- Die Fehlersuche wird hierarchisch durchgeführt, indem zuerst Baugruppen und danach deren Bauteile untersucht werden (dies entspricht auch der menschlichen Vorgehensweise bei der Diagnose und hat große Bedeutung für die generierten Erklärungen).
- Bauteile mit hoher Ausfallwahrscheinlichkeit werden vor Bauteilen mit geringer Ausfallwahrscheinlichkeit betrachtet (das Wissen hierzu basiert auf meist langjährigen Erfahrungen).

Bei Verdacht auf einen Bauteilfehler (Fehlerhypothese) wird der Benutzer um Bestätigung gebeten. Das System kann angewiesen werden, eine Hypothese zu verwerfen und nach Alternativen zu suchen. Auf diese Weise verbleibt die Verantwortung für eine Diagnoseentscheidung und ihre eventuelle Fehlerbehebungsmaßnahme beim Menschen. Damit dieser nicht blind den Systemhypothesen ausgeliefert ist, kann er sich Begründungen (Erklärungen) für eine Diagnose anfordern (siehe Abbildung 3). Dies erhöht die Kontrollierbarkeit des Systems wesentlich und gibt dem Benutzer bessere Einblicke in die im Gerät vorhandenen Abhängigkeiten zwischen Bauteilen (Transparenz). Die Bestätigung durch den Benutzer sowie die vom System angebotenen kausalen Erklärungen sind eine Möglichkeit, wie die Kompetenz und Zuverlässigkeit des Systems kontrolliert werden kann.

In einem zweiten Diagnosemodus (*automatische Diagnose*) ist es möglich, ohne vom Operateur beobachtete Fehlerbilder eine ständige automatische Diagnose aller im Betrieb befindlichen Übertragungseinrichtungen durchführen zu lassen. Hierbei entfällt die wertvolle Information über höherwertige Symptome. Das System ist auf einfache Meßwerte über die Telemetrie angewiesen und durchsucht systematisch, aber unökonomisch das komplette System. Diese ineffiziente Suche ist mit vertretbarem Aufwand nur bei kleineren Systemen möglich.

Die Standard-Diagnose sowie die automatische Diagnose entsprechen dem Konzept des *Supervisory Control* [Sheridan 87]. Hierbei übernimmt der Operateur eine überwachende und in Problemsituationen entscheidende Rolle im Gesamtsystem.

Im dritten realisierten Modus von REPLEX (*vollautomatischer Betrieb*) wird bei erfolgreicher automatischer Diagnose eine automatische Fehlerbehebung durchgeführt. Hierbei wird völlig auf das Mitwirken eines Operateurs verzichtet. In vielen Fällen wird dies erstrebenswert sein, da die ständige und zeitgerechte Verfügbarkeit und Zuverlässigkeit eines

Operateurs für ein andauernd im Betrieb befindliches komplexes Gerät nur mit sehr hohen Kosten gewährleistet werden kann. Durch eine automatische Diagnose und Fehlerbehebung riskiert man andererseits in einem höherem Maße Fehldiagnosen oder unkontrollierte Fehlerbehebungsmaßnahmen. Hierbei sollten möglicherweise zusätzliche Schutzmechanismen mit definierbaren Schwellwertfunktionen eingebaut werden.

3.3 Reparatur

Nachdem die Diagnose mit mehr oder weniger hoher Sicherheit ein fehlerhaftes Bauteil identifiziert hat, kann versucht werden, das Bauteil abzugleichen. Derartige Justierungen können in einigen Fällen Probleme beseitigen. Typische Beispiele für Justierungen beim DFS-Repeater sind:

- Eine Komponente ist im falschen Betriebszustand (sie ist beispielsweise ausgeschaltet, obwohl sie eingeschaltet sein sollte); die Komponente kann durch Einstellen des richtigen Betriebsmodus wieder funktionsfähig gemacht werden.
- Ein Schalter befindet sich in der falschen Stellung und unterbricht so den gewünschten Signalweg; durch richtiges Einstellen des Schalters kann der Signalweg wieder eingerichtet werden.
- Ein Verstärker wird mit falscher Verstärkung betrieben und produziert ein zu schwaches oder ein verzerrtes Signal; durch Abstimmen der Verstärkung kann der Betrieb wieder hergestellt werden.

War ein Abgleich bei einem vermeintlich defekten Bauteil nicht durchführbar, so kann das Bauteil eventuell durch eine Redundanzschaltung ersetzt werden. Im DFS-Repeater existieren eine Vielzahl von Redundanzgruppen, um ausfallgefährdete Komponenten im Fehlerfall ersetzen zu können. Einige dieser Redundanzgruppen besitzen zu diesem Zweck ein komplexes Eingangs- und Ausgangsschalternetz. Die Redundanzschaltung durch Umschalten von Schaltern in derartigen Schalternetzen ist aus den folgenden Gründen schwierig:

1. Die Umschaltung sollte möglichst so erfolgen, daß keine funktionierenden Kanäle beeinträchtigt werden.
2. Es sollten nicht mehr als eine bestimmte Anzahl von Schaltern auf einem Signalpfad durchlaufen werden, um das Signal durch Dämpfung und Reflexionen nicht unbrauchbar zu machen.
3. Die Umschaltung erfordert u.U. das Rangieren eines oder mehrerer anderer Kanäle, um an eine freie Redundanz zu gelangen.
4. Die Umschaltung sollte zukünftige Umschaltungen nicht unmöglich machen oder erschweren.

REPLEX berücksichtigt derzeit die ersten drei Kriterien und ist in der Lage, eine geeignete Umschaltung zu planen sowie die zur Umschaltung notwendigen Telekommandos zu generieren (siehe Abbildung 4). Dabei wird auch auf eventuell notwendige Wartezeiten zum Temperieren oder Stabilisieren von Komponenten hingewiesen. Ausgeführte Telekommandos werden durch die Überprüfung entsprechender Telemetriedaten in ihrer Wirkung verifiziert.

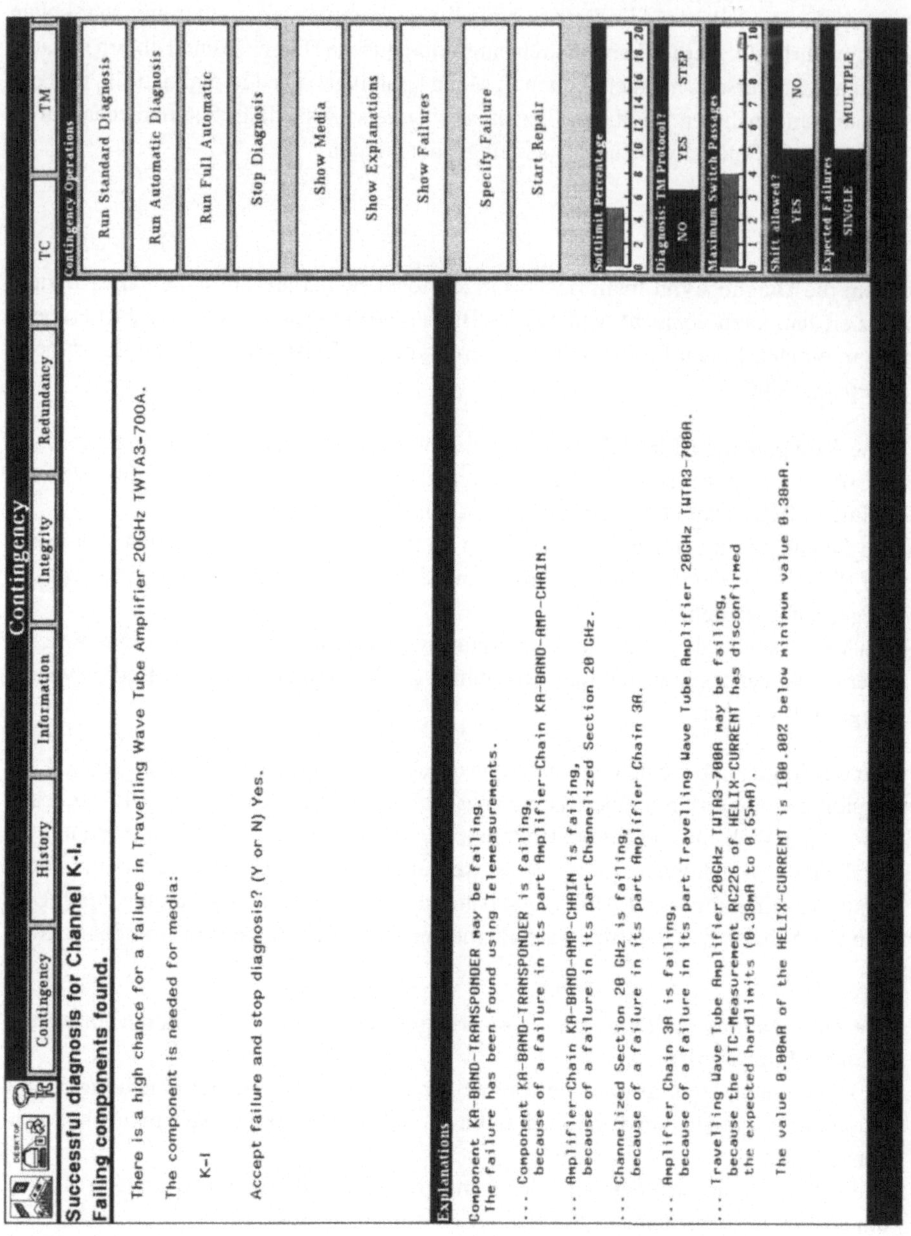

Abbildung 3. Diagnoseumgebung

Die Reparatur oder das versuchsweise Ersetzen eines Bauteils kann auch ohne vorausgegangene Diagnose erfolgen, indem der Operateur die Reparatur eines bestimmten Bauteils anweist.

Repair for Travelling Wave Tube Amplifier 20GHz TWTA3-700A
Phase: Redundancy-Switching

Checking Amplifier Chain 3A by switching K-I to another component.

Shifting K-I from Amplifier Chain 3A to Amplifier Chain 3B.

Process Telecommands below! Switching done? (Y or N)

Telecommands

Activities	Telecommands	Telemeasurements
Set TWTA3-700A Power-State Off	RK226	RX225 LOW
Set CAMP3-607A Power-State Off	RK214	RX213 LOW
Set CAMP3-607B(R) Power-State On	RK217	RX217 HIGH
Set CAMP3-607B(R) Gain -30 [dB]	RM381 -30	RV218 -30
Set CSW2-202D State 2	RK210	RX210 LOW, RX212 HIGH
Set WSW2-713 State 2		RX209 LOW, RX211 HIGH
Set TWTA3-700B(R) Power-State On	RK227	RX227 HIGH
Wait 4 Minutes		
Verify TWTA3-700B(R) Power-Supply-Current 0.73 - 1.69 [A]		RC227 0.73 - 1.69
Verify TWTA3-700B(R) Helix-Current 0.5 - 0.87 [mA]		RC228 0.5 - 0.87
Set CAMP3-607B(R) Gain 0 [dB]	RM381 0	RV218 0

Abbildung 4. Schaltsequenz

3.4 Informationszentrum

Neben den Problemlösefähigkeiten wie Diagnose und Reparatur kann REPLEX als Informationszentrum für das betreffende nachrichtentechnische System dienen. Hierbei ist es möglich, neben textuellen Informationen auch graphische Darstellungen der Systemstruktur anzubieten. Diese Visualisierungen können neben ihrem rein informativen Charakter auch manipuliert werden. Diese auf der Bedienoberfläche ablaufenden Manipulationen bilden sich dann auf das vom System verwaltete Systemmodell direkt ab. Auf diese Weise lassen sich Zustände definieren oder Aktivitäten initiieren.

Die REPLEX-Informationskomponente ist keine typische Expertensystemkomponente, da sie praktisch keine Inferenzschritte durchführt.

In REPLEX/DFS wurden die folgenden Informationskontexte realisiert:

3.4.1 Kanalzustandstafel

Die Kanalzustandstafel (siehe Abbildung 5) visualisiert den Zustand der verschiedenen Übertragungskanäle. Dabei werden der Betriebszustand (*Im Betrieb, Degradation, Fehler, Abgeschaltet*), der Modulationstyp (z.B. *QPSK, FM*) sowie die Kanalbelegung (z.B. *TV-Programm XYZ*) ersichtlich.

Neben dem rein informativen Charakter der Kanalzustandstafel dient diese Darstellung zum Eingeben des Fehlerbildes bei beobachteten Störungen. Der Benutzer setzt dazu interaktiv den entsprechend beobachteten Betriebszustand mittels Zeigeinstrument. Diese Spezifikation kann dem Diagnosesystem als Startinformation dienen.

Media Information Panel

Medium	State				Modulation-Type	Purpose
Band KA-BAND	OK	DEGRADED	FAILURE	OFF		
Channel K-I	OK	DEGRADED	FAILURE	OFF	QPSK	Experimental
Signal BG-SIGNAL	OK	DEGRADED	FAILURE	OFF	Unmodulated	Beacon
Band KU-BAND	OK	DEGRADED	FAILURE	OFF		
Channel K-1	OK	DEGRADED	FAILURE	OFF	QPSK	DBP Services
Channel K-2	OK	DEGRADED	FAILURE	OFF	FM	Pro 7
Channel K-3	OK	DEGRADED	FAILURE	OFF	QPSK	DBP Services
Channel K-4	OK	DEGRADED	FAILURE	OFF	QPSK	Digital Radio
Channel K-5	OK	DEGRADED	FAILURE	OFF	FM	West 3
Channel K-6	OK	DEGRADED	FAILURE	OFF	FM	Tele 5
Channel K-7	OK	DEGRADED	FAILURE	OFF	FM	BR 3
Channel K-A	OK	DEGRADED	FAILURE	OFF	FM	SAT 1 / 3Sat
Channel K-B	OK	DEGRADED	FAILURE	OFF	FM	RTL / SAT 1
Channel K-C	OK	DEGRADED	FAILURE	OFF	FM	1Plus / RTL
Channel TC-X	OK	DEGRADED	FAILURE	OFF	QPSK	Telecommands
Channel TC-Y	OK	DEGRADED	FAILURE	OFF	QPSK	Telecommands
Channel TM	OK	DEGRADED	FAILURE	OFF	QPSK	Telemeasurements

Abbildung 5. Information zu den Kanalzuständen

3.4.2 Redundanzgruppen

Zur Übersicht über den aktuellen Zustand der Redundanzgruppen dienen eine Reihe graphischer Darstellungen, die diese Gruppen visualisieren (siehe Abbildung 6). Aus diesen Darstellungen lassen sich der strukturelle Aufbau der Redundanzgruppe, der Zustand der einzelnen Redundanzkomponenten (z.B. *Im Betrieb, Ersatzkomponente, Fehlerhaft*) sowie die momentan über die Komponenten laufenden Kanäle ablesen.

In dieser graphischen Übersicht lassen sich auf Wunsch gezielt Komponenten auswählen, die durch Redundanzschaltung ersetzt werden sollen. Auf diese Weise kann eine Umschaltung auch ohne vorherige Diagnose erfolgen.

3.4.3 Stromversorgungen

Die geschaltete Stromversorgung des Repeaters ist eine wichtige Informationsquelle zur Einschätzung des momentanen Betriebszustandes und eventuell aufgetretener Fehler. Zu diesem Zweck wird in REPLEX/DFS die Zuordnung der Endverstärker zu den beiden

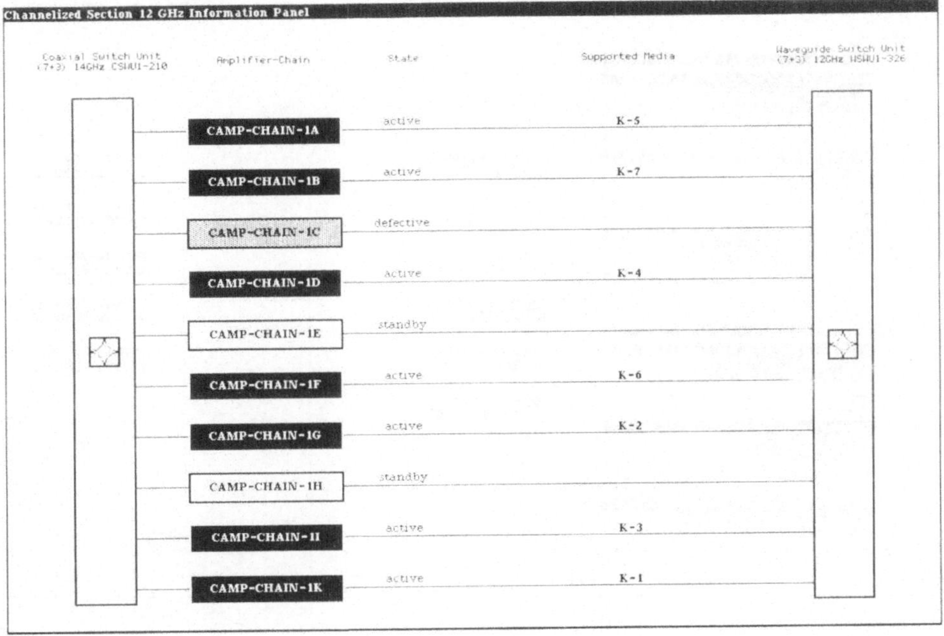

Abbildung 6. Information zu Redundanzgruppen

Hauptstromversorgungen sowie die momentane Auslastung der Hauptstromversorgungen dargestellt (siehe Abbildung 7).

3.4.4 Zeitliche Entwicklung von Kenngrößen

Oftmals ist es wichtig, eine Größe, z.B. eine Spannung oder eine Temperatur über einen längeren Zeitraum zu beobachten, um Trends oder temporäre Unregelmäßigkeiten erkennen zu können. Dies kann in REPLEX/DFS durch Diagramme visualisiert werden. In Abbildung 8 werden beispielsweise der Wendelstrom und der Eingangsstrom der Wanderfeldröhren über einen eingestellten Zeitraum (2 Stunden, 24 Stunden oder 360 Tage) dargestellt. Die Daten stammen dabei aus dem Telemetriesystem.

3.4.5 Telemetriedaten

Zur Nutzung von REPLEX/DFS als Simulations- oder Schulungssystem ist es notwendig, die vom Repeater kommenden Telemetriedaten durch simulierte Daten zu ersetzen. Dazu gibt es eine Visualisierung, die es erlaubt, jeden Telemetriewert zu definieren und für die Diagnose zu verwenden. Zur Reduzierung des Eingabeaufwands können automatisch alle dem korrekten Betrieb entsprechenden Telemetriedaten generiert werden. Experimentelle Fehlerdaten können interaktiv in diese Daten eingestreut werden, um bestimmte Fehlersituationen zu simulieren.

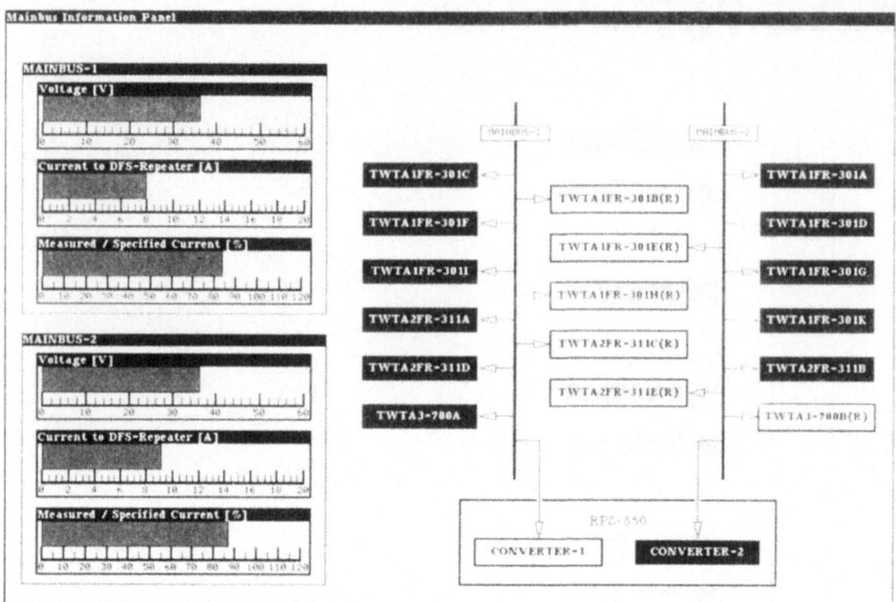

Abbildung 7. Information zur Spannungsversorgung

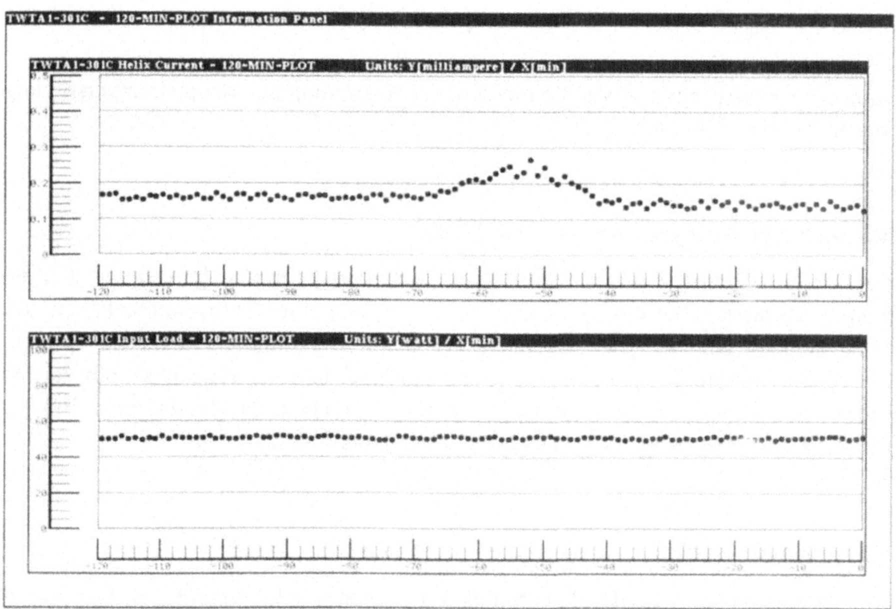

Abbildung 8. Information zur zeitlichen Entwicklung von Kenngrößen

3.5 Repeater-Historie

Während der Arbeit mit REPLEX/DFS und insbesondere bei Redundanzschaltungen wird der Repeaterzustand verändert. Diese Änderungen sind eine wichtige Informationsquelle für den Operateur, um das Zustandekommen eines Repeaterzustandes rückverfolgen zu können. Damit eine solche Rückverfolgung möglich ist, wird bei REPLEX/DFS ein Protokoll der benutzer- und systeminitiierten Änderungen geführt.

3.5.1 Repeaterzustände und Protokolle

Zu experimentellen Zwecken können ganze Repeaterzustände gespeichert und benannt werden. Dies ermöglicht, beliebig viele Repeaterzustände in einer Baumstruktur zu organisieren und diese bei Bedarf wieder in einer Simulation zum aktuellen Repeaterzustand zu machen. Ein solcher Zustandsbaum erlaubt das Sichern interessanter oder wichtiger Repeaterzustände für eine spätere Inspektion. Darüberhinaus kann dieser Mechanismus zum Ausloten von Schaltalternativen verwendet werden, um im Vorfeld einer anstehenden Redundanzschaltung die Wirkung und Tragweite verschiedener Umschaltvarianten zu untersuchen.

Durch das Einführen des Zustandsbaumes entsteht eine Segmentierung der Schaltprotokolle. Zwischen jeweils zwei aufeinanderfolgenden Zuständen steht ein Teilstück des Gesamtprotokolls. Diese Teilprotokolle können einzeln eingesehen werden.

3.5.2 Simulationsmodus und Operationsmodus

Das System REPLEX/DFS kann in einem speziellen Simulationsmodus betrieben werden, bei dem ein beliebiges Hin- und Herspringen im Zustandsbaum möglich ist und bei dem von jedem Zustand aus beliebig viele Folgezustände als Alternativen erzeugt werden können. Der Simulationsmodus ist ein idealer Experimental- und Schulungsmodus.

Wird REPLEX/DFS im Operationsmodus betrieben, so verhindert das System das Verfolgen von Varianten oder das Zurückkehren in einen früheren Repeaterzustand. Es ist in diesem Fall nur erlaubt, Umschaltungen durchzuführen, deren Konsequenzen auch festgeschrieben werden. Ein Hin- und Herspringen in der Repeatergeschichte ist dann nicht möglich. Der Operationsmodus ist geeignet, den operationalen Betrieb des Repeaters zu überwachen und fortzuschreiben.

Ein Hin- und Herschalten zwischen Simulations- und Operationsmodus ist möglich. Auf diese Weise können vor einer endgültigen Umschaltung des Repeaters experimentell deren Ablauf, Aufwand und Folgen im Simulationsmodus untersucht werden.

3.6 Realisierung

Aufgrund der schwierigen Problemstellung sowie im Hinblick auf eine Übertragung auf andere Anwendungsfälle wurde das System als Applikationsshell (Expertensystemshell) konzipiert. Dadurch werden alle von einem bestimmten Anwendungsfall unabhängigen Systemteile als Rahmen verfügbar gemacht. Die anwendungsspezifischen Teile werden gewissermaßen in diesen Rahmen eingefüllt. Das „Einfüllen" besteht im wesentlichen aus dem Bau eines objektorientierten Schaltungsmodells.

Die Systemrealisierung ist als modell- und regelbasierte, interaktive Diagnose und Konfiguration zu klassifizieren [Davis 84, Loeffler 91].

3.6.1 Objektorientiertes Modell

Die Bauteile, die Bauteilhierarchie sowie die Signale und Versorgungsströme wurden als *Objekte* realisiert. Die relevanten Bauteileigenschaften wurden dazu als Objektattribute von Bauteilklassen in einem *Vererbungsverband* beschrieben. Die konkreten Bauteile werden als Instanzen dieser Klassen erzeugt und über diverse Relationen mit anderen Instanzen vernetzt. Auf diese Weise entsteht ein *semantisches Netz* aus Bauteilen, das *Gerätemodell*. Das Gerätemodell wurde bis auf die Ebene einzelner Bauteile aufgebaut. Bei REPLEX/DFS bestand es aus etwa 100 Bauteilklassen und etwa 300 Bauteilinstanzen. Wir haben es also hier mit einem inhomogenen und komplexen Gerät mit eher wenigen Komponenten zu tun. Menschliche Experten waren aufgrund der Schaltungskomplexität oft nicht mehr in der Lage, die Ursachen für bestimmte Symptome ohne zeitaufwendige Systemanalyse zu bestimmen.

Auch die Sensorik und Steuerung (Telemetrie und Telekommandierung) wurden als Objekte mit Eigenschaften beschrieben und ihrem Zielobjekt (gemessenes oder gesteuertes Bauteil) gemäß in das semantische Netz eingebunden. In REPLEX/DFS gibt es etwa 400 dieser Objekte, die jedoch auf wenigen Klassen basieren und von geringer Komplexität sind.

Die objektorientierte Modellierung hat sich in vielerlei Hinsicht bewährt. Durch sie war eine sehr anwendungsnahe Realisierung möglich, für die die Wissensakquisition zu einer einfachen Abbildung von Blockschaltbildern und Stromlaufplänen wurde. Das Modell ist derart transparent, daß es auch mit Geräteentwicklern und technischen Vertriebsleuten inspizierbar und diskutierbar wurde. Dies sichert in einem bislang untypisch hohen Maße die korrekte Abbildung des jeweiligen Geräts in das Softwaremodell ab. Die Generierung des Modells wurde bei REPLEX/DFS mit einem Aufwand von wenigen Tagen noch von Softwareentwicklern durchgeführt, sie wäre jedoch mit Hilfe einer relativ einfachen Benutzungsschnittstelle in Zukunft auch von Systementwicklern zu leisten. Der größte Teil dieses Gerätemodells ließe sich aus Schaltungsdaten eines CAE-Systems automatisch ableiten. Dieses automatisch abgeleitete Gerätemodell wäre vor allem um hierarchische Information in Form von Funktionsblöcken anzureichern, die üblicherweise nicht aus den Daten der Schaltungsentwicklung hervorgehen, sondern eher in Form graphisch-textueller Dokumente oder nur als mentale Konzepte der Entwickler existieren.

3.6.2 Signal- und Stromlaufanalyse

Die Analyse des Signalflusses sowie der Versorgungsströme wurde durch eine prozedurale Komponente realisiert. Die Analyseprozedur navigiert durch das Gerätemodell, indem das Verhalten der Modellkomponenten (Bauteile) auf den Strom- oder Signalfluß abgeleitet wird. So wird beispielsweise an Multiplexern die Frequenz des Signals ausgewertet, um die Verteilwirkung und damit den weiteren Signalfluß am Multiplexer zu simulieren. Bei einfachen Schaltern wird die momentane Schalterstellung zu diesem Zweck ausgewertet. Andere „Entscheidungspunkte" für die Analyse sind Leistungsverteiler und Lötverbindungen. Die Quellen von Strömen und Signalen und damit die Startpunkte der Suche sind Strom- und Spannungsquellen sowie Empfangsantennen und Oszillatoren. Die Senken und damit die Endpunkte der Suche sind vor allem Sendeantennen und Verbraucher.

Diese Analyse liefert eine Reihe von vom Signal oder Versorgungsstrom durchflossenen und damit verdächtigen Bauteilen, die durch die eigentliche Diagnose näher untersucht werden. Diese Signal- und Stromlaufanalyse stellt neben dem Gerätemodell den Kern der Funktionssimulation im Sinne eines modellbasierten Realisierungsansatzes dar.

3.6.3 Diagnose

Die Diagnose wurde durch ein *rückwärtsverkettetes Regelsystem* realisiert. Dieses führt, ausgehend von den durch die Signal- und Stromlaufanalyse (Vordiagnose) gelieferten Verdachtsmomenten, eine Feindiagnose durch. Dabei werden entweder Messungen (Telemetriedaten) ausgewertet oder versuchsweise Ersatzschaltungen durchgeführt. Das Regelsystem wird auf vielfältige Weise im Ablauf zur Minimierung des Test- und Reparaturaufwands gesteuert. Durch Bildung von Regelmengen und der Einführung einer weiteren, höheren Regelmengenebene (Metaregeln) können die unterschiedlichen Diagnoseverfahren selektiert werden.

3.6.4 Rekonfiguration

Die in der Diagnose verwendeten versuchsweisen Umschaltungen sowie die zur Reparatur durchgeführten Rekonfigurationen werden mit Hilfe von *Planskeletten* sowie durch kontextabhängige Wegesuche in den Schalternetzen generiert.

Zunächst wird ein Planskelett durch eine ziel- und kontextabhängige Konkretisierung zu einer Schaltprozedur vervollständigt. Eine solche Schaltprozedur beschreibt die zur Umschaltung notwendigen Zustandsänderungen im System auf der Ebene der Objekte und ihrer Attribute. Diese prozedurale Beschreibung wird dann in eine konkrete Schaltsequenz transformiert, die anstatt der objektorientierten Zustandsänderungen eine sequentielle Auflistung von Schaltkommandos und Verifikationsmessungen enthält, die zur gewünschten Zustandsänderung führen.

Im Gegensatz zu einem Handbuch liefert diese Konfigurationsmethode ein Verfahren, das in der Lage ist, ausgehend von jedem Gerätezustand einen gewünschten Zielzustand zu erreichen, wenn dieser überhaupt erreichbar ist. Die Planskelette weisen eine gewisse Anwendungsabhängigkeit auf, die bei neuen Anwendungen zu Anpassungsarbeiten führen kann. Hier sollte eine eigene Sprache zur Definition solcher Planskelette realisiert werden, die auch hier die Anwendungsnähe schafft. Derzeit werden die Planskelette mittels einer auf LISP basierten Miniatursprache definiert.

3.6.5 Benutzungsschnittstelle

Den interaktiven Rahmen des Expertensystems bildet eine direkt-manipulative, graphische Benutzungsschnittstelle in einem Fenstersystem.

Als Implementierungshilfsmittel wurde ein objektorientierter Benutzungsschnittstellenbaukasten verwendet. Dieser Baukasten wurde um einige *UIMS-Konzepte (UIMS = User Interface Management System)* erweitert [Herczeg 86, Herczeg/Waldhör 91], die einen einheitlichen Interaktionsrahmen ergeben.

Die Interaktion mit dem System beschränkt sich weitgehend auf Mausaktionen sowie auf wenige, kurze Tastatureingaben. Anwendungen, die mit REPLEX gebaut werden, besitzen eine einfache graphische Bedienoberfläche und können nach kurzer Instruktionsphase zuverlässig bedient werden.

3.6.6 Realisierungsplattform

Das System ist auf verschiedenen Arbeitsplatzrechnern lauffähig und kann je nach Bedarf in eine bestehende DV-Umgebung eingebunden werden. Die vorliegenden Implementierungen wurden auf der Basis von *Sun-* und *Symbolics-Workstations* realisiert. Als Entwicklungswerkzeug diente das Expertensystemwerkzeug *KEE* der Firma *IntelliCorp* [Int85].

Die Laufzeit des Systems kann als unproblematisch angesehen werden, da das System für eine komplette Diagnose und Rekonfiguration auf einer *Sun SPARCstation 2* im Mittel weniger als eine Minute benötigt, während ein Operateur mit einem Handbuch im Mittel mehr als eine Stunde benötigt.

Die Problemlösefähigkeit wurde von Experten als gut eingestuft. Das Handbuchwissen wird dabei praktisch vollständig überdeckt und oft überschritten. Das System war mehrfach in der Lage, in komplizierten Fällen Diagnosen zu liefern, die selbst durch die Geräteentwickler nur schwer identizifierbar waren.

Die Entwicklung von REPLEX/DFS wurde von drei Softwareentwicklern in einem Zeitraum von etwa zwei Jahren durchgeführt. Die Unterstützung durch Fachexperten aus dem Anwendungsbereich ließ sich während dieser Zeit aufgrund hervorragender technischer Unterlagen auf wenige Tage beschränken.

4 Ausblick

Kooperative Expertensysteme zur Fehlerdiagnose und Fehlerbehebung können in den nächsten Jahren wichtige Komponenten komplexer technischer Systeme werden. Die Hauptarbeit der kommenden Jahre wird vor allem darin bestehen, Rahmensysteme zur realisieren, die für ein breites Spektrum zu diagnostizierender Systeme einsetzbar sind. Die einfache Wissensakquisition sowie die Fähigkeit der diagnostizierenden Systeme, kausale Zusammenhänge in Anlehnung an menschliche Problemlösetechniken zu verarbeiten und zu erklären, werden über den Nutzen und die Akzeptanz dieser Systeme wesentlich entscheiden.

Solche Systeme werden in der Lage sein, Benutzern konzentrierte Informationen und Interpretationen zum Zustand eines technischen Systems zu liefern. In Fehlersituationen können sie Entscheidungen vorbereiten oder technische Abläufe sicherheits- und zeitgerecht durchführen.

Dies ist eine wichtige Voraussetzung für eine menschengerechte Weiterentwicklung technischer Systeme. Nur ein sicheres und ökonomisches Beherrschen der neuen Technik ohne weitere Belastung von Anwendern garantiert wirklichen Fortschritt.

Danksagung

Die hier beschriebene Arbeit basiert wesentlich auf Entwicklungsarbeiten, die in einem Projekt bei der ANT Nachrichtentechnik GmbH (Bosch Telecom) in Backnang durchgeführt wurden. Der Firma ANT Nachrichtentechnik GmbH danke ich an dieser Stelle für die Genehmigung zur Veröffentlichung von Projektergebnissen. Ich möchte mich vor allem bei den Herren Harald von der Herberg, Dr. Hubert Schulz, Peter Karabanow und Walter Berner für Ihre Mitarbeit bedanken. Des weiteren hat Herr Peter Löffler im Rahmen seiner in diesem Projekt durchgeführten Diplomarbeit [Loeffler 91] wertvolle Beiträge geliefert.

Datenbanken gestern und heute: Vom Dateisystem zu SQL

Theo Lutz

1 Frühe DB-Probleme

Datenbanken gehören seit langem zum Alltag der Computeranwendungen und werden heute mit großer Selbstverständlichkeit breit eingesetzt. Historisch gesehen hat sich die *Datenbank* aus zwei Wurzeln entwickelt. Zum einen waren es die Reservierungsprobleme der Fluggesellschaften in den USA (Projekt SABRE, American Airlines, ab 1957) [Bahe et al. 86], die einen möglichst schnellen und effizienten Direktzugriff vieler Benutzer zu großen Datenbeständen erforderlich machten. Diese Systeme lieferten zugleich die Problematik des Zugriffs auf Dateien aus entfernten Lokationen, ohne relevanten Zeitverzug und unabhängig von Reihenfolgen, bei einer gleichzeitig unbestimmbaren Zahl koinzidenter Zugriffe. Ausgehend von SABRE wurden diese Techniken in den USA bald mit dem Begriff *Teleprocessing* belegt. Eine zweite Wurzel stammt aus Anwendungen im Bereich der Fertigung und galt den sogenannten Stücklisten. Diese Problematik besteht auch heute noch darin, daß redundanzfrei gespeicherte Datenelemente (Teiledatei) zu unterschiedlichsten, aber vorgegebenen Strukturen (Stücklisten) zusammengeführt werden müssen. Entsprechende Software-Prozessoren wurden damals als *Stücklistenprozessor* (BOMP) bekannt. Dieser Zweig der Datenbankanwendung führte direkt zum Problem komplexer Datenstrukturen in Form von Hierarchien und allgemeinen Netzen, die jeweils aus einem nichtredundanten Vorrat relativ einfacher Datenelemente aufzubauen waren. Zur Entwicklung dieser Datenstrukturen gehörte in den sechziger Jahren ein umfangreicher Methodenstreit um den Begriff der Netzwerke, aus dem heraus die heutigen methodischen und theoretischen Vorstellungen der allgemeinen Netzwerke entstanden sind. Auch stammt bereits aus den sechziger Jahren die sehr stringente Definition der Datenbank als einer Menge nichtredundanter, vielfach verwendbarer Datenelemente.

2 Das Datenelement der Datenbank

All diesen Datenbanken gemeinsam ist das Konzept eines sogenannten Datenelementes, das es zu administrieren gilt und das sehr deutlich seine Herkunft aus betriebswirtschaftlich-kaufmännischen Anwendungen zeigt. Dieses Datenelement ist immer ein streng formatierter Datensatz, der aus einzelnen Feldern aufgebaut ist und dem ein sogenannter Einzelbeleg (unit record) zugrunde liegt, der — meist rechtsverbindlich — einen betriebswirtschaftlichen Vorgang dokumentiert und beschreibt. Die Datenbank enthält dann so viele Typen (Formate) von Datensätzen, wie man „Belegarten" zuläßt. Diese Form des Datenelementes geht auf die sogenannte konventionelle Lochkartentechnik von Hollerith zurück. Sie hat, ausgehend von der Volkszählung des Jahres 1890, bis zum Auftauchen des Computers immense Mengen solcher Lochkarten verarbeitet und damit den in den fünfziger Jahren beginnenden, zügigen Einsatz der Computer weit über den betriebswirtschaftlichen Bereich hinaus vorbereitet und unterstützt. Die Tatsache, daß man es mit dem *Unit Record*, dem Einzelbeleg, jeweils mit einem Abbild eines Vorganges aus der realen Welt zu tun hat, spiegelt sich auch in dem heute sehr gängigen, nicht leicht übersetzbaren Begriff der *data entity*. Er ist für die aktuelle Informationsverarbeitung zu einem substantiellen Element, vor allem im Zusammenhang mit der heute stark präferierten Objektorientierung, geworden.

Wesentlich für den Aufbau eines solchen Datensatzes [Lutz 76] ist, daß in jedem Falle bestimmte Felder als Schlüssel ausgeprägt sind, mit deren Hilfe man individuelle Datenelemente eineindeutig identifizieren kann. Man nennt diese Felder anschaulich auch Schlüssel für die logische Ebene der Datenelemente. Die Namen dieser Schlüssel aus unterschiedlichen Datenelementen treten in dyadischen Bedingungen auf. Mit diesem Instrument lassen sich die Datenelemente gegenseitig zuordnen (Synchronisation) und auch zusammenführen. Über Schlüsselwerte in selektiven Bedingungen lassen sich Untermengen aus der Datenbank bilden, die in Auswertungen eingehen sollen. Erweitert man die Schlüsselwerte um die physischen Adressen, unter denen die Datenelemente gespeichert sind, so erhält man Zeiger oder Indizes, mit denen man direkt aus der logischen Ebene (Programm) auf die physische Ebene (Speicher) zugreifen kann. Diese Indizes sind damit ein sehr effektives Instrument zur Lokalisierung von Datenelementen auf den Datenträgern. Bei den Indextabellen gehört dazu ein Suchprozeß vom Schlüsselwert zur Adresse des Datenelementes, der sie der Verarbeitung zuführt. Tatsächlich sind Identifikation, Selektion, Synchronisation und Lokalisierung auch heute noch Basis aller Datenbanktechniken. Sie besorgen den Übergang von der logischen in die physischen Ebenen der gespeicherten Datenelemente für die, wie sie auch genannt wird, formatierte Datenbank.

3 Datenbanken der ersten Generation

Man spricht im Zusammenhang mit der Verarbeitung von Dateien und Datenbanken von Indizierungstechniken [Lutz 76], wenn beim Zugriff auf die gespeicherten Datenelemente in irgendeiner Weise Zeiger oder Indizes im Spiel sind. Die im Vergleich zu heute kapazitiv stark begrenzten Computer der frühen Datenbanken erforderten eigene Mechanismen für den Aufbau einer Datenbank, wenn diese einigermaßen leistungsfähig sein sollte. Dazu gehörte sowohl eine hohe Integration zwischen den Daten der Datenbank und den Zugriffsmechanismen als auch eine geeignete, effiziente Organisation der Bestände. Gleichzeitig sollte auch der Datenbankzugriff ein so hohes Maß an Standardisierung haben, daß er nicht schwieriger zu programmieren war als etwa ein oder mehrere Dateizugriffe. Es haben sich deshalb auch sehr rasch Softwareprozessoren, sogenannte Datenbank-Management-Systeme (DBMS), entwickelt, die mit entsprechenden Standardzugriffsroutinen und einem angemessenen Komfort ausgestattet waren. Trotzdem war die „Programmierung“ für eine Datenbank immer eine ausgesprochene Expertenarbeit. So entwickelte sich auch sehr rasch, aber relativ einheitlich, ein spezieller Raum der DB-Techniken mit zusätzlichen Berufsbildern für DB-Systemingenieure und DB-Programmierer.

4 Datenbanktechniken

Daß bei den Datenbanktechniken der sechziger Jahre die Verwendung von Indizes im Vordergrund stehen mußte, ist eine direkte Konsequenz der rasanten, technischen Entwicklung der Magnetplatten im Hinblick auf Kapazität, Zugriffszeit und auch Preis. Dazu gehörte aber auch eine stark zunehmende Integration der Platten in das Gesamtsystem, beispielsweise durch asynchrone Kanäle mit ihren Kanalprogrammen (Standardzugriffsroutinen) wie etwa bei der IBM/360-Architektur. Für die Verwendung von Indizes beim Zugriff zu Dateien gibt es grundsätzlich zwei Wege, je nachdem ob man die Zeiger oder Indizes individuell in den Datenbankbeständen mitführt (Listen, Adressketten) oder ob man sie außerhalb der Bestände in speziellen Indextabellen unterbringt. Im Gegensatz zum allgemeinen, indexsequentiellen Zugriffsstandard (ISAM = Index Sequential Access Method) haben die Zugriffe auf Datenbanken zusätzlich das Charakteristikum, daß sie sich nicht nur auf einen Hauptschlüssel beziehen (Primärindizierung), der den Aufbau der Datei bestimmt. Sie lassen vielmehr auch eine sogenannte Sekundärindizierung zu, die über komplexe Suchbedingungen mehrere Schlüssel gleichzeitig erfaßt. Eine weitere Dimension der Qualität einer Datenbank ergibt sich aus der Anzahl der Typen von Datenelementen, die in der Datenbank vertreten sind. Dabei ist es wichtig zu verstehen, daß mitgeführte Zugriffsinformation (Adressen) die Datenbank redundant erweitert (Zugriffsredundanz), da die Information für die logische Identifikation ja bereits im Schlüssel steckt. Auch entstehen damit spezifische Pflegeprobleme, die mit absoluter Zuverlässigkeit abgewickelt werden müssen, da sonst ein „DB-Chaos“ entsteht, das dem Praktiker nicht unbekannt ist.

Da die Programmierung des Datenbankzugriffes ausschließlich durch Experten erfolgte, galt es, die Kluft zum sogenannten Endbenutzer zu überbrücken, der seine Datenbank in der Regel über Bildschirm und DFÜ-Netz erreichen sollte. Dies geschah über das Instrument der Transaktionsbank, einer speziellen, hochintegrierten *Programmbibliothek* für die zu bearbeitenden Vorgänge und ihre Zugriffsprogramme. Die einzelnen Transaktionen werden dabei aus einem Bildschirmmenü über die dort angebotenen Transaktionscodes aktiviert. Es stellte sich rasch heraus, daß der Umgang vieler Benutzer mit einer Datenbank sehr spezifische Probleme mit sich brachte. Das dazugehörige Computing bestand weniger aus Arithmetik im Hochleistungsrechenwerk (hohe MIPS-Raten) als in einem hochfrequenten, dialogorientierten Datentransfer zwischen Bildschirm, Netz, CPU und Datenbank. Leistungskriterium eines solchen Systemes ist die erreichbare Transaktionsrate je Zeiteinheit. Dazu kommen für das EDV-System auch heute noch wichtige Sicherheitsanforderungen, die im kaufmännischen Bereich unverzichtbar sind. Sie bestehen in einer absoluten Zugangskontrolle zu Netz und Datenbank, in absolut garantierter Datenintegrität, vor allem bei treuhänderisch verwalteten Daten (proprietäre Daten), sowie in vollständiger Revisionsfähigkeit aller Dialogabläufe. Für diese Forderungen ist auch heute noch der „flächendeckende Zentralrechner“ mit seinem *single point of control* das optimale Werkzeug, wie groß oder klein auch immer die abzudeckende „Fläche“ ist.

Im Rahmen der Datenbanktechniken entwickelten sich damals auch Systemeinrichtungen, die vor allem dem DB-Experten den Umgang mit dem Computersystem erleichtern sollten. Diese Techniken erwiesen sich rasch als sehr bedeutsam. Gemeint sind vor allem die Datenbeschreibungstafeln für die in der Datenbank gespeicherten Daten und Dateien als ein Auskunftsinstrument für Programmierer und Benutzer. Sie sind um so unverzichtbarer, je näher die Datenbank an den Endbenutzer heranrückt und je mehr die Datenbestände disloziert sind. Zwischenschritte waren Wörterbücher (*data dictionaries*) und Inhaltsverzeichnisse (*data directories*) für Großrechenzentren und Projektprogrammierung bis hin zu den heute so beliebten Datenmodellen für mittlere und große Unternehmen. Solche Systemeinrichtungen haben ihren Ursprung in den Datenbanken der ersten Generation.

5 Drei Modelle der ersten DB-Generation

In der methodischen Literatur wird der allgemeine Rahmen für Datenbankverwaltungssysteme sehr gerne unter der Bezeichnung *DB-Modell* diskutiert. Im wesentlichen sind es drei Modelle, die als erste Generation der Datenbanken bezeichnet werden können. Die einfachen Modelle, die zu diesem Komplex gehören, sind DB-Modelle mit nur einem Bestand, auf den jedoch mit vielen Schlüsseln sekundär indiziert zugegriffen werden kann. Es handelt sich also um die sogenannte Ein-Segment-Datei, mit nur einem Segmenttyp, die als sogenanntes *flat file* eine Hierarchie von Datenelementen nicht kennt. Dort, wo dieser Dateityp ausreichte (Einwohnerwesen, Auskünfte), lieferte das Modell in der Regel eine sehr effiziente Datenbank.

Das allgemeine und gängigste Datenmodell der ersten DB-Generation ist das DB-Management-Modell. Es erlaubt einen Zugriff auf beliebig viele Dateien, deren Datenelemente meist in einer bevorzugten, hierarchischen Datenstruktur gespeichert sind. Das Modell ist in der Regel so gebaut, daß Indextabellen und Adreßketten zusätzlich eingebaut und auch entfernt werden können, die dann einen komplexeren Zugang erlauben. Die Zugriffe selbst (GET NEXT, GET UNIQUE, GET NEXT WITHIN PARENT) werden algorithmisch in einer Wirtssprache (COBOL, FORTRAN, PL/1, ASSEMBLER u.a.) als Transaktionen organisiert und erzeugen baumartige Strukturen, wie sie den meisten betriebswirtschaftlichen Anwendungen entsprechen. Der Vorteil dieser Modelle besteht darin, daß man in einer, allerdings unvermeidlichen, Planungsphase den Aufbau der Transaktions- und Datenbank und damit den Zugriff auf die Datenelemente optimal gestalten kann. Ein erheblicher Teil des „Zugriffsaufwandes“ wird also in der Planungsphase und nicht beim Zugriff erbracht. Dies ist zugleich ein Nachteil, weil eine solche Datenbank zuerst einmal nur das beantwortet, was geplant ist, und mit ihrer Inbetriebnahme zu veralten beginnt, meist bedingt durch sich ändernde Anforderungen seitens der Benutzer. Zwar lassen sich Erweiterungen und Änderungen nachträglich einbauen, dies bedarf jedoch wiederum einer Planung und Vorbereitung, so daß die Datenbank, vor allem im Hinblick auf Ad-hoc-Anfragen, schwerfällig ist. Das verbreitetste Datenbanksystem dieser Art ist wohl noch immer das IBM-Information-Management-System (IMS) [Date 90, McGee 77], das heute die Beschaffung der Datenelemente naheliegenderweise durch eine virtuelle Speicherverwaltung besorgt. Es sei noch erwähnt, daß die Frühphase der Entwicklung, die zum allgemeinen Datenbankmodell führte, das etwa ab 1970 allgemein verfügbar war, stark durch die Stücklistenprozessoren [Lutz 71] bestimmt wurde. Sie zeichneten sich dadurch aus, daß sie fest mit semantisch bestimmten Adreßketten und entsprechenden Indextafeln ausgelegt waren, wie man sie zur Abwicklung von Stücklistenproblemen benötigt. Der Umstand, daß diese Ketten (Teileverwendung, Teile in Stücklisten) semantisch definiert waren, führte zu einer wesentlichen Vereinfachung des Pflegeproblemes der Datenbank. IMS ist von seiner Herkunft her nichts anderes als ein verallgemeinerter, sehr komfortabler, weiterentwickelter Stücklistenprozessor.

Mit einem dritten Modelltyp hat man bereits sehr früh versucht, die Schwerfälligkeit der DB-Management Systeme, vor allem im Hinblick auf spontane, nicht vorgeplante Ad-hoc-Anfragen zu überwinden. Es handelt sich dabei um Systeme für Direktanfragen an die Datenbank, die sogenannten Query-Language-Systeme, die ohne Wirtssprache arbeiten und über eine eigene Anfragesprache verfügen. Da bei diesen Anfragen keine Bezugnahme auf die Struktur der Datenbank möglich ist, ist die zu erwartende Zeit, die zur Beantwortung einer solchen Anfrage benötigt wird, im Einzelfall kaum kalkulierbar und kann unerwartet hoch sein. Gerade dieser Umstand hat den *Anfragesprachen* in den siebziger Jahren einen breiteren Erfolg verwehrt. Das bekannteste System dieser Art ist das *Generalized Information System* (GIS) [Lutz 71] von IBM, das zusammen mit IMS um 1970 auf den Markt kam und das noch stark prozedurale Züge trägt.

Ziemlich erfolglos geblieben ist auch der von einer Arbeitsgruppe der amerikanischen *Conference on Data Systems Languages (CODASYL)* im April 1971 vorgelegte und später verbesserte Vorschlag, COBOL um Datenbankzugriffe zu erweitern, die in die Sprache integriert sein sollten. Der Grund für dieses Scheitern liegt einmal darin, daß diese Erweiterung COBOL und das Datenbankproblem eher verkompliziert als vereinfacht hätte. Auch mußte man damit rechnen, daß — ähnlich wie bei Anfragesprachen — bedingt durch die enorme Sprachhöhe von COBOL ein Verzicht auf die Möglichkeit zur Optimierung der Zugriffe der Preis sein würde. Einleuchtender und durch die weitere Entwicklung bestätigt war allerdings das Argument, daß das relationale DB-Modell, das zum selben Zeitpunkt erschien und über das im nächsten Abschnitt zu berichten sein wird, mehr Evidenz für eine überzeugende und zukünftige Lösung des DB-Problemes signalisierte, auch wenn dies zuerst einmal nicht überall so gesehen wurde.

6 Relationen und Dateien

Im Juni 1970 veröffentlichte E. F. Codd einen Aufsatz mit dem Titel "A Relational Model Of Data For Large Shared Data Banks" [Codd 70], in dem er vorschlug, künftig für die Darstellung der Datenbankprobleme den mathematischen Begriff der Relation heranzuziehen. Sein Ziel war es, wie er bereits im ersten Satz formuliert, „die zukünftigen Benutzer von großen Datenbanken davor zu schützen, wissen zu müssen, wie die Daten in der Maschine organisiert sind". Unter dieser Devise wurde eine Entwicklung eingeleitet, die sehr weitreichend war und die bis heute nicht abgeschlossen ist. Sie basiert auf der konsequenten Verwendung des mathematischen und deshalb sehr präzisen Begriffes der Relation aus der Mengenlehre für die Darstellung der Datenbankprobleme.

Tatsächlich erfüllt der Begriff der Datei, wie wir ihn in dieser Darstellung verwenden, nämlich als einer Zusammenfassung von gleichartigen Datenelementen oder Datensätzen zu einem Ganzen, weitgehend die Definition der Relation. Diese besteht — als Menge — aus „wohlunterschiedenen Objekten der Anschauung oder des Denkens". Ihre Elemente haben eine Struktur, indem sie nach einem Schema — einer Art einheitlicher Zeilenstruktur — aufgebaut sind, wie es in der Form des Formates für den Datensatz (*unit record*) präzise gegeben ist. Dort, wo man in einer Datei mehrere Typen von Datenelementen hat und wo diese im Dateisatz nach einer Hierarchie angeordnet sind, hat man Relationen (Datenelemente) innerhalb von Relationen (Gesamtdatensatz). Dies ist ein Fall, der sich auch für den Informatiker nicht ohne eine besondere Problematik darstellt, vor allem dann, wenn man auf eine Vielfachverwendung der eingelagerten Datenelemente abhebt. Hier hilft eine Normalisierung oder Normalform, die nach Codd sogenannte *erste Normalform* (1NF). Ist $R = \{r_1, r_2, ...r_n\}$ eine Relation, so sollen darin die Basiselemente r_1 bis r_n Worte im Sinne formatierter Datenelemente sein und nicht selbst Relationen aus Worten. Sie sind also aus Zeichen aufgebaut oder — wie man sich auch ausdrückt — im Bezug auf das Datenelement atomar. Es handelt sich damit bei einer Relation in erster Normalform um die bereits oben eingeführte Einfach-Segmentdatei mit einem einheitlichen Segmentformat, der man damit also das Attribut *relational* erteilen kann. Eine relationale Datenbank besteht demnach aus mehreren solcher Dateien, die in einer Datenbank zusammengefaßt sind.

Listet man die Elemente einer relationalen Datei auf, so erhält man eine Liste oder Tabelle mit einem einheitlichen Listenbild aus einer einheitlichen Zeilenstruktur. Aus diesem Grund setzt sich das anschauliche Wort „Liste" auch mehr und mehr als ein Synonym für „Relation" beim Endbenutzer durch. Auch wenn hier auf die Darstellung der begrifflich nicht ganz einfachen allgemeinen Normalformenlehre verzichtet werden kann, so sind doch noch einige Anmerkungen zur 1NF und 2NF von historischem Interesse [Vetter 76, Codd 72a, Codd 72b]. Eine Relation in zweiter Normalform muß stets auch in erster Normalform sein. Darüber hinaus verfügt sie über genau ein Feld, das ein Hauptschlüssel ist, und zwar so, daß alle anderen Datenfelder in der Relation, die man in der relationalen Literatur auch gerne Domänen nennt, von diesem Schlüssel funktional abhängen. Sie sind also über diesen Schlüssel eindeutig bestimmbar und damit ebenso eindeutig pflegbar. Eine Relation in erster und zweiter Normalform — es genügt also auch zu sagen: in zweiter Normalform — ist damit eine Datei bester Struktur. Sie ist auch deshalb für eine Datenbank besonders geeignet, weil die Relation als Menge ohnehin redundanzfrei ist, also kein Element mehr als einmal enthält, weil ja ihre Elemente „wohlunterscheidbar" sein müssen, wie man dies von Datensätzen einer Relation sinnvollerweise verlangt. Inzwischen hat sich im *relationalen DB-Bereich* eine eigene Diktion entwickelt. Die Datenelemente einer Relation nennt man auch *Tupel* und die Felder *Domänen* oder *Attribute*, je nachdem ob man mehr auf den Inhalt oder auf den Namen eines Feldes abhebt.

7 Der Umgang mit Relationen

Ohne Zweifel ist die Problematik „Datenbank" nicht erledigt, indem man Datenbestände zu Relationen ernennt! Andererseits ist nicht zu verkennen, daß Auswertungen, wie man sie aus einer Datenbank erwartet, strukturell wiederum Relationen sind, denn es handelt sich um Listenbilder. Dazuhin sind die Domänen in ihren Zeilen entweder direkte DB-Domänen, oder sie sind aus solchen Domänen errechnet und hergeleitet.

Es erhebt sich also die Frage, ob es eine „Arithmetik" gibt, mit deren Hilfe man aus den DB-Relationen die Auswertungsrelationen „errechnen" kann. Ihre Variablen müssen dann die Namen der Domänen und Relationen sein, die wir ja auch als die Attribute der *Data Entity* bezeichnet haben, und ihr Wertevorrat muß aus den Domänenwerten in den DB-Relationen bestehen. Zugelassen müssen auch Konstante sein, wie etwa Vergleichswerte in Bedingungen, die ebenfalls einen semantischen Bezug zur Datenbank selbst haben. Die Grundfrage heißt damit, wie die Operationen aussehen, mit deren Hilfe es möglich ist, Auswertungsrelationen aus den Relationen der Datenbank herzuleiten oder zu beschreiben. Nachgeordnet ist dabei die Frage, ob solche Operationen im Computer implementierbar sind und welches dann das Verhältnis zwischen Aufwand und Effizienz dieser Datenbank sein wird.

Bereits in der Arbeit von Codd [Codd 70] finden sich drei relationale Operationen, mit denen man Auswertungsrelationen, die aus anderen Relationen hergeleitet werden sollen, formal beschreiben kann. Da hier jedoch keine Notation für Operationen entwickelt werden soll, sei eine verbale Beschreibung von SELECT, PROJECT und JOIN, um die es sich handelt, erlaubt, ansonsten aber auf die allgemeine Literatur zu diesem Thema verwiesen. Zu SELECT und JOIN gehören vergleichende Bedingungen, wie sie von höheren Programmiersprachen her bekannt sind. In ihnen findet man neben Konstanten für die Feldinhalte und den üblichen Operationszeichen für logische Vergleiche Namen von Domänen der Relationen, auf die die Operationen angewandt werden. Als Ergebnis können dabei — wenn man stringent notieren will — auch Nullrelationen auftreten, die also zwar als Relationen definiert sind, aber keine Elemente enthalten. Die einzelnen Operationen bewirken folgendes:

SELECT, verbunden mit einer selektierenden Bedingung, bestimmt Zeilen in der benannten Tabelle, die zusammen eine, wenn man so will, horizontale Untertabelle bilden sollen. Beim SELECT bleiben die, wie in der DB-Literatur gerne geschrieben wird, sensitiven Zeilen ganz erhalten. Es sind die Zeilen, auf die die selektierende Bedingung zutrifft.

PROJECT, verbunden mit einer sogenannten Zielliste, in der Spaltennamen aus der angesprochenen Tabelle verzeichnet sind, bildet eine vertikale Untertabelle mit den Spalten der in der Zielliste bezeichneten Spaltennamen oder Domänen. Die damit verbundene Domänenreduktion kann dazu führen, daß in der verbleibenden Tabelle Duplikate auftreten, die beim Aufbau der Tabelle entfernt werden.

JOIN schließlich ist eine sehr potente, aufbauende Operation, die zwei Tabellen zusammenführt. Es handelt sich dabei um das kartesische Produkt zwischen den beiden Ausgangstabellen, bei der zuerst einmal jede Zeile der einen mit jeder Zeile der andern kombiniert wird. Auf das dabei entstehende kartesische Produkt einer „Supertabelle", wird dann eine zur Operation gehörige Zielliste zur Spaltenauswahl sowie die zur Operation gehörige selektierende Bedingung zur Zeilenauswahl angewandt.

8 Die „DB-Sublanguage"

Ausgehend von diesen Operationen hat sich ab 1970 sehr rasch eine ausgedehnte Forschungsaktivität entwickelt. Ein Schwerpunkt, neben der Suche nach effizienten Verwaltungssystemen für Relationen, galt dem Problem, eine operative Sprache zu finden, die den Umgang mit Relationen im obigen Sinne ermöglicht. So entstand im IBM Forschungslabor in San Jose, Kalifornien bereits 1973 ein arbeitsfähiges APL-Modell mit eingebauten relationalen Operatoren [Palermo 73], das zwar recht langsam arbeitete, aber doch erste didaktische Erfahrungen mit der neuen Sicht auf Datenbanken am IBM European Systems Research Institute in Genf erlaubte. Sehr früh wurden weitere Ausweitungen des Forschungsfeldes sichtbar, etwa wie sie von Codd 1971 [Codd 72a, Codd 72b] auf dem 6. Computer Science Symposium in New York umrissen wurden. Werden einerseits Relationen als Mengen aufgefaßt, die durch ihre Existenz definiert sind, so ergibt sich daraus ein algebraisch oder besser arithmetisch orientierter Sprachbereich (bei Codd *Sublanguage*) für die Beschreibung der Ergebnisrelationen aus den DB-Relationen [Hall 75]. Definiert man aber andererseits die Mengen, die man sucht, durch die Eigenschaften ihrer Elemente über deren Attribute, so kommt man damit in einen Notationsbereich, den Codd einen *relationalen Kalkül* nennt. Im Grunde handelt es sich um einen Prädikatenkalkül zweiter Ordnung, dessen Objekte Relationen sind. Vor allem das bereits zitierte IBM Forschungslabor in San Jose, dem Codd damals angehörte, hat mit einer großen Zahl von Arbeiten und Veröffentlichungen dieses Feld auf der Suche nach einer geeigneten Sublanguage bearbeitet. Aber auch sonst ist die Literatur zu diesem Thema rasch gewachsen, allerdings nicht selten mit relativ geringer Tiefe, so daß eine ganze Reihe interessanter mathematischer Probleme zwar indiziert wurde, aber bis heute offen geblieben sind. Dazu gehört beispielsweise das Problem der relationalen Vollständigkeit der Sprachen. Einzig das Problem der Normalformen scheint, vor allem im Hinblick auf eine Absicherung des Pflegeproblems der DB-Relationen, eine befriedigende Lösung gefunden zu haben [Vetter 76].

Schwierig ist im übrigen auch der Begriff der Sublanguage, der die Vorstellung vermittelt, es handle sich bei der zu suchenden Sprache für die Beschreibung der Anfragerelationen um eine Teilsprache einer allgemeinen, höheren Programmiersprache (analog DL/1 in COBOL, der CODASYL-Ansatz für COBOL o.ä.). Dabei ist immer wieder übersehen worden, daß der Umgang mit Relationen primär auf dem Niveau von Mengen stattfindet, sekundär auf dem ihrer Elemente und erst tertiär auf dem gewohnten Niveau der höheren Programmiersprachen, nämlich dem der Domänenwerte oder Felder. Dies macht sich beispielsweise besonders deutlich dort bemerkbar, wo man etwa bei einer Projektion auf eine numerische Domäne nicht den vollständigen Vektor ihrer Zahlenwerte erhält, sondern nur diejenigen Zahlenwerte geliefert bekommt, die voneinander verschieden sind! Dies erschwert den gewöhnlichen, arithmetischen Umgang mit den Werten einer Relation, auch wenn man sich hier mit eingebauten arithmetischen Funktionen (*built-in functions*) eine Abhilfe schafft.

9 Der Weg zum Deskriptiven

Überraschend ist jedoch ein ganz anderes Phänomen, das die relational orientierten Sprachen erbracht haben. Werden die oben dargestellten relationalen Operationen (SELECT, PROJECT, JOIN) in einer algorithmisch, algebraischen Notation organisiert, so ergeben sich Schritt für Schritt Unterrelationen, denen zweckmäßigerweise jeweils ein Namen zugewiesen wird. Sie lassen sich auf diese Weise als eigenständige Relationen in weitere Auswertungen einbeziehen, so wie dies auch beim Rechnen mit allgemeinen Zahlen sinnvoll ist, wenn ein komplexer Ausdruck durch eine Variable ersetzt wird. Werden später konsequent alle Variablennamen, die nur im Programm auftauchen, durch ihre Ausdrücke ersetzt, so ergibt sich eine *relationale Formel* [Lutz 76] für die erwünschte Anfragerelation. Sie beschreibt, je nachdem wie die Notation gestaltet ist, die erwünschte Relation oder Tabelle mehr oder minder anschaulich und ist damit eine *deskriptive* Version unserer Anfrage. Wendet man dieses Prinzip auf einen geeigneten Prädikatenkalkül an, so verschwinden aus der Anfrage alle prozeduralen Eintragungen.

10 Die Structured Query Language (SQL)

In diesem Forschungskontext hat sich, vorzugsweise aus den Arbeiten des IBM Labors in San Jose, rasch die sehr elementare und schlagkräftige Anfragesprache SQL [Emerson et al. 89] entwickelt, die in der Zwischenzeit ISO-Standard ist. Schwerpunkt der SQL-Notation, in die hier nicht eingeführt werden soll, ist das Schlüsselwort SELECT, das mit dem oben dargestellten SELECT wenig gemeinsam hat. Zu diesem SQL-SELECT gehört eine Zielliste, in die alle Spaltennamen aus den Listen der relationalen Datenbank eingetragen werden, die ausgewiesen werden sollen. Diese Zielliste beschreibt also die Zeilenstruktur der erwünschten Ergebnisliste. Das SQL-SELECT wird ergänzt durch eine Bedingungszeile, die mit dem Schlüsselwort WHERE eingeleitet wird und in die alle logischen Operationen und Bedingungen eingetragen werden, unter denen die benötigten Zeilen in die erwünschte Anfrageliste eingehen sollen. Diese Zeile bestimmt also, unter welchen Bedingungen Zeilen in den Datenbanklisten sensitiv im Bezug auf die gestellte Anfrage sein sollen. Diese beiden Schlüsselwörter beschreiben, wenn man von individuellen Darstellungswünschen absieht, anschaulich oder besser gesagt deskriptiv, wie die Ergebnisliste aussehen soll. In den modernen Versionen von SQL, die sich nach einer verteilten DB-Architektur ausrichten, dürfen solche Relationen beliebig verteilt sein, wenn sie nur über ein Netz erreichbar sind.

Substantieller Bestandteil von SQL (zentral oder disloziert) sind Beschreibungstafeln der im System verfügbaren Relationen für das System und seine Benutzer. Dieses Auskunftsinstrument ist in einer verteilten Architektur auch Bestandteil und Werkzeug eines zentralen Datenbank-Managementsystemes, das damit bereits aus der Anfrage erkennen kann, an welchen Lokationen welche Relationen verfügbar sind. Auch läßt sich mit diesen Informationen und der Anfrage ermitteln, ob für eine Auswertung jeweils die gesamte Relation oder nur eine selektierte oder projizierte Unterrelation benötigt wird. Nur über Einrichtungen dieser Art wird man überhaupt in der Lage sein, den zu einem verteilten System gehörigen „Datentourismus" einigermaßen zu regulieren und redundanzarm zu transportieren. In diesem Zusammenhang, aber ohne syntaktische Vertiefung sei noch das SQL-Schlüsselwort VIEW erwähnt, mit dessen Hilfe man aufrufbare und parametrisierbare SQL-Anfragen im System deponieren und bei Bedarf aktivieren kann. Die Filterfunktion dieser Einrichtung, die im Grunde individuelle Teildatenbanken definiert, wird wohl eines der Instrumente zur Handhabung der Sicherheit im System sein, mit der man garantieren kann, daß auch in einem offenen und verteilten System die Ordnungsmäßigkeit herrscht, die im Bereich der kaufmännischen EDV unverzichtbar ist.

Beeindruckend ist, und dies gilt auch für weitere Auslegungen der Anfragesprache über das Dargestellte hinaus, mit wie wenig Notation und Regeln SQL auskommt, um auch relationale Datenbanken bedienen zu können. SQL setzt damit unübersehbar Maßtäbe für eine deskriptiv orientierte Benutzerfreundlichkeit, denn das SQL-SELECT, zusammen mit seinem WHERE, leistet nicht mehr und nicht weniger als die vollständige Beschreibung einer Liste oder Relation. Zu dieser Einfachheit von SQL gehört heute auch, daß man sich von Zeigern und Indizes freigemacht hat und sich damit voll in der logischen Ebene der Datenbank bewegt. So gibt es keine Adreßketten mehr, und die Indextafeln gehören als Datenpfade zum Verwaltungssystem, das seine Datenelemente sinnvollerweise virtuell administriert (DB2).

Natürlich ist auch SQL nicht an einem Tag entstanden! Vielmehr ist die *Structured Query Language* das Ergebnis eines langjährigen und umfassenden Forschungsprozesses. Direkte Vorläufer sind Sprachversionen wie SQUARE und SEQUEL (beide IBM/San Jose) und ein relationales Datei-Managementsystem, bekannt unter dem Namen SYSTEM R, das auch über SEQUEL benutzt werden konnte und das relativ früh als Vorabversion seinen

Weg in die Praxis fand. Heute ist SQL ein ISO-Standard. Erwähnt sei auch noch das System QBE (Query By Example) [Date 90, Zloof 77], das mit seiner Bildschirmorientierung einen anderen Weg als SQL gegangen ist. Weitere Einzelheiten über die historische Entwicklung des Relationalmodells finden sich in der Literatur [Date 90]. SQL und QBE wurden von Anfang an nicht nur als bloße Anfragesprachen, sondern voll als operierende Systeme betrieben, so daß man mit SQL eine relationale Datenbank realiter aufbauen (CREATE) und pflegen (UPDATE, INSERT, DELETE) kann. Dies läßt sich allerdings nicht ohne weiteres auf alle heute verfügbaren Systeme übertragen. SQL im besonderen gilt heute als das DB-System für alle Computerebenen bis hinunter zum PC [Wheeler et al. 88, Reinsch 88, Scherr 88]. Dies wird besonders dadurch unterstrichen, daß IBM das System SQL als Firmenstandard voll in seine Anwendungsarchitektur (SAA) [Wheeler et al. 88] eingebaut hat und zusätzlich, auf SQL aufbauend, eine Architektur für verteilte Datenbanken entwickelt (DRDA = Distributed Relational Database Architecure). IBM wenigstens sieht also in SQL eine seiner Hauptproduktlinien im Bereich der Software.

11 Kooperative DV und offene Systeme

Die vor uns liegenden Probleme, vorwiegend im Bereich der betriebswirtschaftlichen Datenverarbeitung, stellen auch an das Arbeitsgebiet „Datenbanken" ganz besondere Forderungen. Konzepte, wie etwa CIM (Computer Integrated Manufacturing), bringen einen Integrationseffekt für die Unternehmenskommunikation, der rasch den eigenen Bereich und das eigene Unternehmen überschreitet, um den Zulieferer und den Kunden, aber auch die Bank und andere Partner fest mit einzubeziehen. Dazu gehört auch, vor allem mit dem Blick auf die Einbindung der Managementebene in diese Integration, ein zunehmender Bedarf an Ad-hoc-Anfragen. Vieles spricht dafür, daß eine Wiederbelebung der früheren Wünsche nach einem *MIS (Management Information System)* stattfindet, das mit den selben Daten arbeiten soll wie die operierende Ebene. Im Rahmen solcher Integrationen sind verteilte Datenbanken ein wesentliches, kommunikatives Element. Die Offenheit solcher Systeme ist aber wegen der Sensibilität ihrer Daten und Prozesse nicht der unbeschränkte Zugang durch jedermann, sondern die abgesicherte, relative Offenheit gegenüber den im System zugelassenen, bekannten Partnern der Kommunikation im und zwischen den Unternehmen. Was für den Zugang gilt, stimmt vergleichbar auch für die früher eingeführten Forderungen nach Sicherheit, Integrität und Revisionsfähigkeit im System. Die heute sichtbaren Übergänge in der Wirtschaft von einer Produktionsorientierung hin zum Marketing machen deutlich, daß komplexe Kooperationsprobleme anstehen, die man mit dem Begriff einer verteilten Datenverarbeitung allein nicht beschreiben und bewältigen kann, so wie sie heute etwa im Bereich der Workstations zu beobachten ist. Die in SQL sichtbar werdenden Möglichkeiten, Relationen disloziert im System führen zu können, bringen ohne Zweifel auch weiterhin einen *Off-load* von den großen, zentralen und filialen Flächendeckern in die verteilte Szene. Man darf aber nicht übersehen, daß der Endbenutzer einer Workstation im Bereich der technischen und wissenschaftlichen Nutzung in allen Fragen, die sein Gerät betreffen, eine weit größere und ganz andere Kompetenz und Autonomie gegenüber seinem Gerät und seinen Anwendungen entwickelt, als etwa der Sachbearbeiter als Benutzer eines PC oder Bildschirmes mit Tastatur im betriebswirtschaftlich-kaufmännischen Bereich.

Jedenfalls bringt der kommende SAA-Standard [Wheeler et al. 88, Reinsch 88, Scherr 88, Senko et al. 73] mit den einheitlichen Schnittstellen der Betriebssysteme gegenüber dem

Benutzer, dem Programm und den Netzwerken eine logische Portabilität für die logischen Elemente der Systemkommunikation. Hier wird SQL eine hervorragende Rolle spielen, vor allem wenn es darum geht, objektorientierte Prozesse zu formulieren und auf den Weg zu schicken, in der berechtigten Erwartung, daß im System die Komponenten erreicht und aktiviert werden, die zur Abwicklung eines solchen Prozesses im verteilten Raum gehören. In diesem Sinne ist eine SQL-Anfrage an eine logische (verteilte) SQL-Datenbank als potentieller (logischer) Prozeß (*remote logical process*) in sich geschlossen und mit allem versehen, was der Objektmodul benötigt. Dabei ist unterstellt, daß Prozesse wie etwa SQL-Anfragen zu den Objekten eines Systems gehören, insbesondere dann, wenn sie von diesem verwaltet werden. Dies wird dadurch unterstrichen, daß es vom objektbezogenen Standpunkt aus gleichgültig ist, ob man eine SQL-Anfrage als aktivierbaren Prozeßmodul ansieht oder als die Menge von Daten, die er erzeugt. Eine SQL-Anfrage ist dazuhin systemverträglich und im System beliebig übertragbar.

Diese Darstellung ist bereits vom Titel her bewußt auf die Entwicklung der Datenbankthematik von „gestern bis heute“ beschränkt, um in einem überschaubaren Bereich bleiben zu können. Dies darf nicht den Eindruck erwecken, als bestünde die Meinung, die Datenbankforschung hätte mit SQL ihren Höhepunkt erreicht! Dazu ist, wie in den letzten Abschnitten versucht wurde zu skizzieren, auch im Environment der relationalen Datenbanken noch viel zu viel offen und Raum für weitere Entwicklung und Forschung.

Teil IV

Epilog

Information und Wechselwirkung

Klaus Kornwachs

Der folgende Beitrag versteht sich als eine *Ergänzung* zu diesem Buch. Theoretische Überlegungen zum Informationsbegriff sind von verschiedenen Disziplinen immer wieder angestellt worden, und so ist auch die Frage berechtigt, was für eine Bedeutung und welche Tragweite der Informationsbegriff bei der Mensch-Maschine-Interaktion haben könnte. Diese Frage wird im vorliegenden Beitrag nicht beantwortet — weil wir das theoretische Rüstzeug dafür noch gar nicht haben. Somit ist man gezwungen, einen Schritt zurückzutreten — sozusagen von Terminal weg — und sich dessen zu vergewissern, was man über Information als Begriff weiß oder besser nicht weiß.

Wenn man nach der Bedeutung von Information fragt, dann wird man sich bei den Beantwortungsversuchen — die in der Regel scheitern — schnell klar, daß Information in der Informatik etwas anderes ist als in der Nachrichtentechnik, diese noch einmal anders aufgefaßt wird als in der Alltagssprache oder gar in der politischen, geheimdienstlichen oder journalistischen Verwendung des Begriffs.

Nun wäre es sicher wünschenswert, wenn man einen etwas präziseren Begriff von Information haben könnte, der nicht nur in *einem* dieser genannten Bereiche sinnvolle Verwendung finden könnte. Der Hintergedanke dabei ist, daß hinter den verschiedenen Verwendungsweisen des Begriffs der Information etwas steckt, was dem Phänomen der Information gemeinsam ist und wodurch wir lernen könnten, wie Information in den verschiedensten Zusammenhängen wirkt.

Nun kann man zuerst nach der Informationsverarbeitung fragen, ohne genau zu wissen, was Information eigentlich *ist*. Während die Informatik hier eher nach den formalen Strukturen fragt, die gegeben sein müssen, um — im Sinne eines Algorithmus oder einer universalen Turing-Maschine — Information zu verarbeiten, könnte ein Naturwissenschaftler eher auf die Frage verfallen, was denn die physikalischen Bedingungen für Prozesse darstellen, von denen wir sagen, sie stellten eine Informationsverarbeitung dar.

Die Frage der physikalischen Betrachtung der Informationsverarbeitung läßt sich grob in drei Teile gliedern:

1. Die Untersuchung der physikalischen Bedingungen der Signal- und Informationsübertragung, die Klärung der dabei auftretenden Prozesse, die Bedingungen für Speicherung, Weiterleitung und Verarbeitung (*Berechnung*) von Information einschließlich thermodynamischer und synergetischer Betrachtungen [Haken 88, Rothstein 82, Atmansbacher 89, Atmansbacher/Scheingraber 87].
2. Die von der mathematisch-statistischen Informationstheorie und der mathematischen Theorie der Kommunikation [Shannon/Weaver 49] ausgehenden Versuche, die Bedeutung und die Wirkung von Information zu verstehen und Modelle für die Bestimmung hinreichender Kriterien für Wirkung ermitteln zu können (vgl. [Klir 85, Thiele 72]).
3. Die Versuche, ausgehend von der Allgemeinen Systemtheorie, einen Begriff für Information zu entwickeln, die im Rahmen von definierten Systemen bzw. Systemklassen

die Entstehungsbedingungen, die Verstehensbedingungen und die Wirkung von Information quantitativ und qualitativ zu beschreiben versuchen [v. Lucadou 89, Kornwachs 92, Kornwachs 90, Kornwachs 88, Kornwachs 87a, v. Weizsäcker 74b].

Obwohl alle drei Ansätze sehr eng zusammenhängen und sich vom formalen Apparat her ergänzen, geht der dritte Ansatz von der Annahme aus, daß reale Systeme, die in der Physik beschrieben werden, und Systeme, in denen Symbole vorkommen oder verarbeitet werden, zunächst voneinander verschieden sind. Eine Untersuchung der Bedingungen, unter denen in physikalischen Systemen eine Wirkung aufgrund von Symbolen oder deren Verarbeitung festgestellt werden kann, muß notgedrungen interdisziplinär sein — deshalb müssen dem Informatiker, wenn er sich darauf einläßt, physikalische Argumente zugemutet werden.

1 Informationsbegriffe

1.1 Kritik am nachrichtentechnischen Informationsbegriff

Shannon und Weaver [Shannon/Weaver 49] haben bei ihrer mathematischen Analyse des Informationsbegriffs radikal von der möglichen Bedeutung der Information abgesehen und lediglich eine Quantifizierung der Informations**menge** I_{Sh} vorgeschlagen, wobei sich der mittlere Informationsgehalt eines Zeichens x_i aus einem diskreten Reservoire von Zeichen aus der Auftretenswahrscheinlichkeit $p(x_i)$ des jeweiligen Zeichens sich nach

$$I_{Sh} = \sum_{i=1}^{n} p(x_i) \ln p(x_i) \qquad (1)$$

bestimmt.[1] Dieses Maß hat vieldiskutierte Eigenschaften[2], und es läßt sich auch für Zeichen, die mit Hilfe einer kontinuierlichen Variablen realisiert werden, anwenden, wenn man statt Wahrscheinlichkeiten Wahrscheinlichkeitsdichten verwendet. Die hauptsächliche Anwendung dieses Begriffes findet sich in der Codierungstheorie und in der Berechnung von Kanalkapazitäten zur Informationsübertragung bei Kanälen, deren Störungen statistisch beschreibbar sind.

1.2 Modifikationen

Es hat viele Versuche gegeben, den nachrichtentechnischen Informationsbegriff zu modifizieren, um dadurch die Bedeutung einer Nachricht quantifizieren zu können. So haben Kullback und Liebler [Kullback/Liebler 51] einen verallgemeinerten Ausdruck für eine

[1] Hartley [Hartley 28] ging bei der Begründung für das logarithmische Maß von folgender Überlegung aus: Wenn man die Information dadurch mißt, daß man die Variantenanzahl von Symbolen, die in einer Signalfolge vorkommen, zählt, dann müßte man diese Maße für verschiedene Signalfolgen A und B multiplizieren, um das Gesamtmaß zu erhalten. Bei einer aufeinander folgenden Übertragung von zwei Informationen müssen diese Maße aber addiert werden. Da nur für den Logarithmus gilt, daß $\log(A + B) = \log A \cdot \log B$, liegt es nahe, für die Informationsmenge das logarithmische Maß $I_{Hartley} = -\log A$ anzusetzen.

[2] Wie z.B. Funktionität, Additivität, Normierung, Symmetrie und Monotonie.

„Entropie vom Grade β“ eingeführt, die nicht mehr additiv ist, aber für $\lim_{\beta\to 1}$ den Shannonschen Ausdruck bis auf eine Konstante enthält.

Eine andere Möglichkeit, zu einem modifizierten Informationsbegriff zu gelangen, besteht darin, die Frage nach der Quantifizierung der Unsicherheit in einer bestimmten Situation nicht mehr mit Hilfe des Wahrscheinlichkeitsmaßes, sondern mit Hilfe von anderen Maßen zu beantworten. Hierzu gehören die Fuzzy-Maße (vgl. [Kaufmann 75]), das Plausibilitätsmaß [Shafer 76] und das Possibilitätsmaß [Higashi/Klir 83, Klir 85, Klir 87].

Die letzte Klasse der Verallgemeinerungen des Shannonschen Informationsbegriffs läßt sich durch die Einführung von Faktoren charakterisieren, die den Quantifizierungen der Erwartungen verschiedener Ereignisse ein verschiedenes Gewicht geben sollen. Diese Faktoren beziehen sich auf Nutzen, Kosten und dergleichen und verlangen daher eine weitere semantische Beschreibung der fraglichen Situation. Dies würde dann den Informationsgehalt relativ zu einer subjektiven Kenntnis ausdrücken.

Es sind hier viele Möglichkeiten und Kombinationen der genannten Ansätze denkbar; die angestrengte Erweiterung des Begriffes in Richtung auf „Bedeutung“ wird jedoch nicht geleistet, da

- alle verwendeten Größen und Terme auf der syntaktischen Ebene verbleiben,
- die Einführung faktorieller Bewertungen zur Wichtung von subjektiven oder objektiven Verteilungsfunktionen aus der Situation selbst nicht ableitbar ist — diese Faktoren definieren lediglich das Vorwissen oder Interesse des Empfängers,
- alle Begriffe davon ausgehend, daß die Gleichung

$$Mass(Unsicherheit) = -Mass(Information) \quad (2)$$

  generell gilt und dies lediglich zu Metaaussagen über die Bewertung einer Situation hinsichtlich ihrer Unsicherheit führt,
- von einer zeitlichen Konstanz der betrachteten Verteilungen ausgegangen wird und
- die (formalen) Grundeigenschaften des Shannonschen Ausdrucks erhalten bleiben.

Diese Umstände haben schon früh zu einer radikalen Kritik an der Shannonschen Entropie geführt, wonach es unmöglich sei, mit diesem Maß strukturelle Fragen nach Sender und Empfänger sinnvoll stellen und beantworten zu können. So äußerte sich ein Pionier der Informatik einmal so: „Shannons Werk ist gut für den Übertragungskanal — angesichts des Addierwerks ist die Entropie sinnlos“ [Zemanek 72a, Zemanek 72b].

1.3 Physikalische(r) Informationsbegriff(e)

Im Rahmen der Physik hat die formale Ähnlichkeit des Begriffs der Entropie in der Thermodynamik mit dem Ausdruck in Gleichung (1) zu einer Debatte geführt, ob im Sinne der Gleichsetzung (2) die Entropie, als ein Maß für die „Unordnung“ in einem System, durch „Zuführen“ von Information erniedrigt werden könne. C. F. v. Weizsäcker [v. Weizsäcker 74a, v. Weizsäcker 85] und Ebert [Ebert 74] haben an Beispielen[3] zeigen können, daß eine Zunahme der Ordnung sehr wohl mit Entropiezunahme verbunden sein

[3] Vorgang der Kristallbildung und Entstehung eines Planetensystems.

kann und damit die intuitive Gleichsetzung von Entropie und „Unordnung" nicht korrekt ist[4].

Physikalisch orientierte Ansätze fragen naturgemäß nach der Wirkung von Information. Für Systeme, deren zeitliche Entwicklung sich in einen deterministischen (N) und einen fluktuativen Term (F) aufspalten läßt, so daß für die seitliche Entwicklung des Zustandsvektors q mit dem Parameter α gelten soll

$$\frac{dq}{dt} = N(q, \alpha) + F(t) \tag{3}$$

hat Haken [Haken 88] vorgeschlagen, daß die Wirkung einer Information auf ein solches System darin besteht, daß sich das System aus einem „neutralen Zustand" q_0 in einen sogenannten Attraktor[5] überführt. Je nachdem, wie „wichtig" dieser Zustand im Hinblick auf den „Zweck" des Systems ist, kann die Wichtigkeit der Information bestimmt werden. Haken [Haken 88] definiert im Rahmen eines solchen Modells die synergetischen Systeme danach, daß sie in der Lage sind, durch das Entstehen von geordneten Strukturen selbst „Bedeutung" im Sinne von Wichtungen zu erzeugen. Im Rahmen dieses Modells wird auch die Vernichtung, Erhaltung und Erzeugung von Information definiert. Bei der Entstehung von Strukturen laufen die Prozesse unter dem Regime des Prinzips der maximalen Entropie ab[6].

Die notwendigen Bedingungen für die Informationsübertragung aus physikalischer Sicht sind formuliert in [Bremermann 82, Levitin 82, Landauer 82, Haken 78]; sie geben aber keine Bedingungen an, die ein Kriterium abschätzen lassen, unter denen eine Wirkung von Information zu erwarten ist.

1.4 Organisationstheoretische Ansätze

Wenn die Situation bereits in den Grundlagen der Naturwissenschaft(en) so ist, daß lediglich notwendige Bedingungen für die Übertragung der Information angegeben werden können, dann ist im Bereich der Organisationen und institutionellen Strukturen, in denen Information offenkundig eine konstituierende Wirkung ausübt, die Situation sicher auch nicht viel besser. Allerdings ist erstaunlicherweise die Phänomenologie so gut bekannt, daß man von Informationsmanagement redet als einer Kunst, die richtige Information an die richtige Stelle in einer Organisation zur richtigen Zeit zur Verfügung zu stellen oder zu erzeugen, so daß diese Organisation erhalten bleibt, sich stabilisiert oder wächst. Es ist auch vorstellbar, daß die Wirkung von Information destabilisieren und organisations-zerstörend sein kann.

Konstituierend für solche Überlegungen ist der Begriff des Systems, der als Beschreibungsinstrumentarium dazu dient, die Komplexität von Organisation(en) in den Griff zu bekommen.

Bereits bei einer Mensch-Maschine-Interaktion kann man feststellen, daß zu ihrem Verständnis — insofern Verständnis auch Beherrschbarkeit impliziert — eine Einbettung

---

[4] Auf den notwendigen philosopischen Hintergrund dieser Debatte kann hier nicht eingegangen werden (vgl. insbesondere [Zucker 74]).

[5] Unter einem Attraktor versteht man einen verallgemeinerten Stabilitätspunkt oder -bereich im Zustandsraum eines Systems, also einen Bereich, in dem das System im Laufe der Zeit bevorzugt seine Zustände annimmt und dort auch verbleibt, wenn es nicht gestört wird.

[6] Vgl. [Haken 88, Jaynes 78, Christensen 85].

in eine organisatorische „Hülle" erforderlich ist: Eine solche organisatorische Hülle ergibt sich aus der Verwendungsweise eines Computers oder der benutzten Maschine, aus den organisatorischen Voraussetzungen der Verwendung der Ergebnisse, aus den übergeordneten Zwecken und Zielen einer Institution, in der eine Anwendung stattfindet, und aus anderen Bedingungen mehr.

Man kann nun mit Hilfe der Systemtheorie versuchen, vergleichsweise unabhängig von dem konkreten Gegenstandsbereich, strukturelle Abhängigkeiten zu formulieren, um so auf Systemgesetzlichkeiten zu kommen.

Dabei verweist der phänomenologische Zusammenhang zwischen organisatorischer Auswirkung von Information und der Struktur der Organisation, der jedem Organisationsfachmann in Form von Faustregeln bekannt ist, auf einen möglichen Zusammenhang zwischen System und Information hin. Vermutlich ist dieser Zusammenhang fundamental und deshalb nicht nur im Bereich der Organisation, sondern auch in anderen Bereichen gültig. Damit müßte er auch in der Informatik und der Physik gelten.

Um damit unserer Frage näher zu kommen, suchen wir nach einem Zusammenhang, der Information danach zu verstehen sucht, wie sie in einer Struktur wirken kann.

2 Der Begriff der pragmatischen Information

Der Begriff der pragmatischen Information geht davon aus, daß eine Qualifizierung und damit auch eine Bewertung von Information nur über die Wirkung, die sie auf ein System ausübt, geleistet werden kann. Deshalb ist der Empfänger das entscheidende System. E. U. v. Weizsäcker [v. Weizsäcker 74b] hat hierfür den Begriff der *pragmatischen Information* vorgeschlagen. Seine Grundidee skizziert er wie folgt:

> „Am saubersten wird die Begrifflichkeit, wenn wir den *Begriff Kanal fallenlassen* und jeden Informationsvermittler, der also kein völliges Informationsgrab sein darf, als Empfänger betrachten. Zugleich konzedieren wir damit, daß *jeder Empfänger* alsbald (oder nach einer zeitlichen Verzögerung) wieder Sender wird. Dies gilt dann auch theoretisch für jedes differentiell kleine Stück Kabel oder für jedes Stück Raum, durch das Signale gehen. Diese Aussage erinnert stark an das Huygen'sche Prinzip der Wellenausbreitung. Die zweifellos anschließende elektrodynamische und quantentheoretische Seite dieser Aussage verstehen wir noch nicht." [v. Weizsäcker 74b, S. 92f]

Pragmatische Information wäre demnach anhand eines Systems zu definieren, welches als Quelle der Information und/oder Empfänger von Information fungiert.

2.1 Systemdefinition

Es gibt verschiedene (unterschiedlich tiefe) Systemdefinitionen, die sich aber zueinander in Verbindung bringen und sich als eine fortlaufende Spezifizierung interpretieren lassen [Klir 69]. Die weitaus größte Klasse von Systemen läßt sich auf eine Systemdefinition zurückführen [Mesarovic 72], die Ausgangsgröße Y (abhängige Variablen), Eingangsgrößen X (unabhängige Variablen) und Zustandsgrößen Z durch Funktionen miteinander verknüpft. Diese Funktionen stellen das Verhalten V(S) eines Systems S dar, denn sie zeigen an, welche Abläufe in einem System aufgrund welcher Eingangsgrößen möglich sind und wie sie sich als Ausgangsgrößen zeigen. Die Struktur eines Systems C(S) wird danach definiert, wie die Elemente bzw. Systeme miteinander verbunden sind (durch eine Verbindungsmatrix) und damit auch wie die Elemente oder Subsysteme aufeinander wirken.

Die Verbindungsmatrix kann sich gegebenenfalls zeitlich ändern, so daß damit auch veränderliche Strukturen beschrieben werden können wie Wachstum, Zerfall oder Umorganisation, und sie erlaubt es, weitgehende Aussagen über die Struktur des Systems zu machen, z.B. welche Elemente durch welches andere Element „erreichbar" ist und wie Hierarchisierungen durchgeführt werden können.

Für zeitabhängige Variablen (Ausgangs- und Eingangsgrößen) bestimmt die Zustandsüberführungsfunktion die Dynamik des Systems — in der Physik (kontinuierliche Systeme) wird sie meist in Form von Differentialgleichungen dargestellt, bei diskreten Systemen (Automaten) bestimmt sie die Zustandsfolge in Abhängigkeit von den Eingangsgrößen.

Die Ausgangsfunktion kann eine eins-zu-eins-Abbildung sein, sofern man die Zustände beobachten kann. Ist dies nicht der Fall, gibt die Ausgangsfunktion an, welche Ausgangsgrößen sich infolge der Zustandsänderung zeigen.

Diese Definition umfaßt sowohl Systeme, die durch Zustandsräume beschrieben werden (Physik, Mechanik, Kybernetik, Regelungstheorie), wie Automaten (sofern die Variablen diskret definiert werden, also auch Turing-Maschinen).

2.2 Systemoperatoren

Ein System kann eine Quelle von Informationen (im Sinne von Beobachtung) in mehrfacher Weise sein, in dem folgende Größen beobachtet werden können (und/oder):

Black-box-System: Gegeben sind Zeitreihen von Eingangs- und Ausgangsgrößen (X, Y)
Datenquelle: Gegeben sind nur die Zeitreihen der Ausgangsgrößen (Y)
Struktursystem: Gegeben sind die Elemente und ihre Verbindungen

Um Information über das System (oder vom System) zu erhalten, benutzt man Operationen (Inferenzprozeduren), um aus den Beobachtungen Schlüsse ziehen zu können:

Systemidentifikation: Aus dem Blackboxsystem und dessen Verhalten wird auf eine hypothetische Verhaltensfunktion geschlossen (V')
Systemsynthese: Aus Kenntnis des Verhaltens der einzelnen Elemente und ihrer Verknüpfung untereinander kann man das Verhalten des gesamten Systems berechnen (V)
Systemerklärung: Aus der theoretischen Verhaltensfunktion wird das konkrete Verhalten (Zeitreihen der Ein- und Ausgangsvariablen) berechnet (X,Y).

Wenn eine vollständige Systembeschreibung S vorliegt, dann kann man auf diese Beschreibung Operationen anwenden, um zu Aussagen über Verhalten und Struktur zu gelangen. Der Verhaltensoperator V liefert dann, angewendet auf die Systembeschreibung S (als deduzierendes Verfahren), die Darstellung des Black-box-Systems, der Strukturoperator C liefert dann die Beschreibung als Struktursystem, d.h., daß die Anwendung dieser Operatoren beobachtbare Größen liefern soll.

Die Idee, die hinter dieser Konzeption der Systemoperatoren steckt, ist aus der Physik entnommen. Dort sind Operatoren (insbesondere in der Quantentheorie) mathematische

Vorschriften, die auf, das System beschreibende, Größen (z.B. eine Zustandsfunktion) angewandt werden, um andere Größen zu erhalten, die beim System beobachtet werden können.

Will man bei der vorliegender Systemdefinition die gesamte Information über das System erhalten, muß man die Operatoren $V(S)$ und $C(S)$ hintereinander auf das System anwenden. Man kann nun zeigen [Kornwachs 88], daß die Reihenfolge der Anwendung nicht gleichgültig ist, d.h., man bekommt eine andere Information über das System, wenn man zuerst das Verhalten und dann die Struktur beobachtet und Schlüsse daraus zieht, als wenn man dies in einer anderen Reihenfolge tut. Betrachtet man die Struktur, muß man die Elementarfunktionen kennen, um zum Verhalten zu gelangen, betrachtet man das Verhalten, so ist dieses Verhalten durch eine Reihe von möglichen Strukturen realisierbar.

Dies verweist darauf, daß die genannten Systemoperatoren nicht vertauschbar sind, und es ist die Vermutung geäußert worden, daß Struktur und Verhalten eines Systems im Rahmen einer solchen Systembeschreibung komplementäre Größen darstellen.

Komplementarität im formalen Sinne wie in der Physik äußert sich u.a. darin, daß die zugehörigen Operatoren nicht mehr vertauscht werden können und daß das Produkt aus zwei solchen Operatoren die Dimension einer Wirkung hat. (Vgl. [Kornwachs 88, Kornwachs 89], weitere Literatur siehe dort.)

2.3 Erstmaligkeit und Bestätigung

Will man die Wirkung von Information objektivieren, bietet sich herkömmlicherweise das Kanalmodell von an, allerdings nun mit der Modifikation, daß der Empfänger auch Sender werden muß, um die Wirkung der Information beobachten zu können. Da der Sender aber durch seine von ihm erhaltbare Information repräsentiert wird und der Empfänger ebenfalls durch die Information dargestellt werden kann, die er aufgrund der Wirkung von Information abgibt, scheinen die Beschreibungen von System und Information zwei Modalitäten einer fundamentaleren Größe zu sein. Dies würde bedeuten, daß System und Information ineinander überführbare Konzepte sind.

Um nun Information über ein System oder, was nach der eben skizzierten Sichtweise äquivalent ist, die Wirkung der Information auf ein System zu beschreiben, bietet sich an, die vorher umrissene Vorstellung von den Systemoperatoren zu benutzen.

Dazu benötigt man aber noch eine Vorstellung, was Information ist bzw. aus welchen anderen Grundgrößen sie — in systemtheoretischer Hinsicht — aufgebaut gedacht werden kann.

Als ein erster Schritt wurden zwei Komponenten eingeführt, die eine Bedingung für die Wirkung der pragmatischen Information darstellen: Erstmaligkeit und Bestätigung. Diese beiden Komponenten sind ausführlich diskutiert und beschrieben in [v. Weizsäcker 74b, Kornwachs 87a, Kornwachs 88, Kornwachs/v. Lucadou 82, Kornwachs/v. Lucadou 84b]. Erstmaligkeit bewertet die Komponente der Information, die den überraschenden, neuartigen Teil enthält, Bestätigung den Teil, der auf dem Vorwissen des Empfängers aufbaut. Information, die lediglich Bestätigung enthält, löst keine Wirkung aus, ebensowenig eine Information, die nur Erstmaligkeit — dies wäre vergleichbar mit einem weißen Rauschen in der Signaltheorie.

Man kann sich dies an einem Beispiel klar machen. Für Leser, die des Chinesischen unkundig sind, ist eine Zeitungsseite reine Erstmaligkeit und stellt somit für sie zunächst keine Information dar. Der Leser, der sich mit einer Zeitungsseite auseinandersetzen muß, die er vom Vortage her schon kennt, erhält lediglich Bestätigung — also ebenfalls keine Information.

Die Wirkung der pragmatischen Information ist also von der richtigen „Mischung" aus Erstmaligkeit und Bestätigung abhängig.

Im Rahmen der oben gegebenen systemtheoretischen Definitionen kann man nun Erstmaligkeit E definieren als ein Maß für die größte auftretende Differenz zwischen dem beobachteten Verhalten des Systems V und dem aus dem Vorwissen des Empfängers resultierenden erwarteten Verhaltens $V^{'}$. Dabei steht der Index r für die möglichen distinkten Erwartungen des Empfängers. Vereinfacht geschrieben:

$$E(S) = max_r(V - V_r^{'}) \tag{4}$$

Stehen nur beobachtete Daten zur Verfügung, ist $V^{'}$ sinngemäß durch die Black-box-Beschreibung zu ersetzen.

Entsprechend ist die Bestätigung B zu definieren. Hätte man die volle Information (symbolisch geschrieben als $[1]$) über das System, dann wäre ein Maß für die Bestätigung die minimale Differenz zwischen erwarteter C und beobachtbarer $C^{'}$ Struktur. Wiederum vereinfacht geschrieben:

$$B(S) = [1] - min_r(C - C_r^{'}) \tag{5}$$

Für bestimmte Systeme und Informations*arten* kann man diese Ausdrücke operationalisieren. Wenn z.B. die Strukturen (erwartete wie beobachtete) in Form von Verteilungen gegeben sind, kann man Distanzmaße benutzen, um die Differenzen auszudrücken [Hai/Klir 85]. Dies ist bei der Analyse von Simulationsexperimenten sehr nützlich (vgl. [Kornwachs 90]. Ähnliches gilt für Vergleiche von Verhaltens*weisen.*

Nach dieser Interpretation ist die Größe der Erstmaligkeit durch Verhaltensänderung bestimmbar, die Größe der Bestätigung durch Strukturvergleiche.

Pragmatische Information ist als „Produkt" aus Erstmaligkeit und Bestätigung zu definieren versucht worden. Auch hier ist es möglich zu zeigen, daß die Reihenfolge der Operatoren, die zur Ermittlung der Maße für Erstmaligkeit und Bestätigung führen sollen, nicht gleichgültig ist.

Der vermutete fundamentale Zusammenhang zwischen System und pragmatischer Information ist durch einen funktionellen Zusammenhang zwischen den Komponenten der Information und der Systembeschreibung vorstellbar, so daß durch

$$E(S) \otimes B(S) = F[V(S) \otimes C(S)] \tag{6}$$

bei Kenntnis von F eine Bestimmung der Wirkung bei bestimmten Systemen möglich sein müßte. Über F gibt es bisher einige Konjekturen, so daß z.B. die Dimension des Ausdrucks mit der des Produkts übereinstimmt.

3 Information als Wirkung

3.1 Phänomenologie

Bisher wurde die pragmatische Information als empfangene Information zu quantifizieren versucht. Die Wirkung auf ein System, die sie ausübt, ist, neben den Ansätzen von [Haken 88, s.o.], weitaus schwerer zu erfassen. Phänomenologisch kann man sich folgende Effekte vorstellen:

Pragmatische Information verändert die eigene Quantifizierungsbedingung, d.h., sie läßt die Erwartungswahrscheinlichkeiten im Empfänger nicht unverändert — eine Voraussetzung, die der Shannonsche Informationsbegriff nicht machen kann, da er von stabilen Verteilungen ausgeht.

Beispiele:

- Psychologisch/organisationstheoretisch: Jede Prognose verändert bei der Antizipation unerwünschter Ereignisse die Bedingungen für das Eintreten solcher Ereignisse: Das System reagiert. Damit verändern sich die Erwartungen.
- Physikalisch/biologisch: Jedes stabile System bildet mit der Zeit Filter gegen Störungen der Funktionsfähigkeit aus.
- Informatik: Die häufige Benutzung von Sequenzen im Mensch-Maschine-Dialog führt zur Bildung von sog. Makros, die entweder auf individueller Ebene (Benutzer) oder auf institutioneller Ebene (z.B. neues Release des Herstellers) zu einer Vereinfachung führen, deren Wirksamkeit aber eine organisatorische Hülle voraussetzt (z.B. durch Gewohnheit, Normen etc.), sie aber auch verändert.

Pragmatische Information verändert die Struktur und/oder das Verhalten des Systems, auf das sie wirkt. Dadurch erzeugt sie neue Information, sofern diese Veränderung beobachtbar ist.[7]

Kommentar:

- In der Synergetik kann man solche Prozesse beobachten — insofern durch „Hinzufügen von Information" Strukturen entstehen, entsteht auch Information neu, indem Strukturen übertragen werden.
- Jeder Lernprozeß, unabhängig ob er simuliert bzw. nachgestellt ist oder in Organisationen abläuft, stellt eine Verhaltensänderung aufgrund von Information dar.
- Die Einführung einer neuen EDV-Technologie in eine Organisation verändert diese zumeist sehr drastisch. Diese Änderung kann als die Wirkung von pragmatischer Information angesehen werden, die implizit in der Aufforderung über die neuartige Verwendungsweise solcher Systeme liegt.

Pragmatische Information erweitert oder reduziert Strukturen, die für ihren Transfer notwendig sind, d.h. verändert Kanalkapazitäten.

Beispiele:

- In der Biologie ist es am offensichtlichsten: der Aufbau neuer Strukturen (Wachstum) geschieht durch (genetisch vermittelte) Information, die damit ihre weitere „Verbreitung" sichert.
- Organisatorisch ist der Effekt bekannt beim Gerücht, das seine Ausbreitungsbedingungen selbst schafft, bei der Propaganda, z.T. bei Werbung bis hin zur Forschungsförderung, bei der erst bereits vorliegende Ergebnisse zur weiteren Erzeugung von Forschungsergebnissen als Voraussetzung gelten.

---

[7] C. F. v. Weizsäcker [v. Weizsäcker 70]:„Information ist, was Information erzeugt."

- Im Rahmen der Mensch-Rechner-Kommunikation spielt gerade die komplexitätsreduzierende Information die Rolle der Voraussetzung zu weiterem Informationsaustausch (vgl. auch [Kornwachs 87b]).

3.2 Komplementäre Größen

Die Theorie der pragmatischen Information bezieht eine Reihe ihrer Einsichten aus Analogie mit der Quantentheorie und der Theorie der nichtklassischen Systeme (also solcher Systeme, die nicht vollständig beschreibbar sind; vgl. [Kornwachs/v. Lucadou 84a]).

Es zeigt sich, daß auch eine Reihe anderer Begriffe aus der Systemtheorie sich komplementär in dem geschilderten Sinne zueinander zu verhalten scheinen. Die nachfolgende Tabelle gibt einen groben Überblick (vgl. [Kornwachs 89])[8].

Struktur	Verhalten
Zuverlässigkeit	Autonomie
Gesetz	Randbedingung
Bestätigung	Erstmaligkeit
Effizienz	Fehlerfreundlichkeit
Prozessor	Symbol

Auf der linken Seite der Tabelle befinden sich Begriffe, die eher auf Bleibendes, auf der rechten Seite Begriffe, die eher auf Veränderliches zielen. Man darf diese Zusammenstellung sicher nicht überinterpretieren, sie gibt aber einen Hinweis darauf, wo wir mit komplementären Strukturen zu rechnen haben.

In diesem Sinne kann das Auftreten von solchen Komplementaritäten als Hinweis gedeutet werden, daß sich in der systemtheoretischen Beschreibung nichtklassische Strukturen finden lassen, vor allem dann, wenn es sich um Systeme handelt, in denen der Begriff der Information eine Rolle spielt.

Auch in der Informatik müßten sich solche Komplementaritäten finden lassen. Dazu diene diese Tabelle als eine Art Leitfaden:

Struktur und Verhalten: Werden EDV-Konfigurationen in Organisationen eingeführt, verändern sie, wie gesagt, die Struktur und damit auch das Verhalten. Das Verhalten läßt sich aufgrund der bekannten Organisationstheorien ebensowenig im voraus oder explanativ bestimmen, wie die Struktur aus dem Verhalten eindeutig bestimmbar ist.

Zuverlässigkeit und Autonomie: Jedes größere Programmpaket weist eine in etwa qualifizierbare Zuverlässigkeit auf, die sich jedoch mit der Zeit ändert — die Komplexität solcher Pakete führt zu neuen Verwendungsweisen und damit auch zu neuen Kriterien der Performanz. Dies wird z.T. als eine Verselbständigung des Zusammenspiels von Software, Benutzung und Kriterien für die Benutzung erlebt.

Gesetz und Randbedingung: In der Physik ist bekannt, daß man keine Vorhersage aufgrund eines Naturgesetzes machen kann, wenn man die Anfangs- bzw. Randbedingungen nicht kennt. In vielen Fällen sind diese nicht beliebig genau bekannt. Falls das

[8] Zum Begriffspaar Effizienz/Tüchtigkeit vs. Fehlerfreundlichkeit vgl. [v. Weizsäcker/v. Weizsäcker 84].

System empfindlich gegen die Anfangswerte ist (chaotische Systeme, Zufallszahlengeneratoren, bestimmte Simulationsverfahren), ist die Kenntnis des Algorithmus allein nicht mehr hinreichend.

Effizienz und Fehlerfreundlichkeit: Die Effizienz eines Softwareprodukts wird durch die Fehlerfreundlichkeit (z.B. gegenüber dem Benutzer) bezüglich des Preis-Leistungsverhältnisses oft reduziert. Es ist vorstellbar, daß eine weitreichende Effizienzbestimmung die Fehlerfreundlichkeit eines Produkts oder eines Systems mit einbezieht. *Nur* Tüchtigkeit steht einer praktisch ablaufenden Nutzung in der Regel entgegen.

Prozessor und Symbol: Symbole sind vermutlich ohne dazugehörende Prozessoren gar nicht definierbar, auch nicht physikalisch, und Prozessoren können nicht verstanden werden, wenn man nicht weiß, was Symbole sind. Zwischen beiden herrscht eine komplementäre Beziehung, die für die „Physik des Rechnens" wesentlich ist. Die Frage nach den Bedingungen, wie Prozessoren gebaut werden können, berührt auch die Grundlagenfrage nach den Bedingungen der Möglichkeit von Algorithmen und Verfahren zur Symbolmanipulation.

4 Ausblick

Der Begriff der pragmatischen Information ist möglicherweise geeignet, einen umfassenderen Informationsbegriff zu gewinnen, der eine Verbindung zwischen einer Theorie der Informatik und der Physik schaffen könnte. Es sollte deshalb versucht werden, weiter interdisziplinär an dieser Theorie zu arbeiten, die vermutlich auch tiefere Einsichten in die Art und Weise freigibt, wie wir Systeme definieren und ihre „Oberfläche" festlegen. Denn die Oberfläche eines Systems ist der Ort, an dem, physikalisch wie begrifflich gesprochen, die Information in ihrer Wirkung observabel werden muß [Hinderer/Kornwachs 91]. Genau diese Oberfläche aber thematisiert die Informatik für die speziellen Fälle, bei denen formal definierte Symbole eine Rolle spielen.

Die Mensch-Computer-Interaktion konstituiert eine solche Oberfläche, und deshalb ist es auch eine philosophische Frage, wie hier aus Symbolen Information und aus Information *Wissen* werden kann.

Beyond Human-Computer Interaction

Gerhard Fischer

Each of us might have a different opinion about what the most important problems in the unexplored territory beyond current research in human-computer interaction (HCI) are (for other opinions, see [Kay 90, Lewis 90, Norman 90]). I will enumerate and justify some of the views characterizing the general conceptual framework for our own current research efforts centered around arguments, claims, and hypotheses that current research in human-computer interaction is often based on misconceptions of what the essential problems and issues are. My contribution will address the following "misconceptions":

- The user interface is the major (and maybe only) problem for human-computer interaction research.
- Computer systems should be usable — ignoring the fact that usable systems that are not also useful are of no value.
- Most users are interested in computers per se, rather than in their tasks.
- Access to computers should be restricted to the high-tech scribes (i.e., trained computer specialists).
- Design can ignore the tradition of the user community that the system will serve.

These "misconceptions" will be discussed in some detail and alternative views will be presented. I will briefly discuss how our own research about domain-oriented design environments tries to explore some of these alternatives and challenges for human-computer interaction research of the future.

1 Human-Computer Interaction Is More than User Interfaces

Human-computer interaction is more than "screen-deep" [Laurel 91]. The interface is important — but if we change only interfaces and not the systems behind them we will only be able to scratch the surface. We should strive for "interfaceless systems" in which nothing stands between users and their tasks (and in which system objects become "ready-at-hand" in a Heideggerian sense). Human-computer interaction should be concerned with tasks, with shared understanding, with explanations, justifications, and argumentation about actions, and not just with interfaces. According to A. Kay [Kay 90]: *"Many are just discovering that user interface design is not a sandwich spread — applying the MacIntosh style to poorly designed applications and machines is like trying to put Bearnaise sauce on a hotdog!"* In a similar way, Norman [Norman 90] argues: *"The real problem with the interface is that it is an interface. Interfaces get into the way. I don't want to focus my energies on an interface. I want to focus on the job."* Although the usual concerns of interface designers (creating more legible type, designing better scroll bars, integrating color, sound and voice, developing models of keystroke use [Card et al. 83]) are all important, they are secondary considerations. The essential challenges are improving the way people can use computers to think, communicate, critique, explain, argue, debate, observe, decide, calculate, simulate, and design. The emphasis in the future should be on humans and their tasks — not on computers and their tools [Fischer 86].

2 Make Systems Useful and Usable

Useful computers that are not usable are of little help; but so are usable computers that are not useful [Fischer 87]. One of the major goals of human-computer interaction research has to be to achieve these two goals — usefulness and usability — simultaneously by breaking the "conservation law of complexity" [Simon 81], which claims that the complexity and usability of a system is a given constant. Complexity can be reduced by exploiting information that is already known and familiar, by using familiar representations (based on previous knowledge and analogous situations), by exploiting the strengths of human information processing, and by designing "better" systems that take advantage of the unique possibilities of interactive computer systems (e.g., by generating custom-tailored and user-centered representations).

Computer systems of today primarily model parts of the world and do not just implement algorithms — and the reality of the world is not user-friendly. Systems that try to capture and model reality will therefore be complex, high-functionality systems. High-functionality systems are a consequence of creating *knowledge markets* [Stefik 86], which make it possible to build complex systems that would be unfeasible if everything had to be built from scratch. Lisp machines and UNIX systems are examples of high-functionality computer systems. Lisp machines, for example, offer approximately 30,000 functions and 3,000 flavors (object-oriented classes) documented on 4,500 pages of manuals. They contain software objects that form substrates for many kinds of tasks. Systems with such a rich functionality offer power but also problems for designers and users. Even experts are unable to master all the facilities of high-functionality computer systems [Draper 84]. Designers using these systems can no longer be experts with respect to all existing tools— especially in a dynamic environment in which new tools are being added continuously. High-functionality computer systems create a "tool-mastery" burden [Brooks 87] that can outweigh the advantage of the broad functionality offered.

Many approaches that represented major advances in human-computer interaction, such as direct manipulation [Hutchins et al. 86] (bridging the interface gulf by representing the world of the computer as a collection of objects that are directly analogous to objects in the real world; the Macintosh desktop being the most successful example of this approach), lose some of their power in high-functionality systems in which the complex and abundant functionality can neither be represented explicitly on the screen nor be explored by browsing mechanisms.

3 A Broader View of Communication and Coordination Processes

Most of the human-computer interaction research until now has been focused around a single user interacting with a single computer system offering tools rather than task support. Communication and coordination processes can provide a focus for a number of needed research efforts. A communication and coordination perspective illustrates the requirement to include support for communication with:

- our selves (e.g., capturing our thoughts of the past, allowing us to create personalized information environments that extend the knowledge we can keep in our head [Bush 45]),
- our tools (e.g., we do not know which tools exist, how we can use them, and how we can tailor them to our specific needs [Fischer 87]),
- our colleagues (e.g., supporting domain-oriented computer-supported cooperative work [Fischer et al. 92]),
- other humans (e.g., supporting interdisciplinary computer-supported cooperative work [Greif 88]), and
- our agents (e.g., in the context of cooperative problem-solving systems [Fischer 90, Fischer/Reeves 92]).

The following broad classes of communication and coordination processes need to be analyzed, studied, and further supported:

1. Communication processes between *designers and clients*, which create the following challenges: (a) clients do not know what they want, and (b) designers and clients need shared knowledge and artifacts for mutual understanding, thus requiring "languages of doing" [Ehn 88] instead of formal representations.
2. Communication processes *within design teams*, because most real tasks are not done by individuals but by groups of people. Members within such teams might have very different interests: For example, (a) waterfall models in software design are the heaven for managers and the hell for creative programmers, and (b) many approaches (e.g., recording of design rationale, design for reuse) fail because people operate under the guiding principle of *"who is the beneficiary and who has to do the work?"* [Grudin 88].
3. Communication processes between *designer(s) and knowledge-based design environments* in which (a) these environments serve as group and design artifact memories that can be used to support indirect, long-term communication, requiring that discussions *about* the design must be embedded in the design [Trigg et al. 86]; and (b) such environments provide a new perspective on computer-supported cooperative work by serving as multi-user environments enhancing single-user environments with shared artifacts for collaboration.

4 Support Human Problem-Domain Interaction

To bring tasks to the forefront, computers must become "invisible". To achieve this goal, human-computer interaction needs to advance to human problem-domain interaction [Fischer/Lemke 88], requiring that the major abstractions of a given domain are modeled in the computer. This will enable users to describe things briefly because the systems understand domain-oriented concepts. We have to sacrifice generality for the power of specialized interactions. This domain-oriented design of artifacts supports the grounding of interaction, creates languages of doing, and allows referential anchoring.

Human problem-domain interaction puts owners in charge, by allowing them to communicate with the systems at a level that is situated within their own world [Suchman 87].

By supporting languages of doing [Ehn 88] such as prototypes, mock-ups, scenarios, created images, or visions of the future, human problem-domain interaction makes it easier for owners of problems to participate in the design process because the representations of the evolving artifacts are less abstract and less alienated from practical use situations. By keeping owners in the loop, they support the integration of problem setting and problem solving [Rittel 84] and allow software systems to deal with fluctuating and evolving requirements. By making information relevant to the task at hand [Fischer/Nakakoji 92], they are able to deliver the right knowledge, in the context of a problem or a service, at the right moment for a human professional to consider.

Achieving the goal of putting problem owners in charge by developing design environments is not only a technical problem, but a considerable social effort. If the most important role for computation in the future is to provide people with a powerful medium for expression, then the medium should support them in working on the task, rather than require them to focus their intellectual resources on the medium itself.

The analogy to writing and its historical development suggests the goal "to take the control of computational media out of the hands of high-tech scribes." Pournelle (in BYTE, September 1990, p. 281 and p. 304) argues that "putting owners of problems in charge" has not always been the research direction of the professional computer scientist: *"In Jesus' time, those who could read and write were in a different caste from those who could not. Nowadays, the high priesthood tries to take over the computing business. One of the biggest obstacles to the future of computing is C. C is the last attempt of the high priesthood to control the computing business. It's like the scribes and the Pharisees who did not want the masses to learn how to read and write."*

5 Redefine the Role of High-Tech Computer Scribes

Domain workers should gain more independence from computer specialists. Just as the pen was taken out of the hands of the scribes in the Middle Ages, the power of the high-tech computer scribes should be redefined. To turn computers into convivial tools [Illich 73] requires that the end users themselves can change their tools and build new ones without having to become professional-level programmers. This implies that not only can they access materials and tools created by others, but they can generate modified and new materials and tools for themselves and for others.

Domain workers are not "novice" or "naive" users; they are people who have computational needs and want to make serious use of computers but are not interested in becoming professional programmers. They are skilled and knowledgeable in their respective domains; they use computers by choice, and over extended periods of time. To understand their use of computers requires a new orientation of many current HCI efforts. Rather than focusing on short-term events (i.e., being concerned with events taking between 0.1 and 10 seconds [Carroll/Campbell 86]), the bounded rationality and the social/organizational domain (being concerned with activities that range for days, months, and years [Newell/Card 85]) need to be investigated. New themes such as the integration of working and learning, learning on demand [Fischer 91], production paradox [Carroll/Rosson 87], and motivation, should be assessed. A few of the major efforts to empower end-users and domain workers will be briefly described.

Computational Environments for Children. One of the earliest efforts to empower end-users was the creation of computational environments for children, such as LOGO (with the embedding of turtle geometry) [Papert 80, Böcker et al. 91] and SMALLTALK (with the vision of a DYNABOOK behind it) [Kay 77]. These efforts showed that humans (even children) could use computers to achieve their own goals without requiring detailed knowledge of low-level computational concepts.

End-User Programming. Professional programmers and end-users define the end-points of a continuum of computer users. The former like computers because they can program, and the latter because they get their work done [Gantt/Nardi 92]. The key to end-user programming is (1) to offer task-specific languages [Fischer/Lemke 88] that take advantage of existing user knowledge (e.g., a mathematician already knows the mathematical knowledge embedded in Mathematica, and an accountant already knows the conceptual model behind spreadsheets [Fischer/Rathke 88]); (2) to provide a programming environment that makes the functionality of the system transparent and accessible so that the computational drudgery required of the user can be substantially reduced; and (3) to hide low-level computational details as much as possible from the users. The challenge in developing these environments is (as argued before) to make them useful *and* usable.

Programmable Applications. Direct manipulation interfaces have made an important contribution in making computational environments accessible to a large number of users, but they face two important hurdles: (1) the semantics of clicking, dragging, and selection are too impoverished to accommodate the imagination of long-term users; and (2) the specific needs of users cannot be fully anticipated by the original designer. Programmable applications [Eisenberg 91] have as their goal the integration of the successes of extensive, learnable direct manipulation interfaces with the rich expressive range of programming languages.

Communities of System Users. The high-functionality systems mentioned earlier have as a consequence that there are *no experts* (i.e., individuals who know everything about a system) any more. For these types of systems, groups, rather than individuals need to be the locus of knowing.

In using powerful computational environments in groups, a continuum of users between developers and end-users emerges. Intermediate users are called *local developers* [Gantt/Nardi 92] or *power-users*. Many systems offer embedded programming environments (often as macro languages or simplified programming languages, such as Hypertalk in Hypercard, AutoLisp in AutoCAD, EmacsLisp in Emacs, extensible databases in Scribe, among others). Local developers create extensions to computational environments either on their own initiatives or upon request from other users, and the whole community of users profits from their efforts.

6 Domain-Oriented Design Environments

Over the last 10 years, our research efforts have tried to take the preceding discussion into account and to develop prototypes of new kinds of computational environments that allow us to put our evolving conceptual framework to work and test its viability and its shortcomings. Our current prototypes are *domain-oriented design environments* [Fischer 92]. This section gives a brief example of one of our design environments and discusses its relationship to the conceptual framework outlined.

Janus: An Example. To illustrate domain-oriented design environments, the JANUS system is used [Fischer et al. 89] as an "object-to-think-with." JANUS supports kitchen designers in the development of floorplans. JANUS-CONSTRUCTION (see Figure 1) is the construction kit for the system. The palette of the construction kit contains domain-oriented building blocks such as sinks, stoves, and refrigerators. Designers construct kitchens by obtaining design units from the palette and placing them into the work area. In addition to supporting design by *composition* (using the palette for constructing an artifact from scratch), JANUS-CONSTRUCTION also supports design by *modification* (by modifying existing designs from the catalog in the work area).

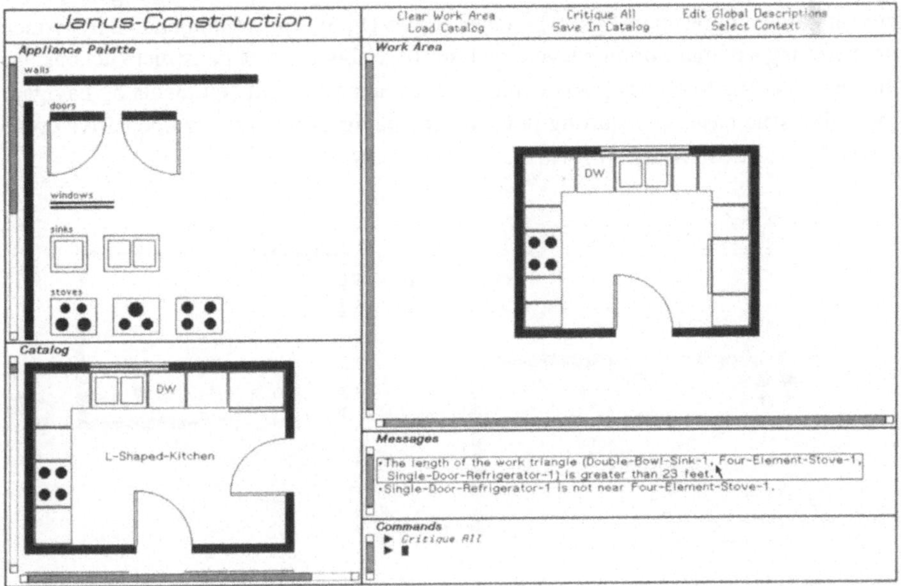

JANUS-CONSTRUCTION is the construction part of JANUS. Building blocks (design units) are selected from the *Palette* and moved to desired locations inside the *Work Area*. Designers can reuse and redesign complete floor plans from the *Catalog*. The *Messages* pane displays critic messages automatically after each design change that triggers a critic. Clicking with the mouse on a message activates JANUS-ARGUMENTATION and displays the argumentation related to that message.

Figure 1. JANUS-CONSTRUCTION: The Work Triangle Critic

Computational critics in JANUS-CONSTRUCTION [Fischer et al. 91a] identify potential problems in the artifact being designed. Their knowledge about kitchen design includes design principles based on building codes, safety standards, and functional preferences. When a design principle (such as "the length of the work triangle is greater than 23 feet") is violated, a critic will "fire" and display a critique in the messages pane (Figure 1) that identifies a possibly problematic situation (a breakdown), and prompts the designer to reflect on it. The designer has broken a rule of functional preference, perhaps out of ignorance or by a temporary oversight.

Our original assumption was that designers would have no difficulty understanding these critic messages. User experiments with JANUS demonstrated that the short messages the critics presented to designers did not reflect the complex reasoning behind the corresponding design issues. To overcome this shortcoming, we initially developed a static explanation component for the critic messages [Lemke/Fischer 90] based on the assumption that there is a "right" answer to a problem. But the explanation component proved unable to account for the deliberative nature of design problems [Conklin/Begeman 88, McCall 91]. Therefore, argumentation about issues raised by critics must be supported, and argumentation must be integrated into the context of construction. JANUS-ARGUMENTATION (see Figure 2) is the argumentation component of JANUS [Fischer et al. 91b]. It is an argumentative hypermedia system offering a domain-oriented, generic issue base about how to construct kitchens. With JANUS-ARGUMENTATION, designers explore issues, answers, and arguments by navigating through the issue base. The starting point for the navigation is the argumentative context triggered by a critic message in JANUS-CONSTRUCTION.

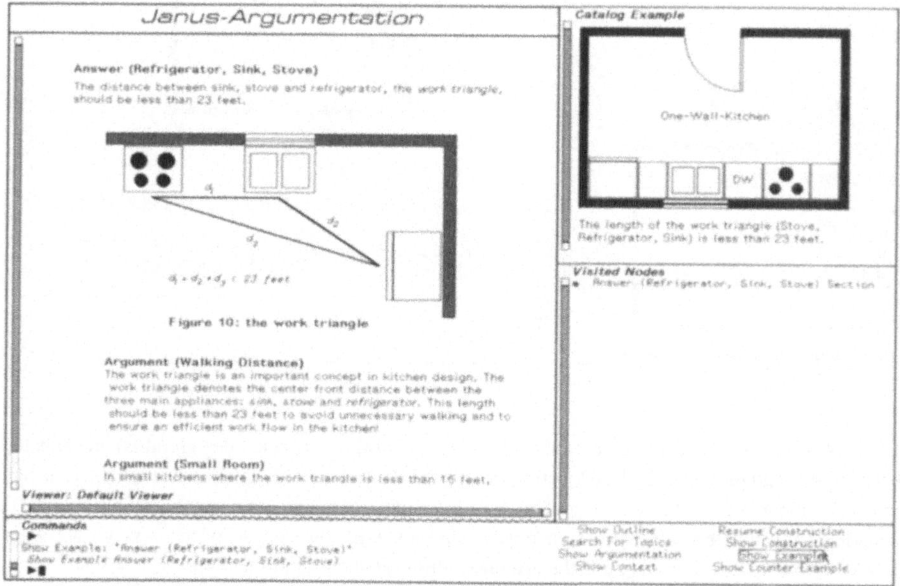

JANUS-ARGUMENTATION is an argumentative hypermedia system. The *Viewer* pane shows a diagram illustrating the work triangle concept and arguments for and against a work triangle answer. The top right pane shows an example illustrating the answer generated by the ARGUMENTATION-ILLUSTRATOR.

Figure 2. JANUS-ARGUMENTATION: Rationale for the Work Triangle Rule

A Domain-Independent, Multifaceted Architecture for Domain-Oriented Design Environments. In addition to JANUS, design environments were developed in different areas throughout the last few years (e.g., user interface design [Lemke/Fischer 90], design of decision support system for water management [Lemke/Gance 91], computer network design [Fischer et al. 92], voice dialog design [Sumner et al. 91], and COBOL programming [Atwood et al. 91]). From the individual design efforts, we have developed the general architecture shown in Figure 3.

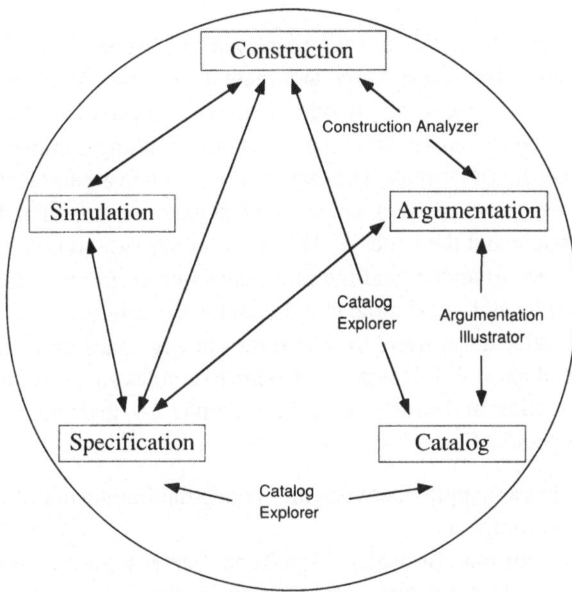

Figure 3. A Domain-Independent, Multifaceted Architecture for Design Environments

Components. The multifaceted architecture consists of the following five components (Figure 3):

- A *construction kit* (Figure 1) is the principal medium for modeling a design. It provides a palette of domain concepts and supports construction using direct manipulation and electronic forms.
- An *argumentative hypermedia system* (Figure 2) contains issues, answers, and arguments about the design domain.
- A *catalog* (Figure 1) is a collection of prestored designs that illustrate the space of possible designs in the domain and support reuse and case-based reasoning.
- A *specification component* allows designers to describe characteristics of the design they have in mind. The specifications are expected to be modified and augmented during the design process, rather than to be fully articulated at the beginning. They are used to retrieve design objects from the catalog and to filter information in the hypermedia information space.
- A *simulation component* allows designers to carry out "what-if" games to simulate various usage scenarios involving the artifact being designed.

Integration. The multifaceted architecture derives its essential value from the integration of its components. Used individually, the components are unable to achieve their full potential. Used in combination, each component augments the values of the others, forming a synergistic whole. At each stage in the design process, the partial design embedded in the design environment serves as a stimulus to users, suggesting what they should attend to next. Links among the components of the architecture are supported by various mechanisms (see Figure 3):

- CONSTRUCTION-ANALYZER is a critiquing system [Fischer et al. 91a] that provides access to relevant information in the argumentative issue base. The firing of a critic signals a breakdown to users and provides them with an entry into the exact place in the argumentative hypermedia system where the corresponding argumentation is located.
- ARGUMENTATION-ILLUSTRATOR. The explanation given in argumentation is often highly abstract and very conceptual. Concrete design examples that match the explanation help users to understand the concept. The ARGUMENTATION-ILLUSTRATOR [Fischer et al. 91b] helps users to understand the information given in the argumentative hypermedia by finding a catalog example that illustrates the concept.
- CATALOG-EXPLORER helps users to search the catalog space according to the task at hand [Fischer/Nakakoji 92]. It retrieves design examples similar to the current partial construction situation and orders a set of examples by their appropriateness to the current partial specification.

Figure 4 establishes a mapping between the conceptual framework of this paper and the features of design environments.

New Role Distributions Between High-Tech Scribes and Domain Workers in Domain-Oriented Design Environments. Domain-oriented design environments represent the next step in the historical efforts to make computers invisible behind domain abstractions, thereby allowing users to focus on understanding problems rather than fighting media.

A consequence of domain-oriented design environments is that the professions using computers become further specialized (see Figure 5): high-tech scribes (e.g., knowledge engineers, programmers) in collaboration with domain workers create design environments (at least the seeds for them [Fischer et al. 92]), and domain workers use and evolve the seeded environments.

Domain-oriented design environments reduce the dependency on high-tech scribes by supporting design in use [Henderson/Kyng 91], tailorability and customizability [MacLean et al. 90, Trigg et al. 87], and end-user modifiability [Fischer/Girgensohn 90, Girgensohn 92]. They contribute to the goal of convivial computing by resolving the conflict between the generality, power, and rich functionality of modern computer systems and the limited time and effort that domain specialists are willing to spend in solving their problems. They are promising architectures to put owners of problems in charge. They are based on (1) the basic belief that humans enjoy deciding and doing, and (2) the assumption that the experience of having participated in a problem makes a difference to those who are affected by the solution. People are more likely to like a solution if they have been involved in its generation, even though it might not make sense otherwise. Figure 6 characterizes the role distribution between high-tech scribes and domain workers in future computing environments.

Conceptual Issues	Domain-Oriented Design Environments
human-computer interaction is more than user interfaces	domain modelling
make systems useful and usable	provide functionality and mechanisms to make information relevant to the task at hand
a broader view of communication and coordination processes between (1) designer and client, (2) design teams, and (3) human and computer	support for (1) languages of doing, (2) computer-supported cooperative work, and (3) cooperative problem solving
artifacts do not speak for themselves	critics, simulation components
human problem-domain interaction	represent domain abstraction; make the computer invisible
redefine the role of high-tech computer scribes	empower the owners of problems by allowing them to interact directly with computational environments
design: tradition and transcendence	task-orientation, critics, seeds, evolutionary growth, and end-user modifiability

Figure 4. Exploration of Relevant Issues in Domain-Oriented Design Environments

7 Design: Tradition and Transcendence

Successful design has to achieve the two goals of tradition and transcendence simultaneously. Taking tradition into account implies a work-oriented design of artifacts [Ehn 88]. Tradition can be captured within design environments by supporting domain-oriented abstractions and by reminding users with the help of critics of established design principles. An overemphasis on tradition often overlooks the fact that new tools change tasks [Norman 93] (e.g., forms on papers and how humans can deal with them do not need to be restricted to an imitation of forms on paper).

Transcending established work practices requires that we have to move "beyond the city walls" by looking for success models in other disciplines (e.g., architecture [Cross 84], drama [Laurel 91], skiing [Fischer et al. 78], etc.), by forgetting the vividness of the present and to get back to basic principles that are centered around humans [Norman 93], and by exploiting the power of computational media beyond the imitation of paper and desk top metaphors. We have to be aware of the premature establishment of restricted work practices. The HCI community runs the danger that the Macintosh becomes the COBOL or MS-DOS of user interface design [Kay 90].

The Integration of Tradition and Transcendence: Steps Toward Design Environments. Our current conceptual framework and prototypes of design environments have a long history. The work started several years ago in an effort to support human problem-domain communication with domain-oriented construction kits [Fischer/Lemke 88]. Construction kits enable designers to create artifacts quickly, but they provide no feedback on

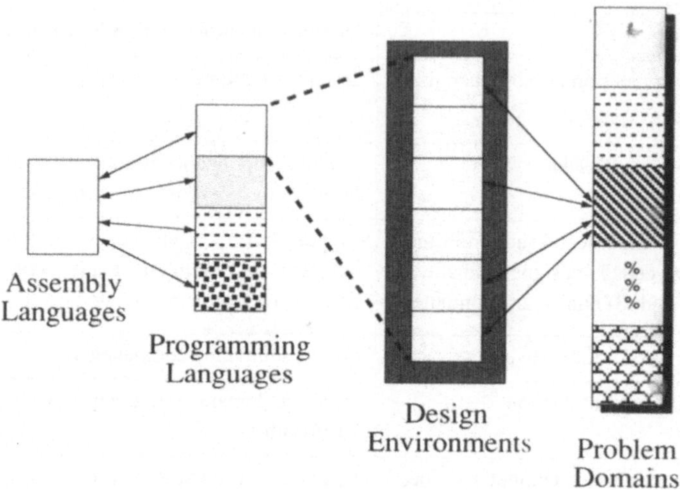

In the 1950s, programmers had to map problems directly to assembly languages and the assembly programs retained basically no semantics of the problems to be solved. In the 1960s, general purpose high-level programming languages reduced the transformation distance, the programs written in them were able to retain some problem semantics and the programming profession was specialized into programmers who wrote compilers and into programmers who developed programs in high-level programming languages.
Design environments introduce another layer which is domain-oriented. The professions are further specialized into knowledge engineers who create (in cooperation with domain workers) the seeds for design environments and domain workers who solve problems by exploiting the resources of the design environments. Support for end-user modifiability allows domain workers to extend the functionality of the design environment over time.

Figure 5. Domain-Oriented Design Environments

the quality of a design. Augmenting construction kits with a critiquing component turned them into design environments.

Constructive design environments are unable to account for the deliberative nature of design problems [Rittel 84]. By combining construction and argumentation, JANUS was developed into an integrated design environment supporting "reflection-in-action" as a fundamental process underlying design activities [Schoen 83, Fischer/Nakakoji 92].

But even integrated design environments have their shortcomings. Design in real world situations deals with complex, unique, uncertain, conflicted, unstable situations of practice. Design knowledge as embedded in design environments will never be complete because design knowledge is tacit (i.e., competent practitioners know more than they can say [Polanyi 66]), and additional knowledge is triggered and activated by situations and breakdowns. These observations require computational mechanisms in support of *end-user modifiability* [Fischer/Girgensohn 90]. The end-user modifiability of JANUS [Girgensohn 92] allows users to introduce new design objects (e.g., a microwave), new critiquing rules (e.g., app-

High-Tech Scribes		**Domain Workers**
Design of generic tools suited for widespread distribution		Design of personal tools and applications
Design of software related to computing as a subject domain		Using programming to incrementally understand ill-defined problems
Development of technical knowledge ("how")	⇐ Creation of seeds ⇒	Development of conceptual knowledge ("what")
Validating and verifying the seed at the formal level (enhancements at the technical level)		Enhancements to the seed in response to breakdowns (enhancements at the conceptual level)
Interpretation, extension, and reconceptualization of technical knowledge ("how")	⇐ Reseeding ⇒	Interpretation, extension and reconceptualization of conceptual knowledge ("what")

Figure 6. Role Distribution Between High-Tech Scribes and Domain Workers in Future Computing Environments

liances should be against a wall unless one deals with an island kitchen), and (3) kitchen designs which fit the needs of a blind person or a person in a wheelchair.

Our work on creating domain-oriented design environments has indicated that a promising model for creating them involves the creation of a *seed* for such an environment (see Figure 7)[Fischer et al. 92]. A seed will be created in cooperation between knowledge engineers and domain experts. It will evolve in response to its extensive use in new design projects in this domain. "Use" is not just use because requirements fluctuate, change is ubiquitous, and because design knowledge is tacit, design environments need to evolve [Curtis et al. 88, Henderson/Kyng 91]. This evolution is primarily driven by using the existing environment to develop new designs that uncover its limitations through "breakdowns" [Winograd/Flores 86]. But these breakdowns are perceived by the people who use the programs, not by the professionals who have developed them in the first place. Allowing end-users to incrementally add new knowledge is critical for the evolution of the design environment itself as well as for individual design projects developed within the design environment.

The acquisition of design knowledge is of little benefit unless it can be delivered to designers when it is relevant. Periodically, the growing information space needs to be structured and generalized in a *reseeding process*, which increases the computational support the system is able to provide to designers. This is reflected in the reseeding phase

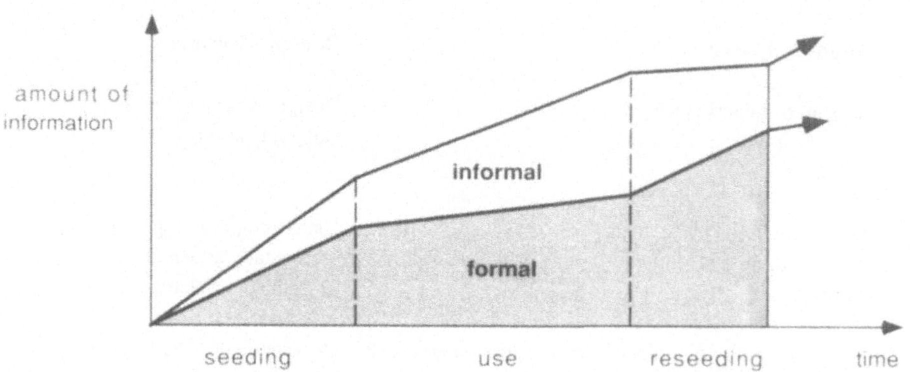

This figure illustrates the growth in total and formalized information in design environments during seeding, use, and reseeding phases of a design environment lifecycle. During seeding and reseeding, mostly formal knowledge representations are created (formal meaning: interpretable by computers). During the use phase, mostly informally represented knowledge is created (informal meaning: only interpretable by humans). After the initial seeding, use and reseeding phases alternate continuously.

Figure 7. Seeding, Evolutionary Growth, and Reseeding

of Figure 7 by the comparatively flat rate of informal information accumulation and the steeper rate of formal information growth.

8 Beyond Technological Aspects

Moving beyond human computer interaction is not only a technical problem, but a considerable social effort. If the most important role for computation in the future is to provide people with a powerful medium for expression, then the medium should support them in working on the task, rather than requiring them to focus their intellectual resources on the medium itself. The analogy to writing and its historical development suggests the goal "to take the control of computational media out of the hands of high-tech scribes." Computational media may turn out to be of greater importance to people than writing because the objects created with them can be interpreted not only by humans (as the printed word) but in part by computers.

Convivial tools and systems (as defined by [Illich 73]) allow users "to invest the world with *their* meaning, to enrich the environment with the fruits of their vision and to use them for the accomplishment of a purpose *they have chosen*." Conviviality is a dimension that sets computers apart from other communication and information technologies (e.g., television, videodiscs, interactive videotex) that are passive and cannot conform to the users' own tastes and tasks [Fischer 81]. Passive technologies offer some selective power, but they cannot be extended in ways that the designer of those systems did not directly foresee. An old Asian Proverb states: *"Give humans a fish and they have food for a day–teach them fishing, and they will have food for their whole life."* This can be taken even a step further: if we can provide humans with the knowledge, the know-how, and the tools for making a fishing rod, they can feed a whole community. This is the real goal of future computational environments: to provide means to create, criticize and disseminate knowledge and put it to work to assist us in solving our problems and satisfying our needs.

Acknowledgements. The author would like to thank the members of the Human-Computer Communication group at the University of Colorado, who contributed to the conceptual framework and the systems discussed in this article. The research was supported by the National Science Foundation under grants No. IRI-9015441 and No. MDR-9253425, and by grants from the Intelligent Interfaces group at NYNEX and from Software Research Associates (SRA).

Literatur

[Angele et al. 91a] J. Angele, D. Fensel, D. Landes, S. Neubert, R. Studer. *Knowledge Engineering und verwandte Fachdisziplinen. Eine Literaturstudie*. Forschungsbericht 210, Institut für Angewandte Informatik und Formale Beschreibungsverfahren, Universität Karlsruhe, 1991. 24

[Angele et al. 91b] J. Angele, D. Fensel, D. Landes, R. Studer. KARL: An Executable Language for the Conceptual Model. In *Proceedings of the Knowledge Acquisition for Knowledge-Based Systems Workshop KAW '91, October 6-11, Banff*, 1991. 20, 22

[Angele et al. 93a] J. Angele, D. Fensel, D. Landes, S. Neubert, R. Studer. Model-Based and Incremental Knowledge Engineering: The MIKE Approach. In J. Cuena (Hrsg.), *Proceedings of the IFIP TC12 Workshop on Artificial Intelligence from the Information Processing Perspective – AIFIPP92, Madrid, Spain, 14-15 September, 1992*, Elsevier, Amsterdam, 1993. 20

[Angele et al. 93b] J. Angele, D. Fensel, R. Studer. *Formalizing and Operationalizing Models of Expertise with KARL*. Forschungsbericht, Institut für Angewandte Informatik und Formale Beschreibungsverfahren, Universität Karlsruhe, 1993. 20, 22

[Anjewierden et al. 92] A. Anjewierden, J. Wielemaker, C. Toussaint. Shelley – Computer-Aided Knowledge Engineering. *Knowledge Acquisition*, Band 4, S. 5–53, 1992. 24

[Anjewierden/Wielemaker 90] A. Anjewierden, J. Wielemaker. Shelley – Computer Aided Knowledge Engineering. In B. J. Wielinga et al. (Hrsg.), *Current Trends in Knowledge Acquisition*. IOS Press, Amsterdam, 1990. 24

[Appelrath/Meyer-Wegener 91] H.-J. Appelrath, K. Meyer-Wegener. *Multimediale Systeme*. Tutorium der Datenbanktage 1991. Begleitunterlage, GI Deutsche Informatikakademie, 1991. 154

[Arnheim 72] R. Arnheim. *Anschauliches Denken*. Dumont, Köln, 1972. 48

[Arnold et al. 91] U. Arnold, J. Meyer, G. Peter. Multimedia Aspects in a Documentation System for Endoscopy of Throat Cancer. In H.-J. Bullinger (Hrsg.), *18. Proceedings of 11th International Conference of Human Computer Interaction*, Elsevier, Amsterdam, 1991. 163

[Arnold/Peter 93] U. Arnold, G. Peter. A Computer-Based, Distributed Multimedia Patient Record Use Of New Technologies For Computer-Based Medical Records. In *Medical Informatics Europe*, Jerusalem, April 1993. 158, 162

[Asprion 91] S. Asprion. *Repräsentation und Darstellung medizinischer Objekte für ein graphisches Endoskopiedokumentationsystem*. Diplomarbeit, Universität Heidelberg / Fachhochschule Heilbronn, 1991. 163

[Atmansbacher 89] H. Atmansbacher. The Aspect of Information Production in the Process of Information. *Foundation of Physics*, Band 19, S. 553–577, 1989. 263

[Atmansbacher/Scheingraber 87] H. Atmansbacher, H. Scheingraber. A Fundamental Link between System Theory and Statistical Mechanics. *Foundation of Physics*, Band 17, S. 939–963, 1987. 263

[Atwood et al. 91] M. E. Atwood, B. Burns, W. D. Gray, A. Morch, E. R. Radlinski, A. Turner. The Grace Integrated Learning Environment — A Progress Report. In *Proceedings of the Fourth International Conference on Industrial & Engineering Applications of Artificial Intelligence & Expert Systems (IEA/AIE 91)*, S. 741–745. ACM, June 1991. 280

[Bahe et al. 86] Charles Bahe et al. *IBM's Early Computers*. MIT Press, Cambridge, MA, 1986. 249

[Barker/O'Connor 89] V. E. Barker, D. E. O'Connor. Expert Systems for Configurations at Digital: XCON and Beyond. *CACM*, Band 32(3), S. 298–318, März 1989. *38, 45*

[Barr et al. 89] A. Barr, P. R. Cohen, E. A. Feigenbaum. *The Handbook of Artificial Intelligence, Volume IV*. Addison-Wesley, Reading, MA, 1989. *230*

[Bateman 90] John A. Bateman. Upper Modeling: A Level of Semantics for Natural Language Processing. In *Proceedings of the Fifth International Workshop on Natural Language Generation*, Pittsburgh, PA, 3–6 June 1990. *136*

[Bauer/Schwab 88] Joachim Bauer, Thomas Schwab. Anforderungen an Hilfesysteme. In H. Balzert et al. (Hrsg.), *Einführung in die Software-Ergonomie*, Kap. 10. de Gruyter, Berlin, 1988. *141*

[Biermann 87] A. W. Biermann. Automatic Programming. In S. C. Shapiro, D. Eckroth (Hrsg.), *Encyclopedia of Artificial Intelligence, Band 1*, S. 18–35. Wiley, New York, 1987. *139*

[Bjoerner/Prehn 91] D. Bjoerner, S. Prehn. Formal Methods in Software Development Requirements for a CASE. In A. Endres, H. Weber (Hrsg.), *Software Development Environments and CASE Technology*, LNCS 509, S. 178–210. Springer-Verlag, Heidelberg, 1991. *24*

[Blankertz 75] H. Blankertz. *Theorien und Modelle der Didaktik, 5.Auflage*. Juventa, München, 1975. *100*

[Blauert 83] J. Blauert. *Spatial Hearing: the Psychophysics of Human Sound Localization*. MIT Press, Cambridge, MA, 1983. *199*

[BLK 87] BLK. *Gesamtkonzept für die informationstechnische Bildung*. Bund-Länder-Kommission für Bildungsplanung und Forschungsförderung, Bonn, 1987. *100*

[Blum 82] R. L. Blum. *Discovery and Representation of Causal Relationships from a Large Time-Oriented Clinical Database: the RX Project*. Lecture Notes in Medical Informatics. Springer-Verlag, Heidelberg, 1982. *177*

[Böcker et al. 91] H.-D. Böcker, H. Eden, G. Fischer. *Interactive Problem Solving Using Logo*. Lawrence Erlbaum Associates, Hillsdale, NJ, 1991. *277*

[Bösze/Aschacher 91] J. Bösze, D. Aschacher. Prototyping mit „Hypertools". In D. Ackermann, E. Uhlich (Hrsg.), *Software Ergonomie 91*, Teubner, Stuttgart, 1991. *24*

[Brachman/Schmolze 85] Ronald Brachman, James Schmolze. An Overview of the KL-ONE Knowledge Representation System. In *Cognitive Science*, S. 9:171–216, 1985. *136*

[Brander et al. 89] S. Brander, A. Kompa, U. Peltzer. *Denken und Problemlösen. Einführung in die kognitive Psychologie*. Westdeutscher Verlag, Opladen, 1989. *50*

[Bremermann 82] M. J. Bremermann. Minimum Energy Requirement of Information Transfer and Computing. *Int. J. Theoretical Physics*, Band 21(3/4), S. 203–217, 1982. *266*

[Breuker et al. 87] J. Breuker, B. J. Wielinga, M. v. Someren, R. de Hoog, A. T. Schreiber, P. de Greef, B. Bredeweg, J. Wielemaker, J.-P. Billault. *Model-Driven Knowledge Acquisition: Interpretation Models*. Esprit Project P1098, University of Amsterdam, 1987. *20*

[Brooks 87] F. P. Brooks. No Silver Bullet: Essence and Accidents of Software Engineering. *IEEE Computer*, Band 20(4), S. 10–19, April 1987. *275*

[Brown 85] Geoff Brown. *Deluxe Music Construction Set (Computer Program)*. Electronic Arts, San Mateo, CA, 1985. *34*

[Budge 83] B. Budge. *Pinball Construction Set (Computer Program)*. Electronic Arts, San Mateo, CA, 1983. *34*

[Bullinger/Gunzenhäuser 86] H.-J. Bullinger, R. Gunzenhäuser (Hrsg.). *Software-Ergonomie*. Expert Verlag, Sindelfingen, 1986. *193*

[Bullinger/Kornwachs 90] H.-J. Bullinger, K. Kornwachs. *Expertensysteme — Anwendungen und Auswirkungen im Produktionsbetrieb*. Beck, München, 1990. *228*

[Bush 45] V. Bush. As We May Think. *Atlantic Monthly*, Band 176(7), S. 101–108, July 1945. *275*

[Buxton 90] W. S. Buxton. A Three State Model of Graphical Input. In D. Diaper et al. (Hrsg.), *Proceedings of 3rd IFIP Conference on Human-Computer Interaction, Interact 90*, S. 449–455, Elsevier, Amsterdam, August 1990. *198*

[Card et al. 83] S. K. Card, T. P. Moran, A. Newell. *The Psychology of Human-Computer Interaction.* Lawrence Erlbaum Associates, Hillsdale, NJ, 1983. *96, 274*

[Carroll/Campbell 86] J. M. Carroll, R. L. Campbell. Softening Up Hard Science: Reply to Newell and Card. *Human-Computer Interaction*, Band 2, S. 227–249, 1986. *277*

[Carroll/Rosson 87] J. M. Carroll, M. B. Rosson. Paradox of the Active User. In J. M. Carroll (Hrsg.), *Interfacing Thought: Cognitive Aspects of Human-Computer Interaction*, Kap. 5, S. 80–111. MIT Press, Cambridge, MA, 1987. *277*

[Chandrasekaran 90] B. Chandrasekaran. Design Problem Solving: a Task Analysis. *AI Magazine*, Band 11(4), S. 59–71, Winter 1990. *140*

[Christensen 85] R. Christensen. Entropy Minimax Multivariate Statistical Modelling. I. - Theories. *Int. J. Gen. Systems*, Band 11, S. 231–277, 1985. *266*

[Clocksin/Mellish 87] W. F. Clocksin, C. S. Mellish. *Programming in Prolog.* Springer-Verlag, Berlin, 1987. 3rd ed. *15*

[Codd 70] E. F. Codd. A Relational Model of Data for Large Shared Data Banks. *Communications of the ACM*, Band 13(6), S. 377–387, Juni 1970. *253, 255*

[Codd 72a] E. F. Codd. Further Normalisation of the Data Base Relational Model. In R. Rustin (Hrsg.), *Data Base Systems Courant Computer Science Symposium 6*, Kap. 8.1, S. 33–64. Prentice Hall, Englewood Cliffs, NJ, 1972. *254, 255*

[Codd 72b] E. F. Codd. Relational Completeness of Data Base Sublanguages. In R. Rustin (Hrsg.), *Data Base Systems Courant Computer Science Symposium 6*, Kap. 8.2, S. 65–98. Prentice Hall, Englewood Cliffs, NJ, 1972. *254, 255*

[Conklin 87] J. Conklin. Hypertext: An introduction and survey. *IEEE Computer*, S. 17–41, September 1987. *20*

[Conklin/Begeman 88] J. Conklin, M. Begeman. gIBIS: A Hypertext Tool for Exploratory Policy Discussion. In *Proceedings of the Conference on Computer Supported Cooperative Work*, S. 140–152, ACM Press, New York, 1988. *280*

[Cross 84] N. Cross. *Developments in Design Methodology.* Wiley, New York, 1984. *283*

[Curtis et al. 88] B. Curtis, H. Krasner, N. Iscoe. A Field Study of the Software Design Process for Large Systems. *Communications of the ACM*, Band 31(11), S. 1268–1287, November 1988. *285*

[Cybulsky/Reed 92] J. L. Cybulsky, K. Reed. A Hypertext Based Software Engineering Environment. *IEEE Software*, S. 62–68, März 1992. *24*

[Date 90] C. J. Date. *An Introduction To Database Systems.* Addison-Wesley, Reading, MA, 1990. 5th ed. *252, 257*

[Davis et al. 82] R. Davis, H. Shrobe, W. Hamscher, K. Wieckert, M. Shirley, S. Polit. Diagnosis based on Description of Structure and Function. In *Proceedings of the AAAI-82*, S. 137–142, Pittsburgh, PA, August 1982. *233*

[Davis 84] R. Davis. Diagnostic Reasoning Based on Structure and Function: Paths of Interaction and the Locality Principle. *Artificial Intelligence*, Band 24(1-3), S. 347–410, 1984. *245*

[deGreef 91] P. de Greef. Analysis of co-operation for consultation systems. *Journal of Applied Statistics*, Band 18, S. 175–184, 1991. *177*

[DeKleer 84] J. DeKleer. How Circuits Work. *Artificial Intelligence*, Band 24, S. 205–280, 1984. *233*

[DeKleer 87] J. DeKleer. Diagnosing Multiple Faults. *Artificial Intelligence*, Band 32, S. 97–130, 1987. *233*

[DeMichiel/Gabriel 87] L. G. DeMichiel, R. P. Gabriel. The Common LISP Object System: An Overview. In J. Bézivin, J.-M. Hullot, P. Cointe, H. Lieberman (Hrsg.), *ECOOP'87, European*

Conference on Object-Oriented Programming, Band 276 von *Lecture Notes in Computer Science*, S. 151–170, Springer-Verlag, Berlin, 1987. *12*

[Diel et al. 91] H. Diel, H. Duvenbeck, M. Welsch. *Overview of ScreenView*. Technical Digest, IBM Development Laboratory, Böblingen, 1991. *75*

[DIN 88] DIN. *Bildschirmarbeitsplätze: Grundsätze der Dialoggestaltung*. Technischer Bericht 66234 Teil 8, Deutsches Institut für Normung e.V., 1988. *94*

[Dixon 88] W. J. Dixon (Hrsg.). *BMDP Statistical Software Manual*. University of California, Berkeley, CA, 1988. *166, 169*

[Doblaski 91] L. Doblaski. Neue Dimension beim System Design. *IBM Nachrichten*, Band 41, S. 23ff, July 1991. *209, 213, 214*

[Draper 84] S. W. Draper. The Nature of Expertise in UNIX. In *Proceedings of INTERACT'84, IFIP Conference on Human-Computer Interaction*, S. 182–186, Elsevier, Amsterdam, September 1984. *275*

[Duce et al. 91] D. A. Duce, M. R. Gomes, F. R. A. Hopgood, J. R. Lee. *User Interface Management and Design*. Springer-Verlag, Berlin, 1991. *152*

[Dürre et al. 84] K. P. Dürre, Th. Friehoff, F.-P. Schmidt-Lademann. BRAILLEBUTLER A sucessful Microcomputer-based Aid for Mainstreaming Blind Children. In *3rd Annual Workshop on Computers and Handicapped*, S. 17–22, Wichita, Kansas, 1984. IEEE Computer Society. *180*

[Ebert 74] R. Ebert. Entropie und Struktur kosmischer Syteme. In E. U. v. Weizsäcker (Hrsg.), *Offene Systeme I*, S. 222–228. Klett, Stuttgart, 1974. *265*

[Edelmann 86] W. Edelmann. *Lernpsychologie*. Urban and Schwarzenberg Psychologie Verlags Union, Weinheim, 1986. *50*

[Ehn 88] P. Ehn. *Work-Oriented Design of Computer Artifacts*. Almquist & Wiksell International, Stockholm, Sweden, 1988. *276, 282*

[Eisenberg 91] M. Eisenberg. *Programmable Applications: Interpreter Meets Interface*. Technischer Bericht 1325, Department of Electrical Engineering and Computer Science, MIT, 1991. *278*

[Elliman/Wittkowski 87] A. D. Elliman, K. M. Wittkowski. The Impact of Expert Systems on Statistical Database Management. *Statistical Software Newsletter*, Band 13, S. 14–27, 1987. *167*

[Emerson et al. 89] Sandra Emerson et al. *The Practical SQL Handbook*. Addison-Wesley, Reading, MA, 1989. *256*

[Engelke 89] J. Engelke. *Concepts of Cooperative Processing*. I/S Informatics, IBM Deutschland, Ehningen, IBM internal paper, 1989. *211*

[Eyferth et al. 74] K. Eyferth et al. *Computer im Unterricht, Formen, Erfolge und Grenzen einer Lerntechnologie in der Schule*. Klett, Stuttgart, 1974. *105*

[Fischer et al. 78] G. Fischer, J. S. Brown, R. Burton. Analysis of Skiing as a Success Model of Instruction: Manipulating the Learning Environment to Enhance Skill Acquisition. In *Proceedings of the Second National Conference of the Canadian Society for Computational Studies of Intelligence, Toronto*, S. 139–145, Toronto, 1978. *283*

[Fischer et al. 89] G. Fischer, R. McCall, A. Morch. Design Environments for Constructive and Argumentative Design. In *Proceedings of the ACM SIGCHI Conference on Human factors in Computing Systems. Austin (Texas)*, S. 269–275, New York, 1989. ACM. *142, 278*

[Fischer et al. 90a] G. Fischer, A. C. Lemke, T. Mastaglio. Using Critics to Empower Users. In *Proceedings of the ACM SIGCHI Conference on Human factors in Computing Systems. Seattle (Washington)*, S. 337–347, New York, 1990. ACM. *140, 141*

[Fischer et al. 90b] Gerhard Fischer, Andreas C. Lemke, Ray McCall. Towards a System Architecture Supporting Contextualized Learning. In *Proceedings of AAAI-90, Ninth National*

Conference on Artificial Intelligence, S. 420–425, AAAI Press/MIT Press, Cambridge, MA, 1990. *45*

[Fischer et al. 91a] G. Fischer, A. C. Lemke, T. Mastaglio, A. Morch. The Role of Critiquing in Cooperative Problem Solving. *ACM Transactions on Information Systems*, Band 9(2), S. 123–151, 1991. *279, 282*

[Fischer et al. 91b] G. Fischer, A. C. Lemke, R. McCall, A. Morch. Making Argumentation Serve Design. *Human Computer Interaction*, Band 6(3-4), S. 393–419, 1991. *280, 282*

[Fischer et al. 92] G. Fischer, J. Grudin, A. C. Lemke, R. McCall, J. Ostwald, B. N. Reeves, F. Shipman. Supporting Indirect, Collaborative Design with Integrated Knowledge-Based Design Environments. *Human Computer Interaction, Special Issue on Computer Supported Cooperative Work*, Band 7(3), S. 281–314, 1992. *276, 280, 282, 285*

[Fischer 81] G. Fischer. Computer als konviviale Werkzeuge. In *Proceedings der Jahrestagung der Gesellschaft für Informatik (München)*, number 50 in Informatik-Fachberichte, S. 407–417, Springer-Verlag, Berlin, 1981. *286*

[Fischer 86] G. Fischer. Menschengerechte Computersysteme - mehr als ein Schlagwort? In G. Fischer, R. Gunzenhäuser (Hrsg.), *Methoden und Werkzeuge zur Gestaltung benutzergerechter Computersysteme*, Kap. II, S. 17–44. de Gruyter, Berlin, 1986. *5, 274*

[Fischer 87] G. Fischer. Making Computers more Useful and more Usable. In *Proceedings of the 2nd International Conference on Human-Computer Interaction (Honolulu, Hawaii)*, S. 97–104, Elsevier, New York, August 1987. *275, 276*

[Fischer 90] G. Fischer. Communications Requirements for Cooperative Problem Solving Systems. *The International Journal of Information Systems (Special Issue on Knowledge Engineering)*, Band 15(1), S. 21–36, 1990. *276*

[Fischer 91] G. Fischer. Supporting Learning on Demand with Design Environments. In *Proceedings of the International Conference on the Learning Sciences 1991*, S. 165–172, Evanston, IL, August 1991. *277*

[Fischer 92] G. Fischer. Domain-Oriented Design Environments. In *Proceedings of the 7th Annual Knowledge-Based Software Engineering (KBSE-92) Conference (McLean, VA)*, S. 204–213, IEEE Computer Society Press, Los Alamitos, CA, September 1992. *278*

[Fischer/Girgensohn 90] Gerhard Fischer, Andreas Girgensohn. End-User Modifiability in Design Environments. In J. C. Chew, J. Whiteside (Hrsg.), *CHI-90, Human Factors in Computing Systems Conference Proceedings*, S. 183–191. ACM SIGCHI/HFS, 1990. *35, 63, 282, 284*

[Fischer/Gunzenhäuser 86] Gerhard Fischer, Rul Gunzenhäuser (Hrsg.). *Methoden und Werkzeuge zur Gestaltung benutzergerechter Computersysteme*. de Gruyter, Berlin, 1986. *vii*

[Fischer/Lemke 88] G. Fischer, A. C. Lemke. Construction Kits and Design Environments: Steps Toward Human Problem-Domain Communication. *Human-Computer Interaction*, Band 3(3), S. 179–222, 1988. *34, 276, 278, 283*

[Fischer/Nakakoji 92] G. Fischer, K. Nakakoji. Beyond the Macho Approach of Artificial Intelligence: Empower Human Designers - Do Not Replace Them. *Knowledge-Based Systems Journal*, Band 5(1), S. 15–30, 1992. *276, 282, 284*

[Fischer/Rathke 88] G. Fischer, C. Rathke. Knowledge-based Spreadsheets. In *AAAI-88 Conference Proceedings (St.Pauls, Mn)*, S. 802–807. AAAI, August 1988. *36, 278*

[Fischer/Reeves 92] G. Fischer, B. N. Reeves. Beyond Intelligent Interfaces: Exploring, Analyzing and Creating Success Models of Cooperative Problem Solving. *Applied Intelligence, Special Issue Intelligent Interfaces*, Band 1, S. 311–332, 1992. *276*

[Flann/Dietterich 89] N. S. Flann, T. G. Dietterich. A Study of Explanation-Based Learning. *Machine Learning*, Band 4(2), S. 187–226, 1989. *144*

[Frayman/Mittal 87] Felix Frayman, Sanjay Mittal. COSSACK: A Constraints-based Expert System for Configuration Tasks. In D. Sriram, R. A. Adey (Hrsg.), *Knowledge-based expert systems in engineering: Planning and Design*. IEEE, September 1987. *38*

[Freud 73] E. Freud. *Leitfaden der deutschen Blindenkurzschrift*. Marburg, 1973. *181*

[Gale/Pregibon 84] W. A. Gale, D. Pregibon. Constructing an Expert System for Data Analysis by Working Examples. In T. Havranek, Z. Sidak, M. Novak (Hrsg.), *Compstat 84. Wien*, S. 227–236. Physica, 1984. *177*

[Gamm 92] Werner Gamm. *FTZ — Forschungs- und Technologiezentrum*. Internes Arbeitspapier, Hewlett-Packard GmbH, 1992. *222*

[Gantt/Nardi 92] M. Gantt, B. A. Nardi. Gardeners and Gurus: Patterns of Cooperation Among CAD Users. In *Human Factors in Computing Systems, CHI'92 Conference Proceedings (Monterrey, CA)*, S. 107–117. ACM, May 1992. *278*

[Garg/Scacchi 87] P. K. Garg, W. Scacchi. On Designing Intelligent Hypertext Systems for Information Management in Software Engineering. In *Proceedings of the First ACM Workshop on Hypertext (Hypertext '87)*, S. 409–432, ACM Press, New York, November 1987. *24*

[Gaver 89] W. W. Gaver. The Sonicfinder: An Interface that Uses Auditory Interfaces. *Human Computer Interaction*, Band 4, S. 67–94, 1989. *199*

[Genesereth 84] M. R. Genesereth. The Use of Design Descriptions in Automated Diagnosis. *Artificial Intelligence*, Band 24(1-3), S. 411–436, 1984. *233*

[Gero 90] John S. Gero. Design Prototypes: A Knowledge Representation Schema for Design. *AI Magazine*, Band 11(4), S. 26–36, 1990. *33*

[Girgensohn 92] A. Girgensohn. *End-User Modifiability in Knowledge-Based Design Environments*. PhD thesis, Department of Computer Science, University of Colorado, Boulder, CO, 1992. Also available as TechReport CU-CS-595-92. *282, 284*

[Goffman 69] E. Goffman. *Wir alle spielen Theater*. Verlag Piper & Co., München, 1969. *57*

[Gosling 82] J. Gosling. *Unix Emacs*. Carnegie-Mellon University, Pittsburgh, 1982. *13*

[Gould 88] J. Gould. How to Design Usable Systems. In M. Helander (Hrsg.), *Handbook of Human-Computer Interaction*. North-Holland, Amsterdam, 1988. *94*

[Goyal et al. 85] S. K. Goyal, D. S. Prerau, A. V. Lemmon, A. S. Gunderson, R. E. Reinke. Compass: An Expert System for Telephone Switch Maintenance. *Expert Systems*, Band 2(3), S. 112–126, July 1985. *236*

[Green 85] M. Green. Report on Dialogue Specification Techniques. In G. E. Pfaff (Hrsg.), *User Interface Management Systems. Proceedings of the Workshop on User Interface Management Systems held in Seeheim, FRG, November 1-3, 1983*, S. 9–20. Springer-Verlag, Berlin, 1985. *69*

[Greif 88] I. Greif (Hrsg.). *Computer-Supported Cooperative Work: A Book of Readings*. Morgan Kaufmann Publishers, San Mateo, CA, 1988. *276*

[Grudin 88] J. Grudin. Why CSCW Applications Fail: Problems in the Design and Evaluation of Organizational Interfaces. In *Proceedings of the Conference on Computer-Supported Cooperative Work (CSCW'88)*, S. 85–93, New York, September 1988. ACM. *276*

[Guéna/Zreik 89] F. Guéna, K. Zreik. An Architect-Assisted Architectural Design System. In J. S. Gero (Hrsg.), *Artificial Intelligence in Design*, S. 159–179. Springer-Verlag, Berlin, 1989. *139*

[Gunzenhäuser/Böcker 88] R. Gunzenhäuser, H.-D. Böcker (Hrsg.). *Prototypen benutzergerechter Computersysteme*. de Gruyter, Berlin, 1988. *vii, 14*

[Gunzenhäuser/Knopik 85] R. Gunzenhäuser, T. Knopik. Wissensbasierte Mensch-Computer-Schnittstellen in der Software-Ergonomie. *Handbuch der modernen Datenverarbeitung*, Band 22(126), S. 119–128, 1985. *141*

[Gunzenhäuser/Schweikhardt 90] R. Gunzenhäuser, W. Schweikhardt. Tactile Representation of Scanned Documents. In K. Fellbaum (Hrsg.), *Access to Visual Computer Information by Blind Persons*, S. 87–96. Concerted Action on Technology and Blindness, 1990. *182*

[Hahn 77] E. Hahn. Ein Computerterminal mit Braillezeile. *horus, Marburger Beiträge zum Blind-Sehen*, Band 39(2), S. 46–48, 1977. *181*

[Hai/Klir 85] A. Hai, G. J. Klir. An Empirical Investigation of Reconstructability Analysis: Probabilistic Systems. *International Journal of Man Machine Studies*, Band 22, S. 163–192, 1985. *270*

[Haken 78] H. Haken. *Synergetics. An Introduction*. Springer-Verlag, Berlin, 1978. *266*

[Haken 88] H. Haken. *Information and Self-Organization*. Springer-Verlag, Berlin, 1988. *263, 266, 270*

[Hall 75] P. A. V. Hall. *An Algebra Of Relations For Machine Computation*. Technischer Bericht UKSC 0066, IBM UK Scientific Centre, Peterlee (Durham), Januar 1975. *255*

[Hammer 90] Wolfgang Hammer. Industrielle Konfiguration: Auswahlkriterien für die Funktionsmoduln eines CNC-Steuerungssystems und Anforderungen, welche an sie gestellt werden. In Kratz Günter (Hrsg.), *Beiträge zum 4. Workshop Konfigurieren und Planen*, S. 65–75. Forschungsinstitut für anwendungsorientierte Wissensverarbeitung, Ulm/Donau, 1990. *36*

[Hammond 91] K. J. Hammond. Case-Based Planning: a Framework for Planning from Experience. *Cognitive Science*, Band 14(3), S. 385–443, 1991. *139*

[Hand 87] D. J. Hand. A Statistical Knowledge Enhancement System. *Journal of the Royal Statistical Society*, Band A 150, S. 334–335, 1987. *177*

[Harbeck et al. 84] G. Harbeck et al. *Metzler Informatik*. Metzler, Stuttgart, 1984. *107*

[Harbeck et al. 87] G. Harbeck et al. *Metzler Informatik „Junior"*. Metzler, Stuttgart, 1987. *107*

[Harmon et al. 89] P. Harmon, R. Maus, W. Morrissey. *Expertensysteme: Werkzeuge und Anwendungen*. R. Oldenbourg Verlag, München, 1989. *15*

[Harmon/King 87] P. Harmon, D. King. *Expertensysteme in der Praxis—Perspektiven, Werkzeuge, Erfahrungen*. Oldenbourg, München, 1987. *222*

[Hartley 28] R. V. L. Hartley. Transmission of Information. *Bell Syst. Techn. Journal*, Band 7(3), S. 535–563, 1928. *264*

[Hartson/Hix 89] H. R. Hartson, D. Hix. Human-Computer Interface Development: Concepts and Systems for its Management. *ACM Computing Surveys*, Band 21(1), S. 5–92, March 1989. *61*

[Haux 89] R. Haux. Statistische Expertensysteme. *Biometrie und Informatik in Medizin und Biologie*, Band 20, S. 3–29, 1989. *166, 173*

[Helms 93] C. Helms. *Sichtbeschreibungen für die Mensch-Computer Interaktion am Beispiel der Computersimulation*. Dissertation, Technische Universität Magdeburg, 1993. *50, 55*

[Henderson/Kyng 91] A. Henderson, M. Kyng. There's No Place Like Home: Continuing Design in Use. In J. Greenbaum, M. Kyng (Hrsg.), *Design at Work: Cooperative Design of Computer Systems*, Kap. 11, S. 219–240. Lawrence Erlbaum Associates, Hillsdale, NJ, 1991. *282, 285*

[Herczeg et al. 91] M. Herczeg, H. von der Herberg, H. Schulz. REPLEX - Ein Expertensystem zur Diagnose und Reparatur nachrichtentechnischer Systeme. In V. Krebs (Hrsg.), *Wissensverarbeitung in der Automatisierungstechnik. VDI-Bericht Nr. 897*, S. 123–133, VDI/VDE-GMA, Düsseldorf, 1991. VDI. *236*

[Herczeg et al. 92] M. Herczeg, H. von der Herberg, H. Schulz. REPLEX - An Expert System for the Diagnosis and Repair of Satellite Repeaters. *ESA Journal*, Band 16(1), S. 43–50, 1992. *236*

[Herczeg 86] M. Herczeg. *Eine objektorientierte Architektur für wissensbasierte Benutzerschnittstellen*. Dissertation, Fakultät Mathematik und Informatik der Universität Stuttgart, Dezember 1986. *14, 247*

[Herczeg/Waldhör 91] M. Herczeg, K. Waldhör. User Interface Management Systeme. In R. Lutze, A. Kohl (Hrsg.), *Wissensbasierte Systeme im Büro*. Oldenbourg, München, 1991. *247*

[Hermes 67] H. Hermes. *Einführung in die Verbandstheorie*. Springer-Verlag, Berlin, 1967. *174*

[Herrmann 80] R. Herrmann. *Entwurf und Implementierung zur Übertragung von Texten in die Blindenkurzschrift an einem Mikrorechner*. Diplomarbeit Nr. 132, Universität Stuttgart, Institut für Informatik, 1980. *181*

[Herrmann 90] Feodora Herrmann. OCEX — Order Clearing System. In E. A. Bramer (Hrsg.), *Practical Experience in Building Expert Systems*. Wiley, Chichester, 1990. *223*

[Herzog/Rollinger 92] O. Herzog, C.-R. Rollinger. *Text Understanding in LILOG*. Lecture Notes in Artificial Intelligence 546. Springer-Verlag, 1992. *127*

[Hickman et al. 89] F. R. Hickman, J. L. Killin, L. Land, T. Mulhall, D. Porter, R. M. Taylor. *Analysis for Knowledge-Based Systems: a Practical Guide to the Kads Methodology*. Ellis Horwood Limited, Chichester, GB, 1989. *20*

[Higashi/Klir 83] M. Higashi, G. J. Klir. On the Notion of Distance Representing Information Closeness: Possibility and Probability Distributions. *Int. J. Gen. Systems*, S. 103–115, September 1983. *264*

[Hill 86] R. D. Hill. Supporting Concurrency, Communication, and Synchronization in Human-Computer Interaction — The Sassafras UIMS. *ACM Transactions on Graphics*, Band 5(3), S. 179–210, July 1986. *200*

[Hinderer/Kornwachs 91] W. Hinderer, K. Kornwachs. Physik der Symbolverarbeitung. *Newsletter der Deutschen Gesellschaft für Systemforschung*, Band 2(1), S. 25, 1991. *273*

[Hoppe 91] H. U. Hoppe. *An Analysis of EBG and its Relation to Partial Evaluation*. Arbeitspapier der GMD, Birlinghoven 572, GMD, 1991. *144–146*

[Hoppe 92a] H. U. Hoppe. Deductive Error Diagnosis in Intelligent Tutoring Systems. In *Proceedings of the First East-West Conference on Emerging Computer Technologies in Education*, S. 147–152, Moskau, 1992. *150*

[Hoppe 92b] U. Hoppe. Einsatz von Hypertext/Hypermedia zur Verbesserung der Erklärungsfähigkeit Wissensbasierter Systeme. In J. Biethahn, R. Bogaschewsky, U. Hoppe (Hrsg.), *Expertensysteme in der Wirtschaft 1992 — Anwendungen und Integration mit Hypermedia*. Gabler Verlag, 1992. *24*

[Hoppe/Neubert 92] U. Hoppe, S. Neubert. Using Hypermedia for Integrating Mediating Representations in the Model-based Knowledge Engineering. In *Proceedings of the AAAI'92 Workshop Knowledge Representation Aspects of Knowledge Acquisition*, S. 55–62, San Jose, CA, Juli 1992. AAAI. *24*

[Hoppe/Plötzner 89] H. U. Hoppe, R. Plötzner. Inductive Knowledge Acquisition for a UNIX coach. In M. J. Tauber, D. Ackermann (Hrsg.), *Mental Models and Human-Computer Interaction 2*, S. 313–335. Elsevier, Amsterdam, 1989. *142*

[Hovy 88] Eduard H. Hovy. Planning Coherent Multisentential Text. In *Proceedings of the 28th Annual Meeting of the Association for Computional Linguistics, pages 163-169*, Buffalo, NY, 1988. *130*

[Hovy 90] Eduard H. Hovy. Unresolved Issues in Paragraph Planning. In Robert Dale, Chris S. Mellish, Michael Zock (Hrsg.), *Current Research in Natural Language Generation*. Academic Press, 1990. *130*

[Hutchins et al. 86] E. L. Hutchins, J. D. Hollan, D. A. Norman. Direct Manipulation Interfaces. In D. A. Norman, S. W. Draper (Hrsg.), *User Centered System Design, New Perspectives on Human-Comput er Interaction*, Kap. 5, S. 87–124. Lawrence Erlbaum Associates, Hillsdale, NJ, 1986. *13, 33, 275*

[IBM 91a] IBM. *A Guide To Software Usability*. Number SC26-3000-00. IBM, 1991. *91*

[IBM 91b] IBM. *Systems Application Architecture, Common User Access Guide to User Interface Design*. Number SC34-4289-00. IBM, 1991. *75, 94, 207*

[IBM 91c] IBM. *Systems Application Architecture, SystemView Concepts*. Number SC23-0578-00. IBM, 1991. *75*

[IBM 92] IBM. *General Information for ScreenView*. Number GC33-6450-02. IBM, 1992. *75, 98*

[Illich 73] I. Illich. *Tools for Conviviality*. Harper and Row, New York, 1973. *277, 286*

[Int85] IntelliCorp. *KEE Software Development System User's Manual*, 1985. *247*

[ISI 89] ISI. *The Penman Documentation*. Unpublished documentation for the Penman language generation system, University of Southern California, Information Sciences Institute, 1989. *136, 138*

[ISO 91] ISO. *ISO Standard 9241: Ergonomic Requirements for Office Work with Visual Display Terminals (VDTs), Part 10: Dialogue Principles, First Committee Draft*. TC 159 SC4 WG5, 1991. *208*

[Jaynes 78] E. T. Jaynes. Maximum Entropy Principle. In R. D. Levine, M. Tribus (Hrsg.), *The Maximum Entropy Formalism*. MIT Press, Cambridge, MA, 1978. *266*

[Jensch 90] P. Jensch. Multimediale Systeme in der Medizin. In A. Reuter (Hrsg.), *GI - 20. Jahrestagung*, S. 252–258, Springer-Verlag, Berlin, 1990. Gesellschaft für Informatik. *160*

[Jünemann 89] R. Jünemann. *Materialfluß und Logistik*. Springer-Verlag, Berlin, 1989. *48*

[Karat 88] J. Karat. Software Evaluation Methodologies. In M. Helander (Hrsg.), *Handbook of Human-Computer Interaction*. North-Holland, Amsterdam, 1988. *91*

[Kaufmann 75] A. Kaufmann. *Introduction into Theory of Fuzzy Sets*. Academic Press, New York, 1975. *264*

[Kay 77] A. C. Kay. Microelectronics and the Personal Computer. *Scientific American*, S. 231–244, 1977. *277*

[Kay 90] A. C. Kay. User Interface: A Personal View. In B. Laurel (Hrsg.), *The Art of Human-Computer Interface Design*, S. 191–207. Addison-Wesley, Reading, MA, 1990. *274, 283*

[Kedar-Cabelli/McCarty 87] S. T. Kedar-Cabelli, L. T. McCarty. Explanation-based generalization as resolution theorem proving. In *Proceedings of the 4th International Workshop on Machine Learning. Irvine, CA*, S. 383–389, Morgan Kaufmann, Los Altos, CA, 1987. *144*

[Kemeny/Kurtz 66] J. Kemeny, T. W. Kurtz. The role of computers and their applications in the teaching of mathematics. In *Needed research in mathematics education*. New York, 1966. *105*

[Kieback et al. 92] A. Kieback, H. Lichter, M. Schneider-Hufschmidt, H. Züllighoven. Prototyping in industriellen Software-Projekten. *Informatik-Spektrum*, Band 15(2), S. 65–77, 1992. *98*

[Kjedahl 92] L. Kjedahl. *Multimedia-Systems, Interaction and Applications*. Springer-Verlag, Berlin, 1992. *152*

[Klir 69] G. J. Klir. *An Approach to General System Theory*. Van Nostrand, New York, 1969. *267*

[Klir 85] G. J. Klir. *Architecture of Problem Solving*. Plenum Press, New York, 1985. *263, 264*

[Klir 87] G. J. Klir. Where do We Stand on Measures of Uncertainty, Ambiguity, Fuzziness and the Like? *Fuzzy Sets and Systems*, Band 24, S. 141–160, 1987. *264*

[Klöpfer/Schweikhardt 83] K. Klöpfer, W. Schweikhardt. Anpassung der Benutzerschnittstelle des Bildschirmtextsystems der Deutschen Bundespost für blinde Teilnehmer. In W. Brauer (Hrsg.), *GI-13. Jahrestagung*, Band 73 von *Informatik Fachberichte*, Hamburg, 1983. *179*

[König/Rathke 91] Rainer König, Christian Rathke. Combining Rules and State Space Objects in a Configuration Expert System. In *Proceedings of the 7th IEEE Conference on Artificial Intelligence Applications*, Band 1, S. 275–279. IEEE Computer Society, Februar 1991. *33*

[Kornwachs 87a] K. Kornwachs. *Offene Systeme und die Frage nach der Information*. Habilitationsschrift, Universität Stuttgart, 1987. *263, 269*

[Kornwachs 87b] K. Kornwachs. A Qualitative Measure for the Complexity of Man-Machine Interactión Process. In B. Shakel, H.-J. Bullinger (Hrsg.), *Human Computer Interaction: Interact '87*, S. 109–116, North Holland, Amsterdam, 1987. *271*

[Kornwachs 88] K. Kornwachs. Cognition and Complementarity. In M. Carvallo (Hrsg.), *Nature, Cognition and System I*, S. 95–127. Kluver, Amsterdam, 1988. *263, 269*

[Kornwachs 89] K. Kornwachs. Complementarity Relations within Cognitive System Theory. *Cognitive Systems*, Band 2-3, S. 251–260, 1989. *269, 272*

[Kornwachs 90] K. Kornwachs. Reconstructability Analysis and its Re-Interpretation in Terms of Pragmatic Information. In F. Pichler, R. Moreno-Dias (Hrsg.), *Computer Aided System*

Theory: Eurocast '89. Lecture Notes in Computer Science 140, S. 170–181, Springer-Verlag, Berlin, 1990. *263, 270*

[Kornwachs 92] K. Kornwachs. Information und der Begriff der Wirkung. In D. Krönig, M. Lang (Hrsg.), *Physik und Informatik — Informatik und Physik, Proceedings, Informatik-Fachberichte Nr. 306*, S. 46–56, Springer-Verlag, Berlin, 1992. *263*

[Kornwachs/v. Lucadou 82] K. Kornwachs, W. v. Lucadou. Pragmatic Information and Non-Classical Systems. In R. Trappl (Hrsg.), *Cybernetic and Systems Research*, S. 191–197. North Holland, Amsterdam, 1982. *269*

[Kornwachs/v. Lucadou 84a] K. Kornwachs, W. v. Lucadou. Komplexe Systeme. In K. Kornwachs (Hrsg.), *Offenheit – Zeitlichkeit – Komplexität*, S. 110–165. Campus, Frankfurt, 1984. *272*

[Kornwachs/v. Lucadou 84b] K. Kornwachs, W. v. Lucadou. Some Notes on Information and Interaction. In R. Trappl (Hrsg.), *Cybernetic and System Research 2*, S. 9–14. North Holland, Amsterdam, 1984. *269*

[Kreissl 91] W. A. Kreissl. *Interaktives Erkunden gedruckter Dokumente*. Diplomarbeit Nr. 794, Universität Stuttgart, Institut für Informatik, 1991. *182*

[Kreutzer 86] W. Kreutzer. *System Simulation: Programming Styles and Languages*. Addison-Wesley, Reading, MA, 1986. *50*

[Krummheuer 89] G. Krummheuer. *Die menschliche Seite am Computer, Studien zum gewohnheitsmäßigen Umgang mit Computern im Unterricht*. Deutscher Studienverlag, Weinheim, 1989. *101*

[Kühme et al. 91] Th. Kühme, G. Hornung, P. Witschital. Conceptual Models in the Design Process of Direct Manipulation User Interfaces. In H.-J. Bullinger (Hrsg.), *Proceedings of the HCI International '91*, S. 722–727, Elsevier, Amsterdam, 1991. *65*

[Kühme/Schneider-Hufschmidt 92] T. Kühme, M. Schneider-Hufschmidt. SX/Tools – An Open Design Environment for Adaptable Multimedia User Interfaces. In *Proceedings of „Eurographics 92", Computer Graphics Forum, Vol. 11, Nr. 3*, S. C–93–C–105, NCC Blackwell, Cambridge, UK, 7-11 September 1992. *62*

[Kullback/Liebler 51] S. Kullback, R. Liebler. On Information and Sufficiency. *Annales for Mathematical Statistics*, Band 22, S. 79–86, 1951. *264*

[Landauer 82] R. Landauer. Uncertainty Principle and Minimal Energy Dissipation in the Computer. *Int. J. Theoretical Physics*, Band 21(3/4), S. 283–297, 1982. *266*

[Laurel 91] B. Laurel. *Computers as Theatre*. Addison-Wesley, Reading, MA, 1991. *274, 283*

[LeGall 91] D. LeGall. MPEG: A Video Compression Standard for Multimedia Applications. *Communications of the ACM*, Band 34(4), S. 34–44, April 1991. *155*

[Lemke/Fischer 90] A. C. Lemke, G. Fischer. A Cooperative Problem Solving System for User Interface Design. In *Proceedings of AAAI-90, Eighth National Conference on Artificial Intelligence*, S. 479–484, AAAI Press/MIT Press, Cambridge, MA, August 1990. *45, 280*

[Lemke/Gance 91] A. C. Lemke, S. Gance. *End-User Modifiability in a Water Management Application*. Technischer Bericht CU-CS-541-91, Department of Computer Science, University of Colorado, 1991. *280*

[Lenz 92] A. Lenz. *Knowledge Engineering für betriebliche Expertensysteme. Erhebung, Analyse und Modellierung von Wissen*. Westdeutscher Verlag, 1992. *19, 21*

[Levine et al. 91] John Levine, Alison Cawsey, Chris S. Mellish, Lawrence Poynter, Ehud Reiter, Paul Tyson, John Walker. IDAS: Combining Hypertext and Natural Language Generation. In *Proceedings of the Third European Workshop on Natural Language Generation*, S. 55–62, Innsbruck, 1991. *129*

[Levitin 82] L. B. Levitin. Physical Limitations of Rate, Depth and Minimum Energy in Information Processing. *Int. J. Theoretical Physics*, Band 21(3/4), S. 299–309, 1982. *266*

[Lewis 90] C. H. Lewis. A Research Agenda for the Nineties in Human-Computer Interaction. *Human-Computer Interaction*, Band 5, S. 125–143, 1990. *274*

[Linton et al. 89] M. A. Linton, J. M. Vlissides, P. R. Calder. Composing User Interfaces with InterViews. *IEEE Computer*, Band 22(2), S. 8–22, 1989. *67*

[Lloyd 87] J. W. Lloyd. Declarative Error Diagnosis. *New Generation Computing*, Band 5(2), S. 133–154, 1987. *143*

[Loeffler 91] P. Loeffler. *Interaktive, modellbasierte Diagnose nachrichtentechnischer Systeme*. Diplomarbeit Nr. 786, Institut für Informatik, Universität Stuttgart, 1991. *234, 245, 248*

[Lorenz 76] E.-D. Lorenz. Computer Terminal für Nichtsehende. *horus, Marburger Beiträge zum Blind-Sehen*, Band 38(2), S. 10–11, 1976. *181*

[Lutz 71] Theo Lutz. *Die Datenbank im Informationssystem*. Oldenbourg, München, 1971. *252*

[Lutz 76] Theo Lutz. *Datenbanken*. SRA-Verlag, Stuttgart, 1976. *250, 256*

[MacLean et al. 90] A. MacLean, K. Carter, L. Lovstrand, T. P. Moran. User-Tailorable Systems: Pressing the Issues with Buttons. In *Human Factors in Computing Systems, CHI'90 Conference Proceedings (Seattle, WA)*, S. 175–182, New York, April 1990. ACM. *282*

[Mann/Thompson 87] William C. Mann, Sandra A. Thompson. Rhetorical Structure Theory: A Theory of Text Organization. In L. Polanyi (Hrsg.), *The Structure of Discourse*. Ablex, Norwood, NJ, 1987. *130, 132*

[Maurer 92] F. Maurer. Ein Wissensakquisitionssystem für hypermediabasierte Expertensysteme. In J. Biethahn, R. Bogaschewsky, U. Hoppe (Hrsg.), *Expertensysteme in der Wirtschaft 1992 — Anwendungen und Integration mit Hypermedia*. Gabler Verlag, 1992. *20*

[Maurer 93] F. Maurer. Validierung von konzeptuellen Modellen. In F. Puppe, A. Günter (Hrsg.), *Proceedings of Expertensysteme '93 / XPS'93, Hamburg, 17.-19. Februar*, Reihe Informatik aktuell, Springer-Verlag, Berlin, 1993. *20*

[McCall 91] R. McCall. PHI: A Conceptual Foundation for Design Hypermedia. *Design Studies*, Band 12(1), S. 30–41, 1991. *280*

[McGee 77] W. C. McGee. The Information Management System IMS/VS (4 Teile). *IBM Systems Journal*, Band 16(2), S. 84ff, 1977. *252*

[McMillan 92] W. W. McMillan. Computing for Users with Special Needs and Models of Computer-Human Interaction. In P. Bauersfeld, J. Bennet, G. Lynch (Hrsg.), *CHI'92, Human Factors in Computing Systems Conference Proceedings*, S. 143–152, New York, 1992. ACM SIGCHI. *193*

[Mertens et al. 90] P. Mertens, V. Borkowski, W. Geis. *Betriebliche Expertensystem-Anwendungen*. Reihe Betriebs- und Wirtschaftsinformatik. Springer-Verlag, Heidelberg, 1990. *19*

[Mesarovic 72] M. D. Mesarovic. A Mathematical Theory of General Systems. In G. J. Klir (Hrsg.), *Trends in General System Theory*, S. 251–269. Wiley, New York, 1972. *267*

[Meyer 92] H. Meyer. *Unterrichtsmethoden, I: Theorieband, 5. Auflage*. Cornelsen Verlag Scriptor, Frankfurt am Main, 1992. *100*

[Meyer-Wegener 91] K. Meyer-Wegener. *Multimedia-Datenbanken*. Teubner, Stuttgart, 1991. *152*

[Minsky 68] Marvin Minsky (Hrsg.). *Semantic Information Processing*. MIT Press, Cambridge, MA, 1968. *19*

[Mitchell et al. 86] T. Mitchell, R. Keller, S. T. Kedar-Cabelli. Explanation-Based Generalization: a Unifying View. *Machine Learning*, Band 1(1), S. 47–80, 1986. *144*

[Mittal et al. 86] S. Mittal, C. L. Dym, M. Morjarla. PRIDE: An Expert System for the Design of Paper Handling Systems. *Computer*, S. 102–114, Juli 1986. *34, 35*

[Mott 83] U. Mott. *Ein Mikrorechner-Übersetzer für die deutsche Blindenkurzschrift*. Diplomarbeit, Universität Karlsruhe, Fakultät für Informatik, 1983. *181*

[Motta et al. 90] E. Motta, T. Rajan, M. Eisenstadt. Knowledge Acquisition as a Process of Model Refinement. *Knowledge Acquisition*, Band 2(1), S. 21–49, März 1990. *24*

[Myers 89] B. A. Myers. User-Interface Tools: Introduction and Survey. *IEEE Software*, Band 6(1), S. 15–23, 1989. *61*

[Myers 90] B. A. Myers. Creating User Interfaces Using Programming by Example, Visual Programming and Constraints. *ACM Transactions Programming Languages and Systems*, Band 12(2), S. 143–177, 1990. *64*

[Myers 92] B. A. Myers. *State of the Art in User Interface Software Tools*. Technical Report CMU-CS-92-114, Carnegie Mellon University, February 1992. *62*

[Mynatt/Edwards 92] E. D. Mynatt, W. K. Edwards. Mapping GUIs to Auditory Interfaces. In *Proceedings of ACM Symposium User Interface and Technology - UIST'92*, S. 61–70, New York, 1992. ACM. *193*

[Nassi/Shneiderman 73] I. Nassi, Ben Shneiderman. Flowcharting Techniques for Structured Programming. *ACM SIGPLAN Notices*, Band 8(8), S. 12–26, 1973. *10*

[Negele 90] Alexander Negele. *Konfigurieren als interaktives Entwerfen*. Diplomarbeit, Universität Stuttgart und Universität Karlsruhe, Dezember 1990. *43*

[Negele/Rathke 91] Alexander Negele, Christian Rathke. Konex+: An Interactive Design Expert. In H.-J. Bullinger (Hrsg.), *Proceedings of the 4th International Conference on Human-Computer Interaction*, Band 2, S. 844–848, Elsevier, Amsterdam, September 1991. *33*

[Neubert 92] S. Neubert. Einsatz von Hypermedia im Bereich der modellbasierten Wissensakquisition. In J. Biethahn, R. Bogaschewsky, U. Hoppe (Hrsg.), *Expertensysteme in der Wirtschaft 1992 — Anwendungen und Integration mit Hypermedia*. Gabler Verlag, 1992. *24*

[Neubert 93] S. Neubert. *The Hyper Model — A Meditating Representation for Knowledge Acquisition*. Forschungsbericht, Institut für Angewandte Informatik und Formale Beschreibungsverfahren, Universität Karlsruhe, 1993. *24*

[Neubert/Maurer 92] S. Neubert, F. Maurer. *The Conceptual Model Construction Kit*. Forschungsbericht 257, Institut für Angewandte Informatik und Formale Beschreibungsverfahren, Universität Karlsruhe, November 1992. *20*

[Neubert/Oberweis 92] S. Neubert, A. Oberweis. Einsatzmöglichkeiten von Hypertext beim Software Engineering und Knowledge Engineering. In *Proceedings Hypertext & Hypermedia '92*, München, September 1992. *24, 32*

[Neubert/Studer 92] S. Neubert, R. Studer. The KEEP Model, a Knowledge Engineering Process Model. In T. Wetter, K.-D. Althoff, J. Boose, B. Gaines, M. Linster, F. Schmalhofer (Hrsg.), *Current Developments in Knowledge Acquisition — EKAW'92, Proceedings of the 6th European Knowledge Acquisition Workshop, Heidelberg and Kaiserslautern, 18.–22. Mai 1992*, Lecture Notes in Artificial Intelligence 599, S. 230–249, Springer-Verlag, Heidelberg, 1992. *32*

[Newell/Card 85] A. Newell, S. K. Card. The Prospects for Psychological Science in Human-Computer Interaction. *Human-Computer Interaction*, Band 1(3), S. 209–242, 1985. *277*

[Nielsen 90] J. Nielsen. *Hypertext & Hypermedia*. Academic Press, San Diego, 1990. *20, 23*

[Niemöller/Harke 93] M. Niemöller, U. Harke. Speeding up the Process of Multimedia Application Development. In *Proceedings of the "Multimedia Communications '93" Conference, Banff, Canada*, April 1993. *73*

[Nievergelt/Weydert 80] J. Nievergelt, J. Weydert. Sites, Modes, and Trails: Telling the User of an Interactive System where He Is, what He Can Do, and how to Get to Places. In R. A. Guedj (Hrsg.), *Methodology of Interaction*, S. 327–338. North Holland, Amsterdam, 1980. *10*

[Nohn 91] U. Nohn. *Konzeption und Teilrealisierung der Benutzerschnittstelle eines graphischen Dokumentationssystems für Endoskopiebefunde*. Diplomarbeit, Universität Heidelberg / Fachhochschule Heilbronn, 1991. *163*

[Norman 89] Donald A. Norman. *Dinge des Alltags. Gutes Design und Psychologie für Gebrauchsgegenstände*. Campus, Frankfurt/M, 1989. *46*

[Norman 90] D. A. Norman. Why Interfaces Don't Work. In B. Laurel (Hrsg.), *The Art of Human-Computer Interface Design*, S. 209–219. Addison-Wesley, Reading, MA, 1990. *274*

[Norman 93] D. A. Norman. *Things That Make Us Smart*. Addison-Wesley, Reading, MA, 1993. *282, 283*

[Norusis 90] M. J. Norusis. *SPSS/PC+ Advanced Statistics 4.0*. SPSS, Chicago, 1990. *166, 169*

[Nye 90] A. Nye. *X Protocol Reference Manual*. O'Reilly & Associates, 1990. *72*

[Ohlgart 92] C. Ohlgart. *Spezifikation eines Wissensbasierten Systems zur Konfiguration eines Versicherungspakets für Privatkunden*. Diplomarbeit, Institut für Angewandte Informatik und Formale Beschreibungsverfahren, Universität Karlsruhe, 1992. *27*

[Open Software Foundation 90a] Open Software Foundation. *OSF/Motif Programmer's Guide*. Prentice Hall, Englewood Cliffs, NJ, 1990. *63*

[Open Software Foundation 90b] Open Software Foundation. *OSF/Motif Style Guide*. Prentice Hall, Englewood Cliffs, NJ, 1990. *63, 65*

[Palermo 73] F. P. Palermo. *AN APL Implementation Of Relational Operators And A Search Algorithm*. IBM Interner Bericht IBM Research Lab San Jose, CA (RJ 1273), 1973. *255*

[Papert 80] S. Papert. *Mindstorms: Children, Computers and powerful Ideas*. Basic Books, New York, 1980. *117, 277*

[Payne/Green 83] S. Payne, T. Green. The User's Perception of the Interaction Language: A Two-Level Model. In A. Janda (Hrsg.), *CHI-83, Human Factors in Computing Systems Conference Proceedings*, S. 98–102, New York, December 1983. ACM SIGCHI/HFS. *96*

[Peter 92] Gerhard Peter. *Modellierung von Plänen zur Generierung von benutzerwissensangepaßten Handlungsanweisungen*. Diplomarbeit, Universität Konstanz, 1992. *138*

[Pfaff 85] G. E. Pfaff (Hrsg.). *Proceedings of the Workshop on User Interface Management Systems, Seeheim, FRG, November 1-3, 1983*, Berlin, 1985. EUROGRAPHICS, Springer-Verlag. *61*

[Piaget 48] J. Piaget. *Psychologie der Intelligenz*. Rascher Verlag, Zürich, 1948. *111*

[Polanyi 66] M. Polanyi. *The Tacit Dimension*. Doubleday, Garden City, NY, 1966. *284*

[Pregibon/Gale 84] D. Pregibon, W. A. Gale. REX: an Expert System for Regression Analysis. In T. Havranek, Z. Sidak, M. Novak (Hrsg.), *Compstat 84. Wien*, S. 242–248. Physica, 1984. *177*

[Puppe 88] F. Puppe. *Einführung in Expertensysteme*. Studienreihe Informatik. Springer-Verlag, Berlin, 1988. *230*

[Puppe 90] F. Puppe. *Problemlösungsmethoden in Expertensystemen*. Studienreihe Informatik. Springer-Verlag, Berlin, 1990. *230*

[Rasch/Jansch 89] D. Rasch, S. Jansch. *Computer Aided Design of Experiments and Modelling. CADEMO - Version 2.1. Handbuch*. H.A.N.D. GmbH, Wiesbaden, 1989. *177*

[Reinsch 88] R. Reinsch. Distributed Database for SAA. *IBM Systems Journal*, Band 27(3), S. 362 f, 1988. *257, 258*

[Reiter 87] R. Reiter. A Theory of Diagnosis from First Principles. *Artificial Intelligence*, Band 32, S. 57–95, 1987. *233*

[Rittel 84] H. W. J. Rittel. Second-Generation Design Methods. In N. Cross (Hrsg.), *Developments in Design Methodology*, S. 317–327. Wiley, New York, 1984. *276, 284*

[Robinson 90] Phillip Robinson. The Four Multimedia Gospels. *BYTE*, Band 15(2), S. 203–212, Februar 1990. *152*

[Rösner 88] Dietmar Rösner. The Generation System of the SEMSYN Project: Towards a Task-Independent Generator for German. In M. Zock, G. Sabah (Hrsg.), *Advances in Natural Language Generation: An Interdisciplinary Perspective*. Pinter Publishers. London, 1988. *138*

[Rösner/Stede 91] Dietmar Rösner, Manfred Stede. *Zur Rolle von Wissensrepräsentation und Textstruktur bei der automatischen Generierung technischer Dokumente*. Technischer Bericht FAW-TR-91029, FAW Ulm, 1991. *129*

[Rösner/Stede 92a] Dietmar Rösner, Manfred Stede. Customizing RST for the Automatic Production of Technical Manuals. In R. Dale, E. H. Hovy, D. Rösner, O. Stock (Hrsg.), *Aspects of*

Automated Natural Language Generation — Proceedings of the 6th International WS on Natural Language Generation, Lecture Notes in Artificial Intelligence 587. Springer-Verlag, Berlin, 1992. *132*

[Rösner/Stede 92b] Dietmar Rösner, Manfred Stede. A System for the Automatic Production of Multilingual Technical Documents. In G. Goerz (Hrsg.), *KONVENS 92*, Reihe Informatik aktuell. Springer-Verlag, 1992. *138*

[Rothstein 82] J. Rothstein. Physics of Selective Systems: Computation and Biology. *Int. J. Theoretical Physics*, Band 21(3/4), S. 327–350, 1982. *263*

[Sametinger/Stritzinger 91] J. Sametinger, A. Stritzinger. Ein Hypertext-Editor zur Software-Wartung. In H. Maurer (Hrsg.), *Hypertext und Hypermedia. IFB 276*, S. 249–256. Springer-Verlag, Heidelberg, 1991. *24*

[SAS 90] SAS (Hrsg.). *SAS/STAT user's guide, version 6, fourth edition.* SAS Institute Inc., Cary, NC, 1990. *166, 170*

[Schank/Abelson 77] R. C. Schank, R. P. Abelson. *Scripts, Plans, Goals and Understanding*. Lawrence Erlbaum Associates, 1977. *127*

[Scheid et al. 30] F. M. Scheid, W. Windau, G. Zehme. *System der Mathematik- und Chemieschrift für Blinde*. Marburg/Lahn, 1930. *181*

[Scheiffler/Gettys 86] R. W. Scheiffler, J. Gettys. The X Window System. *ACM Transaction on Graphic*, Band 5(2), S. 79–109, 1986. *67*

[Scherr 88] A. L. Scherr. SAA Distributed Processing. *IBM Systems Journal*, Band 27(3), S. 370 ff, 1988. *211, 257, 258*

[Schlageter/Stucky 77] G. Schlageter, W. Stucky. *Datenbanksysteme: Konzepte und Modelle.* Teubner, Stuttgart, 1977. *169, 175*

[Schmid 91] P. Schmid. *Ein Dialogprogramm zur Wiedergabe gedruckter Dokumente in ertastbaren Darstellungen.* Diplomarbeit Nr. 834, Universität Stuttgart, Institut für Informatik, 1991. *182*

[Schmidt-Lademann 85] F.-P. Schmidt-Lademann. Eine grafikfähige Rechnerschnittstelle für Blinde. In H.-J. Bullinger (Hrsg.), *Software-Ergonomie '85*, S. 355–365, Teubner, Stuttgart, 1985. *180*

[Schmitt 91] H. Schmitt. *"Layout by Example" —Layoutkritik aus Hintergrundwissen.* Diplomarbeit, FB Informatik der TH Darmstadt, 1991. *146*

[Schoen 83] D. A. Schoen. *The Reflective Practitioner: How Professionals Think in Action.* Basic Books, New York, 1983. *284*

[Schweikhardt 80a] W. Schweikhardt. A Computer Based Education System for the Blind. In S. Lavington (Hrsg.), *Information Processing 80*, North Holland, Amsterdam, 1980. *179*

[Schweikhardt 80b] W. Schweikhardt. Lernstrategien des computerunterstützten Unterrichts für blinde Schüler. In *Zusammenfassung der Referate des dritten deutschsprachigen DECUS München Symposiums*, S. 97–100, Esslingen a. N., 1980. *180*

[Schweikhardt 81a] W. Schweikhardt. *Eine rechnerunterstützte Lern- und Arbeitsumgebung für Blinde.* Dissertation, Universität Stuttgart, Fakultät Mathematik und Informatik, 1981. *179, 181*

[Schweikhardt 81b] W. Schweikhardt. The Impact of Micro-Computers on the Education of Blind Students. In R. Lewis, D. Tagg (Hrsg.), *Computers in Education*, North Holland, Amsterdam, 1981. *179*

[Schweikhardt 83] W. Schweikhardt. *Stuttgarter Mathematikschrift für Blinde, Vorschlag für eine 8-Punkt-Mathematikschrift.* Institutsbericht 8/1983, Universität Stuttgart, Institut für Informatik, 1983. *181*

[Schweikhardt 84] W. Schweikhardt. Representing Videotext-Pages to the Blind. In *3rd Annual Workshop on Computers and Handicapped*, S. 23–29, Wichita, Kansas, USA, 1984. IEEE Computer Society. *179*

[Schweikhardt 85a] W. Schweikhardt. Interaktives Erkunden tastbarer Grafiken durch Blinde. In H.-J. Bullinger (Hrsg.), *Software-Ergonomie '85*, S. 366–375, Teubner, Stuttgart, 1985. *179*

[Schweikhardt 85b] W. Schweikhardt. Teaching the Blind to Read Tactile Graphics by Computer. In K. Duncan, D. Harris (Hrsg.), *Computers in Educaton*, S. 719–724. Elsevier, 1985. *179*

[Schwerdtfeger 91] R. S. Schwerdtfeger. Making the GUI talk. *BYTE*, Band 16(13), S. 118–128, December 1991. *193*

[Senko et al. 73] M. E. Senko et al. Data Structures and Accessing in Data-Base Systems. *IBM Systems Journal*, Band 12(1), S. 30 ff, 1973. *258*

[Shafer 76] G. Shafer. *A Mathematical Theory of Evidence*. Princeton University Press, Princeton, NJ, 1976. *264*

[Shannon/Weaver 49] C. E. Shannon, W. Weaver. *The Mathematical Theory of Communication*. University of Illinois Press, Urbana, 1949. *263, 264*

[Shapiro 82] E. Y. Shapiro. *Algorithmic Programm Debugging*. MIT Press, Cambridge, MA, 1982. *143*

[Sheridan 87] T. B. Sheridan. Supervisory Control. In G. Salvendy (Hrsg.), *Handbook of Human Factors*, Kap. 9.6, S. 1243–1268. Wiley, New York, 1987. *236, 238*

[Shneiderman 83] Ben Shneiderman. Direct Manipulation: A Step Beyond Programming Languages. *IEEE Computer*, Band 16(8), S. 57–69, August 1983. *13, 65*

[Shneiderman/Kearsley 89] B. Shneiderman, G. Kearsley. *Hypertext Hands-on! An Introduction to a New Way of Organizing and Accessing Information*. Addision-Wesley, Reading, MA, 1989. *20, 23*

[Shortliffe 76] E. H. Shortliffe. *Computer-Based Medical Consultations: MYCIN*. Elsevier, New York, 1976. *167*

[Silverman 92] Barry G. Silverman. Survey of Expert Critiquing Systems: Practical and Theoretical Frontiers. *Communications of the ACM*, Band 35(4), S. 106–127, April 1992. *45, 140*

[Simon 73] Herbert A. Simon. The Structure of Ill-Structured Problems. *Artificial Intelligence*, Band 4, S. 181–201, 1973. *46, 139*

[Simon 81] H. A. Simon. *The Sciences of the Artificial*. MIT Press, Cambridge, MA, 1981. *275*

[Slaby et al. 85] W. A. Slaby, B. Eickenscheidt, H.-W. Kisker. Computerized Braille Translation on a Microcomputer. In W. A. Slaby et al. (Hrsg.), *Computerized Braille Production, Proceedings of the 5th International Workshop*, S. 267–272, Winterthur, 1985. *181*

[Smith 84] R. G. Smith. On the Development of Commercial Expert Systems. *AI Magazine*, Band 5(3), S. 61–73, 1984. *34*

[Stallman/Sussman 77] R. M. Stallman, G. J. Sussman. Forward Reasoning and Dependency-Directed Backtracking in a System for Computer-Aided Circuit Analysis. *Artificial Intelligence*, Band 9(2), 1977. *16*

[Stefik 86] M. J. Stefik. The Next Knowledge Medium. *AI Magazine*, Band 7(1), S. 34–46, Spring 1986. *275*

[Steinmetz et al. 90] Ralf Steinmetz, J. Rückert, W. Racke. Multimedia-Systeme. *Informatik-Spektrum*, Band 13(5), S. 280–282, Oktober 1990. *152, 159*

[Steinmetz/Herrtwich 91] R. Steinmetz, R. G. Herrtwich. Integrierte, verteilte Multimedia-Systeme. *Informatik-Spektrum*, Band 14(5), S. 249–260, Oktober 1991. *155*

[Stelovsky 84] Jan Stelovsky. *XS-2: The User Interface of an Interactive System*. Dissertation 7425, ETH Zürich, 1984. *10*

[Stelzner/Williams 86] M. Stelzner, M. D. Williams. *Specification by Reformulation: An Approach to Knowledge-based Interface Design*. Technischer Bericht, IntelliCorp, Mountain View, Ca., 1986. *45*

[Stephanidis/Weber 91] C. Stephanidis, G. Weber. *Access to graphical user interfaces for blind people*. Technischer Bericht, Royal National Institute for the Blind, London, 1991. *193, 198*

[Sterling/Yalçinalp 89] L. Sterling, L. Ü. Yalçinalp. Explaining Prolog-based Expert Systems Using a Layered Meta-Interpreter. In *Proceedings of the 11th International Joint Conference on*

Artificial Intelligence, Detroit (Michigan), S. 66–71, Morgan Kaufmann, Palo Alto, CA, 1989. *143*

[Suchman 87] L. A. Suchman. *Plans and Situated Actions*. Cambridge University Press, Cambridge, UK, 1987. *276*

[Sumner et al. 91] T. Sumner, S. Davies, A. C. Lemke, P. Polson. *Iterative Design of a Voice Dialog Design Environment*. Technischer Bericht, Department of Computer Science, University of Colorado, Boulder, CO, 1991. *280*

[SunSoft 91] SunSoft. *Open Windows Developer's Guide 3.0 User's Guide*. SunSoft, 1991. *63*

[Tesler 81] L. Tesler. The Smalltalk Environment. *BYTE*, Band 6(8), S. 90–147, August 1981. *11*

[The LOOM Project 91] The LOOM Project. *The LOOM Knowledge Representation System*. Documentation Package, USC/Information Science Institute, Marina Del Rey, CA, 1991. *136*

[Thiele 72] H. Thiele. Einige Bemerkungen zur Weiterentwicklung der Informationstheorie. In H. Scharf (Hrsg.), *Informatik. Nova Acta Leopoldina 37 (1972/1), Nr. 206*, S. 473–502. 1972. *263*

[Thimbleby 83] H. Thimbleby. 'What You See Is what You Have Got — a User Engineering Principle for Manipulative Display? In H. Balzert (Hrsg.), *Software-Ergonomie*, S. 70–84. Teubner, Stuttgart, 1983. *13*

[Tif88] Aldus Corporation, Seattle, WA. *Tiff-5.0-Specification (An Aldus/Microsoft Technical Memorandum)*, 1988. *185*

[Tou et al. 82] F. N. Tou, M. D. Williams, R. E. Fikes, A. Henderson, T. W. Malone. RABBIT: An Intelligent Database Assistant. In *Proceedings of AAAI-82, Second National Conference on Artificial Intelligence (Pittsburgh, PA)*, S. 314–318, August 1982. *45*

[Trigg et al. 86] R. H. Trigg, L. A. Suchman, F. G. Halasz. Supporting Collaboration in NoteCards. In *Proceedings of the Conference on Computer-Supported Cooperative Work (CSCW'86)*, S. 153–162, Austin, TX, December 1986. MCC. *276*

[Trigg et al. 87] R. H. Trigg, T. P. Moran, F. G. Halasz. Adaptability and Tailorability in NoteCards. In H.-J. Bullinger, B. Shackel (Hrsg.), *Proceedings of INTERACT'87, 2nd IFIP Conference on Human-Computer Interaction (Stuttgart, FRG)*, S. 723–728, North-Holland, Amsterdam, September 1987. *282*

[Tung/Schuenemeyer 91] S. T. Young Tung, J. H. Schuenemeyer. An Expert System for Statistical Consulting. *Journal of Applied Statistics*, Band 18, S. 35–47, 1991. *177*

[Vanderheiden 89] G. C. Vanderheiden. Non-Visual Alternative Display Techniques for Output from Graphics-Based Computers. *Journal of Visual Impairment & Blindness*, Band 83, S. 383–390, 1989. *198*

[VDI 92] VDI. *VDI-Richtlinie 6366: Anwendung der Simulationstechnik zur Materialflußplanung*. VDI Verlag, Düsseldorf, 1992. *48*

[Vetter 76] Max Vetter. *Datenstrukturen*. Dissertation, ETH-Zürich, 1976. *254, 255*

[v. Lucadou 89] W. v. Lucadou. Non-Locality in Complex Systems. In E. Rosseel, F. Heylighen, F. DeMeyere (Hrsg.), *Selfsteering and Cognition in Complex Systems. Studies in Cybernetics Vol II*. Gordon and Breach, New York, 1989. *263*

[v. Weizsäcker 70] C. F. v. Weizsäcker. *Einheit der Natur*. Hanser, München, 1970. *271*

[v. Weizsäcker 74a] C. F. v. Weizsäcker. Evolution und Entropiewachstum. In E. U. v. Weizsäcker (Hrsg.), *Offene Systeme I*, S. 200–221. Klett, Stuttgart, 1974. *265*

[v. Weizsäcker 74b] E. U. v. Weizsäcker. Pragmatische Information. In E. U. v. Weizsäcker (Hrsg.), *Offene Systeme I*, S. 82–113. Klett, Stuttgart, 1974. *263, 267, 269*

[v. Weizsäcker 85] C. F. v. Weizsäcker. *Aufbau der Physik*. Hanser, München, 1985. *265*

[v. Weizsäcker/v. Weizsäcker 84] E. U. v. Weizsäcker, C. F. v. Weizsäcker. Fehlerfreundlichkeit. In K. Kornwachs (Hrsg.), *Offenheit – Zeitlichkeit – Komplexität. Zur Theorie der offenen Systeme*, S. 166–201. Campus, Frankfurt, 1984. *272*

[Wallace 91] G. K. Wallace. The PEG Still Picture Compression Standard. *Communications of the ACM*, Band 34(4), S. 34–44, April 1991. *155*

[Warren 87] D. H. Warren. The SRI Model for OR-Parallel Execution of PROLOG — Abstract Design and Implementation Issues. In *Proceedings of the 1987 International Symposium on Logic Programming*. IEEE, 1987. *17*

[Waterman 86] D. A. Waterman. *A Guide to Expert Systems*. Addison-Wesley, Reading, MA, 1986. *229*

[Weber 89] Gerhard Weber. Reading and Pointing – Modes of Interaction for Blind Users. In G. X. Ritter (Hrsg.), *Information Processing '89*, S. 535–540, Elsevier, Amsterdam, 1989. *198*

[Weber 90] Gerhard Weber. FINGER — A Language for Gesture Recognition. In D. Diaper et al. (Hrsg.), *Proceedings of 3rd IFIP Conference on Human-Computer Interaction, Interact 90*, S. 689 – 694, Elsevier, Amsterdam, August 1990. *190*

[Weber 91] Gerhard Weber. Interaktionsformen neuerer Eingabegeräte für die Graphikanimation. In P. Lorenz, Ch. Klöditz (Hrsg.), *3. Fachtagung Computeranimation Magdeburg*, S. 70–82, Technische Universität Magdeburg, Magdeburg, Februar 1991. *191*

[Weber 92] G. Weber. Adapting Graphical Interaction Objects for Blind Users by Integrating Braille and Speech. In W. Zagler (Hrsg.), *Proceedings of 3rd International Conference Computers for Handicapped Persons*, S. 547–555. Oldenbourg, Wien, 1992. *198*

[Weber 93] G. Weber. Reading and pointing - new interaction methods for braille displays. In A. D. Edwards (Hrsg.), *Extra-Ordinary Human Computer Interaction*. Cambridge University Press, 1993. im Druck. *197*

[Weidenmann 88] B. Weidenmann. *Psychische Prozesse beim Verstehen von Bildern*. Hans Huber, Bern, 1988. *48*

[Weinand et al. 88] A. Weinand, E. Gamma, R. Marty. ET++ - An Object Oriented Application Framework in C++. In N. Meyrowitz (Hrsg.), *OOPSLA '88 Conference Proceedings, SIGPLAN Notices, Band 23 (11)*, S. 46–57, ACM Press, New York, 1988. *62*

[Wenger 87] Etienne Wenger. *Artificial Intelligence and Tutoring Systems. Computational and Cognitive Approaches to the Communication of Knowledge*. Morgan Kaufmann, Los Altos, Ca., 1987. Foreword by J. S. Brown and J. Greeno. *141*

[Wertheimer 57] M. Wertheimer. *Produktives Denken*. Waldemar Kramer, Frankfurt am Main, 1957. *111*

[Wheeler et al. 88] E. F. Wheeler et al. Introduction to Systems Application Architecture (SAA). *IBM Systems Journal*, Band 27(3), S. 250 ff, 1988. *257, 258*

[Wielinga et al. 91] B. J. Wielinga, A. Th. Schreiber, J. Breuker. *KADS: A Modelling Approach to Knowledge Engineering*. ESPRIT Project P5248 KADS-II, An Advanced and Comprehensive Methodology for Integrated KBS Development, Amsterdam, 1991. *20*

[Wielinga et al. 92] B. J. Wielinga, A. Th. Schreiber, J. Breuker. KADS — a Modelling Approach to Knowledge Engineering. *Knowledge Acquisition*, Band 4(1), S. 5–53, März 1992. *20, 21*

[Winograd/Flores 86] T. Winograd, F. Flores. *Understanding Computers and Cognition: A New Foundation for Design*. Ablex Publishing Corporation, Norwood, NJ, 1986. *285*

[Wirth 82] N. Wirth. *Programmieren in Modula-2*. Springer-Verlag, Berlin, 1982. 2. Aufl. *10*

[Wittkowski 85] K. M. Wittkowski. *Ein Expertensystem zur Datenhaltung und Methodenauswahl für statistische Anwendungen*. Dissertation, Universität Stuttgart, 1985. *166, 167, 172, 175*

[Wittkowski 86] K. M. Wittkowski. An Expert System for Testing Statistical Hypotheses. In T. J. Boardman (Hrsg.), *Computer Science and Statistics*. American Statistical Association, Washington, DC, 1986. *166*

[Wittkowski 87] K. M. Wittkowski. An Expert System Approach for Generating and Testing Statistical Hypotheses. In B. Phelps (Hrsg.), *Interactions in artificial intelligence and statistical methods*, S. 45–59. Unicom, Aldershot, 1987. *167*

[Wittkowski 88a] K. M. Wittkowski. Building a Statistical Expert System with Knowledge Bases of Different Levels of Abstraction. In D. Edwards, N. E. Raun (Hrsg.), *Compstat 1988. Heidelberg*, S. 129–134. Physica, 1988. *167*

[Wittkowski 88b] K. M. Wittkowski. Friedman-type Statistics and Consistent Multiple Comparisons for Unbalanced Designs. *Journal of the American Statistical Association*, Band 83, S. 1163–1170, 1988. *175*

[Wittkowski 88c] K. M. Wittkowski. Intelligente Benutzerschnittstellen für statistische Auswertungen. In F. Faulbaum, M. Uehlinger (Hrsg.), *Fortschritte der Statistik-Software 1*, S. 212–225. Fischer, Stuttgart, 1988. *173*

[Wittkowski 88d] K. M. Wittkowski. Knowledge Based Support for the Management of Statistical Databases. In M. Rafanelli, J. C. Klensin, P. Svensson (Hrsg.), *Statistical and Scientific Database Management*, Lecture Notes on Computer Science, S. 62–71. Springer-Verlag, Berlin, 1988. *167, 169*

[Wittkowski 89] K. M. Wittkowski. An Asymptotic UMP Sign Test for Discretized Data. *The Statistician*, Band 38, S. 93–96, 1989. *169*

[Wittkowski 90] K. M. Wittkowski. Statistical Knowledge-Based Systems – Critical Remarks and Requirements for Approval. *Comp. Methods and Programs in Biomedicine*, Band 33, S. 255–259, 1990. *166, 167, 172, 177*

[Wittkowski 91] K. M. Wittkowski. A Structured Visual Language for a Knowledge-Based Front-End to Statistical Analysis Systems in Biomedical Research. *Comp. Methods and Programs in Biomedicine*, Band 35, S. 59–67, 1991. *169, 177*

[Wittkowski 92a] K. M. Wittkowski. An Extension to Wittkowski. *Journal of the American Statistical Association*, Band 87, S. 258, 1992. *175*

[Wittkowski 92b] K. M. Wittkowski. A Knowledge-Based Interface to Statistical Analysis Systems – Report on the Current Status of the MS-DOS Implementation. In F. Faulbaum (Hrsg.), *SoftStat '91 - Advances in Statistical Software 3*, S. 57–64. Fischer, Stuttgart, 1992. *166, 169, 170, 176*

[Wittkowski 92c] K. M. Wittkowski. Statistical Analysis of Unbalanced and Incomplete Designs – Experiences with BMDP and SAS. *Computational Statistics and Data Analysis (Section IV: Statistical Software Newsletter)*, Band 14, S. 119–124, 1992. *166, 169, 170*

[Wittlinger/Zillig 91] G. Wittlinger, K. Zillig. *Cash Handling System CHS*. IS Seminar, IBM intern, Dezember 1991. *215*

[Wolstenholm/Nelder 86] D. E. Wolstenholm, J. A. Nelder. A Front End for GLIM. In R. Haux (Hrsg.), *Expert Systems in Statistics*, S. 155–178. Fischer, Stuttgart, 1986. *177*

[Workshop 91] Workshop. *Liste der eingereichten Abstracts*. Workshop „Expertensysteme und Hypermedia“ 7.11.1991, Kaiserslautern, 1991. *24*

[Wright et al. 88] J. R. Wright, J. E. Zielinski, E. M. Horton. Expert Systems Development: The ACE System. In J. Liebowitz (Hrsg.), *Expert System Applications to Telecommunications*, Wiley Series in Telecommunications, S. 45–72. Wiley, New York, 1988. *236*

[Zemanek 72a] H. Zemanek. Informale und formale Beschreibung (1). *IBM Nachrichten*, Band 22(211), S. 175–179, Juli 1972. *265*

[Zemanek 72b] H. Zemanek. Informale und formale Beschreibung (2). *IBM Nachrichten*, Band 22(212), S. 279–283, Oktober 1972. *265*

[Zloof 77] M. E. Zloof. Query-By-Example: A Data Base Language. *IBM Systems Journal*, Band 16(4), S. 324 ff, 1977. *257*

[Zucker 74] F. J. Zucker. Information, Entropie, Komplementarität und Zeit. In E. U. v. Weizsäcker (Hrsg.), *Offene Systeme I*, S. 35–81. Klett, Stuttgart, 1974. *265*

Die Autoren

Joachim Bauer wurde 1956 in Böblingen geboren. Er studierte Informatik an der Universität Stuttgart, wo er 1981 die Diplomprüfung bestand. Von Dezember 1981 bis April 1988 war er wissenschaftlicher Mitarbeiter in der Abteilung Dialogsysteme des Instituts für Informatik der Universität Stuttgart. Von 1981 bis 1983 beschäftigte er sich mit Texteditoren. Seit 1983 arbeitete er schwerpunktmäßig an Hilfesystemen. Mit einem Thema aus diesem Bereich promovierte er im März 1988. Seit Juni 1988 arbeitet er bei der Firma IBM in Böblingen. Derzeit ist er in der Produktentwicklung beschäftigt.

Heinz-Dieter Böcker ist seit 1990 Leiter des Forschungsbereiches "Cognitive User Interfaces" am Institut für Integrierte Publikations- und Informationssysteme (IPSI) der Gesellschaft für Mathematik und Datenverarbeitung (GMD) in Darmstadt. Nach dem Studium der Psychologie war er in den Jahren 1975–1979 Mitarbeiter des deutschen LOGO-Projektes. Seine Tätigkeit am Institut für Informatik der Universität Stuttgart in den Jahren 1980–1990 war nach der Promotion im Jahre 1984 durch einen einjährigen Aufenthalt an der University of Colorado, Boulder unterbrochen.

Anton Brenner, geb. 1946, Lehramtsstudium für Grund-, Haupt- und Realschulen (1966-1969), Lehramtsstudium für Gymnasien (1971–1974, Fächer: Mathematik und Physik), Promotion zum Dr. rer. nat. im Fachbereich Informatik der Universität Stuttgart (1978), Lehrer an Realschulen (1969–1971), Assistent an der Pädagogischen Hochschule Schwäbisch Gmünd im Fach Mathematik (1974–1977), Dozent und Professor für Mathematik und ihre Didaktik an der Pädagogischen Hochschule Weingarten (1977–1989), seit 1989 Professor für Didaktik der Informatik an der Pädagogischen Hochschule Weingarten.

Nach dem Studium der Informatik war **Thomas Fehrle** von 1985 bis 1989 am Institut für Informatik der Universität Stuttgart in der Abteilung Dialogsysteme beschäftigt. Seitdem ist er bei der IBM Deutschland GmbH mit dem Schwerpunkt benutzerorientierte Software-Entwicklung in Projekten für System- und Anwendungssoftware tätig.

Gerhard Fischer ist seit 1984 Professor am Computer Science Department und Mitglied des Institute of Cognitive Science an der University of Colorado, Boulder. In den Jahren 1979 bis 1984 war er am Institut für Informatik der Universität Stuttgart tätig, zunächst als Assistent, nach der Habilitation im Jahre 1982 als Professor. An der Universität Hamburg hat er 1977 promoviert.

Wolfgang Glatthaar. 1972 Staatsexamen in Mathematik und Physik an der Universität Tübingen. 1974 Promotion in Informatik, Universität Stuttgart. 1973-1977 wissenschaftlicher Assistent bei Prof. Dr. E. J. Neuhold, Lehrstuhl Software, Universität Stuttgart. Seit 1977 Mitarbeiter der IBM Deutschland GmbH mit verschiedenen Entwicklungsaufgaben von Anwendungs- und Systemsoftware. Seit 1988 Direktor des Bereichs Wissenschaft. Mehrere Lehraufträge an den Universitäten Tübingen, Stuttgart und Chemnitz. 1992 Honorarprofessor an der TU Chemnitz. 1992/1993 Vizepräsident der Gesellschaft für Informatik.

Albrecht Hampp wurde 1958 in Marbach/Neckar geboren. Er absolvierte in Ludwigsburg Realschule und Technisches Gymnasium. Von 1978 bis 1984 studierte er Informatik an der Universität Stuttgart mit dem Schwerpunkt Mensch-Maschine-Kommunikation. Im Anschluß an das Studium sammelte er bei der ANT Nachrichtentechnik GmbH in Backnang Erfahrungen in der industriellen Softwareentwicklung. 1986 kehrte er, jetzt als Mitarbeiter bei Prof. Dr. Gunzenhäuser, an die Universität Stuttgart zurück. Er arbeitete dort drei Jahre in dem vom BMFT geförderten Software-Engineering Verbundprojekt PROSYT mit. Im Juli 1989 promovierte er an der Fakultät Informatik der Universität Stuttgart mit der Arbeit „Bedienergesteuerte Anpassung einer Benutzungsoberfläche unter Berücksichtigung verschiedener Dialogformen und Interaktionstechniken". Seit dem gleichen Jahr ist Albrecht Hampp im Entwicklungslabor der IBM Deutschland GmbH in Böblingen beschäftigt. Er ist dort verantwortlich tätig in der Entwicklung einer PC-basierten Benutzungsschnittstelle für das Host-Betriebssystem VSE/ESA.

Christine Helms, 1968 in Erfurt geboren, studierte 1986–1990 Informatik in Dresden und Magdeburg. Im Anschluß daran nahm sie ein Forschungsstudium am Institut für Fördertechnik, Stahlbau und Logistik an der TU Magdeburg auf und reichte im März 1993 ihre Dissertation ein.

Michael Herczeg wurde 1956 in Ludwigsburg geboren. Er begann 1976 mit dem Studium der Informatik an der Universität Stuttgart und bestand 1982 die Diplomprüfung. Von 1979 bis 1982 war er als freier Mitarbeiter der GfP mbH Stuttgart mit der Realisierung interaktiver Softwaresysteme für juristische Anwendungen beschäftigt. Von 1982 bis 1988 arbeitete er als wissenschaftlicher Mitarbeiter in der Forschungsgruppe INFORM am Institut für Informatik der Universität Stuttgart. Er promovierte dort 1986 mit einem Thema zur objektorientierten Architektur von Benutzerschnittstellen. Von 1988 bis 1992 war er als Projektleiter für wissensbasierte Systeme in der Grundlagenentwicklung der ANT Nachrichtentechnik GmbH (Bosch Telecom) in Backnang tätig, wo er die Realisierung mehrerer Expertensysteme leitete. Seit 1992 ist er Gruppen- und Projektleiter für Software-Entwicklung bei der Alcatel-SEL AG in Stuttgart. Sein Aufgabenbereich liegt derzeit in der Entwicklung von Benutzerschnittstellen für Netz-Management-Systeme. Seit 1989 hat er einen Lehrauftrag für Software-Ergonomie an der Fakultät Informatik der Universität Stuttgart.

Feodora Herrmann studierte Informatik an der Universität Stuttgart und promovierte 1983 in der Abteilung Dialogsysteme. Im selben Jahr begann sie bei der Hewlett-Packard GmbH und ist heute Projektleiterin im Forschungs- und Technologiezentrum in Böblingen. Ihre Aufgabe ist der Transfer von neuen Software-Technologien in die dortigen Entwicklungsabteilungen. Arbeitsschwerpunkte sind zur Zeit Expertensysteme, Fuzzy Logic und Neuronale Netze.

Heinz Ulrich Hoppe, geb. 1954; Studium der Mathematik und Physik an der Universität Marburg; erste und zweite Staatsprüfung für das Lehramt an Gymnasien 1978 bzw. 1980. Bis Ende 1983 wissenschaftlicher Mitarbeiter in einem Projekt zum computerunterstützten Problemlösen im Mathematikunterricht an der PH Eßlingen; 1984 Promotion zum Dr.rer.soc. an der Universität Tübingen; bis 1987 wissenschaftlicher Mitarbeiter am Fraunhofer-Institut IAO in Stuttgart; danach am GMD-Institut für Integrierte Publikations- und Informationssysteme in Darmstadt Abteilungsleiter im Bereich Benutzerschnittstellen und Kognitive Ergonomie; im August/September 1990 Gastprofessor in der Abteilung Informatik der Universidad Católica in Santiago (Chile); im Wintersemester 1992/93 Lehrstuhlvertretung für Informatik und ihre Didaktik an der Universität Duisburg. Forschungsschwerpunkte: aufgabenorientierte, adaptive Benutzungsschnittstellen, intelligente Tutorsysteme, logikbasierte Verfahren des maschinellen Lernens.

Klaus Kornwachs, Jahrgang 1947, Studium von 1966–1973 der Mathematik und Philosophie in Tübingen, Freiburg, Kaiserslautern. 1973 Diplom in Physik, 1975 Visiting Fellow an der University of Massachusetts in Amherst, USA. 1976 Promotion in analytischer Sprachphilosophie. Lehraufträge in Freiburg, Stuttgart, Ulm. Von 1977 bis 1981 war er wissenschaftlicher Mitarbeiter und Mitgründer der Arbeitsgruppe „Angewandte Systemanalyse" am Stuttgarter Fraunhofer-Institut für Produktionstechnik und Automatisierung, danach am Fraunhofer-Institut für Arbeitswirtschaft und Organisation. 1987 Habilitation an der Universität Stuttgart für das Fach Philosophie mit einem systemtheoretischen Thema. 1989 Abteilungsleiter für Technikfolgenabschätzung am Fraunhofer-Institut für Arbeitswirtschaft und Organisation. Er gründete 1988 die Deutsche Gesellschaft für Systemforschung, deren Vorsitzender er ist, er wurde 1990 Honorarprofessor für Philosophie am Humboldt-Zentrum der Universität Ulm, und er ist Träger des SEL-Forschungspreises Technische Kommunikation der SEL Stiftung Stuttgart des Jahres 1991. Seit September 1992 Lehrstuhlinhaber für Technikphilosophie der Technischen Universität Cottbus.

Heinz Kreibohm, geb. 1945, Alfeld/Leine; 1971 Diplom in Mathematik, Nebenfach Informatik; 1971–1974 Wissenschaftlicher Mitarbeiter am Universitätsrechenzentrum Ulm; 1974–1977 Wissenschaftlicher Mitarbeiter am Institut für Informatik der Universität Stuttgart; 1977 Promotion; seit 1977 bei der IBM Deutschland GmbH: 10 Jahre Anwendungsentwicklung (Programmierung, Design, Datenmodellierung, Projektleitung, Projektsteuerung und Management internationaler Großprojekte); seit 1987 Manager im Vertrieb (1987–1993 Leiter der Systemberatung Versicherungen, seit 1993 Vertriebsleiter Versicherungen).

Theo Lutz, Dipl. math., Dr.rer.nat., geb. 1932 in Tübingen. Studium der Mathematik, Physik und Elektrotechnik (Stuttgart und Tübingen). 1959 bis 1966 bei Standard Elektrik Lorenz in verschiedenen Funktionen für technische, wissenschaftliche und kaufmännische Datenverarbeitung. Seit 1966 bei der IBM, zuerst in der Anwendungsentwicklung, dann im Außendienst in Stuttgart und Köln. 1973/74 Dozent am Europäischen Institut für Systemforschung (ESRI) der IBM in Genf und Brüssel, Fakultätsmitglied für Datenbanken und Informationssysteme. 1976 Promotion (Ein statistisches Datenmodell) an der Universität Stuttgart. 1975 bis 1983 Leiter der Abteilung Produktprognosen im Planungsbereich der IBM Deutschland. 1983 bis 1987 Leiter der Abteilung Unternehmen und Umfeld. Seit 1988 über ein Vorruhestandsprogramm der IBM freiberuflich tätig.

Susanne Neubert, Jahrgang 1963, studierte von 1983 bis 1989 Informatik an der Universität Erlangen/Nürnberg. Seit 1990 ist sie wissenschaftliche Mitarbeiterin am Institut für Angewandte Informatik und Formale Beschreibungsverfahren der Universität Karlsruhe (TH). Sie beschäftigt sich mit der Integration von Hypermedia im Bereich des Wissenserwerbs.

Gerhard Peter, Jahrgang 1947, studierte nach einer Banklehre von 1970 bis 1975 Informatik an der Universität Stuttgart. Von 1975 bis 1980 war er Assistent am Institut für Informatik der Universität Stuttgart, wo er 1982 auch promovierte. Seit 1980 ist er Professor an der Fachhochschule Heilbronn.

Christian Rathke war von 1980 bis 1986 wissenschaftlicher Mitarbeiter in der Abteilung Dialogsysteme an der Universität Stuttgart, wo er im Oktober 1986 mit einem Thema aus dem Gebiet der Wissensverarbeitung promovierte. Von 1985 bis 1988 war er an der University of Colorado in Boulder, USA, zuletzt als Assistant Research Professor tätig. Seit 1988 ist er wissenschaftlicher Assistent in der Abteilung Intelligente Systeme des Instituts für Informatik an der Universität Stuttgart.

Wolf-Fritz Riekert ist wissenschaftlicher Mitarbeiter der Siemens Nixdorf Informationssysteme AG in München. Am Forschungsinstitut für anwendungsorientierte Wissensverarbeitung (FAW) in Ulm leitet er derzeit ein Forschungsprojekt zur objektorientierten Datenhaltung für geographische Informationssysteme. W.-F. Riekert erwarb das Diplom in Mathematik an der Universität Stuttgart. In der Abteilung Dialogsysteme des Instituts für Informatik der Universität Stuttgart promovierte er mit dem Thema „Werkzeuge und Systeme zur Unterstützung des Erwerbs und der objektorientierten Modellierung von Wissen".

Dietmar Rösner, 1978 Diplom in Mathematik an der Universität Stuttgart; Mitte 1983 bis Ende 1987 wissenschaftlicher Mitarbeiter in der Abteilung Dialogsysteme (BMFT-Projekt SEMSYN); Herbst 1986 Promotion bei Prof. Gunzenhäuser und Prof. Rohrer; seit Mai 1988 leitender Wissenschaftler für Mensch-Maschine-Kommunikation und Assistenzsysteme am FAW in Ulm.

Matthias Schneider-Hufschmidt studierte von 1976 bis 1982 Informatik an der Universität Stuttgart und am Massachusetts Institute of Technology in Cambridge, USA. Nach einem kurzen Zwischenspiel als freier Mitarbeiter in Forschungsprojekten in Paris und Stuttgart kehrte er als Assistent in die INFORM-Gruppe am Lehrstuhl für Dialogsysteme an der Universität Stuttgart zurück, wo er sich mit objektorientierten Programmierumgebungen beschäftigte. Nach seiner Promotion im Jahr 1986 wechselte er zur Zentralabteilung Forschung und Entwicklung der Siemens AG in München. Dort war er an verschiedenen ESPRIT-Projekten aus den Bereichen Software-Verifikation und Systemkonfiguration beteiligt. Seit 1991 leitet er eine Forschungsgruppe für Interaktionsmethoden, die sich mit Benutzungsoberflächen-Entwurf sowie adaptiven und intuitiven Benutzungsoberflächen befaßt.

Waltraud Schweikhardt, Jahrgang 1949, studierte von 1968 bis 1973 Mathematik an der Universität Stuttgart, wo sie 1981 am Institut für Informatik über rechnerunterstützte Lern- und Arbeitsumgebungen für Blinde promovierte. Seit 1977 ist sie wissenschaftliche Mitarbeiterin der Abteilung Dialogsysteme dieses Instituts und seit 1982 Leiterin der Forschungsgruppe „Angewandte Informatik für Blinde". In mehreren Projekten hat sie sich mit der rechnerunterstützten Integration von Blinden in Schule und Beruf beschäftigt. In einem Projekt der DFG wurde in ihrer Gruppe Bildschirmtext für Blinde zugänglich gemacht.

Thomas Strothotte, 1959 in Kanada geboren, ist seit 1990 Professor für Praktische Informatik an der Freien Universität Berlin. Er studierte 1976 bis 1984 Physik und Informatik in Vancouver, Stuttgart, Montréal und Waterloo/Ontario und war anschließend in der Forschung am INRIA Rocquencourt bei Paris, an der Universität Stuttgart (wo er sich 1989 habilitierte) und am Wissenschaftlichen Zentrum der IBM in Heidelberg tätig.

Rudi Studer. Studium der Informatik an der Universität Stuttgart. 1977–1985 wissenschaftlicher Mitarbeiter am Institut für Informatik der Universität Stuttgart. 1982 Promotion und 1985 Habilitation ebendort. 1985–1989 Projekt- und Abteilungsleiter am Wissenschaftlichen Zentrum der IBM Deutschland GmbH. Seit 1989 ordentlicher Professor für Angewandte Informatik an der Fakultät für Wirtschaftswissenschaften der Universität Karlsruhe (TH).

Gerhard Weber wurde nach dem Studium der Informatik an der Universität Stuttgart 1984 wissenschaftlicher Mitarbeiter in der Abteilung Dialogsysteme des Instituts für Informatik. Nach einem einjährigen Aufenhalt zum Unterrichten blinder Schüler in Philadelphia, USA promovierte er 1989. Im Anschluß an einen Forschungsaufenhalt an der University of Western Ontario wurde er 1990 Mitarbeiter der Fa. Papenmeier GmbH & Co, KG, einem Hersteller von Brailleanzeigen. Seit 1991 ist Gerhard Weber Technischer Leiter des EG Projekts GUIB, das Blinden Zugang zu graphischen Benutzungsoberflächen verschafft.

Knut M. Wittkowski arbeitet seit 1982 am Institut für Medizinische Biometrie der Universität Tübingen (biometrische Beratung von Forschungsprojekten in der Medizin, selbständige Lehrtätigkeit in Medizinischer Statistik und Epidemiologie). Nach einer Fortbildung in Physiologie, Endokrinologie, Epidemiologie und Parasitologie erhielt er 1984 das Zertifikat „Medizinische Biometrie". 1985 promovierte er am Institut für Informatik der Universität Stuttgart bei Prof. Rul Gunzenhäuser über „Ein Expertensystem zur Datenhaltung und Methodenauswahl für statistische Anwendungen" zum Dr. rer. nat. Nach einem einjährigen Forschungsaufenthalt 1989 am Department of Computer Science, University of Pittsburgh als Public Health Service International Research Fellow habilitierte er sich 1993 für das Fach „Medizinische Biometrie" mit seinen Arbeiten zum Thema „Die Analyse ungenau erfaßter Daten mit Hilfe eines wissensbasierten Auswertungssystems". Schwerpunkte seiner Forschungstätigkeit sind die Weiterentwicklung nichtparametrischer Verfahren, ihre Anwendung bei klinischen Studien und epidemiologischen Fragestellungen (insbesondere zu AIDS/HIV und Bilharziose) sowie die Unterstützung dieser Anwendung durch wissensbasierte Systeme.

Index

Abelson, R. P. 127, *301*
Ackermann, D. *289, 295*
Adey, R. A. *292*
Aggregation
  interaktive 69
Algol 7
algorithmisches Problemlösen 104, 107
Allgemeine Systemtheorie 263
Althoff, K.-D. *299*
Anforderungen
  zeitliche 231
Angele, J. 20–22, 24, *288*
Anjewierden, A. 24, *288*
Anpaßbarkeit 35
Anwendungen
  programmierbare 278
Anwendungslogik 211
Appelrath, H.-J. 154, *288*
Application Frameworks 62
Applikationsshell 245
Arbeitsbereich 38
Arbeitsplatzmodell 213
Arnheim, R. 48, *288*
Arnold, U. 158, 162, 163, *288*
Aschacher, D. 24, *289*
Asprion, S. 163, *288*
Atmansbacher, H. 263, *288*
Attraktor, 266
Atwood, M. E. 281, *288*
Aufgabe 50
Aufgabenangemessenheit 94
Ausgabegeräte
  akustische 190
  taktile 190
Autonomie 272

Bahe, C. 249, *288*
Balzert, H. *289, 303*
Barker, V. E. 38, 45, *289*
Barr, A. 230, *289*
BASIC 105
Bateman, J. A. 136, *289*
Bauer, J. 75, 141, *289*
Bauersfeld, P. *298*
Bedienungsanleitung 232
Begeman, M. 280, *290*
Behinderte 179
  sensorisch 179
Bennet, J. *298*
Benutzbarkeit 91
Benutzeragent 142
Benutzergruppen 278
Benutzungsfreundlichkeit 91
Benutzungsoberfläche
  adaptierbare 63
  adaptive 63
  lexikalische Ebene der 193
  objektorientierte 11
  semantische Ebene der 193
  syntaktische Ebene der 193
Benutzungsschnittstelle 208
  anwendungsorientierte 208
  direkte Manipulation 208
  formulargetriebene 208
  Frage-Antwort 208
  grafische 209
  kommandogetriebene 208
  menügetriebene 208
  natürlichsprachliche 208
  objektorientierte 75, 209
Benutzungsschnittstellenbaukasten 75, 202
Benutzungsschnittstellenspezifikation 78
Beratungssysteme 232
Bereichstheorie 144
Bestätigung 269
Bézivin, J. *290*
Biermann, A. W. 139, *289*
Biethahn, J. *295, 298, 299*
Bildbereich 184
Bildschirmkopie
  virtuelle 193
Bildung
  informationstechnische 107
Billault, J.-P. *289*
Biologie 271

Bjoerner, D. 24, *289*
Black-box-System 268
Blankertz, H. 100, *289*
Blauert, J. 199, *289*
Blinde 190
Blindenkurzschrift 181
Blindenschrift 180
Blindenschriftzeile 185
BLK *289*
Blum, R. L. 177, *289*
Boardman, T. J. *304*
Böcker, H.-D. 14, 278, *289*, *293*
Bösze, J. 24, *289*
Bogaschewsky, R. *295*, *298*, *299*
Boose, J. *299*
Borkowski, V. 19, *298*
Brachman, R. *289*
Braille 190
Brailleanzeige 190, 199
    virtuelle 197
Bramer, E. A. *295*
Brander, S. 50, *289*
Brauer, W. *296*
Bredeweg, B. *289*
Bremermann, M. J. 266, *289*
Brenner, A. 100
Breuker, J. 21, 22, *289*, *304*
Brooks, F. P. 275, *289*
Brown, G. 34, *289*
Brown, J. S. 283, *291*
Budge, B. 34, *289*
Bullinger, H.-J. 193, 229, *288*, *289*, *296*, *297*, *299*, *301*, *303*
Burns, B. 281, *288*
Burton, R. 283, *291*
Bush, V. 276, *289*
Buxton, W. S. 198, *290*

Calder, P. R. 68 *298*
Campbell, R. L. 277, *290*
Card, S. K. 96, 277, *290*, *299*
Carroll, J. M. 277, *290*
Carter, K. *298*
Carter, L. 282
Carvallo, M. *296*
CASE 24
case-based reasoning 139
Cawsey, A. *297*
Chandrasekaran, B. 140, *290*
Checkliste 232
Chew, J. C. *292*
Christensen, R. 266, *290*
Client-Server-Architektur 71
Clocksin, W. F. 15, *290*
Cobol 281, 283
Codd, E. F. 253–255, *290*
Codieren 105, 108
Cohen, P. R. 230, *289*
Cointe, P. *290*
Computer als Werkzeug 102
Computer-'Schriftgelehrte' 277
Computeranimation 48
Computerspiele 101
Computertomographie 157
Conceptual Model Construction Kit 20
Conklin, J. 20, 280, *290*
Constraintnetz 234
CREATE! 52
Cross, N. 283, *290*, *300*
CUA-Standard 75, 76, 208
Cuena, J. *288*
cursor routing *siehe* Cursorziehen
Cursorverfolgung 196
Cursorziehen 196
Curtis, B. 285, *290*
Cybulsky, J. L. 24, *290*

Dale, R. *295*, *300*
Darstellungen
    graphische 242
data entity 250
Date, C. J. 252, 258, *290*
Datei
    sequentielle 8
Datenbank 249
    relationale 254
Datenbank-Management-Systeme 250
Datenelement 249
Datenlogik 211
Datenmodell 213
Datensatz 250
Davies, S. 281, *303*

Davis, R. 233, 245, *290*
DB-Management-Modell 252
DB-Modell 252
DBMS 250
DeKleer, J. 234, *290*
DeMeyere, F. *303*
DeMichiel, L. G. 12, *290*
Design 283
Designexperten 40
Designumgebungen
  bereichsspezifische 278
  Evolution von 285
  Systemarchitektur für 280
  wissensbasierte 34
de Greef, P. 177, *289, 290*
de Hoog, R. *289*
DFS-Kopernikus 237
Diagnose
  automatische 238
  heuristische 232
  medizinische 232
  modellbasierte 233
  technische 230, 232
  wissensbasierte 234
Diagnosebaum 233
Diagnosemodus 237
Diagnoseregeln
  heuristische 232
Diagnosestrategie 235
Diagnosesysteme
  autonome 232
  heuristische 232
  kooperative 234
  modellbasierte 232
Dialog
  benutzergesteuerter 9, 105
  computergesteuerter 9, 102
  strukturiert 170
  über Kommandosprache 107
Dialogfokus 195
Dialoginitiative 35
Dialogmodell 66
Dialogmodus 10
Dialogsprache 106
Dialogsystem 9
Diaper, D. *290, 304*
Didaktik der Informatik 100, 101, 105, 107, 111, 118
Diel, H. 76, *291*
Dietterich, T. G. 144, *292*
DIN *291*
direkte Manipulation 13, *siehe* Benutzungsschnittstelle
Dixon, W. J. 166, 170, *291*
Doblaski, L. 209, 213, 214, *291*
Dokumente
  gedruckte 179
  multilinguale 130
domain model 136
DOS 192
Draper, S. W. 275, *291, 295*
Duce, D. A. 152, *291*
Dürre, K. P. 180, *291*
Duncan, K. *302*
Duvenbeck, H. 76, *291*
Dym, C. L. 34, 35, *298*

Ebert, R. 265, *291*
Eckroth, D. *289*
Edelmann, W. 50, *291*
Eden, H. 278, *289*
EDV-Technologie 271
Edwards, A. D. *304*
Edwards, D. *305*
Edwards, W. K. *299*
Effizienz 273
Ehn, P. 276, 277, 283, *291*
Eickenscheidt, B. 181, *302*
Eisenberg, M. 278, *291*
Eisenstadt, M. 24, *298*
Elementargeschäftsvorgänge 214
Elliman, A. D. 167, *291*
EMACS 13
Emerson, S. 256, *291*
Empfänger 267
Endbenutzermodifizierbarkeit 284
Endbenutzerprogrammierung 278
Endres, A. *289*
Energieversorgungsnetze 230
Engelke, J. 211, *291*
Entropie 265
Entscheidungsbaum 232

Entscheidungsgraph 232
Entwerfen
 wissensbasiertes 33
Entwicklungsprozeß
 evolutionärer 231
 iterativer 94
Erfahrungswissen 232
Erklärungen
 kausale 233, 234
Erklärungskomponente 172
Erkunden
 des Bildschirms 195
Erstmaligkeit 269
Erwartungskonformität 94
Evaluation 94
Expertensystem 15, 221
 interaktives 230, 237
Expertensystemshell 245
Eyferth, K. 105, *291*

Fähigkeiten
 maschinelle 234
 menschliche 234
 sensorische 235
Faulbaum, F. *305*
Fehlerbehebung 230, 231
 automatische 238
Fehlerbehebungsgraph 232
Fehlerfreundlichkeit 273
Fehleridentifikation 231
Fehlerrobustheit 94
Fehrle, T. 91
Feigenbaum, E. A. 230, *289*
Feldstudie 95
Fellbaum, K. *293*
Fensel, D. 20–22, 24, *288*
Fikes, R. E. 45, *303*
Fischer, G. 14, 34–36, 45, 63, 140–142, 274, *289*, *291*, *292*, *297*
Flann, N. S. 144, *292*
Flores, F. 285, *304*
Formel
 relationale 256
FRAMER 45
Frayman, F. 38, *292*
Freud, E. 181, *293*
Friehoff, T. 180, *291*
Funktionsmodell 234
Funktionssimulation 247
Fuzzy-Maße 265

Gabriel, R. P. 12, *290*
Gaines, B. *299*
Gale, W. A. 177, *293*, *300*
Gamm, W. 222, *293*
Gamma, E. 62, *304*
Gance, S. 281, *297*
Gantt, M. 278, *293*
Garg, P. K. 24, *293*
Gaver, W. W. 199, *293*
Geis, W. 19, *298*
Generalisierung
 erklärungsbasierte 144
Generierung
 von Dokumenten 128
Genesereth, M. R. 234, *293*
Geometrie 179
Gerätemodell 246
Gerätestruktur 234
Geräuschwiedergabe 199
Gero, J. S. 33, *293*
Geschäftsvorgänge 207, 214
Geschäftsvorgangsprozessor 214
Gesetz 272
Gestaltungsaufgabe 139
Gestenerkennung 190
Gettys, J. 67, *301*
Girgensohn, A. 35, 63, 282, 284, *292*, *293*
Goerz, G. *301*
Goffman, E. 58, *293*
Gomes, M. R. *291*
GOMS 96
Gosling, J. 13, *293*
Gould, J. 94, *293*
Goyal, S. K. 237, *293*
Gray, W. D. 281, *288*
Green, M. 69, *293*
Green, T. 96, *300*
Greenbaum, J. *294*
Greif, I. 276, *293*
Grudin, J. 276, 281, 282, 285, *292*, *293*

Grundbildung
informationstechnische 100, 101, 104
Guéna, F. 140, *293*
Guedj, R. A. *299*
Günter, A. *298*
Günter, K. *294*
GUIB 198
GUIB-ERL 200
Gunderson, A. S. 237, *293*
Gunzenhäuser, R. 14, 142, 182, 193, *289*, *292*, *293*

Hahn, E. 181, *293*
Hai, A. 270, *294*
Haken, H. 263, 266, 270, *294*
Halasz, F. G. 276, 282, *303*
Hall, P. A. V. 255, *294*
Hammer, W. 36, *294*
Hammond, K. J. 139, *294*
Hampp, A. 75
Hamscher, W. *290*
Hand, D. J. 177, *294*
Handbuch 237, 248
Handlungssprachen 277
Harbeck, G. 108, *294*
Harke, U. 73, *299*
Harmon, P. 15, 222, *294*
Harris, D. *302*
Hartley, R. V. L. 264, *294*
Hartson, H. R. 61, *294*
Hauptschlüssel 254
Haux, R. 167, 173, *294*, *305*
Havranek, T. *293*, *300*
Helander, M. *293*, *296*
Helms, C. 48, *294*
Henderson, A. 45, 282, 285, *294*, *303*
Herczeg, M. 14, 230, 236, 247, *294*
Hermes, H. 174, *294*
Herrmann, F. 221, *295*
Herrmann, R. 181, *294*
Herrtwich, R. G. 155, *302*
Herzog, O. 127, *295*
heuristisches Arbeiten 111
Heylighen, F. *303*
Hickman, F. R. 21, *295*
Higashi, M. 265, *295*
Hill, R. D. 200, *295*
Hinderer, W. 273, *295*
Hix, D. 61, *294*
hochfunktionale Systeme 275
Hörraum 199
Hollan, J. D. 13, 33, 275, *295*
Hopgood, F. R. A. *291*
Hoppe, H. U. 139, *295*
Hoppe, U. 24, *295*, *298*, *299*
Hornung, G. 66, *297*
Horton, E. M. 237, *305*
Hovy, E. H. 130, *295*, *300*
Hullot, J.-M. *290*
Hutchins, E. L. 13, 33, 275, *295*
Hypermedia 19

IBM *295*
IDAS 129
Illich, I. 277, 286, *295*
Indeterminismus 16
Indizierung
Primär- 251
Sekundär- 251
Indizierungstechnik 250
Inferenz 15
Inferenzprozeß
approximativer 236
fallbasierter 236
heuristischer 236
musterbasierter 236
symbolischer 236
Inferenzvorgang 234
INFORM 14
Informatikunterricht
in der Sekundarstufe II 112
Information
gelieferte 57
mitgelieferte 57
pragmatische 263, 267, 269
Informationsbegriff 263
Informationsmanagement 266
Informationsmenge 264
Informationstheorie
mathematisch-statistische 263
Informationsübertragung 263
Initiative 9

Integration Blinder 179
IntelliCorp 248
Interaktion 7
  direkt-manipulative 63
  multimodale 63
  über Formulare 104, 111
  über Funktionstasten 104, 111
  über Kommandosprache 111
  über Menüs 104, 111
interaktive Spezifikation
  von dynamischem Verhalten 64
Iscoe, N. 285, *290*
ISI *296*
ISO *296*

Janda, A. *300*
Jansch, S. 177, *300*
JANUS 45, 279
Jaynes, E. T. 266, *296*
Jensch, P. 160, *296*
Jünemann, R. 48, *296*

KADS 21
Kalkül
  relationaler 256
Karat, J. 91, *296*
KARL 20
Katalog 38
Kaufmann, A. 265, *296*
Kay, A. C. 274, 278, 283, *296*
Kearsley, G. 20, 23, *302*
KEATS 24
Kedar-Cabelli, S. T. 144, *296*, *298*
KEE 248
Keller, R. 144, *298*
Kemeny, J. 105, *296*
Kieback, A. 99, *296*
Killin, J. L. 21, *295*
King, D. 222, *294*
Kisker, H.-W. 181, *302*
Kjedahl, L. 152, *296*
KL-ONE 136
Klensin, J. C. *305*
Klir, G. J. 263, 265, 267, 270, *294–296*, *298*
Klöditz, C. *304*
Klöpfer, K. 179, *296*
Knopik, T. 142, *293*
König, R. 33, *296*
Kohl, A. *294*
Kommunikationsprozesse
  zwischen Designer und Designumgebung 276
  zwischen Designer und Kunden 276
  zwischen Designern 276
Kompa, A. 50, *289*
Kompetenz 238
Komplementarität 269
Komplexität
  von Organisationen 266
Komposition
  direkte 65
KONEX+ 36
Konfiguration
  von Computern 224
Konstruktions-Baukasten
  Software-basierter 34
Kontrollierbarkeit 238
Kornwachs, K. 229, 263, *289*, *295–297*, *303*
Kraftrückmeldung 191
Krasner, H. 285, *290*
Krebs, V. *294*
Kreibohm, H. 207
Kreissl, W. A. 182, *297*
Kreutzer, W. 50, *297*
Kritik 50
Kritikersysteme 140, 279
  analytische 142
  differentielle 142
  produktorientierte 142
  prozeßorientierte 142
Krönig, D. *297*
Krummheuer, G. 101, *297*
Kühme, T. 62, 66, *297*
Kullback, S. 264, *297*
Kurtz, T. W. 105, *296*
Kyng, M. 282, 285, *294*

Land, L. 21, *295*
Landauer, R. 266, *297*
Landes, D. 20–22, 24, *288*

Lang, M. *297*
Laurel, B. 274, 283, *296*, *297*, *300*
Lavington, S. *301*
Layout
 durch Beispiele 146
 von Diagrammen 139
Lee, J. R. *291*
LeGall, D. 155, *297*
LEGO 103
Lehrer 179
Lemke, A. C. 34, 45, 140, 141, 276, 278–283, 285, *291*, *292*, *297*, *303*
Lemmon, A. V. 237, *293*
Lenz, A. 19, 21, *297*
Lernen
 computerunterstütztes 102
Lernen am Computer 102
Lernende 48
Lesermodell 138
Levine, J. 129, *297*
Levine, R. D. *296*
Levitin, L. B. 266, *297*
Lewis, C. H. 274, *298*
Lewis, R. *301*
Lichter, H. *296*
Lieberman, H. *290*
Liebler, R. 264, *297*
Liebowitz, J. *305*
LILOG 127
Linster, M. *299*
Linton, M. A. 68, *298*
LISP 247
Lloyd, J. W. 143, *298*
Loeffler, P. 234, 245, *298*
LOGO 111, 114, 115
LOOM 136
LOOM Project *303*
Lorenz, E.-D. 181, *298*
Lorenz, P. *304*
Lovstrand, L. 282, *298*
Lutz, T. 249, *298*
Lutze, R. *294*
Lynch, G. *298*

MacLean, A. 282, *298*
Makro 271
Malone, T. W. 45, *303*
Manipulation
 direkte 198, 247
Mann, W. C. 130, 132, *298*
Marty, R. 62, *304*
Mastaglio, T. 140, 141, 279, 282, *291*, *292*
Maurer, F. 20, *298*, *299*
Maurer, H. *301*
Maus, R. 15, *294*
Mausaktionen 247
Mausziehen 196
McCall, R. 45, 142, 276, 279–282, 285, *291*, *292*, *298*
McCarty, L. T. 144, *296*
McGee, W. C. 252, *298*
McMillan, W. W. 193, *298*
Medienpädagogik 101
Mellish, C. S. 15, *290*, *295*, *297*
Mensch-Computer-Interaktion
 multimediale 191
 nichtvisuelle 191
Mensch-Problembereich-Interaktion 276
Mertens, P. 19, *298*
Mesarovic, M. D. 267, *298*
Meta-Interpreter 143
Metaregeln 247
Meyer, H. 100, *298*
Meyer, J. 163, *288*
Meyer-Wegener, K. 152, 154, *288*, *298*
Meyrowitz, N. *304*
MIKE 20
Minsky, M. 19, *298*
Mitchell, T. 144, *298*
Mittal, S. 34, 35, 38, *292*, *298*
Modell
 Erstellung 49
 kausales 233
 mentales 234
 objektorientiertes 246
 Validierung 51
Modellierung
 objektorientierte 134
 tiefe 234
Modula-2 7, 11
Moran, T. P. 96, 282, *290*, *298*, *303*

Morch, A. 142, 279, 281, 282, *288*, *291*, *292*
Moreno-Dias, R. *296*
Morjarla, M. 34, 35, *298*
Morrissey, W. 15, *294*
Mott, U. 181, *298*
Motta, E. 24, *298*
mouse routing *siehe* Mausziehen
MS Windows 201
Mulhall, T. 21, *295*
Multimedia-Daten
    Klassifikation von 154
Multimedia-Oberfläche 73
Multimediasystem 152
Myers, B. A. 61, 62, 64, *299*
Mynatt, E. D. 193, *299*

Nachrichten
    Versenden von 12
Nakakoji, K. 277, 282, 284, *292*
Nardi, B. A. 278, *293*
Nassi, I. 11, *299*
Negele, A. 33, 43, *299*
Nelder, J. A. 177, *305*
Netz
    semantisches 246
Neubert, S. 19, *288*, *295*, *299*
Newell, A. 96, 277, *290*, *299*
NeXT 162
Nielsen, J. 20, 23, *299*
Niemöller, M. 73, *299*
Nievergelt, J. 10, *299*
Nohn, U. 163, *299*
Normalform 254, 256
Norman, D. A. 13, 33, 46, 274, 275, 283, *295*, *299*, *300*
Norusis, M. J. 166, 170, *300*
Novak, M. *293*, *300*
Nye, A. 72, *300*

O'Connor, D. E. 38, 45, *289*
Oberfläche
    von Systemen 273
Oberweis, A. 24, 32, *299*
Objekt 209
    Behälter- 209
    Daten- 209
    Geräte- 209
    Geschäftsvorgangs- 214
off-screen model 193
Ohlgart, C. 28, *300*
Open Software Foundation *300*
organisatorische Hülle 267
Orientierungsseite 186
OSF 63, 65
OSF/MOTIF 164
Ostwald, J. 276, 281, 282, 285, *292*

Palermo, F. P. 255, *300*
Palette 36
PANOS 166
Papert, S. 117, 278, *300*
PASCAL 107, 113, 175
Patientenakte 156
    multimedial 158
Payne, S. 96, *300*
Peltzer, U. 50, *289*
PENMAN 138
Peter, G. (Heilbronn) 152, *288*
Peter, G. (Ulm) 138, *300*
Pfaff, G. E. 61, *293*, *300*
Phelps, B. *304*
Physik 264
Piaget, J. 112, *300*
Pichler, F. *296*
Planskelett 247
Plausibilitätsmaß 265
Plötzner, R. 142, *295*
Polanyi, L. *298*
Polanyi, M. 284, *300*
Polit, S. *290*
Polson, P. 281, *303*
Polymorphismus 12
Porter, D. 21, *295*
Possibilitätsmaß 265
Poynter, L. *297*
Prägedrucker 185
Präsentation 7, 49
Präsentationslogik 211
Pregibon, D. 177, *293*, *300*
Prehn, S. 24, *289*
Prerau, D. S. 237, *293*

Primärindizierung 251
Prinzip der maximalen Entropie 266
Problem 50
Problemlösen
  interaktives 118
Problemlöseverfahren
  schwach wissensbasierte 139
Programmieren
  ablauforientiertes 106
  BOTTOM-UP 115
  experimentelles 115
  interaktives 107
  modulares 114
  objektorientiertes 12
  prozedurales 11
  strukturiertes 11, 106, 107, 114
  systematisches 113
  TOP-DOWN 113
Programmlogik 211
  lokale Anzeige 211
  verteilte Anwendungslogik 212
  verteilte Präsentation 212
Projektierung 68
PROLOG 15
Prozeßmodell 140, 213
Prozessor 273
Punktschrift 181
Puppe, F. 230, *298*, *300*

Query-Language-System 253

Racke, W. 152, 160, *302*
Radlinski, E. R. 281, *288*
Rafanelli, M. *305*
Rajan, T. 24, *298*
Randbedingung 272
Rasch, D. 177, *300*
Rathke, C. 10, 33, 278, *292*, *296*, *299*
Raun, N. E. *305*
Reed, K. 24, *290*
Reeves, B. N. 276, 281, 282, 285, *292*
reflection-in-action 284
Regelmenge 232, 247
Regeln 15
Regelsystem
  rückwärtsverkettetes 247
Reinke, R. E. 237, *293*
Reinsch, R. 258, *300*
Reiter, E. *297*
Reiter, R. 234, *300*
Relation 253
  rhetorische 131
relational
  Datenbank 254
  Operation 255
REPLEX 236
REPLEX/DFS 237
Repräsentation 7
Reuter, A. *296*
Rhetorical Structure Theory 130
Riekert, W.-F. 7
Rittel, H. W. J. 277, 284, *300*
Ritter, G. X. *304*
Robinson, P. 152, *300*
Röntgenbilder 153
Rösner, D. 127, *300*, *301*
Rollinger, C.-R. 127, *295*
Rosseel, E. *303*
Rosson, M. B. 277, *290*
Rothstein, J. 263, *301*
RST 130
Rückert, J. 152, 160, *302*
Rückwärtsverkettung 15
Rustin, R. *290*

Sabah, G. *300*
Salvendy, G. *302*
Sametinger, J. 24, *301*
SAS 166, 170, *301*
Scacchi, W. 24, *293*
Schank, R. C. 127, *301*
Scharf, H. *303*
Scheid, F. M. 181, *301*
Scheiffler, R. W. 67, *301*
Scheingraber, H. 263, *288*
Scherr, A. L. 211, 258, *301*
Schichtenmodell 167
Schlageter, G. 169, 175, *301*
Schlüssel 250
Schlußfolgerungen
  kausale 234
Schmalhofer, F. *299*

Schmid, P. 182, *301*
Schmidt-Lademann, F.-P. 180, *291*, *301*
Schmitt, H. 146, *301*
Schmolze, J. *289*
Schneider-Hufschmidt, M. 61, *296*, *297*
Schoen, D. A. 284, *301*
Schreiber, A. T. *289*, *304*
Schreiber, G. 21, 22
Schuenemeyer, J. H. 177, *303*
Schulung 245
Schulungssystem 243
Schulz, H. *294*
Schwab, T. 141, *289*
Schweikhardt, W. 179, *293*, *296*, *301*, *302*
Schwerdtfeger, R. S. 193, *302*
screen reader 193
ScreenView 76
Sekundärindizierung 251
Selbstbeschreibungsfähigkeit 94
SEMTEX-Generator 138
Sender 267
Senko, M. E. 258, *302*
Shackel, B. *303*
Shafer, G. 265, *302*
Shakel, B. *296*
Shannon, C. E. 263, 264, 269, *302*
Shannonsche Entropie 265
Shapiro, E. Y. 143, *302*
Shapiro, S. C. *289*
Sheridan, T. B. 236, 238, *302*
Shipman, F. 276, 281, 282, 285, *292*
Shirley, M. *290*
Shneiderman, B. 11, 13, 20, 23, 65, *299*, *302*
Shortliffe, E. H. 167, *302*
Shrobe, H. *290*
Sicherheitsanforderungen 231
Sichtbeschreibungen 48
Sidak, Z. *293*, *300*
Signalübertragung 263
Silverman, B. G. 45, 141, *302*
Simon, H. A. 46, 139, 275, *302*
Simulation 245
  funktionale 233
  Materialfluß- 48
Simulationsexperimente 270
Simulationssystem 243
Sinnesgeschädigte 179
Slaby, W. A. 181, *302*
Smalltalk 11, 48
Smith, R. G. 34, *302*
Softcursor 196
Speicher
  magneto-optische 156
Sprachausgabe 190
Sprachverstehen 127
SPSS 166
SQL 256
Sriram, D. *292*
Stallman, R. M. 16, *302*
Standards 192
Stapelverarbeitung 8
Statistik 166
Stede, M. 129, 132, 138, *300*, *301*
Stefik, M. J. 275, *302*
Steinmetz, R. 152, 155, 160, *302*
Stelovsky, J. 10, *302*
Stelzner, M. 45, *302*
Stephanidis, C. 193, 198, *302*
Sterling, L. 144, *302*
Steuerbarkeit 94
Stiftplatte 185
  tastsensitive 198
Stock, O. *300*
Stritzinger, A. 24, *301*
Strothotte, T. 48
Struktur 269
Strukturbaum 186
Strukturieren von Daten 119
Strukturmodell 234
Struktursystem 268
Stucky, W. 169, 175, *301*
Studer, R. 19, *288*, *299*
Suchman, L. A. 276, *303*
Sumner, T. *303*
Sun-Workstation 248
SunSoft 63, *303*
Supervisory Control 236, 238
Sussman, G. J. 16, *302*
Svensson, P. *305*
SX/Tools 67
Symbol 264, 273

Symbolics-Workstations 248
Symptom 231, 235, 237
Synergetik 271
System
  logikbasiertes 15
  regelbasiertes 15
  sensorisches 237
  wissensbasiertes 167
System Application Architecture (SAA) 208
Systembeschreibung 50
Systemdefinition 267
Systeme
  brauchbare 275
  nützliche 275
  schnittstellenfreie 274
  synergetische 266
  vernetzte 231
Systemerklärung 268
Systemidentifikation 268
Systemoperatoren 268
Systemsynthese 268
Systemtheorie 267
SystemView 75

Tabellenkalkulation 119
Tagg, D. *301*
Task Action Grammar 96
Tauber, M. J. *295*
Taylor, R. M. 21, *295*
TECHDOC 129
TECHDOC-I 138
Technische Dokumentation 128
Technologietransfer 221
Telekommunikationsnetze 230
Tesler, L. 11, *303*
Thiele, H. 263, *303*
Thimbleby, H. 13, *303*
Thompson, S. A. 130, 132, *298*
Tou, F. N. 45, *303*
Toussaint, C. 24, *288*
Tradition 283
Transaktion 251
Transparenz 238
Transzendenz 283
Trappl, R. *297*
Tribus, M. *296*
Trigg, R. H. 276, 282, *303*
Truth-Maintenance-System 16
Tumordokumentation 163
Tung, S. T. Y. 177, *303*
Turner, A. 281, *288*
Tyson, P. *297*

Uehlinger, M. *305*
Uhlich, E. *289*
UIMS 61, 162, 202, 247
unit record 249
UNIX 192
Unordnung 265
Unternehmensmodell 213
Unterricht
  computerunterstützter 102
upper model 136
Usability Tests 96
User Interface Management System 61, 247

v. Lucadou, W. 264, 269, 272, *297*, *303*
v. Someren, M. 21, *289*
v. Weizsäcker, C. F. 265, 271, 272, *303*
v. Weizsäcker, E. U. 264, 267, 269, 272, *291*, *303*, *305*
Vanderheiden, G. C. 198, *303*
VDI *303*
Verarbeitung
  kooperative 211
  verteilte 211
Verbindungsmatrix 268
Vererbungsverband 246
Verhalten 269
Vetter, M. 254, 256, *303*
Visualisierung 48, 201, 241
Visualisierungssystem 237
Visualisierungstechniken 236
VKM-Modell 140
Vlissides, J. M. 68, *298*
von der Herberg, H. *294*
Vorgangsmodell 214
Vorwärtsverkettung 15

Wahrscheinlichkeit 264

Wahrscheinlichkeitsdichten 264
Waldhör, K. 247, *294*
Walker, J. *297*
Wallace, G. K. 155, *304*
Warren, D. H. 17, *304*
Wartung
einer Wissensbasis 229
Waterman, D. A. 229, *304*
Weaver, W. 263, 264, *302*
Weber, G. 190, *302*, *304*
Weber, H. *289*
Weidenmann, B. 48, *304*
Weinand, A. 62, *304*
Welsch, M. 76, *291*
Weltwissen 127
Wenger, E. 141, *304*
Werkzeuge
konviviale 286
Wertheimer, M. 112, *304*
Wetter, T. *299*
Weydert, J. 10, *299*
Wheeler, E. F. 258, *304*
Whiteside, J. *292*
Wieckert, K. *290*
Wiedergabe
tastbare 182
Wielemaker, J. 24, *288*, *289*
Wielinga, B. J. 21, 22, *288*, *289*, *304*
Williams, M. D. 45, *302*, *303*
Windau, W. 181, *301*
Winograd, T. 285, *304*
Wirkung von Information 264, 266
Wirth, N. 11, *304*
Wissen 232
Wissensakquisition 139, 231, 233, 234, 246
Wissenserwerb 19
Witschital, P. 66, *297*
Wittkowski, K. M. 166, *291*, *304*, *305*
Wittlinger, G. 215, *305*
Wolstenholm, D. E. 177, *305*
Workshop *305*
Wright, J. R. 237, *305*
WYSIWYG 13

X Windows 193
XS-2 10

Yalçinalp, L. Ü. 144, *302*

Zagler, W. *304*
Zehme, G. 181, *301*
Zeigeinstrument 242
Zeitdruck 231
Zemanek, H. 265, *305*
Ziehen 196
Ziele
Simulations- 51
Zielinski, J. E. 237, *305*
Zillig, K. 215, *305*
Zloof, M. E. 258, *305*
Zock, M. *295*, *300*
Zreik, K. 140, *293*
Zucker, F. J. 266, *305*
Züllighoven, H. *296*
Zugriff
wahlfreier 10
Zuverlässigkeit 238, 272
Zwischenrepräsentation 20